职业教育机电类专业课程改革创新规划教材

电气控制与PLC应用技术

（三菱机型）

丛书主编　李乃夫
主　　编　吴　萍　杨杰忠
副 主 编　阮韦杰　陈巴国　张　野
主　　审　徐　刚

電子工業出版社
Publishing House of Electronics Industry
北京・BEIJING

内容简介

全书设置了 3 个模块，共 10 个项目、24 个任务。模块一为继电器—接触器控制系统，介绍常用低压电器的基本知识，以及由继电器、接触器构成的典型电气控制电路的安装与故障检修。模块二为典型机床电气控制电路的安装调试与检修，介绍了工业生产中 CA6140 型车床、X62W 型万能铣床电气控制电路的安装与检修。模块三为 PLC 控制系统的安装与调试，以三菱 FX2N 系列 PLC 为载体，通过多个实际 PLC 控制系统的编程、安装和调试任务，介绍了 PLC 的分类和选型、基本指令、步进指令的应用和控制系统的实现步骤。

本书可作为五年制高职及三年制中职、中专学校、技工类学校机电类、电气类和电子类专业的专业课教材，也可供相关岗位技术人员参考。

未经许可，不得以任何方式复制或抄袭本书之部分或全部内容。
版权所有，侵权必究。

图书在版编目（CIP）数据

电气控制与 PLC 应用技术. 三菱机型 / 吴萍，杨杰忠主编. —北京：电子工业出版社，2016.9
职业教育机电类专业课程改革创新规划教材
ISBN 978-7-121-29073-2

Ⅰ. ①电… Ⅱ. ①吴… ②杨… Ⅲ. ①电气控制－职业教育－教材 ②plc 技术－职业教育－教材
Ⅳ. ①TM571.2 ②TM571.6

中国版本图书馆 CIP 数据核字（2016）第 132500 号

策划编辑：张 凌
责任编辑：靳 平
印 刷：北京七彩京通数码快印有限公司
装 订：北京七彩京通数码快印有限公司
出版发行：电子工业出版社
北京市海淀区万寿路 173 信箱 邮编 100036
开 本：787×1 092 1/16 印张：17.25 字数：441.6 千字
版 次：2016 年 9 月第 1 版
印 次：2024 年 7 月第 10 次印刷
定 价：38.50 元

凡所购买电子工业出版社图书有缺损问题，请向购买书店调换。若书店售缺，请与本社发行部联系，联系及邮购电话：（010）88254888，88258888。

质量投诉请发邮件至 zlts@phei.com.cn，盗版侵权举报请发邮件至 dbqq@phei.com.cn。

本书咨询联系方式：（010）88254583，zling@ phei.com.cn

本书编审人员

顾　　问：李乃夫　广东轻工技师学院　高级讲师

主　　编：吴　萍　江苏省靖江中等专业学校　高级技师

杨杰忠　广西机电技师学院　高级实习指导师、高级技师

副 主 编：阮韦杰　广东省清远工贸职业技术学校　技师

陈巴国　福建省永安职业中专学校　高级讲师

张　野　烟台信息工程学校　讲师

编写人员：张小红　江苏省江阴中等专业学校　高级讲师

李　岩　江苏省连云港工贸高等职业技术学校　讲师

周瑞祥　泰州机电高等职业技术学校　讲师、技师

潘玉山　江苏省靖江中等专业学校　特级教师

刘文新　宁夏中卫市职业技术学校　中教一级

刘红梅　江苏省靖江中等专业学校　中教一级

薛　勇　宁夏中卫市职业技术学校　中教二级

主　　审：徐　刚　江苏省靖江中等专业学校　特级教师

前　言

本书是职业教育机电类专业课程改革创新规划系列教材之一，教材围绕教育部对职业教育提出的职业教育教学改革目标进行编写。在体系设计上体现了专业与产业、企业、岗位对接，教学过程与生产过程对接；在内容选取上体现了专业课程内容与职业标准对接。本书秉承了“以项目为载体、任务引领、工作过程导向”的职业教育教学理念，在编写过程中，注重做中学、做中教，教学做合一，注重学生综合职业能力的培养。编写特点如下。

1．在体系设计上，以项目、任务为载体，每个项目由多个任务组成，每个任务均来源于实际生产的典型案例。本书根据学生的认知特点由易而难地选择项目，将专业知识、工作过程知识以及专业技能的训练整合、渗透到每个任务中。在每一个任务中，用【任务目标】呈现该任务中学生应达到的知识目标、能力目标、素质目标。用【任务呈现】表述学生需要做的事情和要求，让学生明确“要做什么、学什么”。在【知识链接】中，介绍完成指定工作任务涉及的专业知识和工作过程知识。在【任务准备】中，介绍实施本任务教学所使用的实训设备及工具材料。在【任务实施】中，引导学生思考与探究，再给出操作步骤。在【任务评价】中，利用学生自评、互评、教师评分，给学生完成整个项目的各个环节打分，总结经验，反思不足。在【任务拓展】中，提出问题，引导学生拓宽、拓深知识面。

2．在内容选取上，坚持体现职业需求和行业发展的趋势和要求，反映新知识、新技术、新工艺和新方法；有机嵌入职业标准、行业标准或企业标准。

3．在形式呈现上，针对职业学生的身心特点，力求图文并茂，使内容的呈现清晰而丰富。大量采用实物照片表达设备、操作过程中的状态等，形象生动，趣味性强，直观鲜明。

4．在教学资源建设上，为方便教学，实现教学资源的立体化配套，配有电子教案、试题库、操作视频等教学资源。师生可按照书后所提供的登录网站进入电子工业出版社的教学资源网络平台（华信教育资源网 www.hxedu.com.cn）各取所需。

5．在编写人员的构成上，除了多名省内外知名的、具有丰富经验的、多年执教的专业教师、高级技师外，还邀请了行业、企业人员深度参与编写。

本书由吴萍、杨杰忠担任主编，阮韦杰、陈巴国、张野担任副主编，张小红、李岩、周瑞祥、潘玉山、刘文新、刘红梅、薛勇参与编写。全书由吴萍、杨杰忠统稿，徐刚审稿。本书在编写过程中，得到了孚尔默（太仓）机械有限公司的万利工程师、江苏省靖江市星火微机应用研究所的王新宇工程师以及广东轻工技师学院李乃夫书记的大力支持和帮助。特别是在编写过程中参阅了很多优秀专家的大量资料，受益匪浅，在此一并向他们表示由衷的敬意和诚挚的谢意。

由于编者水平有限，编写时间仓促，书中难免存在纰漏与不足之处，恳请读者批评指正。

编　者

目　　录

模块一　继电器—接触器控制系统

项目 1　三相异步电动机正转控制电路的安装与检修 …… 2

任务 1　三相异步电动机点动正转控制电路的安装与检修 …… 2
任务 2　三相异步电动机接触器自锁控制电路的安装与检修 …… 23

项目 2　三相笼型异步电动机正反转控制电路的安装与检修 …… 43

任务 1　三相异步电动机接触器连锁正反转控制电路的安装与检修 …… 43
任务 2　双重连锁正反转控制电路的安装与检修 …… 52

项目 3　位置控制与顺序控制电路的安装与检修 …… 61

任务 1　位置控制电路的安装与检修 …… 61
任务 2　自动往返循环控制电路的安装与检修 …… 68

项目 4　三相笼型异步电动机降压启动控制电路的安装与检修 …… 77

任务 1　定子绕组串接电阻降压启动控制电路的安装与检修 …… 77
任务 2　Y—△降压启动控制电路的安装与检修 …… 87

项目 5　三相笼型异步电动机制动控制电路的安装与检修 …… 93

任务 1　电磁抱闸制动器制动控制电路的安装与检修 …… 93
任务 2　反接制动控制电路的安装与检修 …… 98

模块二　典型机床电气控制电路的安装调试与检修

项目 6　CA6140 型车床电气控制电路的安装调试与检修 …… 108

任务 1　认识 CA6140 型普通车床 …… 108
任务 2　CA6140 型普通车床的读图和安装调试 …… 115
任务 3　CA6140 型普通车床主轴控制电路的电气故障检修 …… 126

项目 7　X62W 型万能铣床电气控制电路的安装与检修 …… 140

任务 1　X62W 型万能铣床电气控制电路的安装 …… 140
任务 2　X62W 型万能铣床主轴、冷却泵电动机控制电路的电气故障检修 …… 153

任务 3　X62W 型万能铣床进给电路常见的电气故障检修……160

模块三　PLC 控制系统的安装与调试

项目 8　认识可编程序控制器……170

任务 1　初识 PLC……170
任务 2　PLC 的硬件组成及系统特性……177
任务 3　PLC 软件的使用……181

项目 9　基本控制指令的应用……191

任务 1　河沙自动装载装置控制系统的设计与装调……191
任务 2　三相异步电动机Y－△降压启动控制系统的设计与装调……217

项目 10　步进指令的应用……231

任务 1　液体混合控制系统的设计与装调……231
任务 2　自动门控制系统的设计与装调……251
任务 3　十字路口交通灯控制系统的设计与装调……261

模块一

继电器—接触器控制系统

项目 1　三相异步电动机正转控制电路的安装与检修
项目 2　三相笼型异步电动机正反转控制电路的安装与检修
项目 3　位置控制与顺序控制电路的安装与检修
项目 4　三相笼型异步电动机降压启动控制电路的安装与检修
项目 5　三相笼型异步电动机制动控制电路的安装与检修

项目 1 三相异步电动机正转控制电路的安装与检修

任务1 三相异步电动机点动正转控制电路的安装与检修

任务目标

知识目标

1．掌握低压开关、低压断路器和熔断器等低压电器的结构、用途及工作原理和选用原则。

2．正确理解三相异步电动机点动正转控制电路的工作原理。

3．能正确识读点动正转控制电路的原理图、接线图和布置图。

能力目标

1．初步掌握三相异步电动机点动正转控制电路中运用的低压电器选用方法与简单检修。

2．掌握交流接触器的拆装方法及常见故障检修。

3．会按照工艺要求正确安装三相异步电动机点动正转控制电路。

4．能根据故障现象，检修三相异步电动机点动正转控制电路。

素质目标

养成独立思考和动手操作的习惯，培养小组协调能力和互相学习的精神。

任务呈现

生产机械中常常需要频繁通断、远距离的自动控制，例如，电动葫芦中的起重电动机控制，车床拖板箱快速移动电动机控制等。按下按钮电动机就得电运转，松开按钮电动机就失电停转的控制方法，称为点动控制。如图1-1-1所示就是能实现频繁通断和远距离控制的点动控制电路。本次任务的主要内容是：完成对三相异步电动机点动正转控制电路的安装与检修。

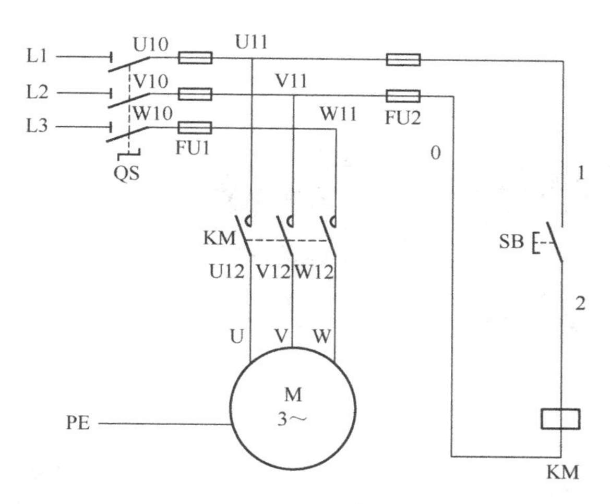

图 1-1-1　三相异步电动机点动正转控制电路

一、常用的低压电器

根据工作电压的高低，电器可分为高压电器和低压电器。通常把工作在交流额定电压 1200V 及以下、直流 1500V 及以下的电器称为低压电器。低压电器作为一种基本器件，广泛应用于输配电系统和电力拖动系统中，在实际生产中起着非常重要的作用。

低压电器的种类繁多，分类方法也很多，常见的分类方法见表 1-1-1。在此仅就与本任务有关的低压断路器、低压熔断器和接触器进行介绍。

表 1-1-1　低压电器常见的分类方法

分类方法	类别	说明及用途
按用途和控制对象分	低压配电电器	包括低压开关、低压熔断器等，主要用于低压配电系统及动力设备中
	低压控制电器	包括接触器、继电器、电磁铁等，主要用于电力拖动及自动控制系统中
按动作方式分	自动切换电器	依靠电器本身参数的变化或外来信号的作用，自动完成接通或分断等动作的电器，如接触器、继电器等
	非自动切换电器	主要依靠外力（如手控）直接操作来进行切换的电器，如按钮、低压开关等
按执行机构分	有触点电器	具有可分离的动触点和静触点，主要利用触点的接触和分离来实现电路的接通和断开控制，如接触器、继电器等
	无触点电器	没有可分离的触点，主要利用半导体元器件的开关效应来实现电路的通断控制，如接近开关、固态继电器等

1．低压断路器

低压断路器又称为自动空气开关或自动空气断路器，简称断路器。它集控制和多种保护功能于一体，在线路工作正常时，它作为电源开关不频繁地接通和分断电路；当电路中发生短路、过载和失电压等故障时，它能自动跳闸切断故障电路，保护线路和电气设备。

低压断路器具有操作安全、安装使用方便、工作可靠、动作值可调、分断能力较强、兼作多种保护、动作后不需要更换元器件等优点，因此得到广泛应用。如图 1-1-2 所示是几种常见的低压断路器。

（a）DZ5系列塑壳式

（b）DZ15系列塑壳式

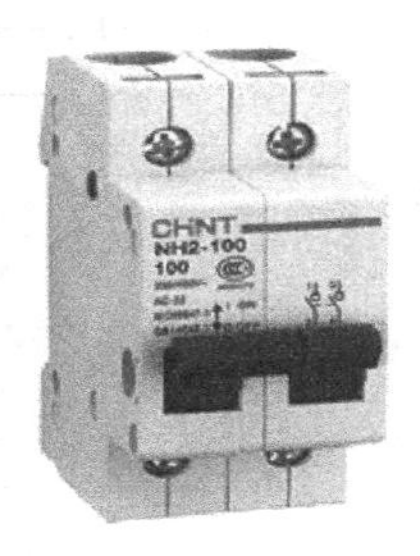

（c）NH2—100隔离开关

（d）DW15系列万能式

（e）DW16系列万能式

（f）DZL18漏电断路器

图 1-1-2　常见的低压断路器

1）结构及符号

低压断路器主要由触点系统、灭弧装置、操作机构、热脱扣器、电磁脱扣器及绝缘外壳等部分组成。如图 1-1-3 所示为 DZ5 系列低压断路器的结构和符号。

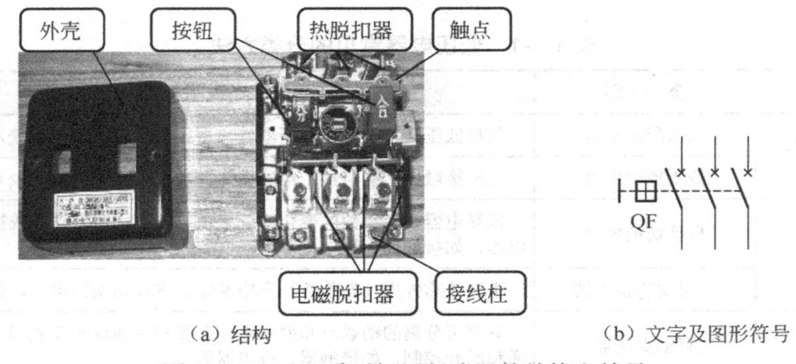

（a）结构　　　　（b）文字及图形符号

图 1-1-3　DZ5 系列低压断路器的结构和符号

2）低压断路器的工作原理

在电力拖动系统中常用的是 DZ 系列塑壳式低压断路器，下面以 DZ5—20 型低压断路器为例介绍低压断路器的工作原理。如图 1-1-4 所示是低压断路器工作原理示意图。

按下绿色“合”按钮时，外力使锁扣克服反作用弹簧的力，将固定在锁扣上面的静触点与动触点闭合，并由锁扣锁住搭扣使静触点与动触点保持闭合，开关处于接通状态。

当线路发生过载时，过载电流流过热元件，电流的热效应使双金属片受热向上弯曲，通过杠杆推动搭扣与锁扣脱扣，在弹簧力的作用下，动、静触点分断，切断电路，完成过电流保护。

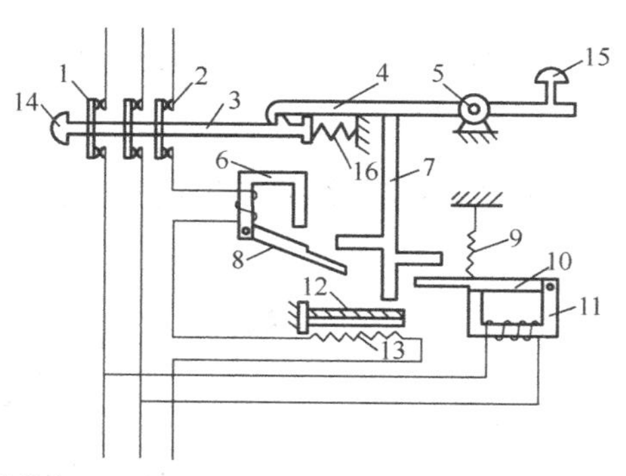

1—动触点；2—静触点；3—锁扣；4—搭钩；5—转轴座；6—电磁脱扣器；7—杠杆；
8—电磁脱扣器衔铁；9—拉力弹簧；10—欠压脱扣器衔铁；11—欠压脱扣器；
12—双金属片；13—热元件；14—接通按钮；15—停止按钮；16—压力弹簧

图 1-1-4 低压断路器工作原理示意图

当电路发生短路故障时，短路电流使电磁脱扣器产生很大的磁力吸引衔铁，衔铁撞击杠杆推动搭扣与锁扣脱扣，切断电路，完成短路保护。一般电磁脱扣的整定电流在低压断路器出厂时定为$10I_N$（I_N为断路器的额定电流）。

当电路欠电压时，欠电压脱扣器上产生的电磁力小于拉力弹簧上的力，在弹簧力的作用下，衔铁松脱，衔铁撞击杠杆推动搭扣与锁扣脱扣，切断电路，完成欠电压保护。

3）型号及含义

低压断路器的型号及含义如下：

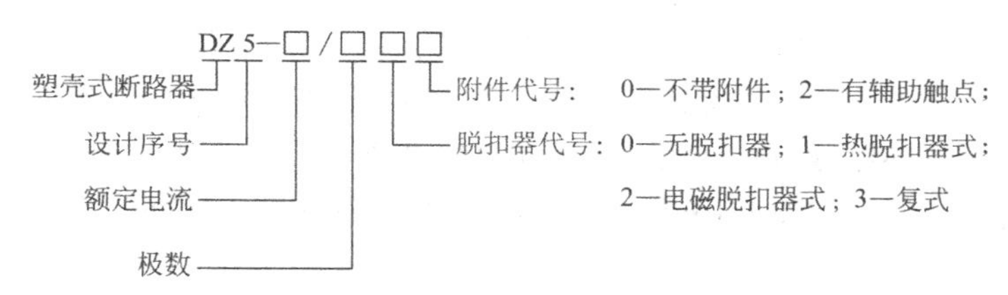

小贴士

DZ5 系列低压断路器适用于交流 50Hz、额定电压 380V、额定电流至 50A 的电路中，保护电动机的断路器用于电动机的短路和过载保护；配电中的断路器在配电网络中用来分配电能和作为线路及电源设备的短路和过载保护之用；也可分别作为电动机不频繁启动及线路的不频繁转换之用。

4）选用原则

（1）低压断路器的额定电压和额定电流应不小于线路、设备的正常工作电压和工作电流。

（2）热脱扣器的整定电流应等于所控制负载的额定电流。

（3）电磁脱扣器的瞬时脱扣整定电流应大于负载电路正常工作时的峰值电流。用于控制电动机的断路器，其瞬时脱扣整定电流可按下式选取：

$$I_Z \geqslant KI_{st}$$

式中，K为安全系数，可取 1.5～1.7；I_{st}为电动机的启动电流。

（4）欠电压脱扣器的额定电压应等于线路的额定电压。

（5）断路器的极限通断能力应不小于电路的最大短路电流。

2．低压熔断器

低压熔断器是低压配电系统和电力拖动系统中的保护电器，如图 1-1-5 所示。

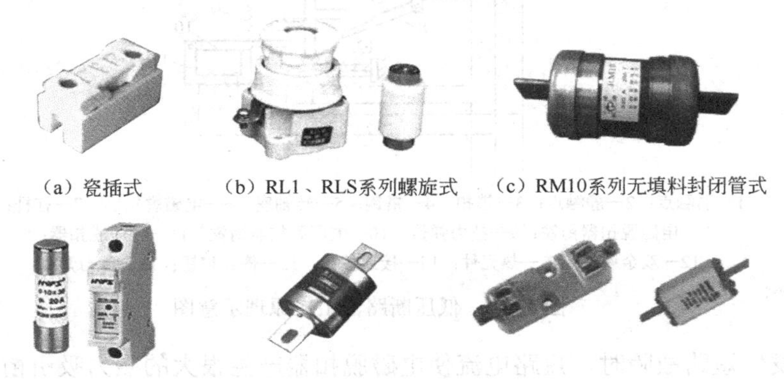

（a）瓷插式　（b）RL1、RLS系列螺旋式　（c）RM10系列无填料封闭管式

（c）RT18系列圆筒帽形　（e）RT15系列螺栓连接　（f）RT0系列有填料封闭管式

图 1-1-5　几种常用的低压熔断器

低压熔断器在使用时，熔断器串接在所保护的电路中，当该电路发生过载或短路故障时，通过熔断器的电流达到或超过了某一规定值，以其自身产生的热量使熔体熔断而自动切断电路，起到保护作用。电气设备的电流保护有过载延时保护和短路瞬时保护两种主要形式。

1）结构及符号

熔断器主要由熔体、安装熔体的熔管和熔座三部分组成。熔体是熔断器的核心，常做成丝状、片状或栅状，制作熔体的材料一般有铅锡合金、锌、铜、银等，根据受保护的要求而定。熔管是熔体的保护外壳，用耐热绝缘材料制成，在熔体熔断时兼有灭弧作用。熔座是熔断器的底座，作用是固定熔管和外接引线。如图 1-1-6 所示为 RL6 系列螺旋式低压断路器的外形及符号。

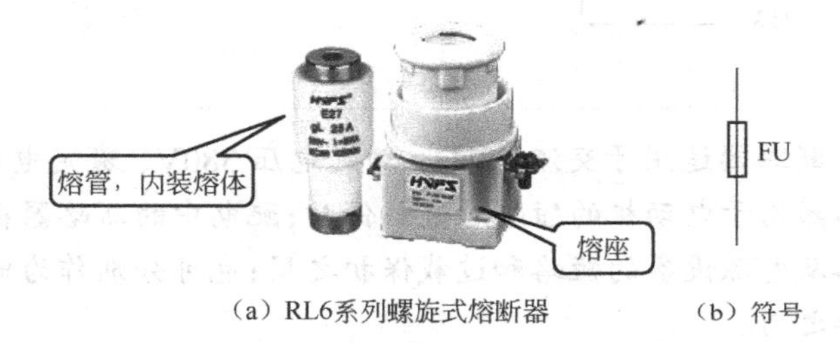

（a）RL6系列螺旋式熔断器　（b）符号

图 1-1-6　低压熔断器的外形及符号

2）型号及含义

熔断器型号及含义如下：

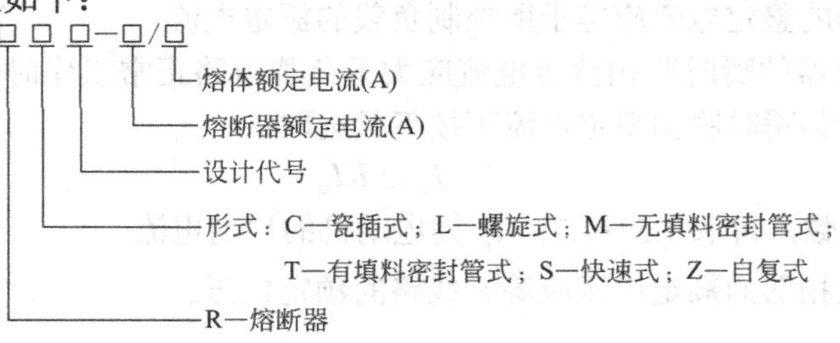

如型号 RC1A—15/10 中，R 表示熔断器，C 表示瓷插式，设计代号为 1A，熔断器的额定电流为 15A，熔体的额定电流为 10A。

3）熔断器的主要技术参数

（1）额定电压：是指熔断器长期工作所能承受的电压。如果熔断器的实际工作电压大于其额定电压，熔体熔断时可能会发生电弧不能熄灭的危险。

（2）额定电流：是指保证熔断器能长期正常工作的电流，是由熔断器各部分长期工作时的允许温升决定的。

（3）分断能力：在规定的使用和性能条件下，在规定电压下熔断器能分断的预期分断电流值。常用极限分断电流值来表示。

（4）时间—电流特性：也称为安—秒特性或保护特性，是指在规定的条件下，表征流过熔体的电流与熔体熔断时间的关系曲线。一般熔断器的熔断电流与熔断时间的关系见表 1-1-2。

表 1-1-2 熔断器的熔断电流与熔断时间的关系

熔断电流 I_S（A）	$1.25I_N$	$1.6I_N$	$2.0I_N$	$2.5I_N$	$3.0I_N$	$4.0I_N$	$8.0I_N$	$10.0I_N$
熔断时间 t（s）	∞	3600	40	8	4.5	2.5	1	0.4

4）选用原则

熔断器有不同的类型和规格。对熔断器的要求是：在电气设备正常运行时，熔体应不熔断；在出现短路故障时，应立即熔断；在电流发生正常变动（如电动机启动过程）时，熔体应不熔断；在用电设备持续过载时，应延时熔断。因此，对熔断器的选用主要包括熔断器类型、熔断器额定电压、熔断器额定电流和熔体的额定电流的选用。

（1）熔断器类型的选用。

根据使用环境、负载性质和短路电流的大小选用适当类型的熔断器。例如，对于容量较小的照明电路，可选用 RT 系列圆筒帽形熔断器或 RC1A 系列瓷插式熔断器；对于短路电流相当大或有易燃气体的地方，应选用 RT 系列有填料封闭管式熔断器；在机床控制线路中，多选用 RL 系列螺旋式熔断器；用于半导体功率元器件及晶闸管的保护时，应选用 RS 或 RLS 系列快速熔断器。

（2）熔断器额定电压和额定电流的选用。

① 熔断器的额定电压必须等于或大于线路的额定电压。

② 熔断器的额定电流必须等于或大于所装熔体的额定电流。

③ 熔断器的分断能力应大于电路中可能出现的最大短路电流。

3．接触器

接触器是一种用来接通或切断交、直流主电路和控制电路，并且能够实现远距离控制的电器。大多数情况下其控制对象是电动机，也可以用于其他电力负载，如电阻炉、电焊机等，接触器不仅能自动地接通和断开电路，还具有控制容量大、欠电压释放保护、零压保护、频繁操作、工作可靠、寿命长等优点。接触器实际上是一种自动的电磁式开关。触点的通断不是由手来控制，而是电动操作，属于自动切换电器。接触器按主触点通过电流的种类，分为交流接触器和直流接触器两类。如图 1-1-7 所示为几款常用交流接触器的外形。

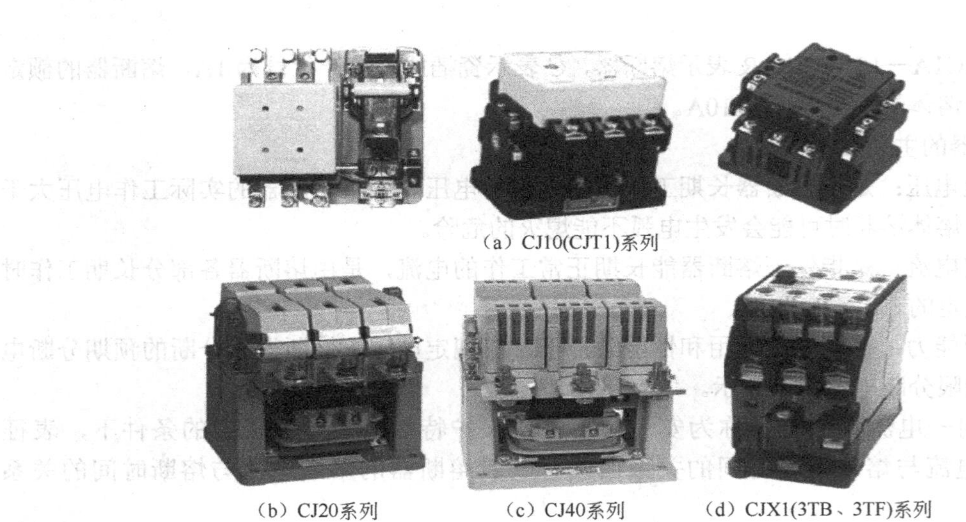
(a) CJ10(CJT1)系列

(b) CJ20系列　(c) CJ40系列　(d) CJX1(3TB、3TF)系列

图 1-1-7　常用交流接触器

1）交流接触器

（1）交流接触器的结构。

交流接触器主要由电磁系统、触点系统、灭弧装置和辅助部件等组成。交流接触器的结构如图 1-1-8 所示。

① 电磁系统。电磁系统主要由线圈、静铁芯和动铁芯（衔铁）三部分组成。静铁芯在下、动铁芯在上，线圈装在静铁芯上。静、动铁芯一般用 E 形硅钢片叠压而成，以减少铁芯的磁滞和涡流损耗；铁芯的两个端面上嵌有短路环，如图 1-1-9 所示，用以消除电磁系统的振动和噪声；线圈做成粗而短的圆筒形，且在线圈和铁芯之间留有空隙，以增强铁芯的散热效果。交流接触器利用电磁系统中线圈的通电或断电，使静铁芯吸合或释放衔铁，从而带动动触点与静触点闭合或分断，实现电路的接通或断开。

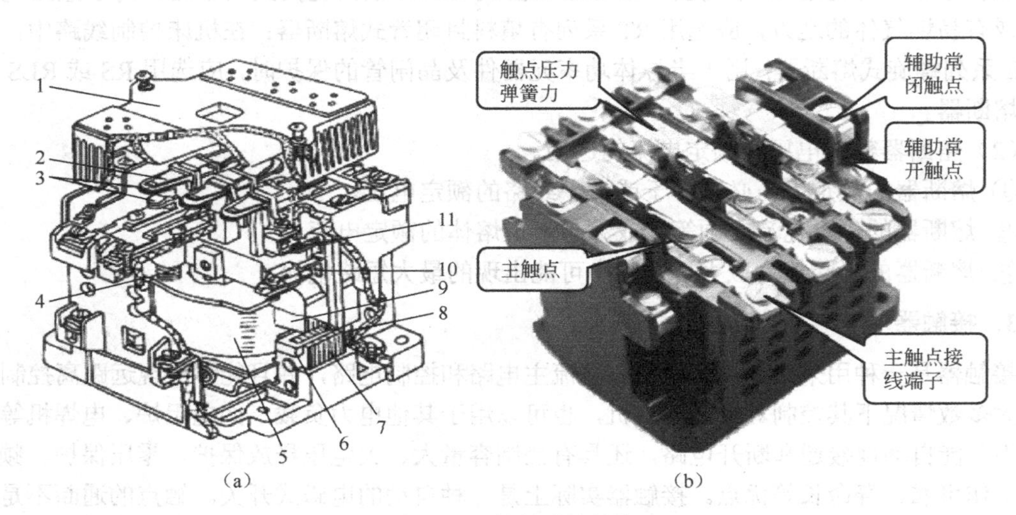

(a)　(b)

图 1-1-8　接触器的结构

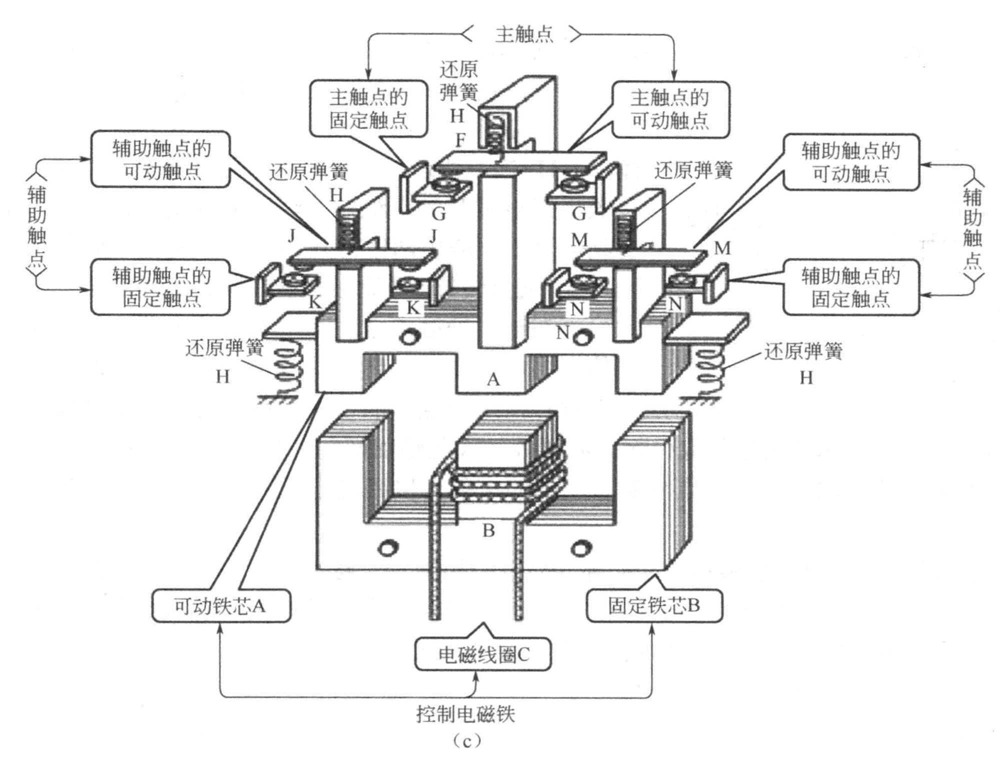

（c）

1—灭弧罩；2—触点压力弹簧片；3—主触点；4—反作用弹簧；5—线圈；6—短路环；7—静铁芯；8—弹簧；9—动铁芯；10—辅助常开触点；11—辅助常闭触点

图 1-1-8 接触器的结构（续）

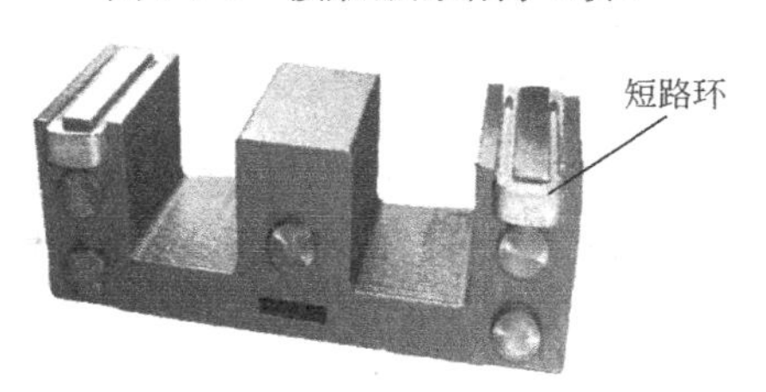

图 1-1-9 交流接触器铁芯的短路环

② 触点系统。交流接触器的触点按接触情况可分为点接触式、线接触式和面接触式三种，如图 1-1-10 所示。

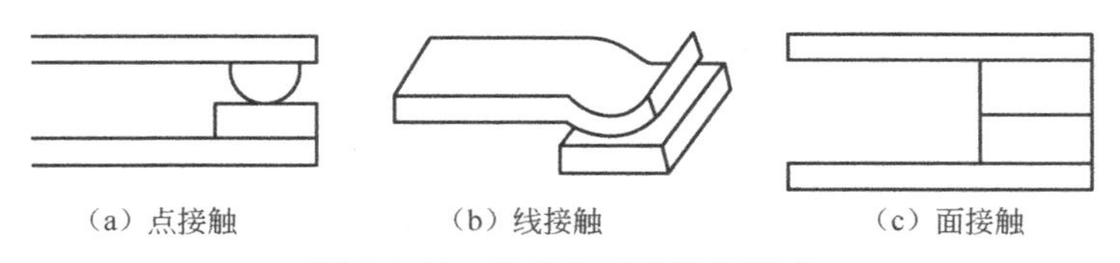

（a）点接触　（b）线接触　（c）面接触

图 1-1-10 触点的三种接触形式

按触点的结构形式可分为桥式触点和指形触点两种，如图 1-1-11 所示。例如，CJ10 系列交流接触器的触点一般采用双断点桥式触点，其动触点用紫铜片冲压而成，在触点桥的两端镶有银基合金制成的触点块，以避免接触点由于氧化铜的产生影响其导电性能。静触点一般用黄铜板冲压而成，一端镶焊触点块，另一端为接线柱。在触点上装有压力弹簧片，用以减小接触电阻，并消除开始接触时产生的有害振动。

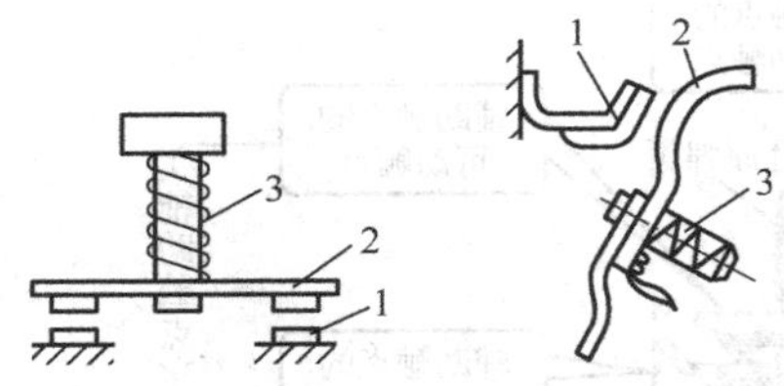

（a）双断点桥式触点　　（b）指形触点
1—静触点；2—动触点；3—触点压力弹簧

图 1-1-11　触点的结构形式

触点按通断能力可分为主触点和辅助触点，如图 1-1-11（b）所示。主触点用以通断电流较大的主电路，一般由三对常开触点组成。辅助触点用以通断较小电流的控制电路，一般由两对常开和两对常闭触点组成。

③ 灭弧装置。交流接触器在断开大电流或高电压电路时，会在动、静触点之间产生很强的电弧。电弧是触点间气体在强电场作用下产生的放电现象，它的产生一方面会灼伤触点，减少触点的使用寿命；另一方面会使电路切断时间延长，甚至造成弧光短路或引起火灾事故。因此触点间的电弧应尽快熄灭。

灭弧装置的作用是熄灭触点分断时产生的电弧，以减轻电弧对触点的灼伤，保证可靠的分断电路。

④ 辅助部件。交流接触器的辅助部件有反作用弹簧、缓冲弹簧、触点压力弹簧、传动机构及底座、接线柱等，如图 1-1-11（a）所示。反作用弹簧安装在衔铁和线圈之间，其作用是线圈断电后，推动衔铁释放，带动触点复位；缓冲弹簧安装在静铁芯和线圈之间，其作用是缓冲衔铁在吸合时对静铁芯和外壳的冲击力，保护外壳；触点压力弹簧安装在动触点上面，其作用是增加动、静触点间的压力，从而增大接触面积，以减少接触电阻，防止触点过热损伤；传动机构的作用是在衔铁或反作用弹簧的作用下，带动动触点实现与静触点的接通或分断。

（2）交流接触器的图形符号及文字符号如图 1-1-12 所示。

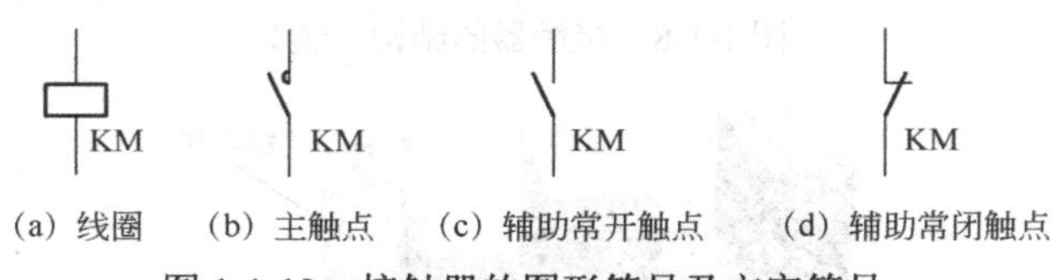

（a）线圈　（b）主触点　（c）辅助常开触点　（d）辅助常闭触点

图 1-1-12　接触器的图形符号及文字符号

（3）交流接触器的工作原理。

交流接触器的工作原理示意图如图 1-1-13 所示，当接触器的线圈通电后，线圈中的电流产生磁场，使静铁芯磁化产生足够大的电磁吸力，克服反作用弹簧的反作用力将衔铁吸合，衔铁通过传动机构带动辅助常闭触点先断开，三对常开主触点和辅助常开触点后闭合；当接触器线圈断电或电压显著下降时，由于铁芯的电磁吸力消失或过小，衔铁在反作用弹簧力的作用下复位，并带动各触点恢复到原始状态。

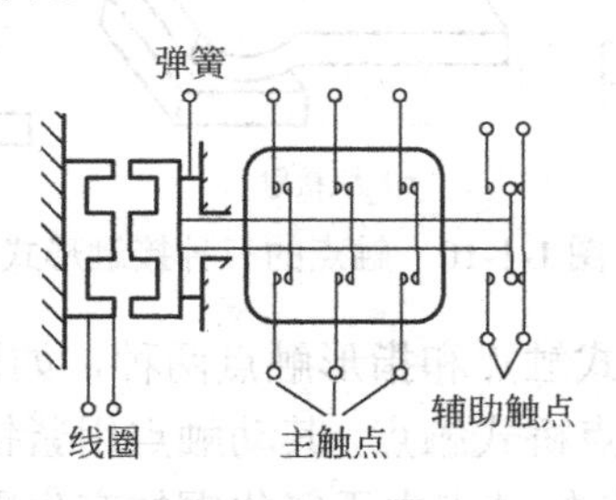

图 1-1-13　交流接触器的工作原理示意图

小贴士

交流接触器线圈在其额定电压的 85%～105%时，能可靠地工作。电压过高，则磁路趋于饱和，线圈电流将显著增大，线圈有被烧坏的危险；电压过低，则吸不牢衔铁，触点跳动，不但影响电路正常工作，而且线圈电流会达到额定电流的十几倍，使线圈过热而烧坏。因此，电压过高或过低都会造成线圈发热而烧毁。

（4）接触器的型号及含义。

交流接触器的型号及含义如下：

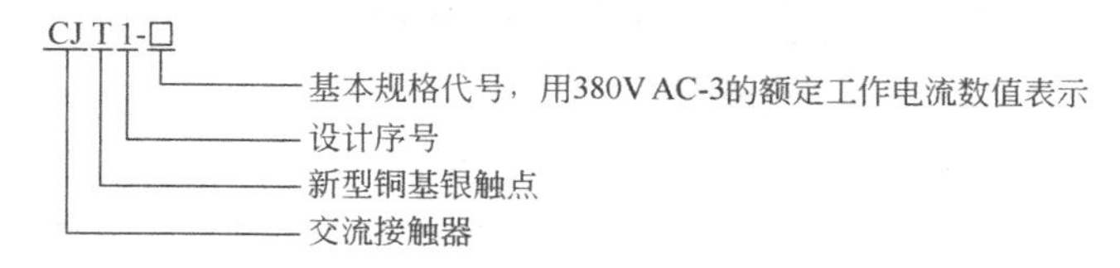

例如，CJ10Z-40/3 表示的是交流接触器，设计序号为 10，重任务型，额定电流为 40A，主触点为 3 极。又如，CJ12T-250/3 为改进型交流接触器，设计序号为 12，额定电流 250A，3 副主触点。

（5）几种特定用途的交流接触器。

我国生产的交流接触器常用的有 CJ10、CJ12、CJX1、CJ20 等系列及其派生系列产品，CJ0 系列及其改进型产品已逐步被 CJ20、CJX 系列产品取代。上述系列产品一般都具有三对常开主触点，常开、常闭辅助触点各两副。除了以上常用的系列外，我国近年来还引进了一些生产线，生产了一些满足 IEC 标准的特定用途的交流接触器，见表 1-1-3。

表 1-1-3　几种特定用途的交流接触器

名　称	外形图	应用条件	主要特点
CJX2-N(LC2-D)系列连锁可逆交流接触器		主要用于交流 50Hz 或 60Hz，额定工作电压至 660V，额定工作电流至 95A 以下的电路中，供电动机可逆控制之用	它的机构连锁机构保证了两台可逆接触器转换的工作可靠性
CJ19(16C)系列切换电容器接触器		主要用于交流 50Hz 或 60Hz、额定工作电压至 380V 的电力线路中，供低压无功功率补偿设备投入或切除低压并联电容器之用	接触器带有抑制涌流装置，能有效地减小合闸涌流对电容的冲击和抑制开断时的过电压

续表

名称	外形图	应用条件	主要特点
GSC2-J 建筑用交流接触器		主要用于主电路为交流 50Hz(或 60Hz)，额定绝缘电压为 440V，额定工作电压至 415V，使用类别 AC-7a 时额定工作电流至 63A，使用类别 AC-7b 时额定工作电流至 30A，额定限制短路电流小于或等于 6kA 的电路中，供家用及类似用途	操作机构为转动式，触点为双断点；低音操作，无噪声；低功耗，高可靠性；具有触点状态指示器
空调专用型接触器		用于交流 50Hz 或 60Hz，额定工作电压 220V，额定工作电流 25A，使用类别为 AC-7b 的电路中，接通和分断电路。本产品广泛用于空调等家电电器的压缩机或者电动机控制，也可用于电加热器等其他负载	采用专有的铁芯吸音设计，大大降低了振动及噪声，噪声低；接线方便，提供了插线端子、锁线、压着端子等多种接线方式；采用国际通用的底板设计，安装方便，互换性高
CJC20 系列自保持节能型交流接触器		CJC20 系列自保持节能接触器，主要适用于交流 50Hz、额定电压到 660V、额定工作电流到 630A 的电力系统中，接通和分断电路。特别适用于： ①在农村总漏电保护处，和漏电脉冲继电器配套使用 ②定时停送电的配电开关处 ③无功补偿电容器控制柜 以上场合在电网停电时不要求接触器断开，在来电时允许自送电，类似于自动开关	交流接触器的铁芯，由原硅钢片改为使用半硬磁钢，在直流励磁下，接触器吸合。断开励磁电流，铁芯因剩磁仍保持在吸合位置，当用反向直流或交流去磁时，接触器释放。节能接触器在吸合运行中不通励磁电流，因而达到节能、无噪声、不烧励磁线圈的目的

2）交流接触器的选择

交流接触器的选用，应根据负荷的类型和工作参数合理选用，具体分为以下步骤。

（1）选择接触器的类型。

交流接触器按负荷种类一般分为一类、二类、三类和四类，分别记为 AC1、AC2、AC3 和 AC4，见表 1-1-4。

表 1-1-4 交流接触器的类型

负荷种类	一类	二类	三类	四类
记　为	AC1	AC2	AC3	AC4
控制对象	无感或微感负荷，如白炽灯、电阻炉等	用于绕线式异步电动机的启动和停止	典型用途是笼型异步电动机的运转和运行中分断	用于笼型异步电动机的启动、反接制动、反转和点动

（2）选择接触器的额定参数。

根据被控对象和工作参数，如电压、电流、功率、频率及工作制等确定接触器的额定参数。

① 选择接触器主触点的额定电压。接触器主触点的额定电压应大于或等于所控制线路的额定电压。

② 选择接触器主触点的额定电流。接触器主触点的额定电流应大于或等于负载的额定电流。

③ 电动机的操作频率不高，如压缩机、水泵、风机、空调、冲床等，接触器额定电流大于负荷额定电流即可。接触器类型可选用 CJT1（CJ10）、CJ20 等。

④ 对重任务型电动机，如机床主电动机、升降设备、绞盘、破碎机等，其平均操作频率超过 100 次 / min，运行于启动、点动、正反向制动、反接制动等状态，可选用 CJ10Z、CJ12 型的接触器。为了保证电寿命，可使接触器降容使用。选用时，接触器额定电流大于电动机额定电流。

⑤ 对特种任务电动机，如印刷机、镗床等，操作频率很高，可达 600～12000 次 / h，经常运行于启动、反接制动、反向等状态，接触器大致可按电寿命及启动电流选用，接触器型号选 CJ10Z、CJ12 等。

⑥ 交流回路中的电容器投入电网或从电网中切除时，接触器选择应考虑电容器的合闸冲击电流。一般地，接触器的额定电流可按电容器的额定电流的 1.5 倍选取，型号选 CJT1（CJ10）、CJ20 等。

⑦ 用接触器对变压器进行控制时，应考虑浪涌电流的大小。例如，交流电弧焊机、电阻焊机等，一般可按变压器额定电流的 2 倍选取接触器，型号选 CJT1（CJ10）、CJ20 等。

⑧ 对于电热设备，如电阻炉、电热器等，负荷的冷态电阻较小，因此启动电流相应要大一些。选用接触器时可不用考虑启动电流，直接按负荷额定电流选取，型号可选用 CJT1（CJ10）、CJ20 等。

⑨ 由于气体放电灯启动电流大、启动时间长，对于照明设备的控制，可按额定电流的 1.1～1.4 倍选取交流接触器，型号可选 CJT1（CJ10）、CJ20 等。

⑩ 接触器额定电流是指接触器在长期工作下的最大允许电流，持续时间≤8h，且安装于敞开的控制板上，如果冷却条件较差，选用接触器时，接触器的额定电流按负荷额定电流的 110%～120%选取。对于长时间工作的电动机，由于其氧化膜没有机会得到清除，使接触电阻增大，导致触点发热超过允许温升。实际选用时，可将接触器的额定电流减小 30%使用。

⑪ 选择接触器吸引线圈的额定电压。接触器的线圈电压，一般应低一些为好，这样对接触器的绝缘要求可以降低，使用时也较安全。当控制线路简单、使用电器较少时，可直接选用 380V 或 220V 的电压。若线路较复杂、使用电器的个数超过 5 只时，可选用 36V 或 110V 电压的线圈，以保证安全。为了方便和减少设备，常按实际电网电压选取。

⑫ 选择接触器触点的数量和种类。接触器的触点数量和种类应满足控制电路的要求。常

用 CJT1 系列和 CJ20 系列交流接触器的技术数据可查阅相关手册。

二、识读电路图

电路图是根据生产机械运动形式对电气控制系统的要求，采用国家统一规定的电气图形符号和文字符号，按照电气设备和电器的工作顺序排列，详细表示电路、设备或成套装置的全部基本组成和连接关系的一种简图，它不涉及元器件的结构尺寸、材料选用、安装位置和实际配线方法。

1．电路图的特点

电路图能充分表达电气设备和电器的用途、作用及线路的工作原理，是电气线路安装、调试和维修的理论依据。

2．绘制和识读电路图的原则

电路图一般分为电源电路、主电路和辅助电路三部分。在绘制和识读电路图时，应遵循以下原则。

1）电源电路

电源电路一般画成水平线，三相交流电源相序 L1、L2、L3 自上而下依次画出，中线 N 和保护地线 PE 则应画在相线之下。直流电源的“+”端画在上边，“-”端画在下边。电源开关要水平画出，如图 1-1-14 所示电路中组合开关 QF 作为电源的隔离开关。

2）主电路

主电路是指受电的动力装置及控制、保护电器的支路等。它是电源向负载提供电能的电路，主要由主熔断器、接触器的主触点、热继电器的热元件及电动机等组成。如图 1-1-14 所示就是点动正转控制电路的主电路，它由熔断器 FU1、接触器主触点 KM 和电动机 M 组成。线号用大写字母表示，如 U、V、W、U1、U11 等。

3）辅助电路

辅助电路一般包括控制主电路工作状态的控制电路、显示主电路工作状态的指示电路和提供机床设备局部照明的照明电路等。辅助电路一般由主令电器的触点、接触器（继电器）线圈和辅助触点、仪表、指示灯及照明灯等组成。

辅助电路要跨接在两相电源之间，一般按照控制电路、指示电路和照明电路的顺序，用细实线依次画在电路图的右侧，并且耗能元器件（如接触器和继电器的线圈、指示灯、照明灯等）要画在电路图的下方，与下边电源线相连，而电器的触点要画在耗能元器件与上边电源线之间。为了读图方便，一般应按照自左至右、自上而下的排列来表示操作顺序。如图 1-1-15 所示就是点动正转控制电路的辅助电路，该控制电路由熔断器 FU2、按钮 SB 和接触器线圈 KM 组成。线号用数字表示，如 1、2、3 等。

4）注意事项

在电路图中，元器件不画实际的外形图，而是采用国家统一规定的电气图形符号表示。另外，同一电器的各元器件不按它们的实际位置画在一起，而是按其在线路中所起的作用分别画在不同的电路中，但它们的动作是相互关联的，所以必须用同一文字符号进行标注。若同一电路图中，相同的电器较多时，要在元器件文字符号后面加注不同的数字以示区别。

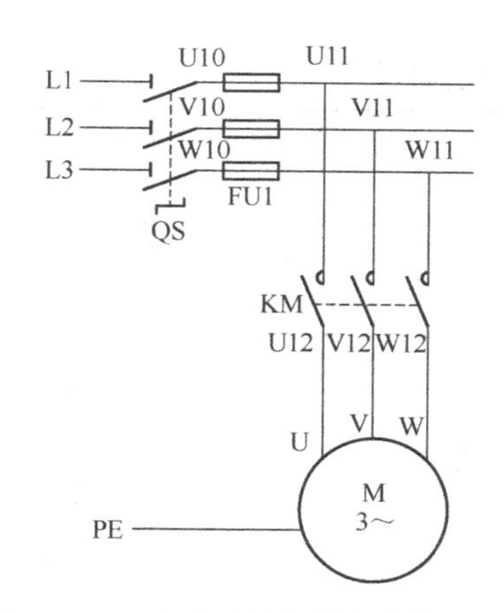

图 1-1-14 点动正转控制电路的主电路

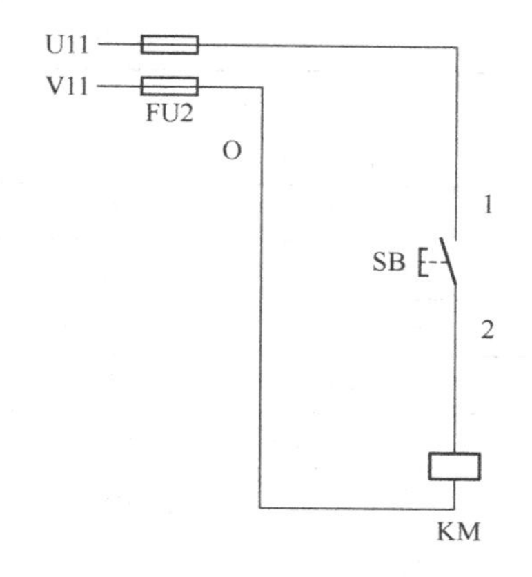

图 1-1-15 点动正转控制电路的辅助电路

5）电路图中的标号

电路图采用电路编号法，即对电路中的各个接点用字母或数字编号。

（1）主电路的编号。

主电路在电源开关的出线端按相序依次编号为 U11、V11、W11；然后按从上到下、从左到右的顺序，每经过一个元器件后，编号依次递增，如 U12、V12、W12，U13、V13、W13…。单台三相交流电动机（或设备）的三根引出线，按相序依次编号为 U、V、W，如图 1-1-14 所示。

（2）辅助电路的编号。

辅助电路的编号按“等电位”原则，按从上到下、从左到右的顺序，用数字依次编号，每经过一个元器件后，编号要依次递增。控制线路的编号一般是从“0”或“1”开始，其他辅助电路编号的起始数字依次递增 100，如照明电路的编号从 101 开始；指示电路的编号从 201 开始等。

三、点动正转控制电路工作原理分析

如图 1-1-15 所示，先合上组合开关 QS。

1）启动控制

按下 SB→KM 线圈得电→KM 主触点闭合→接通电源，电动机 M 得电运转

2）停止控制

松开 SB→KM 线圈失电→KM 主触点分断→断开电源，电动机 M 失电停转

小贴士

按下按钮时电动机得电运转，松开按钮时电动机失电停转的控制方法，称为点动控制。

任务准备

实施本任务教学所使用的实训设备及工具材料见表 1-1-5。

表 1-1-5 实训设备及工具材料

序 号	名 称	型号规格	数 量	单 位	备 注
1	电工常用工具		1	套	
2	万用表	MF47 型	1	块	
3	三相四线电源	～3×380/220V、20A	1	处	
4	三相异步电动机	Y112M-4，4kW、380V、Y接法；或自定	1	台	
5	配线板	500mm×600mm×20mm	1	块	
6	开启式负荷开关	HK1-30/3，380V，30A，熔体直连	1	只	
7	组合开关	HZ10-25/3	1	只	
8	低压断路器	DZ5-20/330，复式脱扣器，380V，20A，整定 10A	1	只	
9	熔断器 FU1	RL1-60/25，380V，60A，熔体配 25A	3	套	
10	熔断器 FU2	RL1-15/2	2	套	
11	接触器 KM	CJ10-20，线圈电压 380V，20A（CJX2、B 系列等自定）	1	只	
12	按钮 SB1	LA10-2H，保护式、按钮数 2	1	只	
13	木螺钉	ϕ3×20mm；ϕ3×15mm	30	个	
14	平垫圈	ϕ4mm	20	个	
15	线号笔	自定	1	支	
16	主电路导线	BVR-1.5，1.5mm^2（7×0.52mm）（黑色）	若干	m	
17	控制电路导线	BV-1.0，1.0mm^2（7×0.43mm）	若干	m	
18	按钮线	BV-0.75，0.75mm^2	若干	m	
19	接地线	BVR-1.5，1.5mm^2（黄绿双色）	若干	m	
20	劳保用品	绝缘鞋、工作服等	1	套	
21	接线端子排	JX2-1015，500V、10A、15 节或配套自定	1	条	

一、低压熔断器的识别

（1）在教师的指导下，仔细观察各种不同系列、规格的低压熔断器，并熟悉它们的外形、型号规格及技术参数的意义、结构。

（2）教师事先用胶布将要识别的 5 只低压熔断器的型号规格盖住，由学生根据实物写出各低压断路器的系列名称、型号、文字符号，并画出图形符号，填入表 1-1-6 中。

表 1-1-6 低压熔断器的识别

序 号	系列名称	型号规格	文字符号	图形符号	主要结构
1					
2					

续表

序　号	系列名称	型号规格	文字符号	图形符号	主要结构
3					
4					
5					

二、接触器的拆装与检修（以 CJ10-20 交流接触器为例）

1. 拆卸步骤

（1）卸下灭弧罩。

（2）拉紧主触点定位弹簧夹，将主触点侧转 45° 后，取下主触点和压力弹簧。

（3）松开辅助常开静触点的螺钉，卸下常开触点。

（4）用手按压底盖板，并卸下螺钉。

（5）取下静铁芯、静铁芯支架及缓冲弹簧。

（6）拔出线圈弹簧片，取出线圈。

（7）取出反作用弹簧。

（8）取出动铁芯和塑料支架，并取出定位销。

2. 装配步骤

（1）装上动铁芯和塑料支架，并安装定位销。

（2）装上反作用弹簧。

（3）装上线圈，安装线圈弹簧片。

（4）装上静铁芯、静铁芯支架及缓冲弹簧。

（5）装上常开触点，拧紧辅助常开触点的螺钉。

（6）拉紧主触点定位弹簧夹，将主触点侧转 45°后，装上主触点和压力弹簧。

（7）用手按压底盖板，并卸下螺钉。

（8）装上灭弧罩。

3. 接触器的检修与调试

（1）触点表面的修理。当接触器触点的表面因氧化造成接触不良时，可用小刀或细锉清除表面，只要把氧化层除掉即可，不要过分地锉修触点而破坏触点的现状。另外，如果是因为触点的积垢而造成接触不良时，只要用棉花浸汽油或四氯化碳溶液进行清洗即可，注意不能用润滑液涂拭。

小贴士

银或银合金触点在分断时，会产生分断电弧使触点形成一层黑色氧化膜。这层氧化膜接触电阻很小，不会造成接触不良的现象。因此，为了提高触点的寿命，可不必锉修。

（2）触点的整形修理。当电流过大、灭弧装置失效、触点容量过小或触点弹簧损坏，初压力过小时，触点闭合或断开电路时会产生电弧。在电弧的作用下，触点表面会形成许多凹凸不平的麻点。如果电弧比较大，或者触点闭合时跳动的厉害，可使触点烧毛，严重的电弧会使触点熔化，并使动、静触点焊在一起，造成触点熔焊。

小贴士

在触点的整形修理时，不要求修的过分光滑，重要的是平整。另外，还要注意触点不要锉得太多，否则修理几次以后就无法再用了。

（3）触点的更换。若是镀银的触点，当触点中的银层被磨损而露铜，或触点严重磨损超过厚度的1/2以上时，应更换新的触点。更换后的触点要重新调整压力、开距、超程，使之保持在规定的范围内。

(4) 触点的开距、超程、压力的测量与调整。接触器修理以后，一般应根据技术要求进行开距、超程、压力的检查与调整。

4．接触器检修后测试方法和要求

（1）吸合与释放电压的测量。

直流接触器在冷态下的吸合电压值为额定电压值的 65%时能可靠地吸合上；释放电压值约为额定电压值的5%～10%。交流接触器的吸合电压为额定电压值的85%时能可靠地吸合上；释放电压值约为额定电压值的30%～40%。

（2）当电源电压在接触器额定电压值的65%～105%（直流）和85%～115%（交流）范围时能可靠地工作。

（3）接触器的主触点通断时，三相触点应保证同时通断，其先后误差不得超过0.5ms。

三、点动正转控制线路的安装与调试

1．绘制元器件布置图

元器件布置图是根据元器件在控制板上的实际安装位置，采用简化的外形符号（如正方形、矩形、圆形等）而绘制的一种简图。它不表达各电器的具体结构、作用、接线情况及工作原理，主要用于元器件的布置和安装。图中各电器的文字符号必须与电路图和接线图的标注相一致。如图1-1-16（a）所示是点动正转控制线路的元器件布置图。

2．绘制接线图

接线图是根据电气设备和元器件的实际位置和安装情况绘制的，只用来表示电气设备和元器件的位置、配线方式和接线方式，而不明显表示电气动作原理，主要用于安装接线、线路的检查维修和故障处理。绘制、识读接线图应遵循以下原则。

（1）接线图中一般示出如下内容：电气设备和元器件的相对位置、文字符号、端子号、导线号、导线类型、导线截面积、屏蔽和导线绞合等。

（2）所有的电气设备和元器件都按其所在的实际位置绘制在图纸上，且同一电器的各元器件根据其实际结构，使用与电路图相同的图形符号画在一起，并用点画线框上，其文字符号及接线端子的编号应与电路图中的标注一致，以便对照检查接线。

（3）接线图中的导线有单根导线、导线组（或线扎）、电缆等之分，可用连续线和中断线来表示。凡导线走向相同的可以合并，用线束来表示，到达接线端子板或元器件的连接点时再分别画出。用线束来表示导线组、电缆等时，可用加粗的线条表示，在不引起误解的情况下也可采用部分加粗的线条表示。另外，导线及管子的型号、根数和规格应标注清楚。

通过电气线路原理图绘制出接线图如图1-1-16（b）所示。

3．元器件规格、质量检查

（1）根据元器件明细表，检查各元器件、耗材与元器件明细表中的型号与规格是否一致。

（2）检查各元器件的外观是否完整无损，附件、备件是否齐全。

（3）用仪表检查各元器件和电动机的有关技术数据是否符合要求。

（4）接触器、按钮安装前的检查如下。

① 检查接触器铭牌与线圈的技术数据（如额定电压、电流、操作频率等）是否符合实际使用要求。

② 检查接触器外观，应无机械损伤；用手推动接触器可动部分时，接触器应动作灵活，无卡阻现象；灭弧罩应完整无损，固定牢固。

③ 将铁芯极面上的防锈油脂或粘在极面上的铁垢用煤油擦净，以免多次使用后衔铁被粘住，造成断电后不能释放。

④ 测量接触器的线圈电阻和绝缘电阻。

绝缘电阻要大于0.5MΩ，线圈电阻不同的接触器有差异，但一般为1.5kΩ。

⑤ 检查按钮外观，应无机械损伤；用手按动按钮钮帽时，按钮应动作灵活，无卡阻现象。

⑥ 按动按钮，测量检查按钮常开、常闭的通断情况。

4．根据元器件布置图安装固定低压元器件

当元器件检查完毕后，按照如图1-1-16（a）所示的元器件布置图安装和固定元器件。低压元器件的安装与使用要求如下。

1）熔断器的安装

（1）用于安装使用的熔断器应完整无损，并标有额定电压、额定电流值。熔断器安装时应保证熔体与夹头、夹头与夹座接触良好。瓷插式熔断器应垂直安装。螺旋式熔断器接线时，电源线应接在下接线座上，以保证能安全更换熔管。

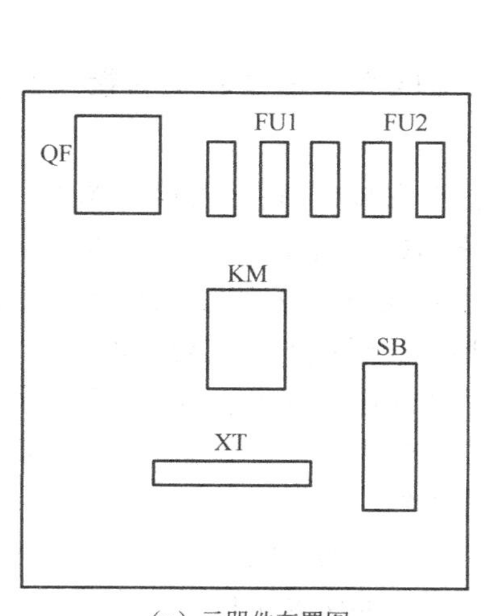

（a）元器件布置图

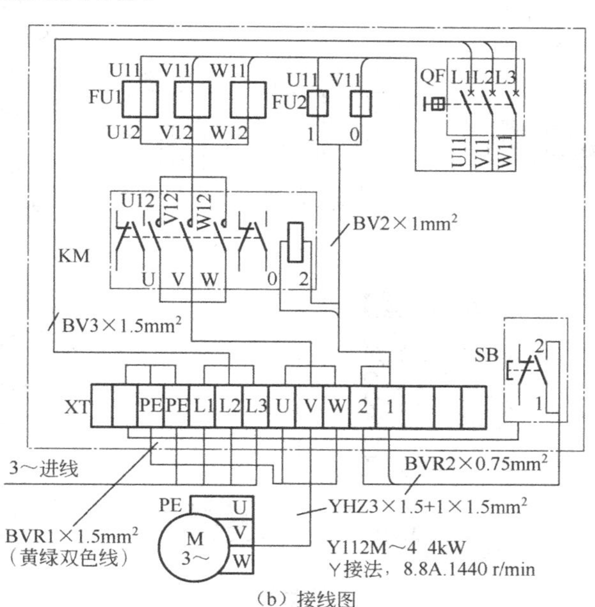

（b）接线图

图1-1-16 点动正转控制电路的元器件布置图和接线图

（2）熔断器内要安装合格的熔体，不能用多根小规格的熔体并联代替一根大规格的熔体。多级保护时，上一级熔断器的额定电流等级以大于下一级熔断器的额定电流等级两级为宜。

（3）更换熔体或熔管时，必须切断电源，尤其不允许带负荷操作，以免发生电弧灼伤。管式熔断器的熔体应用专用的绝缘插拔器进行更换。

（4）熔断器兼作隔离元器件使用时，应安装在控制开关的电源进线端；若仅用于短路保护，应装在控制开关的出线端。

2）按钮的安装与使用维护要求

（1）按钮安装在面板上时，应布置整齐，排列合理，如根据电动机启动的先后顺序，从上到下或从左到右排列。

（2）同一机床运动部件有几种不同的工作状态时（如上、下；前、后；松、紧等），应使每一对相反状态的按钮安装在一组。

（3）按钮的安装应牢固，安装按钮的金属板或金属按钮盒必须可靠接地。

（4）由于按钮的触点间距较小，如有油污等极易发生短路故障，所以应注意保持触点间的清洁。

（5）光标按钮一般不宜用于需长期通电显示处，以免塑料外壳过度受热而变形，给更换灯泡带来困难。

3）接触器的安装

（1）交流接触器一般应安装在垂直面上，倾斜度不得超过5°；若有散热孔，则应将有孔的一面放在垂直方向上，以利散热，并按规定留有适当的飞弧空间，以免飞弧烧坏相邻电器。

（2）安装和接线时，注意不要将零件失落或掉入接触器内部。安装孔的螺钉应装有弹簧垫圈和平垫圈，并拧紧螺钉以防振动松脱。

（3）安装完毕，检查接线正确无误后，在主触点不带电的情况下操作几次，然后测量产品的动作值和释放值，所测数值应符合产品的规定要求。

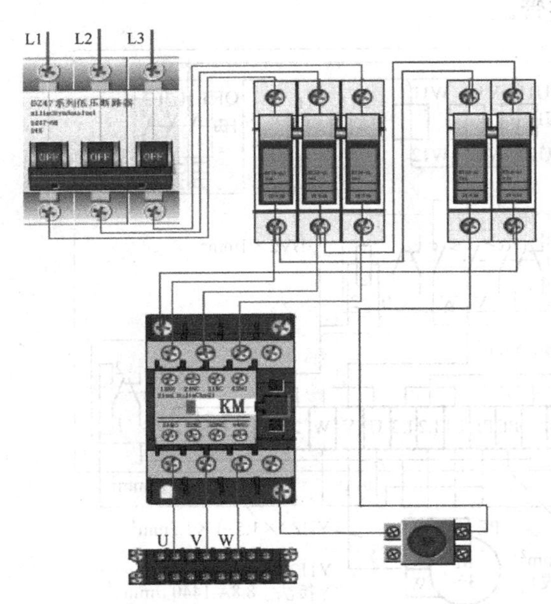

图 1-1-17　效果示意图

5．根据电气原理图和安装接线图进行配线

当元器件安装完毕后，按照如图1-1-14所示的主电路和如图1-1-16（b）所示的接线图进行板前明线配线，配线后的效果示意图如图1-1-17所示。配线的工艺要求如下。

（1）配线通道要尽可能少，同路并行导线按主、控电路分类集中，单层密排，紧贴配线板的安装面配线。

（2）同一平面的导线应高低一致或前后一致，不能交叉。非交叉不可时，交叉的导线应在接线端子引出时就水平架空跨越，并且走线要合理。

（3）配线时，应横平竖直，高低平齐，转角应成 90°。变换走向时应垂直转向。

（4）配线时，线头的长短合适，线耳方向正确，不得出现压绝缘层或反圈现象。布线时严禁损伤线芯和导线绝缘。

（5）同一元器件、同一回路的不同接点的导线间距离应保持一致。一个元器件接线端子上的连接导线不得多于两根，每节接线端子板上的连接导线一般只允许连接一根。

（6）布线一般以接触器为中心，按由里向外、由低至高、先控制电路、后主电路的顺序进行，以不妨碍后续布线为原则。

（7）配线时，根据原理图和接线图套上相应的编码管。

6. 电动机和保护接地线的连接

首先连接电动机的电源线，然后连接电动机和所有元器件金属外壳的保护接地线，如图 1-1-18 所示。

图 1-1-18 电动机电源线和保护接地线的安装

7. 自检

当线路安装完毕后，在通电试车前必须经过自检，并经指导教师确认无误后方可通电试车。自检的方法及步骤如下。

1）用观察法检查

首先按电路图或接线图从电源端开始，逐段核对接线及接线端子处线号是否正确，有无漏接、错接之处。然后检查导线接点是否符合要求，压接是否牢固。同时注意接点接触应良好，以避免带负载运转时产生闪弧现象。

2）用万用表检查控制线路的通断情况

（1）检查时，应选用倍率适当的电阻挡，并进行校零，然后将万用表的表笔分别搭接在 U11、V11 接线端上，测量 U11 与 V11 之间的直流电阻，此时的读数应为"∞"。若读数为零，则说明线路有短路现象；若此时的读数为接触器线圈的直流电阻值，则说明线路接错，会造成合上总电源开关后，在没有按下点动按钮 SB 的情况下，接触器 KM 会直接获电动作。

（2）按下按钮 SB，万用表读数应为接触器线圈的直流电阻值。松开按钮后，此时的读数应为"∞"。

（3）用兆欧表检查线路的绝缘电阻的阻值应不得小于 1MΩ，如图 1-1-19 所示。

图 1-1-19 用兆欧表测量绝缘电阻

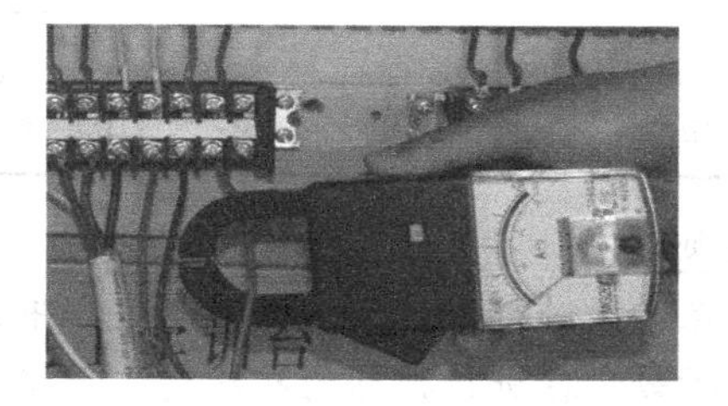

图 1-1-20 钳形电流表测量三相电流是否平衡

8. 通电试车

学生通过自检和教师确认无误后，在教师的监护下进行通电试车。通电试车的操作步骤如下。

（1）接上三相电源 L1、L2、L3，并合上 QF，然后用验电笔进行验电，电源正常后，进行下一步操作。

（2）按下点动按钮 SB，接触器得电吸合，电动机启动运转；松开 SB，接触器失电复位，电动机脱离电源停止运行。反复操作几次，以观察线路的可靠性。观察电动机运行情况，当按下点动按钮 SB 后，用钳形电流表测量三相电流是否平衡，如图 1-1-20 所示。

（3）试车完毕后，应先切断电源，然后方可拆线。拆线时，应先拆电源线，后拆电动机线。

任务评价

对任务实施的完成情况进行检查，并将结果填入表 1-1-7。

表 1-1-7　任务测评表

序号	主要内容	考核要求	评分标准		配分	扣分	得分
1	接触器的识别	根据任务，写出各接触器的系列名称、型号、文字符号、图形符号和主要结构及工作原理	①写错或漏写型号，每只扣 2 分 ②图形符号和文字符号，每错一个扣 1 分 ③主要结构和工作原理错误，酌情扣分		10		
2	接触器的拆装	根据任务，进行交流接触器的拆装、检修、校验及调整触点压力	①拆装方法不正确或不会拆装，扣 10 分 ②损坏、丢失或漏装零件，每件扣 5 分 ③未进行检修或检修方法不正确，扣 5 分 ④不能进行通电校验，扣 10 分 ⑤通电时有振动或噪声，扣 5 分 ⑥校验方法和结果不正确，扣 5 分 ⑦不会调整触点压力大小，扣 5 分		20		
3	线路安装调试	根据任务，按照电动机基本控制线路的安装步骤和工艺要求，进行线路的安装与调试	①按图接线，不按图接线扣 10 分 ②元器件安装正确、整齐、牢固，否则一个扣 2 分 ③配线整齐美观，横平竖直、高低平齐，转角 90°，否则每处扣 2 分 ④线头长短合适，线耳方向正确，无松动，否则没处扣 1 分 ⑤配线齐全，否则一根扣 5 分 ⑥编码套管安装正确，否则每处扣 1 分 ⑦通电试车功能齐全，否则扣 40 分		60		
4	安全文明生产	劳动保护用品穿戴整齐；电工工具佩带齐全；遵守操作规程；尊重老师，讲文明礼貌；考试结束要清理现场	①操作中，违反安全文明生产考核要求的，任何一项扣 2 分，扣完为止 ②当发现学生有重大事故隐患时，要立即予以制止，并每次扣 5 分		10		
合　计							
开始时间			结束时间				

小贴士

在学生进行本任务实施实训过程中，经常会遇到以下情况。

问题：在进行按钮的接线时，误将 SB 的常开触点接成常闭触点。

后果及原因：在进行按钮的接线时，若误将 SB 的常开触点接成常闭触点，会造成合上电源开关后，接触器线圈直接获电，电动机直接启动运转。

预防措施：在进行按钮接线前，应通过万用表确认将 SB 接成常开触点后，再进行接线。

任务拓展

电气图形符号的标准

我国采用的是国家标准 GB/T 4728.2～4728.13—1996～2000《电气简图用图形符号》中所规定的图形符号，文字符号标准采用的是 GB 7159—1987《电气技术中的文字符号制定通则》中所规定的文字符号，这些符号是电气工程技术的通用技术语言。

国家标准对图形符号的绘制尺寸没有做统一的规定，实际绘图时可按实际情况以便于理解的尺寸进行绘制，图形符号的布置一般为水平或垂直位置。

在电气图中，导线、电缆线、信号通路及元器件、设备引线均称为连接线。绘制电气图时，连接线一般应采用实线，无线电信号通路采用虚线，并且应尽量减少不必要的连接，避免线条交叉和弯折。对有直接电联系的交叉导线的连接点，应用小黑圆点表示；无直接电联系的交叉跨越导线则不画小黑圆点，如图 1-1-21 所示。

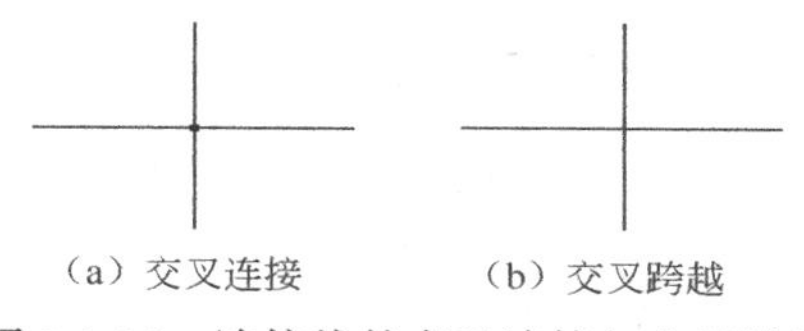

（a）交叉连接　　（b）交叉跨越

图 1-1-21　连接线的交叉连接与交叉跨越

任务 2　三相异步电动机接触器自锁控制电路的安装与检修

任务目标

知识目标

1. 掌握热继电器的结构、用途及工作原理和选用原则。
2. 掌握按钮的结构、图形符号、文字符号。
3. 正确理解三相异步电动机接触器自锁控制电路的工作原理。
4. 能正确识读接触器自锁控制电路的原理图、接线图和布置图。

能力目标

1. 会按照工艺要求正确安装三相异步电动机接触器自锁控制电路。
2. 初步掌握热继电器的校验步骤和工艺要求。
3. 能根据故障现象，检修三相异步电动机接触器自锁控制电路。

素质目标

养成独立思考和动手操作的习惯，培养小组协调能力和互相学习的精神。

任务呈现

许多生产机械，往往要按下启动按钮后，电动机才启动运转，当松开按钮后，电动机仍然会继续运行，如生产机械中的CA6140车床主轴电动机的控制就是采用的这种控制方式。三相异步电动机接触器自锁控制电路如图1-2-1所示。本次任务的主要内容是：通过学习，完成对三相异步电动机接触器自锁控制电路的安装与检修。

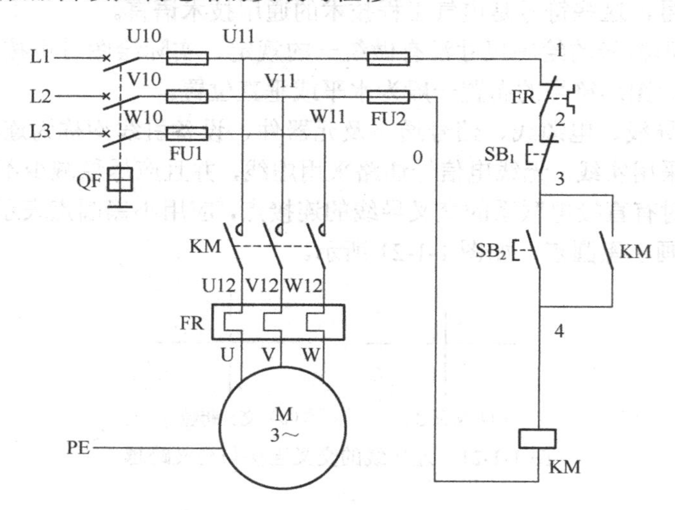

图1-2-1　三相异步电动机接触器自锁控制电路

知识链接

一、热继电器

热继电器是利用流过继电器的电流所产生的热效应而反时限动作的自动保护电器。所谓反时限动作，是指电器的延时动作时间随通过电路电流的增加而缩短。热继电器主要与接触器配合使用，用于电动机的过载保护、断相保护、电流不平衡运行的保护及其他电气设备发热状态的控制。

1．热继电器的分类

热继电器的形式有多种，主要有双金属片式和电子式，其中双金属片式应用最多。按极数划分有单极、两极和三极三种，其中三极的热继电器又包括带断相保护装置的和不带断相保护装置的；按复位方式分有自动复位式和手动复位式。几款常见双金属片式热继电器的外形如图1-2-2所示。

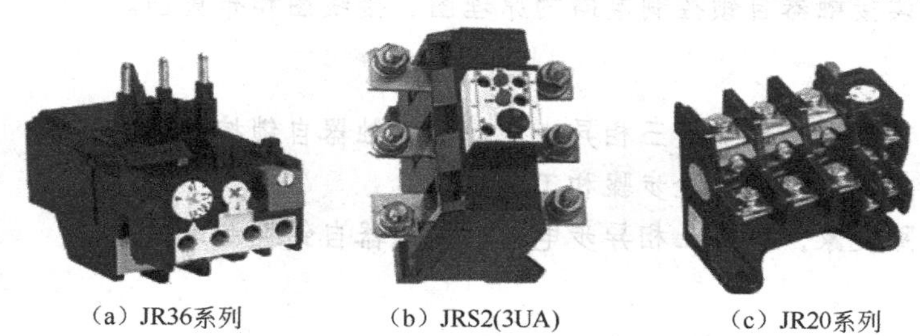

（a）JR36系列　（b）JRS2(3UA)　（c）JR20系列

图1-2-2　几款常见双金属片式热继电器的外形

2．热继电器的结构、工作原理及符号

1）结构

三极双金属片热继电器如图 1-2-3 所示，它主要由热元件、传动机构、常闭触点、电流整定装置和复位按钮组成。热继电器的热元件由主双金属片和绕在外面的电阻丝组成。主双金属片由两种热膨胀系数不同的金属片复合而成。

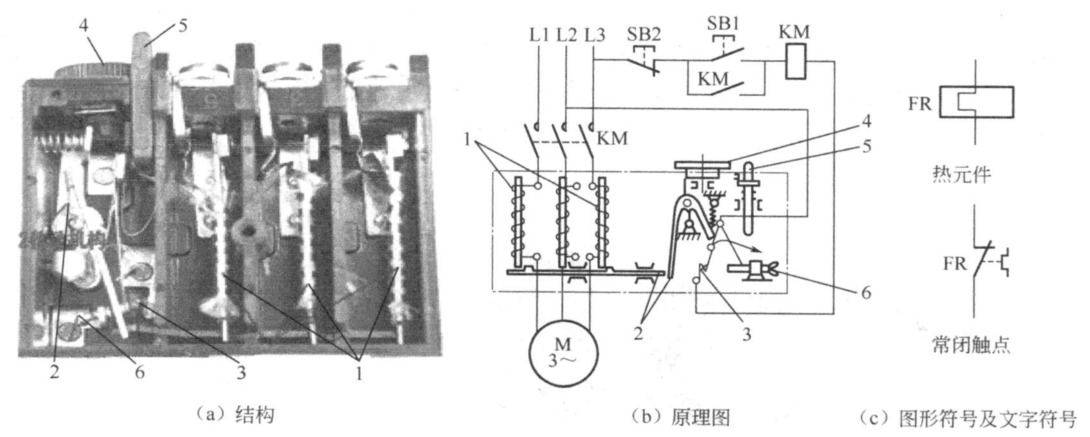

（a）结构　（b）原理图　（c）图形符号及文字符号

1—热元件；2—传动机构；3—常闭触点；4—电流整定旋钮；5—复位按钮；6—限位螺钉

图 1-2-3　三极双金属片热继电器

2）工作原理

热继电器使用时，要将热元件串联在主电路中，常闭触点串联在控制电路中，如图 1-2-3（b）所示。当电动机过载时，流过电阻丝的电流超过热继电器的整定电流，电阻丝发热增多，温度升高，由于两种金属片的热膨胀程度不同而使主双金属片向右弯曲，通过传动机构推动常闭触点断开，分断控制电路，再通过接触器切断主电路，实现对电动机的过载保护。

当电源切除后，热元件的主双金属片逐渐冷却恢复原位。热继电器的复位机构操作有手动复位和自动复位两种形式，可根据使用要求通过复位调节螺钉来自由调整选择。一般自动复位时间不大于 5min，手动复位时间不大于 2min。

热继电器的整定电流大小可通过旋转电流整定旋钮来调节。热继电器的整定电流是指热继电器连续工作而不动作的最大电流。当热继电器的工作电流超过整定电流时，热继电器将在负载未达到其允许的过载极限之前动作。

3）图形符号及文字符号

热继电器在电路图中的文字符号用“FR”表示，其图形符号如图 1-2-3（c）所示。

3．型号含义

热继电器的型号及含义如下：

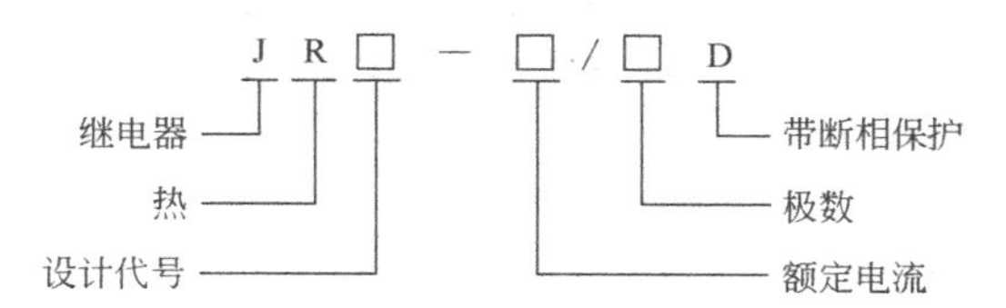

JR20 系列热继电器是一种双金属片式热继电器，在电力线路中用于长期或间断工作的一般交流电动机的过载保护，并且能在三相电流严重不平衡时起保护作用。

JR20 系列热继电器的结构为立体布置，一层为结构，另一层为主电路。其一层包括整定电流调节凸轮、动作脱扣指示、复位按钮及断开检查按钮。

二、按钮

按钮是一种通过手动操作来接通或分断小电流控制电路的主令电器。一般情况下，按钮不直接控制主电路的通断，主要利用按钮开关远距离发出手动指令或信号去控制接触器、继电器等电磁装置，实现主电路的分合、功能转换或电气连锁。几款按钮的外形如图 1-2-4 所示。

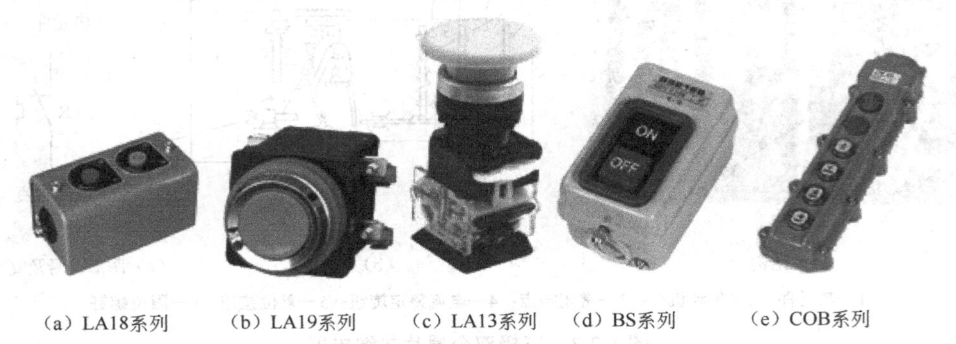

（a）LA18系列　（b）LA19系列　（c）LA13系列　（d）BS系列　（e）COB系列

图 1-2-4　几款按钮的外形

1．按钮的结构及符号

按钮开关的结构一般都是由按钮帽、复位弹簧、桥式动触点、外壳及支柱连杆等组成。按钮开关按静态时触点分合状况，可分为常开按钮（启动按钮）、常闭按钮（停止按钮）及复合按钮（常开、常闭组合为一体的按钮）。各种按钮的结构与符号如图 1-2-5 所示。

名称	停止按钮(常闭按钮)	启动按钮(常开按钮)	复合按钮
结构			1 2 3 4 5 6 7
符号	SB	SB	SB

1—按钮；2—复位按钮；3—支柱连杆；4—常闭静触点；5—桥式动触点；6—常开静触点；7—外壳

图 1-2-5　按钮开关的结构与符号

2．按钮的型号及含义

按钮的型号及含义如下：

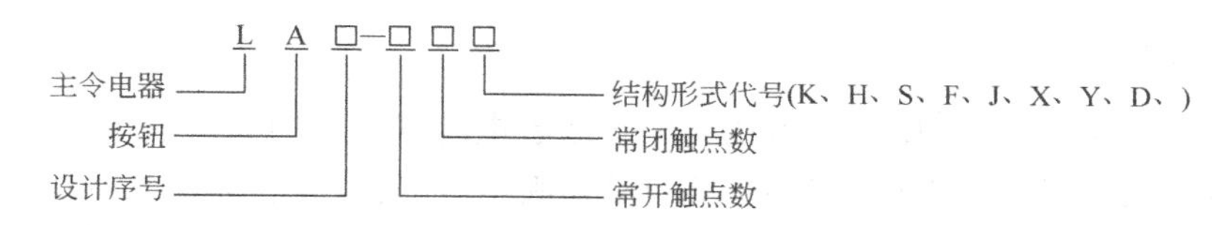

其中，结构形式代号的含义如下：

K——开启式，适用于嵌装在操作面板上；

H——保护式，带保护外壳，可防止内部零件受机械损伤或人偶然触及带电部分；

S——防水式，具有密封外壳，可防止雨水侵入；

F——防腐式，能防止腐蚀性气体进入；

J——紧急式，带有红色大蘑菇钮头（突出在外），用于紧急切断电源；

X——旋钮式，用旋钮旋转进行操作，有通和断两个位置；

Y——钥匙操作式，用钥匙插入进行操作，可防止误操作或供专人操作；

D——光标按钮，按钮内装有信号灯，兼作信号指示。

3. 按钮的选用

（1）根据使用场合和具体用途选择按钮的种类。例如，嵌装在操作面板上的按钮可选用开启式；需显示工作状态的选用光标式；为防止无关人员误操作的重要场合宜用钥匙操作式；在有腐蚀性气体处要用防腐式。

（2）根据工作状态指示和工作情况要求，选择按钮或指示灯的颜色。例如，启动按钮可选用白、灰或黑色，优先选用白色，也允许选用绿色。急停按钮应选用红色。停止按钮可选用黑、灰或白色，优先用黑色，也允许选用红色。

（3）根据控制回路的需要选择按钮的数量。例如，单联钮、双联钮和三联钮等。

小贴士

根据不同需要，可将单个按钮元件组成双联按钮、三联按钮或多联按钮，如将两个独立的按钮元件安装在同一个外壳内组成双联按钮，这里的“联”指的是同一个开关面板上有几个按钮。双联按钮、三联按钮可用于电动机的启动、停止及正转、反转、制动的控制。有的也可将若干按钮集中安装在一块控制板上，以实现集中控制，称为按钮站。

三、三相异步电动机的接触器自锁控制电路分析

1. 工作原理

如图 1-2-1 所示的三相异步电动机的接触器自锁控制电路，先合上电源开关 QF。

1）启动控制

按下SB1→KM线圈得电 → KM主触点闭合 → 电动机M启动连续运转
　　　　　　　　　　→ KM辅助常开触点闭合 →

2）停止控制

按下SB2→KM线圈得电 → KM主触点分断 → 电动机M失电停转
　　　　　　　　　　→ KM辅助常开触点分断 →

这种当松开启动按钮后，接触器通过自身的辅助常开触点使其线圈保持得电的作用称为自锁。与启动按钮并联起自锁作用的辅助常开触点称为自锁触点。

2．保护分析

（1）欠电压保护："欠电压"是指线路电压低于电动机应加的额定电压。"欠电压保护"是指当线路电压低于某一数值时，电动机能自动切断电源停转，避免电动机在欠电压下运行的一种保护。采用接触器自锁控制电路就可避免电动机欠电压运行。因为当线路电压下降到低于额定电压的85%时，接触器线圈两端的电压也同样下降到此值，从而使接触器线圈磁通减弱，产生的电磁吸力减少，当电磁吸力减少到小于反作用弹簧的拉力时，动铁芯被迫释放，主触点、自锁触点同时分断，自动切断主电路和控制电路，电动机失电停转，达到欠电压保护。

（2）失电压保护：失电压保护是指电动机在正常运行中，由于外界某种原因引起突然断电时，能自动切断电动机电源；当重新供电时，保证电动机不能自动启动的一种保护。接触器自锁控制线路也可实现失电压保护。因为接触器自锁触点和主触点在电源断电时已经断开，使主电路和控制电路都不能接通，所以在电源恢复供电时，电动机就不会自动启动运转，保证了人身和设备的安全。

（3）短路保护：FU1起主电路的短路保护作用，FU2起控制电路的短路保护作用。

（4）过载保护：所谓过载保护就是指当电动机出现过载时，能自动切断电动机的电源，使电动机停转的一种保护。

电动机运行过程中，如果长期负载过大，或启动操作频繁，或者缺相运行，都可能使电动机定子绕组的电流过大，超过其额定值。而在这种情况下，熔断器往往并不熔断，从而引起定子绕组过热，使温度持续升高。若温度超过允许温升，就会造成绝缘损坏，缩短电动机的使用寿命，严重时甚至会烧毁电动机的定子绕组。因此，对电动机必须采取过载保护措施。

小贴士

热继电器在三相异步电动机控制线路中只能用于过载保护，不能用于短路保护。这是因为热继电器的热惯性大，即热继电器的双金属片受热膨胀弯曲需要一定的时间。当电动机发生短路时，由于短路电流很大，热继电器还没有来得及动作，供电线路和电源设备可能就已经损坏。而在电动机启动时，由于启动时间很短，热继电器还未动作，电动机已启动完毕。总之，热继电器和熔断器两者所起的作用不同，不能相互代替使用。

任务准备

实施本任务教学所使用的实训设备及工具材料见表1-2-1。

表1-2-1　实训设备及工具材料

序　号	名称	型号规格	数量	单位	备注
1	电工常用工具		1	套	
2	万用表	MF47型	1	块	
3	三相四线电源	3×380/220V、20A	1	处	
4	三相异步电动机	Y112M-4，4kW、380V、Y接法；或自定	1	台	
5	接触式调压器	TDGC2-5/0.5	1	台	
6	小型变压器	DG-5/0.5	1	台	

续表

序　号	名称	型号规格	数量	单位	备注
7	开启式负荷开关	HK1-30/2	1	只	
8	电流互感器	HL24、100/5	1	只	
9	指示灯	220V、15W	1	只	
10	配线板	500mm×600mm×20mm	1	块	
11	三相断路器	规格自定	1	只	
12	熔断器 FU1	RL1-60/25，380V，60A，熔体配 25A	3	套	
13	熔断器 FU2	RL1-15/2	2	套	
14	接触器 KM1	CJ10-20，线圈电压 380V，20A（CJX2、B 系列等自定）	1	只	
15	热继电器	JR20-10	1	只	
16	按钮	LA10-3H，保护式、按钮数 3	1	只	
17	木螺钉	$\phi 3\times 20$mm；$\phi 3\times 15$mm	30	个	
18	平垫圈	$\phi 4$mm	30	个	
19	线号笔	自定	1	支	
20	主电路导线	BVR-1.5，1.5mm^2（7×0.52mm）（黑色）	若干	m	
21	控制电路导线	BV-1.0，1.0mm^2（7×0.43mm）	若干	m	
22	按钮线	BV-0.75，0.75mm^2	若干	m	
23	接地线	BVR-1.5，1.5mm^2（黄绿双色）	若干	m	
24	劳保用品	绝缘鞋、工作服等	1	套	
25	接线端子排	JX2-1015，500V、10A、15 节或配套自定	1	条	

任务实施

一、接触器自锁正转控制电路的安装与调试

1．绘制元器件布置图和接线图

具有过载保护的接触器自锁控制电路元器件布置图和接线图如图 1-2-6 所示。

2．元器件规格、质量检查

（1）根据表 1-2-1 所示的元器件明细表，检查其各元器件、耗材与表中的型号与规格是否一致。

（2）检查各元器件的外观是否完整无损，附件、备件是否齐全。

（3）用仪表检查各元器件和电动机的有关技术数据是否符合要求。

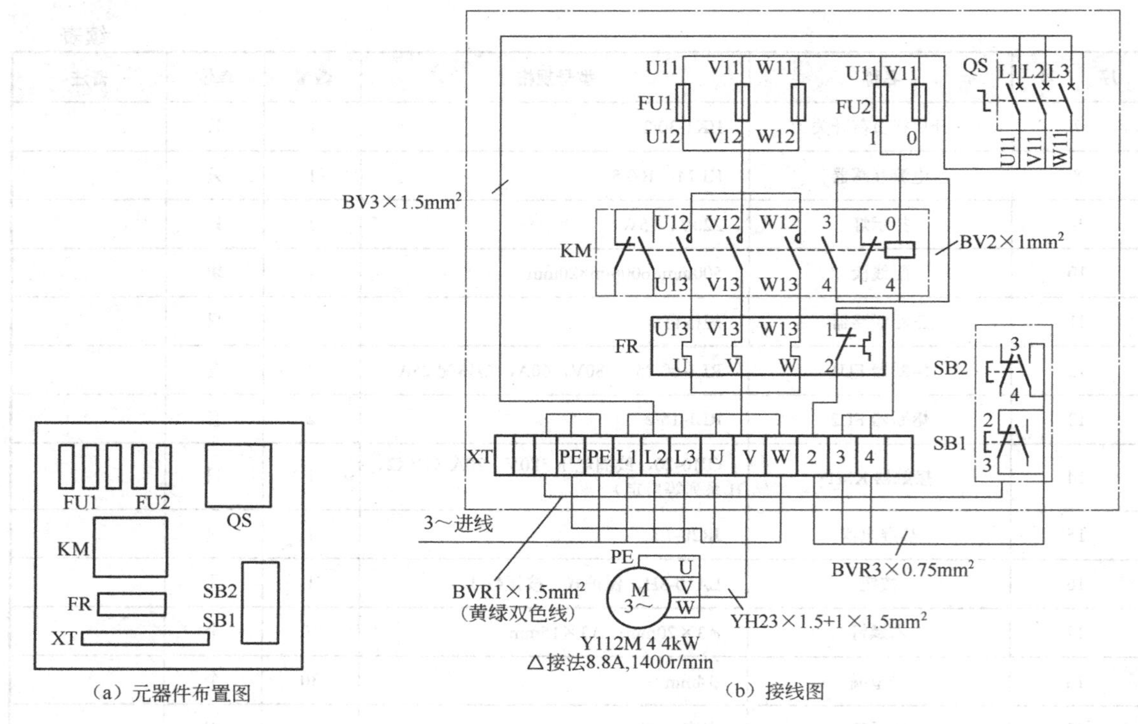

（a）元器件布置图　　（b）接线图

图 1-2-6　具有过载保护的接触器自锁控制电路元器件布置图和接线图

3．根据元器件布置图安装固定低压元器件

当元器件检查完毕后，按照如图 1-2-6（a）所示的元器件布置图安装和固定元器件。安装和固定元器件的步骤和方法与前面任务基本相同，在此仅就热继电器的安装与使用进行介绍。

热继电器的安装与使用要求如下。

（1）热继电器必须按照产品说明书中规定的方式安装。安装处的环境温度应与电动机所处的环境温度基本相同。当与其他电器安装在一起时，应注意将热继电器安装在其他电器的下方，以免其动作特性受到其他电器发热的影响而产生误动作。

（2）热继电器在安装前应先清除触点表面的尘垢，以免因接触电阻过大或电路不通而影响热继电器的动作性能。

（3）热继电器出线端的连接导线，应按表 1-2-2 的规定选用。这是因为导线的粗细和材料将影响到热元件端接点传导到外部热量的多少。导线过细，轴向导热性差，热继电器可能提前动作；若导线过粗，轴向导热快，热继电器可能滞后动作。

表 1-2-2　JR20 系列热继电器的主要技术数据

热继电器的额定电流/A	连接导线截面积/mm²	连接导线种类
10	2.5	单股铜芯塑料线
20	4	单股铜芯塑料线
60	16	多股铜芯橡皮线

（4）使用中的热继电器应定期通电校验。此外，当发生短路事故后，应检查热元件是否

已发生永久变形。若已变形，则需通电校验。若因热元件变形或其他原因导致动作不准确时，只能调整其可调部件，而绝不能弯折热元件。

（5）热继电器在出厂时均调整为手动复位方式，如果需要自动复位，只要将复位螺钉沿顺时针方向旋转3～4圈，并稍微拧紧即可。

（6）热继电器在使用中，应定期用干净的布擦净尘垢和污垢，若发现双金属片上有锈斑，应用清洁棉布醮汽油轻轻擦除，切忌用砂纸打磨。

（7）热继电器因电动机过载动作后，若要再次启动电动机，必须待热继电器的热元件完全冷却后，才能使热继电器复位。一般自动复位时间不大于5min，手动复位时间不大于2min。

4．根据电气原理图和安装接线图进行配线

当元器件安装完毕后，按照如图1-2-1所示的原理图和如图1-2-6（b）所示的安装接线图进行板前明线配线。配线的工艺要求与前面任务相同，在此不再赘述。

5．电动机的连接

按照电动机铭牌上的接线方法，正确连接接线端子，然后将定子绕组的电源引入线接到配电盘接线端子的U、V和W的端子上，如图1-2-7所示。最后连接电动机的保护接地线。

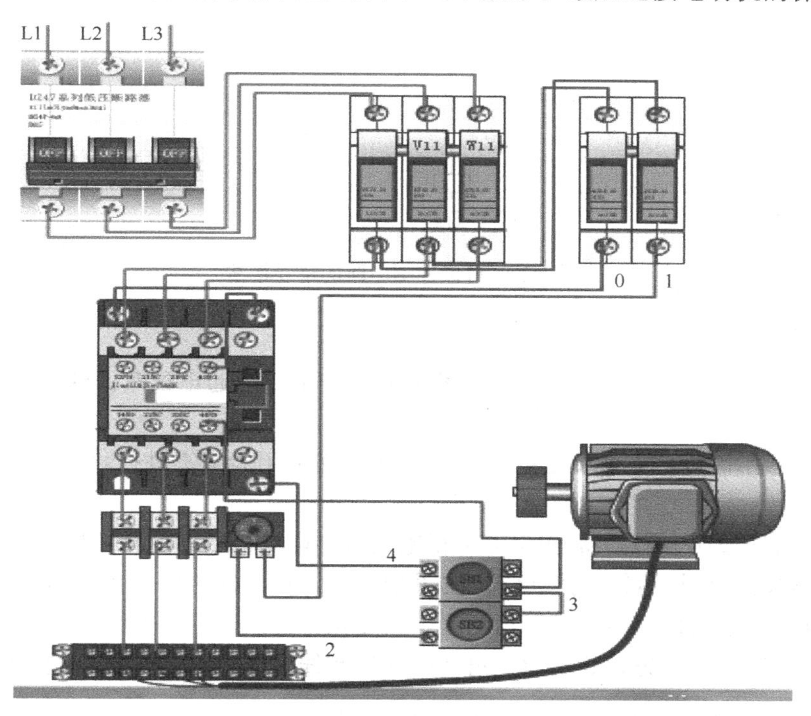

图1-2-7 效果示意图

6．自检

当线路安装完毕后，用万用表检查控制线路的通断情况，自检的方法及步骤如下。

1） 启停控制线路的检查

检查时，应选用倍率适当的电阻挡，并进行校零，然后将万用表的表笔分别搭接在 U11、V11 接线端上，测量 U11 与 V11 之间的直流电阻，此时的读数应为“∞”。若读数为零，则说明线路有短路现象；若此时的读数为接触器线圈的直流电阻值，则说明线路接错，会造成合上总电源开关后，在没有按下启动按钮 SB2 的情况下，接触器 KM 会直接获电动作。

按下启动按钮 SB2，万用表读数应为接触器线圈的直流电阻值。松开启动按钮后，此时的读数应为“∞”。再按下启动按钮 SB2，万用表读数应为接触器线圈的直流电阻值。然后按下停止按钮 SB1 后，此时的读数应为“∞”。

2）自锁控制电路的检查

将万用表的表笔分别搭接在 U11、V11 接线端上，人为压下接触器的辅助常开触点（或用导线短接触点），此时万用表读数应为接触器线圈的直流电阻值；然后再按下停止按钮 SB1，此时的读数应为“∞”。若按下停止按钮后，万用表读数仍为接触器线圈的直流电阻值，则说明 KM 的自锁触点已将停止按钮短接，将造成电动机启动后，无法停车的错误，其错误接法如图 1-2-8 所示。

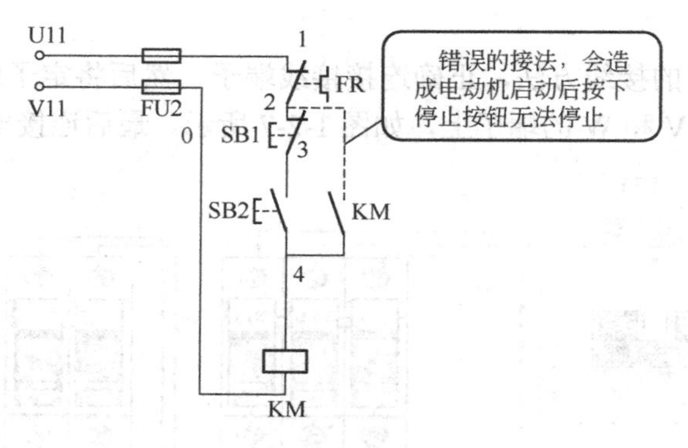

图 1-2-8 自锁控制电路的错误接法

7．通电试车

学生通过自检和教师确认无误后，在教师的监护下进行通电试车。通电试车的操作步骤如下。

（1）接上三相电源 L1、L2、L3，并合上 QS，然后用验电笔进行验电，电源正常后，进行下一步操作。

（2）按下启动按钮 SB2，接触器 KM 得电吸合，电动机启动运转；松开 SB2，接触器自锁保持得电，电动机连续运行，按下停止按钮 SB1 后，接触器 KM 线圈断电，铁芯释放，主、辅触点断开复位，电动机脱离电源停止运行。反复操作几次，以观察线路的可靠性。

（3）试车完毕后，应先切断电源，将完好的控制线路配电盘留作故障检修用。

二、接触器自锁正转控制电路的故障分析及检修

1．电动机基本控制电路故障检修的常用方法

电动机基本控制电路故障检修的常用方法有：直观法、通电试验法、逻辑分析法（原理分析法）、量电法（电压法、验电笔测试法）、电阻测量法（通路法）。

1）直观法

通过直接观察电气设备是否有明显的外观灼伤痕迹；熔断器是否熔断；保护电器是否脱扣动作；接线有无脱落；触点是否烧蚀或熔焊；线圈是否过热烧毁等现象来判断故障点的一种方法。

2）通电试验法

通电试验法就是利用通电试车的方法来观察故障现象，进而再根据原理分析的方法来判断故障范围的一种方法。例如，按下启动按钮后，电动机不运行，判断故障范围的方法是：首先利用通电试车的方法观察接触器是否动作，再利用原理分析来判断，若接触器能动作则说明故障在主电路中，接触器不能动作则说明故障在控制线路中。

3）逻辑分析法

根据故障现象利用原理分析的方法来判断故障范围的一种方法。例如，本应连续运行控制的电动机出现了点动（断续）控制现象，通过分析控制线路工作原理可将故障最小范围缩小在接触器自锁电路和自锁触点上，如图 1-2-9 所示。

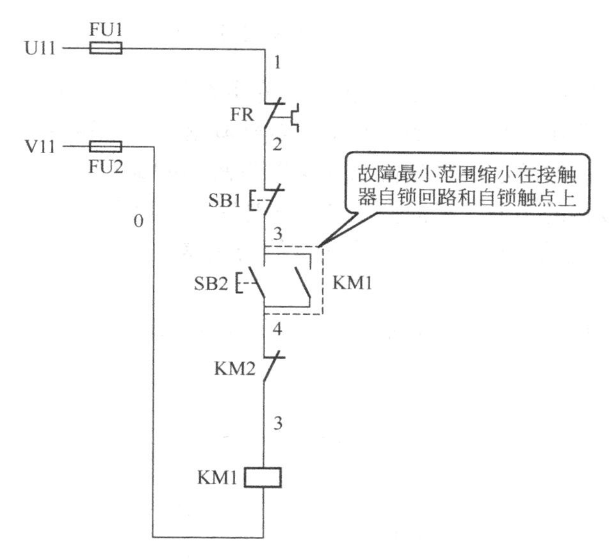

图 1-2-9　逻辑分析法判断故障最小范围

4）量电法

量电法主要包括电压测量法和验电笔测试法。它是电动机基本控制电路在带电的情况下，通过采用电压测量法和验电笔测试法，对带电线路进行定性或定量检测，以此来判断故障点和故障元器件的方法。

（1）电压测量法。电压测量法就是在电动机基本控制电路带电的情况下，通过测量出各节点之间的电压值，并与电动机基本控制电路正常工作时应具有的电压值进行比较，以此来判断故障点及故障元器件的所在处。该方法的最大特点是：它一般无须拆卸元器件及导线，故障识别的准确性较高，是故障检测最常用的方法。

【例题 1】如图 1-2-10 所示电路，当按下启动按钮 SB2 后，接触器 KM1 不吸合，用电压测量法进行故障检测。

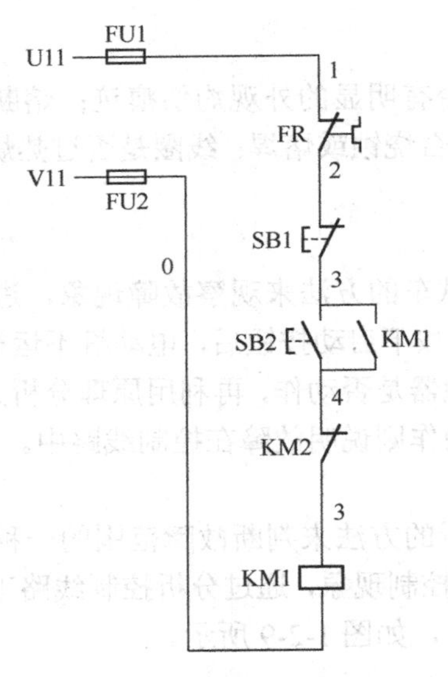

图 1-2-10　电压测量法应用实例

实例说明：在正常的电路中，电源电压总是降落在耗能元器件（负载）上，而导线和触点上的电压为零，若电路中出现了断点，则电压全部降落到断点两端。测量方法是：在使用电压测量法检测故障时，首先通过逻辑分析法确定发生故障的最小范围，并熟悉预计有故障线路及各点的编号，清楚线路的走向、元器件位置，同时明确线路正常时应有的电压值，然后将万用表的转换开关拨至合适的电压倍率挡，将测量值与正常值进行比较，做出判断。本实例的检测方法如下。

① 通过逻辑分析法确定按下启动按钮 SB2 后，接触器 KM1 不吸合的故障最小范围，如图 1-2-11 所示。

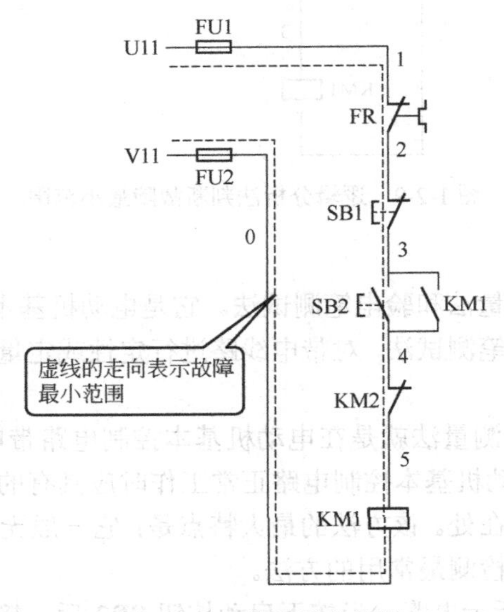

图 1-2-11　故障最小范围

② 将万用表的转换开关拨至交流电压 500V 的挡位上，然后按表 1-2-3 的测量方法和步骤

进行故障检测，并找出故障点。

表 1-2-3　电压测量法查找故障点

检测步骤	测试状态	测量标号	电压数值	故障点
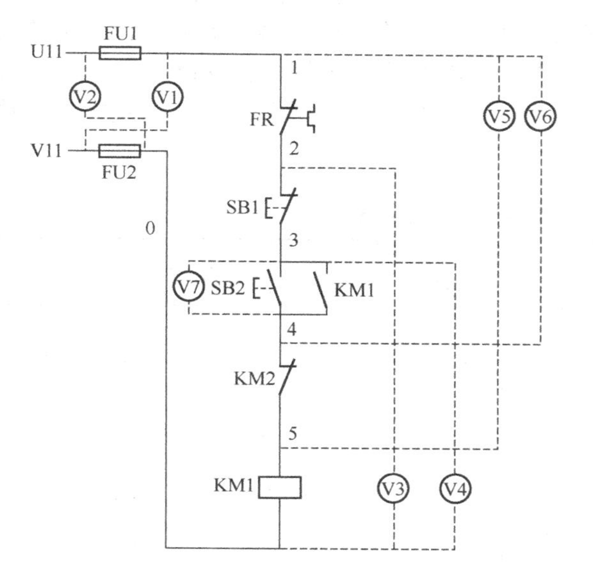 U11 FU1 V2 V1 V11 FU2 0 1 FR 2 SB1 3 V7 SB2 KM1 4 KM2 5 KM1 V3 V4 V5 V6	电压交叉测量	1—V11	0V	FU1 熔丝断
		U11—0	0V	FU2 熔丝断
	电压分阶测量	2—0	0V	FR 常闭触点接触不良
		3—0	0V	SB1 常闭触点接触不良
		5—1	0V	KM 线圈断开
		4—1	0V	KM2 常闭触点接触不良
		3—4	380V	SB2 常开触点接触不良

小贴士

该方法在理论上的分析无懈可击，但在实际的机床电气检测中，应注意在测量“2－0”之间电压时，应以机床的床身作为“零电位”参考点，即将万用表的一支表笔与机床的床身搭接，而另一支表笔接触在与停止按钮 SB1 连接的 2 号接线柱上进行测量。这是因为在实际的机床电气控制线路中的按钮是安装在机床电气控制箱的外部，而电气控制配电板是安装在电气控制箱内，两者之间存在一定的距离，因此，如果按部就班地按照表 1-2-3 中的“2－0”之间的测量是不切合实际的。

（2）验电笔测试法。低压验电笔是检验导线和电气设备是否带电的一种常用的检测工具，其特点是测试操作与携带时较为方便，能缩短确定故障最小范围的时间。但其只适用于检测对地电压高于验电笔氖管启辉电压（60～80V）的场所，只能做定性检测，不能做定量检测，为此具有一定的局限性。例如，在检修机床局部照明线路故障时，由于所有的机床局部照明采用的是低压安全电压 24V（或 36V），而低压验电笔无法对 60～80V 以下的电路进行定性检测，因此采用验电笔测试法无法进行检修。遇到这种情况时，一般多采用电压测量法进行定量检测，能准确的缩小故障范围并找出故障点。

5）电阻测量法

电阻测量法就是在电路切断电源后用仪表测量两点之间的电阻值，通过对比电阻值，进行电路故障检测的一种方法。在继电接触器控制线路中，当电路存在断路故障时，利用电阻测量法对线路中的断线、触点虚接触、导线虚焊等故障进行检测，可以找到故障点。

采用电阻测量法的优点是安全，缺点是测量电阻值不准确时易产生误判断，快速性和准确性低于电压测量法。

【例题 2】如图 1-2-11 所示电路，当按下启动按钮 SB2 后，接触器 KM1 不吸合，用电阻分段测量法进行故障检测。

实例说明：采用电阻测量法进行故障检测时，首先必须切断被测电路的电源，然后将万用表的转换开关旋至欧姆 $R\times100$（或 $R\times1\text{k}$）挡，若测得电路阻值为零，则电路或触点导通，阻值为无穷大，则电路或触点不通。本实例通过逻辑分析法确定按下启动按钮 SB2 后，接触器 KM1 不吸合的故障最小范围，如图 1-2-11 所示。具体测量方法结论见表 1-2-4。

表 1-2-4　电阻分段测量法查找故障点

检测步骤	测试状态	测量标号	电压数值	故障点
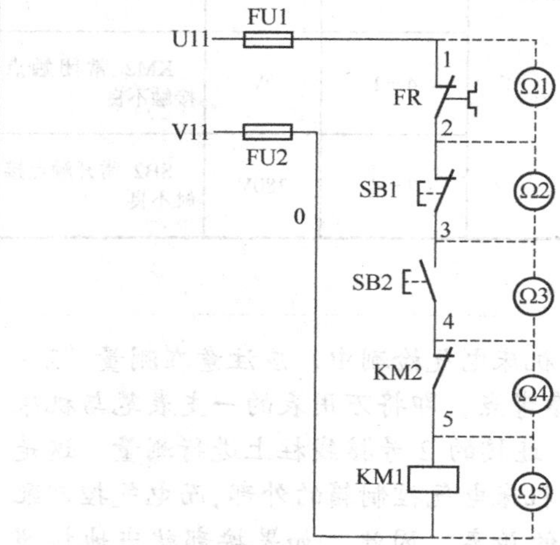 U11 FU1 V11 FU2 0 FR 1 2 SB1 3 SB2 4 KM2 5 KM1 Ω1 Ω2 Ω3 Ω4 Ω5	电阻分段测量	1—2	∞	FR 常闭触点接触不良
		2—3	∞	SB1 常闭触点接触不良
		3—4 按下 SB2	∞	SB2 常开触点接触不良
		4—5	∞	KM2 常闭触点接触不良
		5—0	∞	KM1 线圈断开

电阻测量法检测电路故障时应注意：检测故障时必须断开电源；如被测电路与其他电路并联连接时，应将该电路与其他并联电路断开，否则会产生误判断；测量高电阻值的元器件时，万用表的选择开关应拨至合适的电阻挡。

2．接触器自锁正转控制电路的故障现象分析及检修

【故障现象 1】按下启动按钮 SB2 后，接触器 KM 吸合，电动机 M 转动，松开启动按钮后，接触器 KM 断电，电动机 M 停止。

【故障分析】采用逻辑分析法对故障现象进行分析可知，该现象属于典型的接触器不能自锁，故障范围应在自锁电路上。其故障最小范围可用虚线表示，如图 1-2-12 所示。

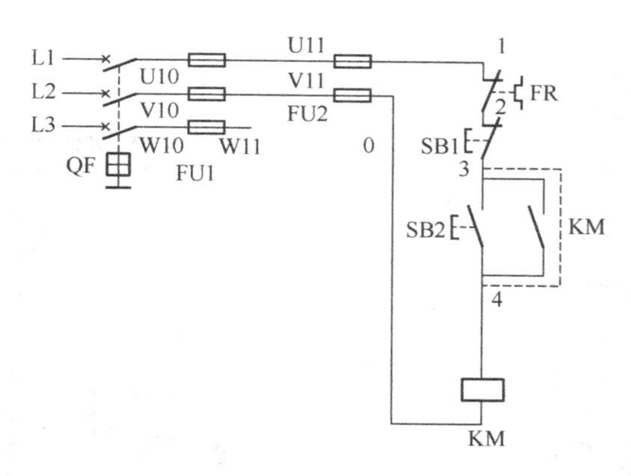

图 1-2-12　接触器不能自锁的故障最小范围

【故障检修】根据如图 1-2-12 所示的故障最小范围，可以采用电压测量法或者采用验电笔测量法进行检测。具体方法如下：

以接触器 KM 的自锁触点（辅助常开触点）为分界点，可采用电压测量法或者采用验电笔测量法测量接触器 KM 的自锁触点两端接线柱 3 与 4 之间的电压是否正常。若两端的电压正常，则故障点一定是自锁触点接触不良；若电压异常，则故障点一定在与自锁触点连接的自锁电路的导线接触不良或断路。

1）主电路的故障现象分析及检修

【故障现象 2】按下启动按钮 SB2 后，电动机转子未动或旋转的很慢，并发出"嗡嗡"声。

【故障分析】采用逻辑分析法对故障现象进行分析可知，当按下启动按钮 SB2 后，主轴电动机 M 转得很慢甚至不转，并发出"嗡嗡"声，说明接触器 KM 已吸合，电气故障为典型的电动机缺相运行，因此故障范围应在电动机控制的主电路上，通过逻辑分析法可用虚线画出该故障的最小范围，如图 1-2-13 所示。

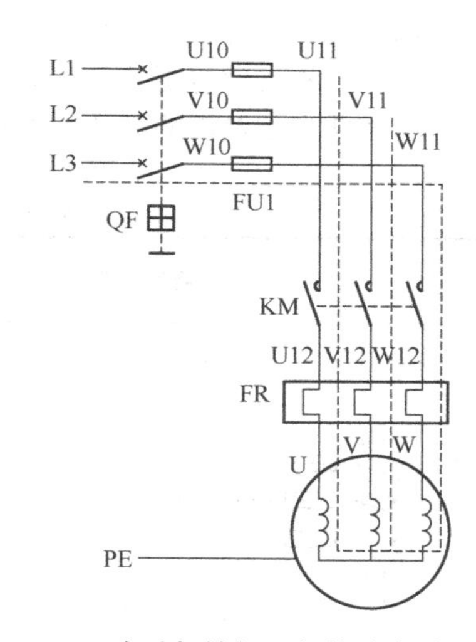

图 1-2-13　电动机缺相运行的故障最小范围

【故障检修】当试机时，发现是电动机缺相运行，应立即按下停止按钮 SB1，使接触器 KM 主触点处于断开状态，然后根据如图 1-2-14 所示的故障最小范围，分别采用电压测量法和电阻测量法进行故障检测，具体的检测方法如下。

（1）首先以接触器 KM 主触点为分界点，在主触点的上方采用电压测量法，即采用万用表交流 500V 挡分别检测接触器 KM 主触点输入端三相电压 U_{U11V11}、U_{U11W11}、U_{V11W11} 的电压值，如图 1-2-15 所示。若三相电压值正常，就切断低压断路器 QF 的电源，在主触点的下方采用电阻测量法，借助电动机三相定子绕组构成的回路，用万用表 $R\times100$（或 $R\times1k$）挡分别检测接触器 KM 主触点输出端的三相回路（即 U12 与 V12 之间、U12 与 W12 之间、V12 与 W12 之间）是否导通，若三相回路正常导通，则说明故障在接触器的主触点上。

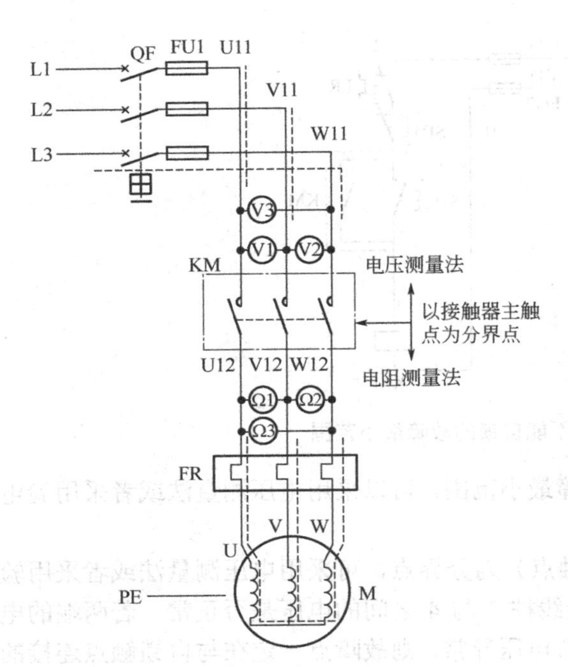

图 1-2-14　主电路的测试方法

图 1-2-15　主触点的检测

（2）若检测出接触器 KM 主触点输入端三相电压值不正常，则说明故障范围在接触器主触点输入端上方。具体操作方法即电压测量法查找故障点，见表 1-2-5。若检测出接触器 KM 主触点输出端三相回路导通不正常，则说明故障范围在接触器主触点输出端下方。具体操作方法即电阻测量法查找故障点见表 1-2-6。

表 1-2-5　电压测量法查找故障点

<table>
<tr><th>检测步骤</th><th>测试状态</th><th>测量标号</th><th>电压数值</th><th>故障点</th></tr>
<tr><td rowspan="9">L1 L2 L3 QF FU1 U11 V11 W11 V3 V1 V2 KM 电压测量法 以接触器主触点为分界点 电阻测量法 U12 V12 W12</td><td rowspan="9">电压测量法</td><td>U11－V11</td><td>正常</td><td rowspan="3">故障出在W相支路上</td></tr>
<tr><td>U11－W11</td><td>异常</td></tr>
<tr><td>V11－W11</td><td>异常</td></tr>
<tr><td>U11－V11</td><td>异常</td><td rowspan="3">故障在U11的连线上</td></tr>
<tr><td>U11－W11</td><td>异常</td></tr>
<tr><td>V11－W11</td><td>正常</td></tr>
<tr><td>U11－V11</td><td>异常</td><td rowspan="3">故障在V11的连线上</td></tr>
<tr><td>U11－W11</td><td>正常</td></tr>
<tr><td>V11－W11</td><td>异常</td></tr>
</table>

表 1-2-6 电阻测量法查找故障点

检测步骤	测试状态	测量标号	电阻数值	故障点
KM U12 V12 W12 Ω1 Ω2 Ω3 FR U V W PE M 电压测量法 以接触器主触点为分界点 电阻测量法	断开低压断路器QF，采用电阻测量法	U12－V12	正常	故障出在W12与W之间的连线上和FR的W相的热元件及定子绕组和星点上，然后用电阻分段测量法查找出故障点
		U12－W12	异常	
		V12－W12	异常	
		U12－V12	异常	故障出在U12与U之间的连线上和FR的U相的热元件及定子绕组和星点上，然后用电阻分段测量法查找出故障点
		U12－W12	异常	
		V12－W12	正常	
		U12－V12	异常	故障出在V12与V之间的连线上和FR的V相的热元件及定子绕组和星点上，然后用电阻分段测量法查找出故障点
		U12－W12	正常	
		V12－W12	异常	

2）控制电路的故障现象分析及检修

【故障现象 3】按下启动按钮 SB2 后，接触器 KM 不吸合，电动机 M 转子不转动。

【故障分析】采用逻辑分析法对故障现象进行分析可知，故障范围应在控制回路上。其故障最小范围可用虚线表示如图 1-2-16 所示。

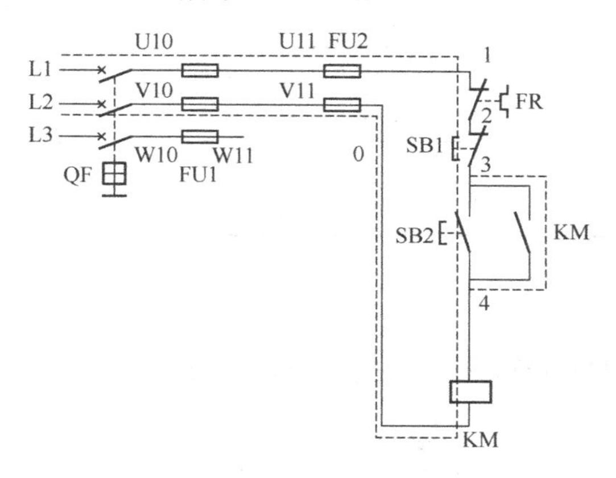

图 1-2-16 故障最小范围

【故障检修】根据如图 1-2-16 所示的故障最小范围，可以采用电压测量法或者采用验电笔测量法进行检测。此处只介绍电压测量法。

采用电压测量法进行检测时，先将万用表的量程选择开关拨至交流 500V 挡，电压测量法查找故障点见表1-2-7。

表1-2-7　电压测量法查找故障点

故障现象	测试状态	测量标号	电压数值	故障点
合上低压断路器QF，按下启动按钮SB2后，接触器KM不吸合，电动机M转子不转动	电压测量法	U11－V11	正常	故障在控制回路上
		U11－V11	异常	V相的FU1熔丝断
		U11－V10	正常	
		U10－V11	异常	
		U11－V11	异常	U相的FU1熔丝断
		U11－V10	异常	
		U10－V11	正常	
		U11－V11	异常	断路器QF的U相触点接触不良
		U10－V11	异常	
		L1－V11	正常	
		U11－V11	异常	断路器QF的V相触点接触不良
		U10－V10	异常	
		L2－U11	正常	
		1－0	异常	V相的FU2熔丝断
		V11－1	正常	
		1－0	异常	U相的FU2熔丝断
		U11－0	正常	
		1－0	正常	热继电器FR常闭触点接触不良
		0-2	异常	
		1－0	正常	停止按钮SB1接触不良
		0-2	正常	
		0-3	异常	
		1－0	正常	接触器KM线圈断开或接触不良
		1-4	异常	
		3-4	正常	启动按钮SB2接触不良

任务评价

对任务实施的完成情况进行检查，并将结果填入表1-2-8。

表1-2-8　任务测评表

序号	主要内容	考核要求	评分标准	配分	扣分	得分
1	热继电器校验	按照热继电器的校验步骤及工艺要求，进行热继电器的校验	①不能根据图样接线，扣10分 ②互感器量程选择不当，扣5分 ③操作步骤错误，每步扣2分 ④电流表未调零或读数不准确，扣2分 ⑤不会调整电流整定值，扣5分	10		

续表

序号	主要内容	考核要求	评分标准	配分	扣分	得分
2	线路安装调试	根据任务，按照电动机基本控制电路的安装步骤和工艺要求，进行线路的安装与调试	①按图接线，不按图接线扣 10 分 ②元器件安装正确、整齐、牢固，否则一个扣 2 分 ③配线整齐美观，横平竖直、高低平齐，转角 90°，否则每处扣 2 分 ④线头长短合适，线耳方向正确，无松动，否则每处扣 1 分 ⑤配线齐全，否则一根扣 5 分 ⑥编码套管安装正确，否则每处扣 1 分 ⑦通电试车功能齐全，否则扣 40 分	60		
3	线路故障检修	人为设置隐蔽故障 2 个，根据故障现象，正确分析故障原因及故障范围，采用正确的检修方法，排除线路故障	①不能根据故障现象，画出故障最小范围，扣 10 分 ②检修方法错误，扣 5～10 分 ③故障排除后，未能在线路图中用“×”标出故障点，扣 10 分 ④故障排除完全。只能排除 1 个故障，扣 15 分；2 个故障都未能排除，扣 30 分	30		
4	安全文明生产	劳动保护用品穿戴整齐；电工工具佩带齐全；遵守操作规程；尊重老师，讲文明礼貌；考试结束要清理现场	①操作中，违反安全文明生产考核要求的，任何一项扣 2 分，扣完为止 ②当发现学生有重大事故隐患时，要立即予以制止，并每次扣 5 分	10		
合　计						
开始时间			结束时间			

小贴士

学生进行接触器自锁控制电路的安装、调试与维修实训过程中，在进行自锁电路的接线时，误将 KM 的常开触点接成常闭触点。

后果及原因：在进行自锁电路的接线时，误将 KM 的常开触点接成常闭触点，当合上电源开关 QF 后，还未按下启动按钮 SB2，接触器会交替接通和分断，造成电动机时转时停，无法正常控制。

预防措施：在进行按钮接线前，应通过万用表确认常开触点后，再进行接线。

任务拓展

一、三相异步电动机点动与连续混合控制电路

在生产实际中，常常要对一台电动机既能实现点动控制，又能实现自锁控制，即在需要点动控制时，电路实现点动控制功能；在正常运行时，又能保持电动机连续运行的自锁控制。我们将这种电路称为连续与点动混合控制电路。常见的连续与点动混合正转控制电路有两种：一是手动开关控制的连续与点动混合正转控制电路；二是复合按钮控制的连续与点动混合正转控制电路。三相异步电动机点动与连续混合控制电路如图 1-2-17 所示。

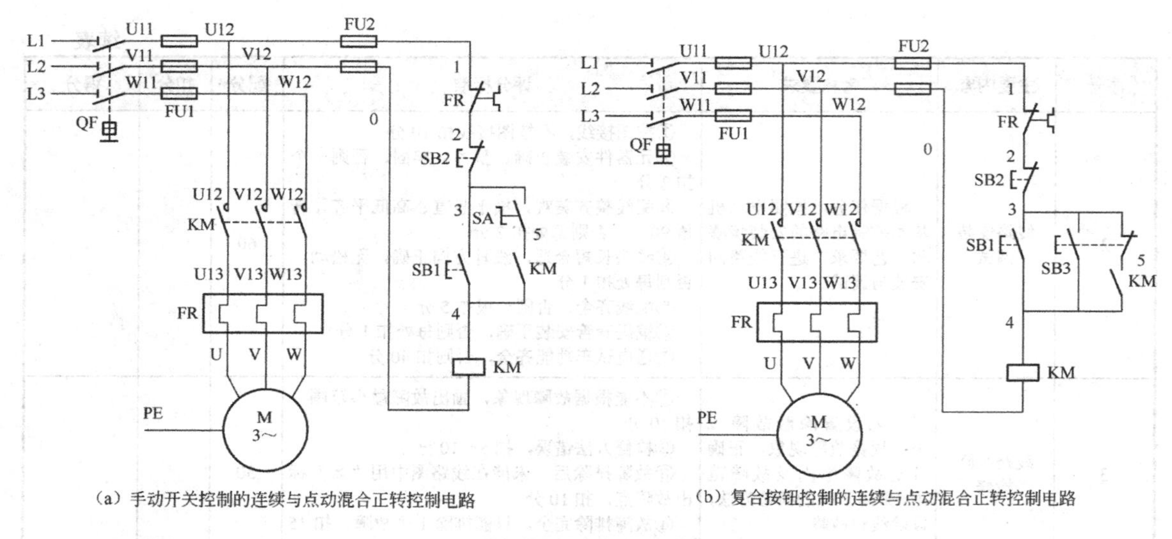

（a）手动开关控制的连续与点动混合正转控制电路　（b）复合按钮控制的连续与点动混合正转控制电路

图 1-2-17　三相异步电动机点动与连续混合控制电路

二、三相异步电动机多地控制电路

能在两地或两地以上的地方控制同一台电动机的控制方式，称为电动机的多地控制。两地控制一台电动机正转控制电路如图 1-2-18 所示。

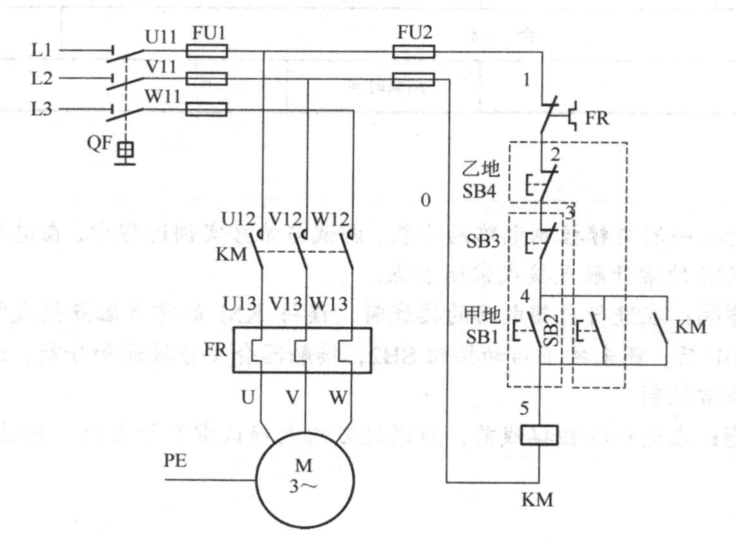

图 1-2-18　两地控制一台电动机正转控制电路

项目 2 三相笼型异步电动机正反转控制电路的安装与检修

任务 1 三相异步电动机接触器连锁正反转控制电路的安装与检修

任务目标

知识目标

1. 正确理解三相异步电动机接触器连锁正反转控制电路的工作原理。
2. 能正确识读倒顺开关控制电动机正反转控制电路的原理图、接线图和布置图。

能力目标

1. 会按照工艺要求正确安装三相异步电动机接触器连锁正反转控制电路。
2. 能根据故障现象，检修三相异步电动机接触器连锁正反转控制电路。

素质目标

养成独立思考和动手操作的习惯，培养小组协调能力和互相学习的精神。

任务呈现

在生产实践中，有许多生产机械，对电动机不仅需要正转控制，同时还需要反转控制。目前，大量设备采用的是通过利用接触器切换主电路，改变三相异步电动机定子绕组的三相电源相序，来实现正反转控制。如图 2-1-1 所示为三相异步电动机接触器连锁正反转控制电路。本次任务的主要内容是：通过学习，完成对三相异步电动机接触器连锁正反转控制电路的安装与检修。

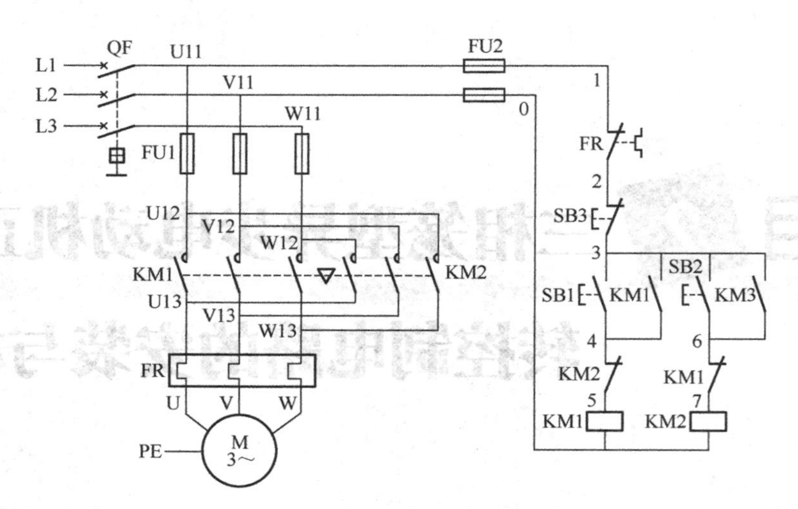

图 2-1-1　三相异步电动机接触器连锁正反转控制电路

一、原理分析

从图 2-1-1 所示的三相异步电动机接触器连锁正反转控制电路中可看出，电路中采用了两个接触器，即正转用的接触器 KM1 和反转用的 KM2，它们分别由正转按钮 SB1 和反转按钮 SB2 控制。从主电路中可以看出，这两个接触器的主触点所接通的电源相序也有所不同，KM1 按 L1—L2—L3 相序接线，而 KM2 按 L3—L2—L1 相序接线。相应的控制电路有两条，其中一条是由按钮 SB1 和接触器 KM1 线圈等组成的正转控制电路；另一条是由按钮 SB2 和接触器 KM2 线圈等组成的反转控制电路。其工作原理如下：

1．正转控制

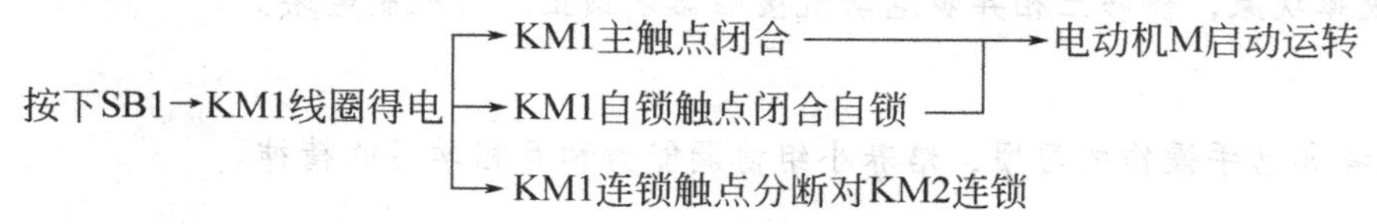

2．停止控制

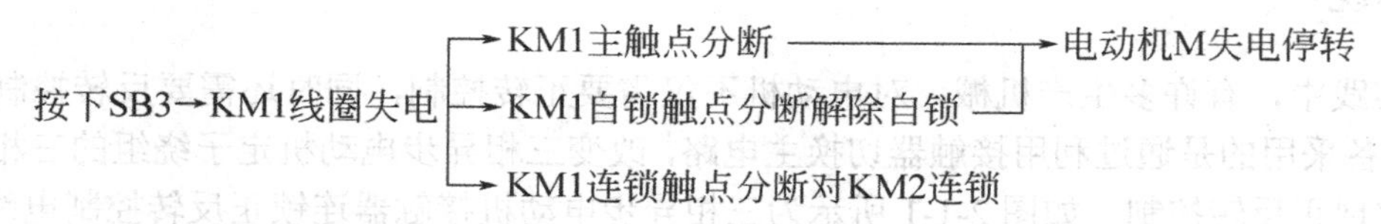

3．反转控制

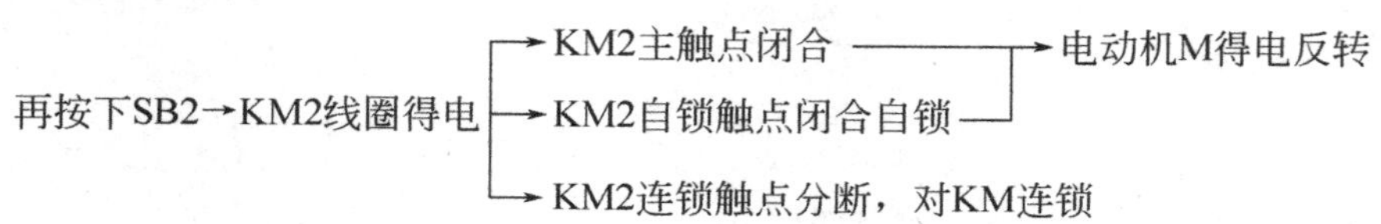

小贴士

接触器KM1和KM2的主触点绝不允许同时闭合，否则将造成两相电源（L1相和L3相）短路事故。为了避免两个接触器KM1和KM2同时得电动作，在正反转控制电路中分别串联了对方接触器的一对辅助常闭触点。

当一个接触器得电动作时，通过其辅助常闭触点使另一个接触器不能得电动作，接触器之间这种相互制约的作用称为接触器连锁（或互锁）。实现连锁作用的辅助常闭触点称为连锁触点（或互锁触点），连锁符号用“▽”表示。

二、电路特点

在接触器连锁正反转控制电路中，电动机从正转变为反转时，必须先按下停止按钮后，才可按下反转启动按钮，进行反转启动控制，否则由于接触器的连锁作用，不能实现反转。因此线路工作安全可靠，但操作不便。

任务准备

实施本任务教学所使用的实训设备及工具材料见表2-1-1。

表2-1-1 实训设备及工具材料

序号	名称	型号规格	单位	数量	备注
1	电工常用工具		套	1	
2	万用表	MF47型	块	1	
3	三相四线电源	AC3×380/220V、20A	处	1	
4	三相电动机	Y112M-4，4kW、380V、△接法；或自定	台	1	
5	配线板	500mm×600mm×20mm	块	1	
6	低压断路器	规格自定	只	1	
7	接触器	CJ10-20，线圈电压380V，20A	个	2	
8	按钮	LA10-3H	个	1	
9	熔断器FU1	RL1-60/25，380V，60A，熔体配25A	套	3	
10	熔断器FU2	RL1-15/2，380V，15A，熔体配2A	套	2	
11	热继电器	JR20-10	只	1	
12	木螺钉	ϕ3×20mm；ϕ3×15mm	个	30	
13	平垫圈	ϕ4mm	个	30	
14	圆珠笔	自定	支	1	
15	主电路导线	BVR-1.5，1.5mm^2（7×0.52mm）（黑色）	m	若干	
16	接地线	BVR-1.5，1.5mm^2（黄绿双色）	m	若干	

一、接触器连锁正反转控制电路的安装与调试

1. 绘制元器件布置图和接线图

三相异步电动机接触器连锁正反转控制电路的元器件布置图和接线图如图 2-1-2 所示。

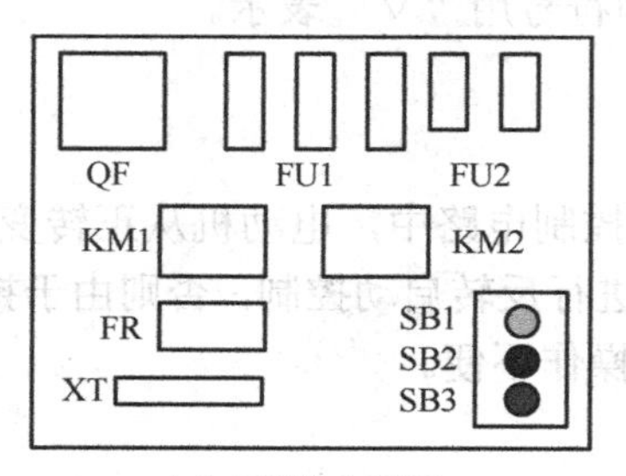

（a）元器件布置图

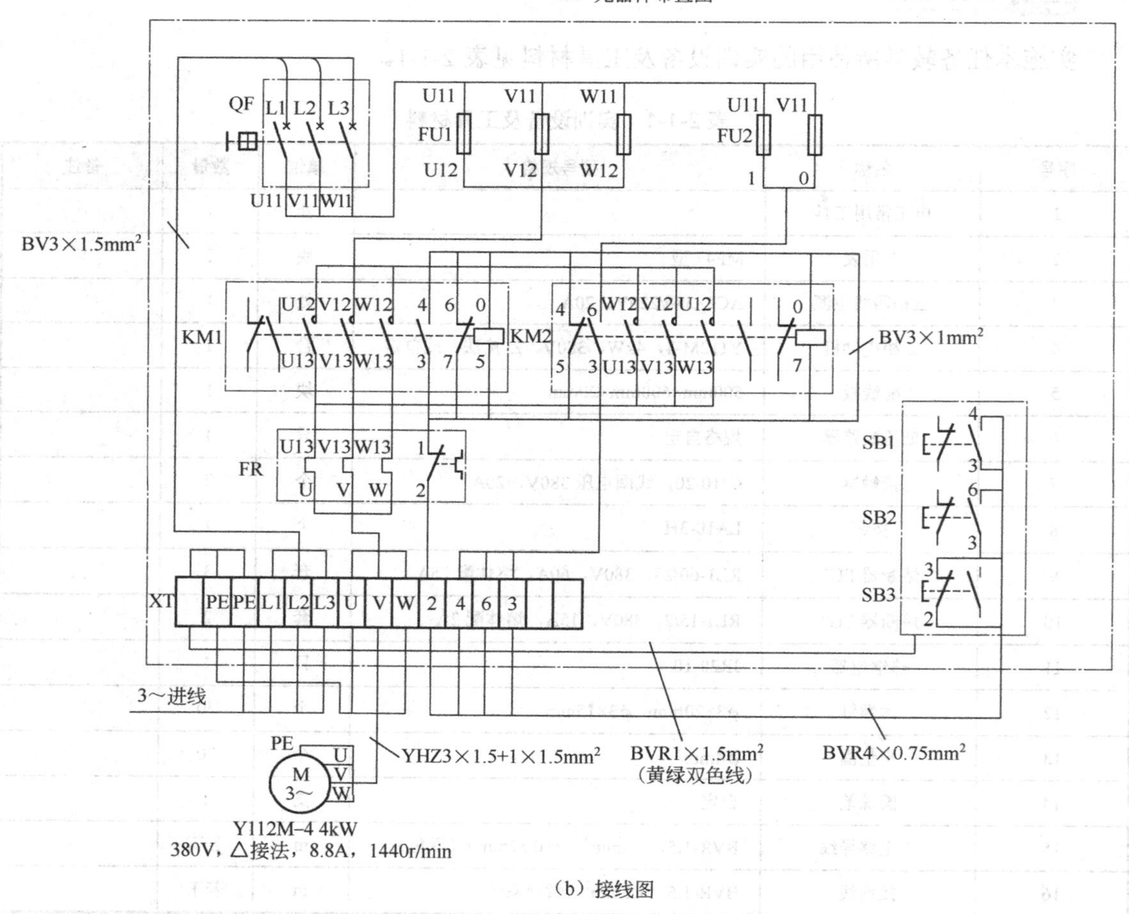

（b）接线图

图 2-1-2　接触器连锁正反转控制电路的元器件布置图和接线图

2．元器件规格、质量检查

（1）根据表 2-1-1 所示的元器件明细表，检查各元器件、耗材与表中的型号与规格是否一致。

（2）检查各元器件的外观是否完整无损，附件、备件是否齐全。

（3）用仪表检查各元器件和电动机的有关技术数据是否符合要求。

3．根据元器件布置图安装固定低压元器件

当元器件检查完毕后，按照所绘制的元器件布置图安装和固定元器件。安装和固定元器元器件的步骤和方法与前面任务基本相同。

4．根据电气原理图和安装接线图进行配线

当元器件安装完毕后，按照如图 2-1-1 所示的原理图和安装接线图进行板前明线配线。配线的工艺要求与前面任务相同，接线效果示意图如图 2-1-3 所示。

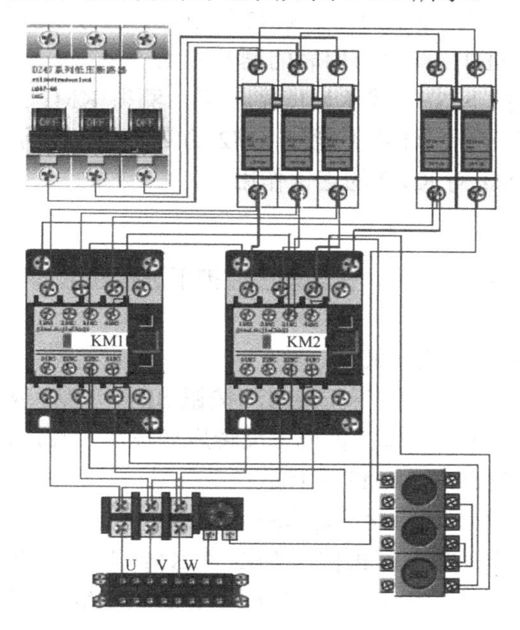

图 2-1-3　接线效果示意图

5．电动机的连接

按照电动机铭牌上的接线方法，正确连接接线端子，然后将定子绕组的电源引入线接到倒顺开关的接线端子的 U、V 和 W 的端子上，最后连接电动机的保护接地线。

6．自检

当线路安装完毕后，必须经过自检，并经指导教师确认无误后方可通电试车。自检的方法及步骤如下。

1）主电路的检测

（1）检查各相通路。万用表选用倍率适当的位置进行校零，并断开熔断器 FU2，以切断控制回路。然后将两支表笔分别接 U11—V11、V11—W11 和 W11—U11 端子测量相间电阻值，测得的读数均为“∞”。再分别按下 KM1、KM2 的触点架，均应测得电动机两相绕组的直流电阻值。

（2）检测电源换相通路。首先将两支表笔分别接U11端子和接线端子板上的U端子，按下KM1的触点架时应测得的电阻值R趋于0。然后松开KM1再按下KM2触点架，此时应测得电动机两相绕组的电阻值。用同样的方法测量W11—W之间通路。

2）控制电路检测

断开熔断器FU1，切断主电路，接通FU2，然后将万用表的两只表笔接于QF下端U11、V11端子做以下几项检查。

（1）检查正反转启动及停车控制。操作按钮前电路处于断路状态，此时应测得的电阻值为“∞”。然后分别按下SB1和SB2时，各应测得KM1和KM2的线圈电阻值。如同时再按下SB1和SB2时，应测得KM1和KM2的线圈电阻值的并联值（若两个接触器线圈的电阻值相同，则为接触器线圈电阻值的1/2）。当分别按下SB1和SB2后，再按下停止按钮SB3，此时万用表应显示线路由通而断。

（2）检查自锁回路。分别按下KM1及KM2触点架，应分别测得KM1、KM2的线圈电阻值，然后再按下停止按钮SB3，此时万用表的读数应为“∞”。

（3）检查连锁线路。按下SB1(或KM1触点架)，测得KM1线圈电阻值后，再轻轻按下KM2触点架，使常闭触点分断（注意不能使KM2的常开触点闭合），万用表应显示线路由通而断；用同样方法检查KM1对KM2的连锁作用。

7．通电试车

学生通过自检和教师确认无误后，在教师的监护下进行通电试车，其操作方法和步骤如下。

1）空操作试验

合上电源开关QF，做以下几项试验。

（1）正反向启动、停车控制。按下正转启动按钮SB1，KM1应立即动作并能保持吸合状态；按下停止按钮SB3使KM1释放；再按下反转启动按钮SB2，则KM2应立即动作并保持吸合状态；再按下停止按钮SB3，KM2应释放。

（2）连锁作用试验。按下正转启动按钮SB1使KM1得电动作；再按下反转启动按钮SB2，KM1不释放且KM2不动作；按下停止按钮SB3使KM1释放，再按下反转启动按钮SB2使KM2得电吸合；按下正转启动按钮SB1则KM2不释放且KM1不动作。反复操作几次检查连锁线路的可靠性。

（3）用绝缘棒按下KM1的触点架，KM1应得电并保持吸合状态；再用绝缘棒缓慢地按下KM2触点架，KM1应释放，随后KM2得电再吸合；再按下KM1触点架，则KM2释放而KM1吸合。

2）带负荷试车

切断电源后，连接好电动机接线，装好接触器灭弧罩，合上QF停车。

试验正反向启动、停车，操作SB1使电动机正向启动；操作SB1停车后再操作SB3使电动机反向启动。注意观察电动机启动时的转向和运行声音，如有异常则立即停车检查。

二、接触器连锁正反转控制电路的故障分析及维修

【故障现象1】按下正反转启动按钮SB1或SB2后，接触器KM1或KM2均获电动作，但电动机的转子均未转动或转得很慢，并发出“嗡嗡”声。

【故障分析】采用逻辑分析法对故障现象进行分析可知，这是典型的电动机缺相运行，其

故障最小范围可用虚线表示，如图 2-1-4 所示。

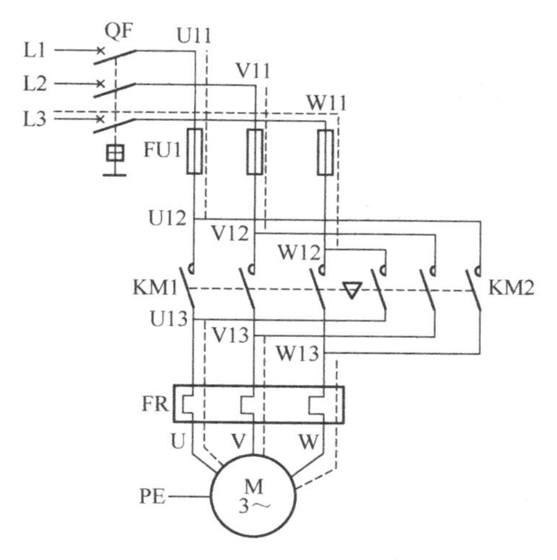

图 2-1-4 故障最小范围

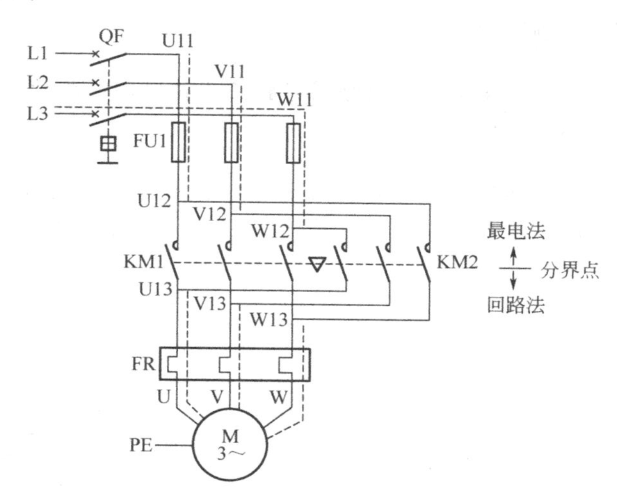

图 2-1-5 检测方法

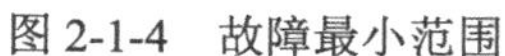

【故障检修】首先应按下停止按钮 SB3，使电动机迅速停止。然后以接触器 KM1 或 KM2 的主触点为分界点，与电源相接的静触点一侧采用量电法进行检测，观察其电压是否正常；而与电动机连接的动触点一侧，在停电的状态下，采用万用表的电阻挡进行通路检测，如图 2-1-5 所示。

【故障现象 2】按下正转启动按钮 SB1 后，接触器 KM1 获电动作，电动机运行正常；当按下反转启动按钮 SB2 后，接触器 KM2 获电动作，但电动机的转子未转动或转得很慢，并发出“嗡嗡”声。

【故障分析】采用逻辑分析法对故障现象进行分析可知，其故障最小范围可用虚线表示，如图 2-1-6 所示。

【故障检修】首先应按下停止按钮 SB3，使电动机迅速停止。然后以接触器 KM2 的主触点为分界点，与电源相接的静触点一侧采用量电法进行检测，观察其电压是否正常；而与电动机连接的动触点一侧，在停电的状态下，采用万用表的电阻挡进行通路检测，如图 2-1-7 所示。

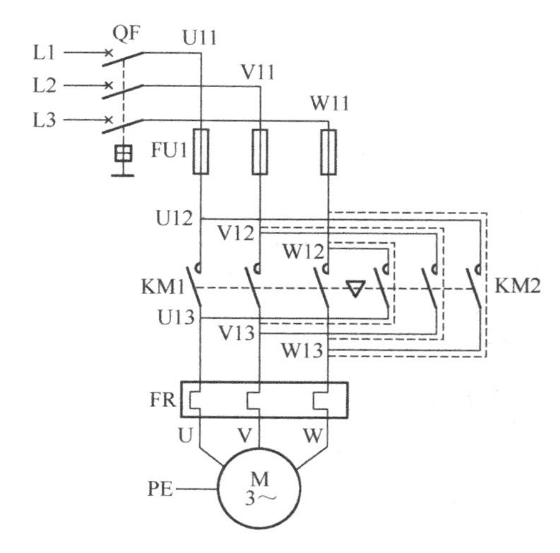

图 2-1-6 故障最小范围

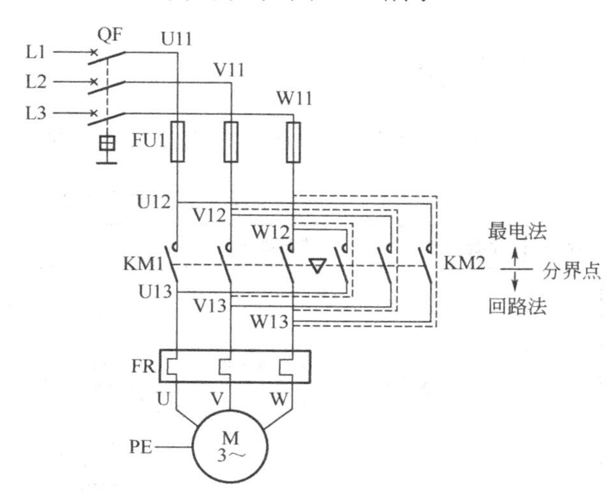

图 2-1-7 检测方法

小贴士

在学生进行接触器连锁正反转控制电路的安装、调试与维修实训过程中，时常会遇到如下问题。

问题：在进行接触器连锁正反转控制电路的接线时，误将接触器线圈与自身的常闭触点串联，如图 2-1-8 所示。

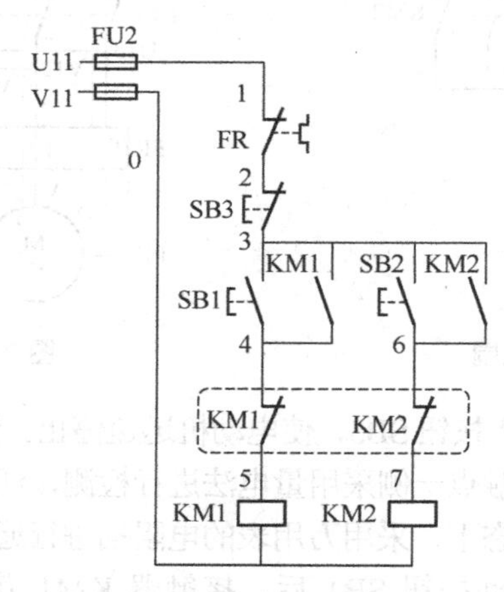

图 2-1-8　错误的接法

后果及原因：在进行接触器连锁正反转控制电路的接线时，误将接触器线圈与自身的常闭触点串联，不但起不到连锁作用，还会造成当按下启动按钮后出现控制电路时通时断的现象（即接触器跳动现象）。

预防措施：连锁触点不能用自身接触器的辅助常闭触点，而用对方接触器的辅助常闭触点，应把图 2-1-8 中的两对触点对调。

任务评价

对任务实施的完成情况进行检查，并将结果填入任务测评表 2-1-2。

表 2-1-2　任务测评表

序号	主要内容	考核要求	评分标准	配分	扣分	得分
1	线路安装调试	根据任务，按照电动机基本控制电路的安装步骤和工艺要求，进行线路的安装与调试	①按图接线，不按图接线扣 10 分 ②元器件安装正确、整齐、牢固，否则一个扣 2 分 ③配线整齐美观，横平竖直、高低平齐，转角 90°，否则每处扣 2 分 ④线头长短合适，线耳方向正确，无松动，否则每处扣 1 分 ⑤配线齐全，否则一根扣 5 分 ⑥编码套管安装正确，否则每处扣 1 分 ⑦通电试车功能齐全，否则扣 40 分	60		

续表

序号	主要内容	考核要求	评分标准	配分	扣分	得分
2	线路故障检修	人为设置隐蔽故障 3 个，根据故障现象，正确分析故障原因及故障范围，采用正确的检修方法，排除线路故障	①不能根据故障现象画出故障最小范围，扣 10 分 ②检修方法错误，扣 5～10 分 ③故障排除后，未能在线路图中用“×”标出故障点，扣 10 分 ④故障排除完全。只能排除 1 个故障，扣 20 分；3 个故障都未能排除，扣 30 分	30		
3	安全文明生产	劳动保护用品穿戴整齐；电工工具佩带齐全；遵守操作规程；尊重老师，讲文明礼貌；考试结束要清理现场	①操作中，违反安全文明生产考核要求的，任何一项扣 2 分，扣完为止 ②当发现学生有重大事故隐患时，要立即予以制止，并每次扣 5 分	10		
合　计						
开始时间			结束时间			

知识拓展

三相异步电动机正反转控制电路应用相当广泛，以下介绍按钮连锁正反转控制电路，供读者参考。

接触器连锁正反转控制电路的优点是安全可靠，缺点是操作不便。当电动机从正转变为反转时，必须先按下停止按钮后，才能按反转启动按钮，否则由于接触器的连锁作用，不能实现反转。为克服接触器连锁正反转控制电路操作不便的不足，可把正转按钮 SB1 和反转按钮 SB2 换成两个复合按钮，并使两个复合按钮的常闭触点代替接触器的连锁触点，这就构成了按钮连锁的正反转控制电路，如图 2-1-9 所示。

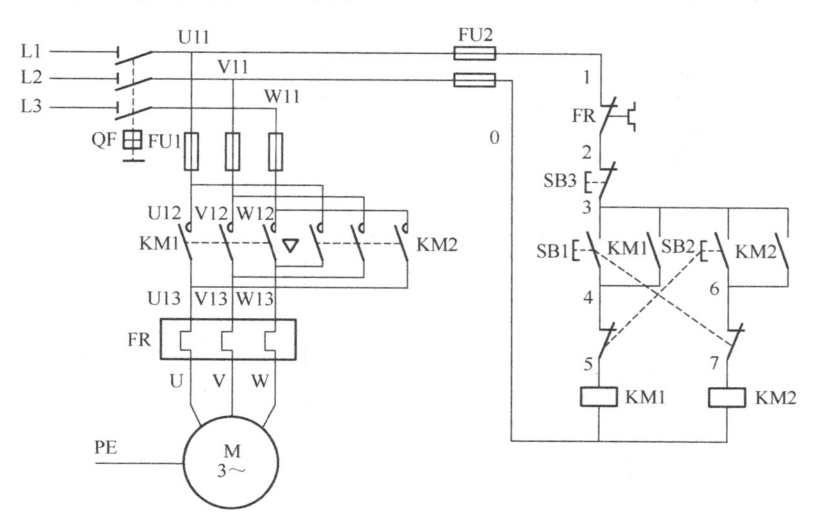

图 2-1-9　按钮连锁正反转控制电路

任务 2　双重连锁正反转控制电路的安装与检修

任务目标

知识目标

1．正确理解三相异步电动机双重连锁正反转控制电路的工作原理。
2．能正确识读双重连锁正反转控制电路的原理图、接线图和布置图。

能力目标

1．会按照工艺要求正确安装双重连锁正反转控制电路。
2．能根据故障现象，检修双重连锁正反转控制电路。

素质目标

养成独立思考和动手操作的习惯，培养小组协调能力和互相学习的精神。

任务呈现

为了克服接触器连锁正反转控制电路和按钮连锁正反转控制电路的不足，在接触器连锁的基础上，又增加了按钮连锁功能，构成了按钮、接触器双重连锁正反转控制电路，如图 2-2-1 所示。

本次任务的主要内容是：通过学习，完成对三相异步电动机按钮、接触器双重连锁正反转控制电路的安装与检修。

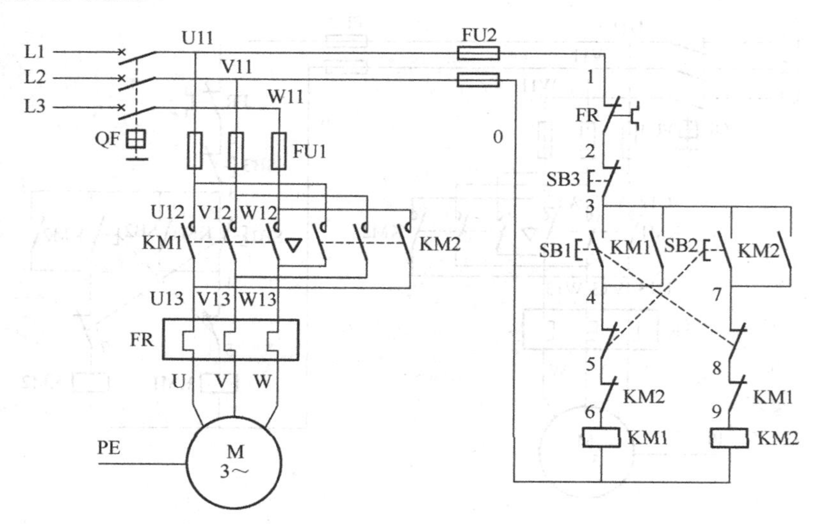

图 2-2-1　双重连锁正反转控制电路

一、原理分析

从如图 2-2-1 所示的三相异步电动机双重连锁正反转控制电路中可以看出，该电路是在上一任务接触器连锁正反转控制电路的基础上，将正转启动按钮 SB1 和反转启动按钮 SB2 换成了复合按钮，并把两个复合按钮的常闭触点也串接在对方的控制电路中。

其工作原理如下：先合上电源开关 QF。

1. 正转控制

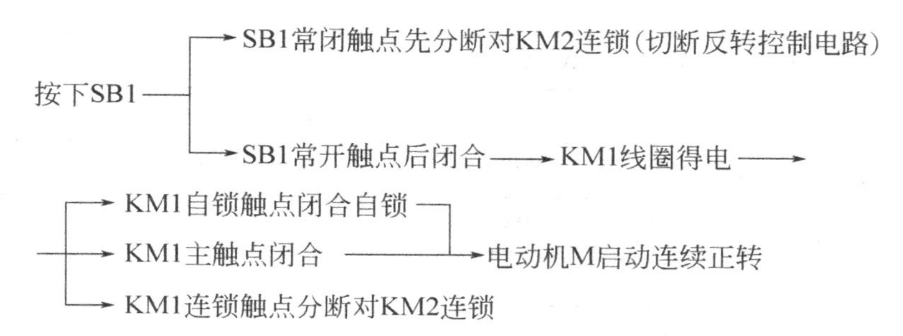

2. 反转控制

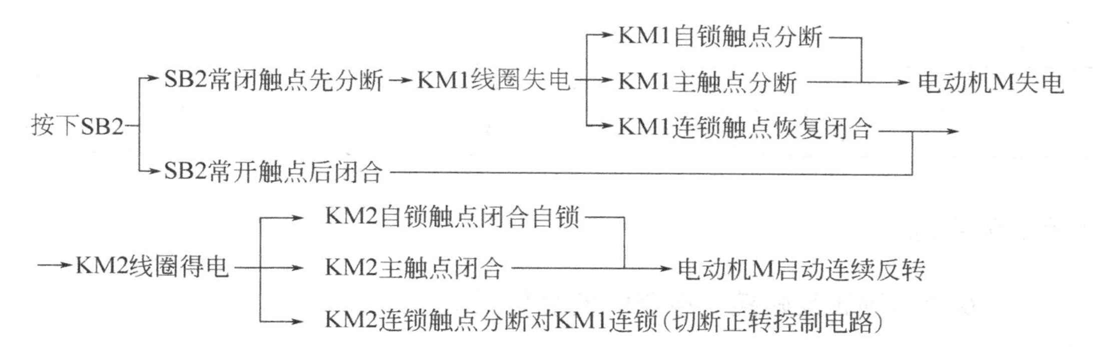

3. 停止控制

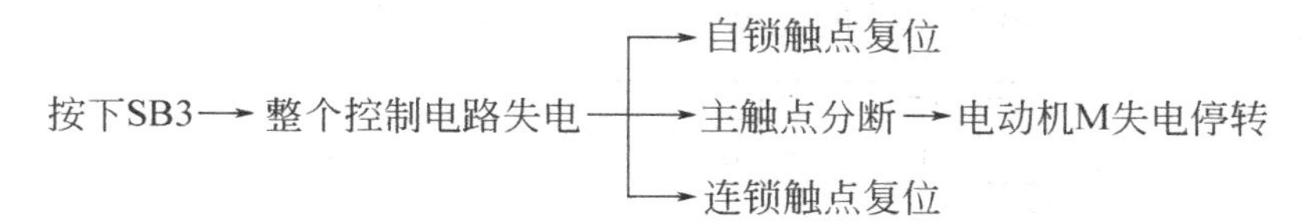

二、电路特点

该电路具有接触器连锁和按钮连锁电路的优点，操作方便，工作安全可靠，在生产实际中有广泛的应用。

实施本任务教学所使用的实训设备及工具材料见表 2-2-1。

表 2-2-1　实训设备及工具材料

序号	名称	型号规格	单位	数量	备注
1	电工常用工具		套	1	
2	万用表	MF47 型	块	1	
3	三相四线电源	AC3×380/220V、20A	处	1	
4	三相电动机	Y112M-4，4kW、380V、△接法；或自定	台	1	
5	配线板	500mm×600mm×20mm	块	1	
6	低压断路器	规格自定	只	1	
7	接触器	CJ10-20，线圈电压 380V，20A	个	2	
8	按钮	LA10-3H	个	1	
9	熔断器 FU1	RL1-60/25，380V，60A，熔体配 25A	套	3	
10	熔断器 FU2	RL1-15/2，380V，15A，熔体配 2A	套	2	
11	热继电器	JR20-10	只	1	
12	木螺钉	ϕ3×20mm；ϕ3×15mm	个	30	
13	平垫圈	ϕ4mm	个	30	
14	圆珠笔	自定	支	1	
15	主电路导线	BVR-1.5，1.5mm^2（7×0.52mm）（黑色）	m	若干	
16	接地线	BVR-1.5，1.5mm^2（黄绿双色）	m	若干	

任务实施

一、双重连锁正反转控制电路的安装与调试

1．绘制元器件布置图和接线图

三相异步电动机双重连锁正反转控制电路的元器件布置图和接线图如图 2-2-2 所示。

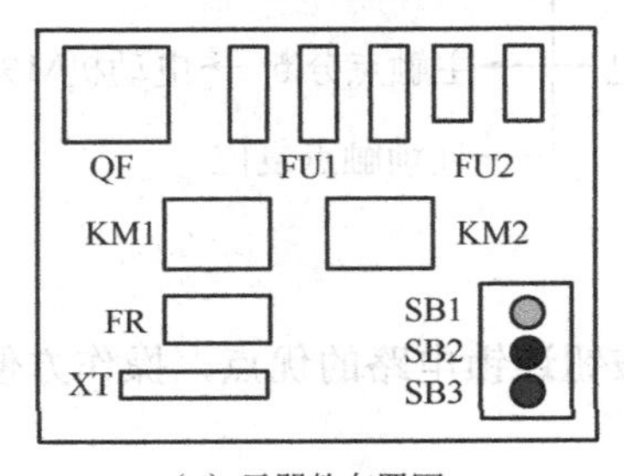

（a）元器件布置图

图 2-2-2

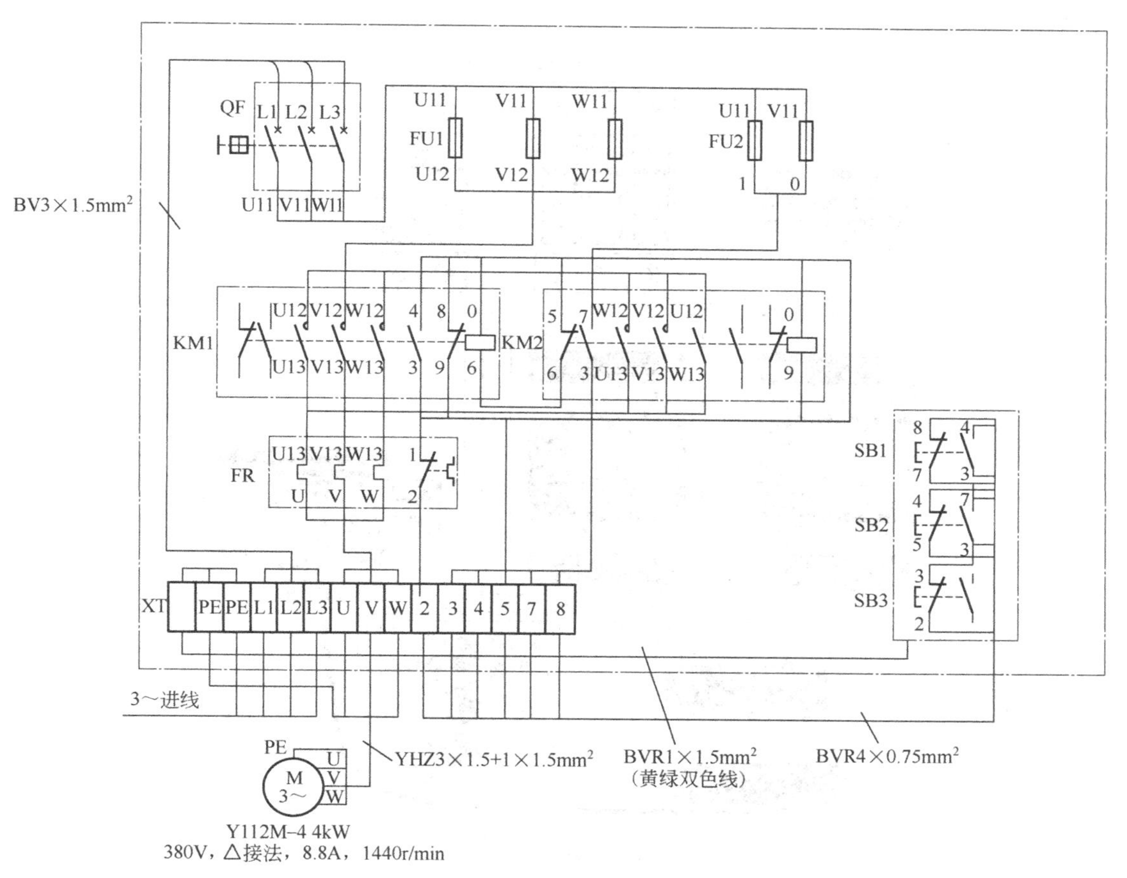

（b）接线图

图 2-2-2　双重连锁正反转控制线路的元器件布置图和接线图

2．元器件规格、质量检查

（1）根据表 2-2-1 所示的元器件明细表，检查各元器件、耗材与表中的型号与规格是否一致。

（2）检查各元器件的外观是否完整无损，附件、备件是否齐全。

（3）用仪表检查各元器件和电动机的有关技术数据是否符合要求。

3．根据元器件布置图安装固定低压元器件

当元器件检查完毕后，按照所绘制的元器件布置图安装和固定元器件。安装和固定元器件的步骤和方法与前面任务基本相同。

4．根据电气原理图和安装接线图进行配线

当元器件安装完毕后，按照如图 2-2-1 所示的原理图和如图 2-2-2 所示的安装接线图进行板前明线配线。配线的工艺要求与前面任务相同。由于该线路较前面任务的线路复杂，初学者也可参考如图 2-2-3 所示的实物接线示意图进行接线。

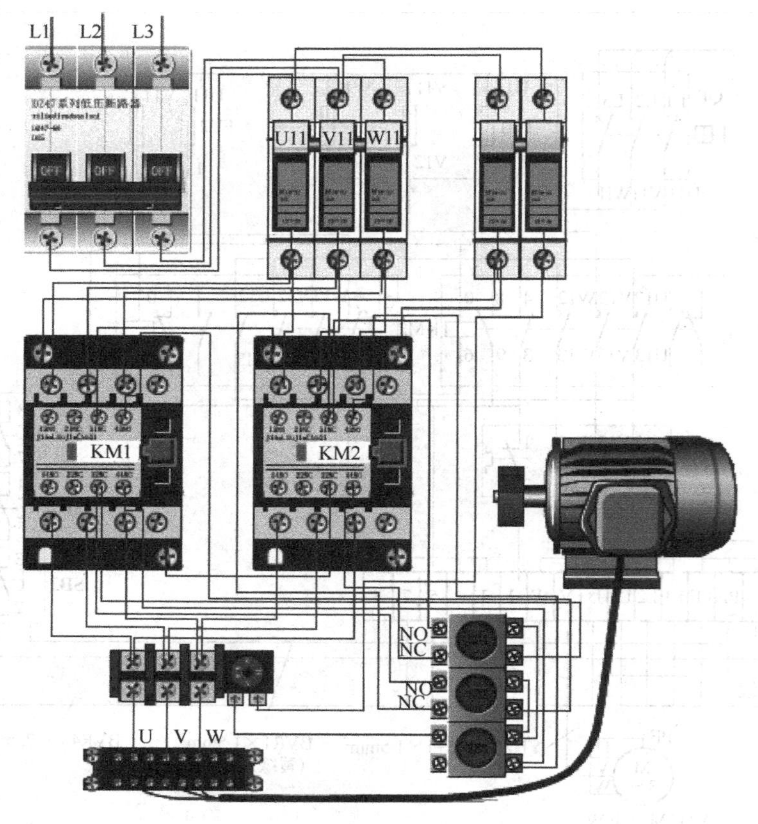

图 2-2-3　实物接线示意图

5. 电动机的连接

按照电动机铭牌上的接线方法，正确连接接线端子，然后将定子绕组的电源引入线接到倒顺开关的接线端子的U、V和W端子上，最后连接电动机的保护接地线。

6. 自检

当线路安装完毕后，必须经过自检，并经指导教师确认无误后方可通电试车。自检的方法及步骤如下。

1）主电路的检测

万用表选用倍率适当的位置，并进行校零。然后按照项目2任务1接触器连锁正反转控制电路中的检测方法进行检测。

2）控制电路检测

断开熔断器FU1，切断主电路，接通FU2，然后将万用表的两只表笔接于QF下端U11、V11端子做以下几项检查。

（1）检查正反转启动及停车控制。操作按钮前电路处于断路状态，此时应测得的电阻值为“∞”。然后分别按下SB1和SB2时，各应测得KM1和KM2的线圈电阻值。如同时再按下SB1和SB2时，应测得的电阻值为“∞”。这是因为在正反转控制支路中串入了SB1和SB2的常闭触点，当同时按下SB1和SB2后，此时正反转控制支路均处于开路状态。最后，在分

别按下 SB1 和 SB2 的同时按下停止按钮 SB3，此时万用表应分别显示线路由通而断。

（2）检查自锁回路。分别按下 KM1 及 KM2 触点架，应分别测得 KM1、KM2 的线圈电阻值，然后再按下停止按钮 SB3，此时万用表的读数应为“∞”。

（3）检查辅助触点连锁线路。按下 SB1(或 KM1 触点架)，测得 KM1 线圈电阻值后，再轻轻按下 KM2 触点架使常闭触点分断（注意不能使 KM2 的常开触点闭合），万用表应显示线路由通而断；用同样方法检查 KM1 对 KM2 的连锁作用。

（4）检查按钮连锁。按下 SB1 测得 KM1 线圈电阻值后，再按下 SB2，此时万用表显示电路由通而断；同样，先按下 SB2 再按下 SB1，也应测得电路由通而断。

7. 通电试车

学生通过自检和教师确认无误后，在教师的监护下进行通电试车，其操作方法和步骤如下。

1）空操作试验

合上电源开关 QF，做以下几项试验。

（1）正反向启动、停车控制。交替按下 SB1、SB2，观察 KM1 和 KM2 受其控制的动作情况，细听它们运行的声音，观察按钮连锁作用是否可靠。

（2）辅助触点连锁作用试验。用绝缘棒按下 KM1 触点架，当其自锁触点闭合时，KM1 线圈立即得电，触点保持闭合；再用绝缘棒轻轻按下 KM2 触点架，使其连锁触点分断，则 KM1 应立即释放；继续将 KM2 的触点架按到底，则 KM2 得电动作。再用同样的办法检查 KM1 对 KM2 的连锁作用。反复操作几次，以观察线路连锁作用的可靠性。

2）带负荷试车

断开 QF，接好电动机接线，再合上 QF，先操作 SB1 启动电动机，待电动机达到额定转速后，再操作 SB2，注意观察电动机转向是否改变。交替操作 SB1 和 SB2 的次数不可太多，动作应慢，防止电动机过载。

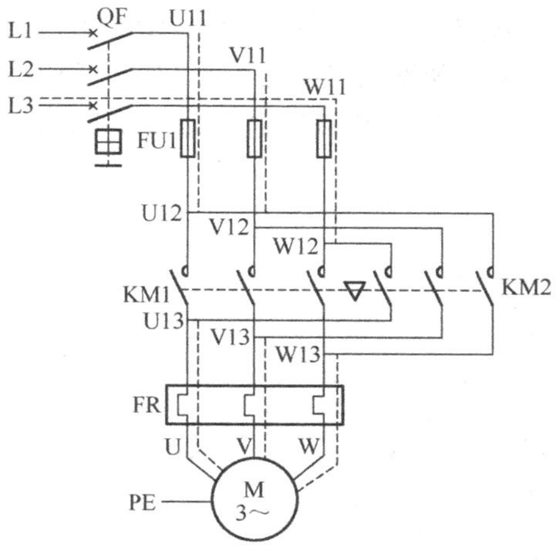

二、双重连锁正反转控制电路的故障分析及维修

【故障现象 1】分别按下正反转启动按钮 SB1 或 SB2 后，接触器 KM1 或 KM2 均获电动作，但电动机的转子均未转动或转得很慢，并发出“嗡嗡”声。

【故障分析】采用逻辑分析法对故障现象进行分析可知，这是典型的电动机缺相运行，其故障最小范围可用虚线表示，如图 2-2-4 所示。

图 2-2-4　故障最小范围

【检修方法】首先应按下停止按钮 SB3，使电动机迅速停止。然后以接触器 KM1 或 KM2 的主触点为分界点，与电源相接的静触点一侧采用量电法进行检测，观察其电压是否正常；而与电动机连接的动触点一侧，在停电的状态下，采用万用表的电阻挡进行通路检测，如图 2-2-5 所示。

【故障现象 2】当按下正反转启动按钮 SB1 或 SB2 后，接触器 KM1 或 KM2 均未动作，电动机不转。

【故障分析】采用逻辑分析法对故障现象进行分析可知，其故障最小范围可用虚线表示，如图 2-2-6 所示。

【检修方法】根据如图 2-3-6 所示的故障最小范围，可以采用电压测量法或者采用验电笔测量法进行检测。检测时可参照前面任务所介绍的方法进行操作，在此不再赘述。

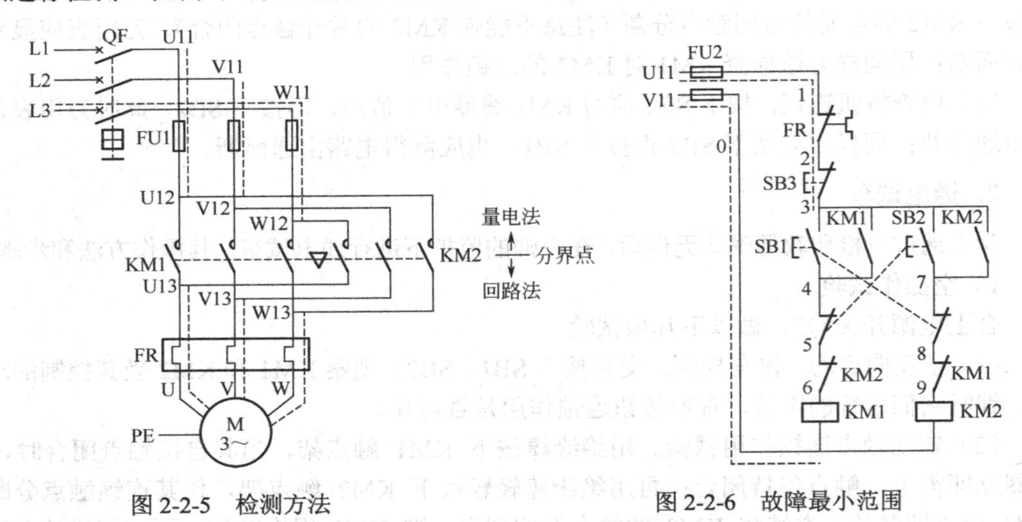

图 2-2-5　检测方法　　图 2-2-6　故障最小范围

【故障现象 3】按下正转启动按钮 SB1 后，接触器 KM1 获电动作，电动机运行正常；当按下反转启动按钮 SB2 后，接触器 KM2 获电动作，但电动机的转子未转动或转得很慢，并发出“嗡嗡”声。

【故障分析】采用逻辑分析法对故障现象进行分析可知，其故障最小范围可用虚线表示，如图 2-2-7 所示。

【检修方法】首先应按下停止按钮 SB3，使电动机迅速停止。然后以接触器 KM2 的主触点为分界点，与电源相接的静触点一侧采用量电法进行检测，观察其电压是否正常；而与电动机连接的动触点一侧，在停电的状态下，采用万用表的电阻挡进行通路检测，如图 2-2-8 所示。

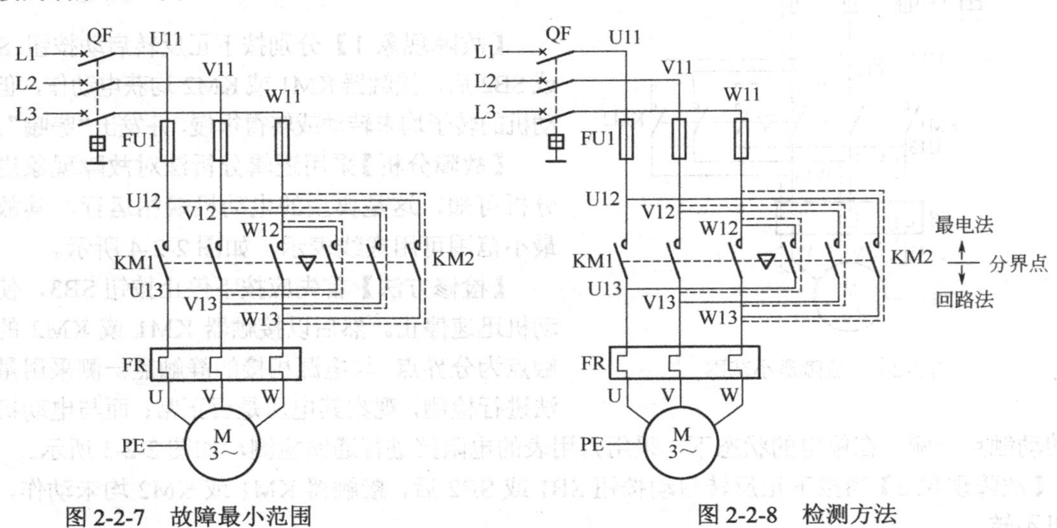

图 2-2-7　故障最小范围　　图 2-2-8　检测方法

【故障现象 4】当按下正启动按钮 SB1 后，接触器 KM1 不动作，电动机不转。但按下反转启动按钮 SB2 后，接触器 KM2 动作，电动机启动运行。

【故障分析】采用逻辑分析法对故障现象进行分析可知，其故障最小范围可用虚线表示，如图 2-2-9 所示。

【检修方法】根据如图 2-2-9 所示的故障最小范围，以正转启动按钮 SB1 常开触点为分界点，可以采用电压测量法或者采用验电笔测量法进行检测。若测得 SB1 触点两端的电压正常，则故障点一定是 SB1 常开触点接触不良；若测得的电压不正常，则故障点在 SB1 触点之外，检测时可参照前面任务所介绍的方法进行操作，在此不再赘述。

【故障现象 5】按下反转启动按钮 SB2 后，电动机运行正常。但按下正转启动按钮 SB1 后，接触器 KM1 动作，电动机启动运行；但松开启动按钮 SB1 后，接触器 KM1 释放，电动机停止运行。

【故障分析】采用逻辑分析法对故障现象进行分析可知，该现象是正转运行不连续（即点动现象），其故障最小范围可用虚线表示，如图 2-2-10 所示。

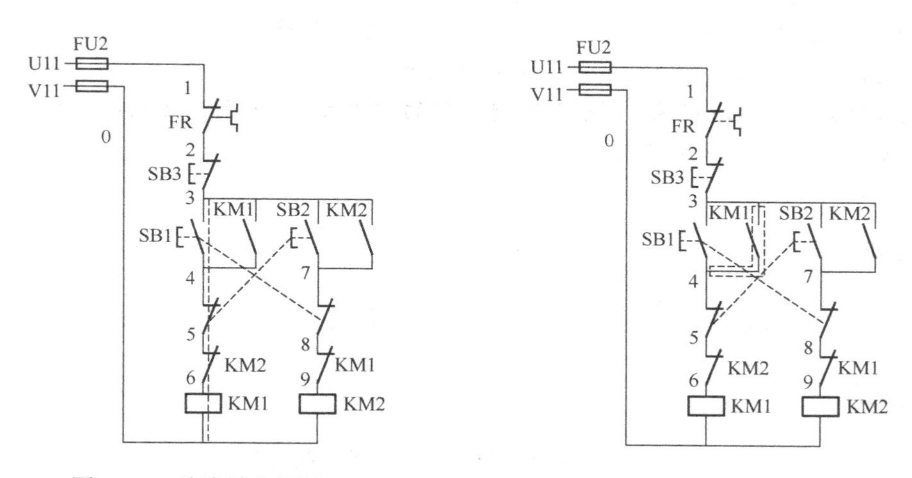

图 2-2-9　故障最小范围　　图 2-2-10　故障最小范围

【检修方法】根据如图 2-2-10 所示的故障最小范围，以接触器 KM1 自锁触点为分界点，可以采用电压测量法或者采用验电笔测量法进行检测。若测得 KM1 辅助触点两端的电压正常，则故障点一定是 KM1 常开触点接触不良；若测得的电压不正常，则故障点在与 KM1 触点连接的自锁回路上，检测时可参照前面任务所介绍的方法进行操作，在此不再赘述。

小贴士

在学生进行双重连锁正反转控制电路的安装、调试与维修实训过程中，时常会遇到如下问题。

问题：在进行双重连锁正反转控制电路的接线时，误将正、反转启动按钮 SB1 和 SB2 的常开触点与自身的常闭触点串联，如图 2-2-11 所示。

小贴士

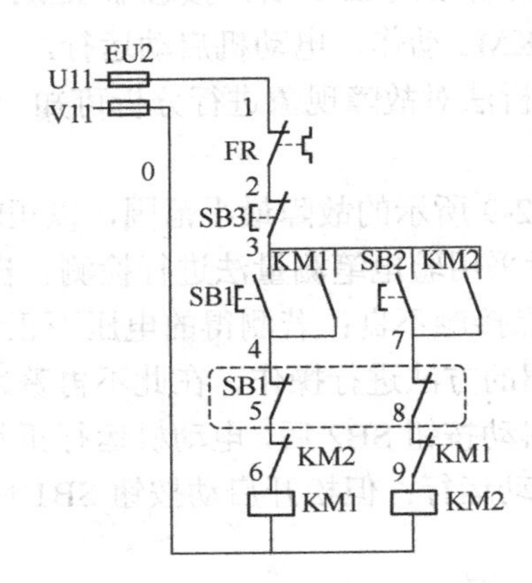

图 2-2-11　错误的接法

后果及原因： 在进行双重连锁正反转控制电路的接线时，误将正、反转启动按钮 SB1 和 SB2 的常开触点与自身的常闭触点串联，不但起不到连锁作用，还会造成正反转无法启动，这是因为其常闭触点将切断自身控制的回路，导致接触器线圈无法得电。

预防措施： 按钮连锁触点不能用自身按钮的常闭触点，而用对方按钮的常闭触点，应把图 2-2-11 中的两对触点对调。

任务评价

对任务实施的完成情况进行检查，并将结果填入任务测评表，见表 2-1-2。

知识拓展

三个接触器控制正反转控制电路

三个接触器控制正反转控制电路如图 2-2-12 所示，其工作原理请读者自行分析。

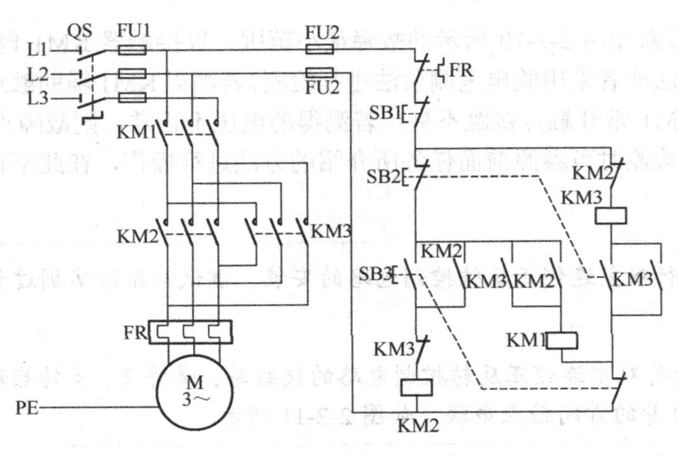

图 2-2-12　三个接触器控制正反转控制电路

项目3 位置控制与顺序控制电路的安装与检修

任务1 位置控制电路的安装与检修

任务目标

知识目标

1．掌握行程开关的结构、用途及工作原理和选用原则。

2．正确理解位置控制电路的工作原理。

3．能正确识读位置控制电路的原理图、接线图和布置图。

能力目标

1．会按照工艺要求正确安装位置控制电路。

2．能根据故障现象，检修位置控制电路。

素质目标

养成独立思考和动手操作的习惯，培养小组协调能力和互相学习的精神。

任务呈现

在生产过程中，一些生产机械运动部件的行程或位置要受到限制，如在摇臂钻床、万能铣床、镗床、桥式起重机及各种自动或半自动控制的机床设备中就经常遇到这种控制，如图 3-1-1 所示为工厂车间里常采用的行车的位置控制电路。本次任务的主要内容是：学习行程开关的选择与检测方法，完成对位置控制电路的安装与检修。

知识链接

一、行程开关

行程开关是一种利用生产机械某些运动部件的碰撞来发出控制指令的主令电器，主要用于控制生产机械的运动方向、速度、行程大小或位置，是一种自动控制电器。其作用原理与按钮相同，区别在于它不是靠手指的按压使其触点动作，而是利用生产机械运动部件的碰压使其触点动作，从而将机械信号转变为电信号，使运动机械按一定的位置或行程实现自动停止、反向运动、变速运动或自动往返运动等。

机床中常用的行程开关有 LX19 和 JLXK1 等系列，各系列行程开关的基本结构大体相同，都由操作机构、触点系统和外壳组成，如图 3-1-2（a）所示，行程开关在电路图中的符号如图 3-1-2（b）所示。

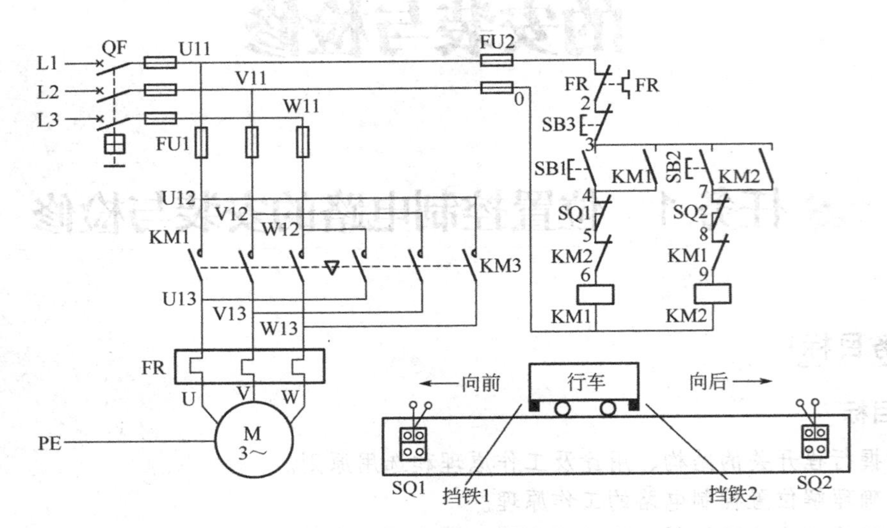

图 3-1-1　位置控制电路

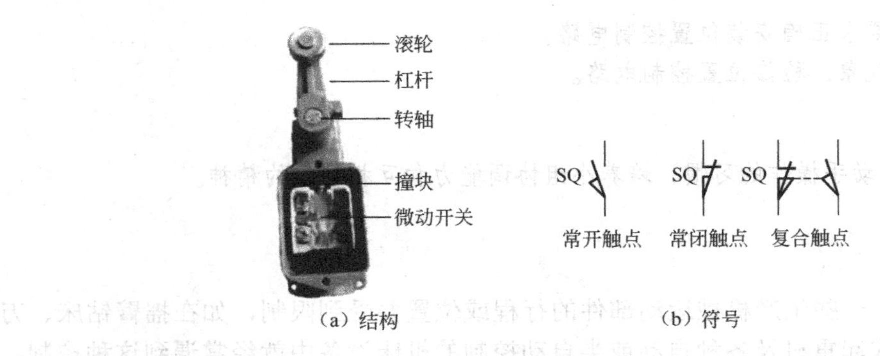

图 3-1-2　行程开关的结构及符号

1．结构及符号

以某种行程开关元器件为基础，装配不同的操作机构，可以得到各种不同形式的行程开关，常见的有按钮式（直动式）行程开关和旋转式（滚轮式）行程开关，如图 3-1-3 所示。

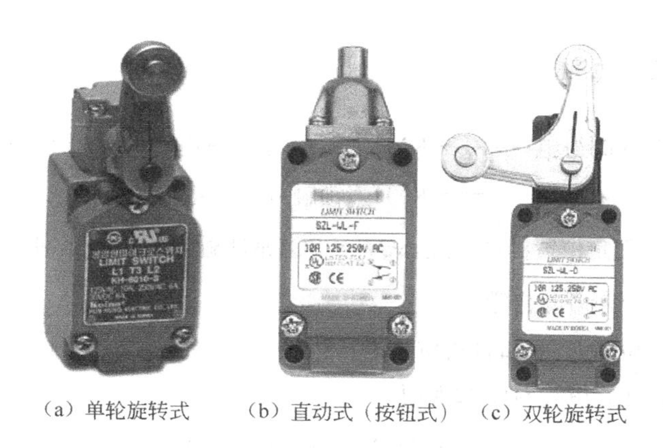

（a）单轮旋转式　（b）直动式（按钮式）　（c）双轮旋转式

图 3-1-3　行程开关的外形

2. 动作原理

当运动机械的挡铁撞到行程开关的滚轮上时，传动杠杆连同转轴一起转动，使滚轮撞动撞块，当撞块被压到一定位置时，推动微动开关快速动作，其常闭触点断开、常开触点闭合；滚轮上的挡铁移开后，复位弹簧就使行程开关各部分复位。这种单轮旋转式行程开关能自动复位，还有一种直动式（按钮式）也是依靠复位弹簧复位的。双轮旋转式行程开关不能自动复位，依靠运动机械反向移动时，挡铁碰到另一侧滚轮时将其复位。

行程开关的触点类型有一常开一常闭、一常开二常闭、二常开一常闭、二常开二常闭等形式。动作方式可分为瞬动、蠕动和交叉从动式三种。动作后的复位方式有自动复位和非自动复位两种。

3. 型号意义

LX19 系列和 JLXK1 系列行程开关的型号及含义如下：

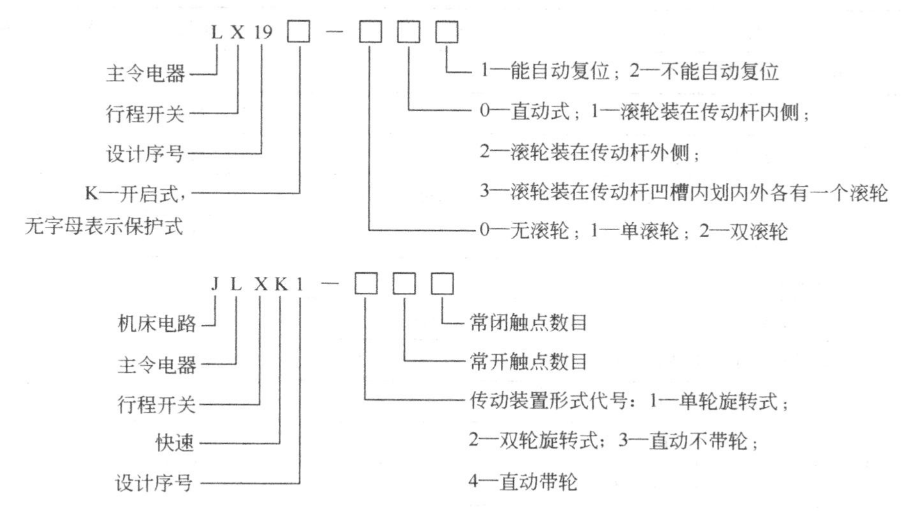

二、工作原理分析

如图 3-1-1 所示的位置控制电路的工作原理如下：

【启动控制】首先合上电源开关 QF。

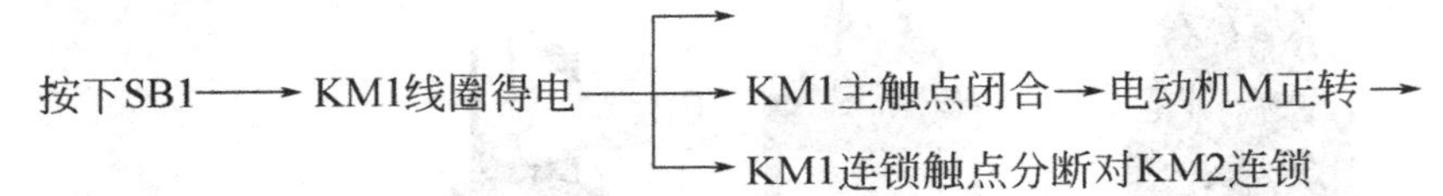

→工作台左移→至限定位置挡铁1撞击SQ1→ SQ1常闭触点断开→KM1线圈失电→

- →KM1自锁触点分断解除自锁
- →KM1主触点复位断开→电动机M停转
- →KM1连锁触点闭合解除对KM2连锁

按下SB2→KM2线圈得电→

- →KM2自锁触点闭合自锁
- →KM2主触点闭合电动机M正转→
- →KM2连锁触点分断对KM2连锁

→工作台右移→至限定位置挡铁1撞击SQ2→ SQ2常闭触点断开→KM2线圈失电→

- →KM2自锁触点分断解除自锁
- →KM2主触点复位断开电动机M停转→
- →KM2连锁触点闭合解除对KM1连锁

【停止控制】需要停止时，只要按下停止按钮 SB3 即可。

实施本任务教学所使用的实训设备及工具材料见表 3-1-1。

表 3-1-1　实训设备及工具材料

序　号	名　称	型 号 规 格	单位	数量	备　注
1	电工常用工具		套	1	
2	万用表	MF47 型	块	1	
3	三相四线电源	AC3×380/220V、20A	处	1	
4	三相电动机	Y112M-4，4kW、380V、△接法；或自定	台	1	
5	配线板	500mm×600mm×20mm	块	1	
6	低压断路器	DZ5-20/330	只	1	
7	接触器	CJ10-20，线圈电压 380V，20A	个	1	
8	熔断器 FU1	RL1-60/25，380V，60A，熔体配 25A	套	3	
9	熔断器 FU2	RL1-15/2，380V，15A，熔体配 2A	套	2	
10	热继电器	JR16-20/3，三极，20A	只	1	
11	按钮	LA10-3H	只	1	
12	位置开关	JLXK1-111，单轮旋转式	只	2	
13	木螺钉	ϕ3×20mm；ϕ3×15mm	个	30	
14	平垫圈	ϕ4mm	个	30	

续表

序　号	名　称	型号规格	单位	数量	备　注
15	圆珠笔	自定	支	1	
16	主电路导线	BVR-1.5，1.5mm^2（7×0.52mm）（黑色）	m	若干	
17	控制电路导线	BVR-1.0，1.0mm^2（7×0.43mm）	m	若干	
18	按钮线	BVR-0.75，0.75mm^2	m	若干	
19	接地线	BVR-1.5，1.5mm^2（黄绿双色）	m	若干	
20	走线槽	18mm×25mm	m	若干	
21	编码套管	自定	m	若干	

一、位置控制电路的安装与调试

1. 绘制元器件布置图和接线图

位置控制电路的元器件布置图和接线图如图 3-1-4 所示。

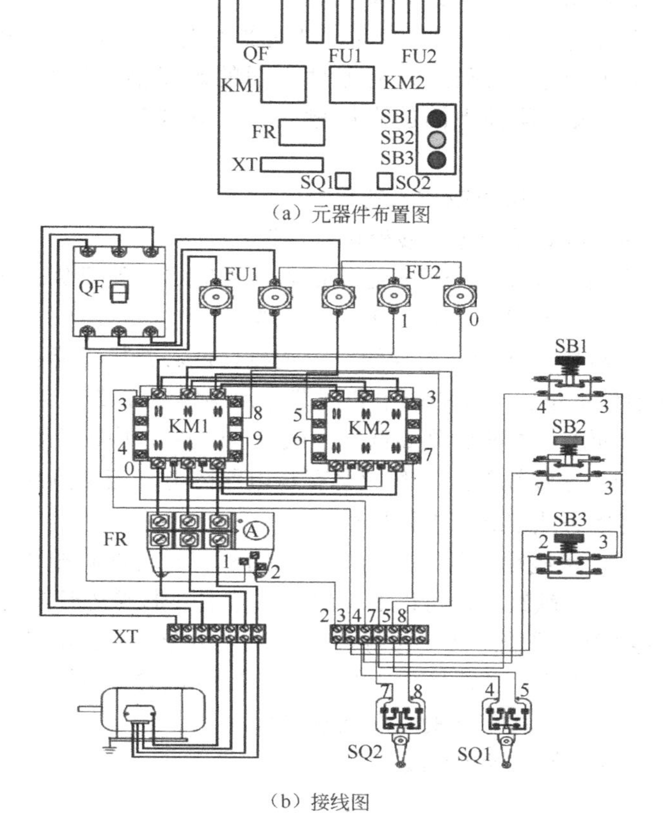

图 3-1-4　位置控制电路的元器件布置图和接线图

（1）行程开关安装时，安装位置要准确，安装要牢固；滚轮的方向不能装反，挡铁与其碰撞的位置应符合控制线路的要求，并确保能可靠与挡铁碰撞。

（2）行程开关在使用中，要定期检查和保养，除去油垢及粉尘，清理触点，经常检查其动作是否灵活、可靠，及时排除故障。防止因行程开关触点接触不良或接线松脱产生误动作而导致设备和人身安全事故。

2. 根据电气原理图和安装接线图进行走线槽配线

当元器件安装完毕后，按照如图 3-1-1 所示的原理图和如图 3-1-4 所示的安装接线图进行板前走线槽配线。板前走线槽配线的工艺要求与前面任务有所不同，具体工艺要求如下。

1）走线槽的安装工艺要求

安装走线槽时，应做到横平竖直、排列整齐匀称、安装牢固和便于走线等。

2）板前走线槽配线工艺要求

（1）所有导线的截面积在等于或大于 $0.5mm^2$ 时，必须采用软线。考虑机械强度的原因，所用导线的最小截面积，在控制箱外为 $1mm^2$，在控制箱内为 $0.75mm^2$。但对控制箱内通过很小电流的电路连线，如电子逻辑电路，可用 $0.2mm^2$，并且可以采用硬线，但只能用于不移动又无振动的场合。

（2）布线时，严禁损伤线芯和导线绝缘。

（3）各元器件接线端子引出导线的走向，以元器件的水平中心线为界限，在水平中心线以上接线端子引出的导线，必须进入元器件上面的走线槽；在水平中心线以下接线端子引出的导线，必须进入元器件下面的走线槽。任何导线都不允许从水平方向进入走线槽内。

（4）各元器件接线端子上引出或引入的导线，除间距很小和元器件机械强度很差时允许直接架空敷设外，其他导线必须经过走线槽进行连接。

（5）进入走线槽内的导线要完全置于走线槽内，并应尽可能避免交叉，装线不要超过其容量的 70%，以便于能盖上线槽盖和以后的装配及维修。

（6）各元器件与走线槽之间的外露导线，应走线合理，并尽可能做到横平竖直，变换走向要垂直。同一个元器件上位置一致的端子和同型号元器件中位置一致的端子上，引出或引入的导线要敷设在同一平面上，并应做到高低一致或前后一致，不得交叉。

（7）所有接线端子、导线线头上，都应套有与电路图上相应接点线号一致的编码套管，并按线号进行连接，连接必须牢靠，不得松动。

（8）在任何情况下，接线端子都必须与导线截面积和材料性质相适应。当接线端子不适合连接软线或较小截面积的软线时，可以在导线端头穿上针形或叉形轧头并压紧。

（9）一般一个接线端子只能连接一根导线，如果采用专门设计的端子，可以连接两根或多根导线，但导线的连接方式，必须是公认的、在工艺上成熟的各种方式，如夹紧、压接、焊接、绕接等，并应严格按照连接工艺的工序要求进行。

如图 3-1-5 所示是本任务走线槽配线效果图。

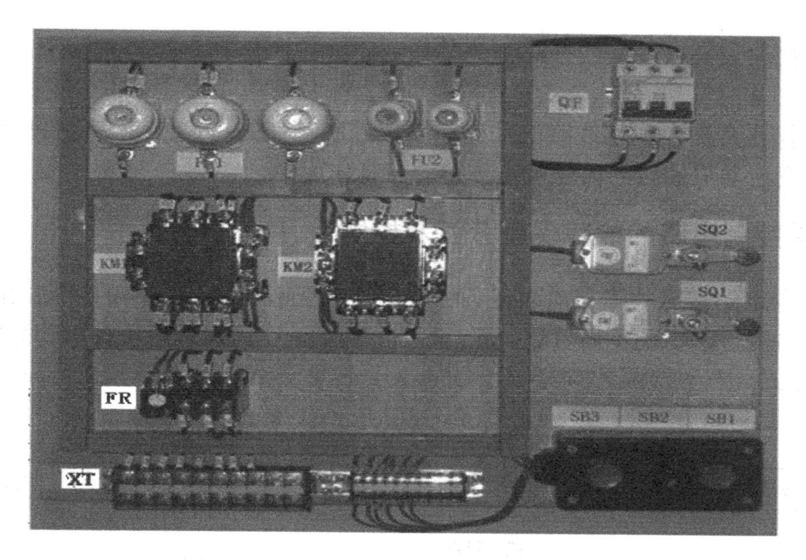

图 3-1-5 位置控制电路走线槽配线效果图

3. 电动机的连接

按照电动机铭牌上的接线方法，正确连接接线端子，然后将定子绕组的电源引入线接到接线端子的 U、V 和 W 端子上，最后连接电动机的保护接地线。

4. 自检

当线路安装完毕后，必须经过自检，并经指导教师确认无误后方可通电试车。自检的方法及步骤与前面任务相似，在此不再赘述，读者可自行分析。

5. 通电试车

学生通过自检和教师确认无误后，在教师的监护下进行通电试车，其操作方法和步骤如下。

1）空操作试验

合上电源开关 QF，按照前面任务中双重连锁的正反转控制电路的试验步骤检查各控制、保护环节的动作。试验结果一切正常后，再操作按下 SB1 使 KM1 得电动作，然后用绝缘棒按下 SQ1 的滚轮，使其触点分断，则 KM1 应失电释放。用同样的方法检查 SQ2 对 KM2 的控制作用。反复操作几次，检查限位控制电路动作的可靠性。

2）带负荷试车

断开 QF，接好电动机接线，上好接触器的灭弧罩。合上 QF，做下述几项试验。

（1）检查电动机转向。按下 SB1，电动机启动拖带设备上的运动部件开始移动，如移动方向为正方向（指向阳）则符合要求；如果运动部件向反方向移动，则应立即断电停车。否则限位控制电路不起作用，运动部件越过规定位置后继续移动，可能造成机械故障。将 QF 上端子处的任意两相电源线交换后，再接通电源试车。电动机的转向符合要求后，操作 SB2 使电动机拖动部件反向运动，检查 KM2 的改换相序作用。

（2）检查行程开关的限位控制作用。做好停车的准备，启动电动机拖带设备正向运动，当部件移动到规定位置附近时，要注意观察挡块与行程开关 SQ1 滚轮的相对位置。SQ1 被挡块操作后，电动机应立即停车。按动反向启动按钮（SB2）时，电动机应能反向拖动部件返回。如出现挡块过高、过低或行程开关动作后不能控制电动机等异常情况，应立即断电停车进行检查。

（3）反复操作几次，观察线路的动作和限位控制动作的可靠性。在部件的运动中可以随时操作按钮改变电动机的转向，以检查按钮的控制作用。

二、位置控制电路的故障现象分析及检修

位置控制电路的常见故障与前面任务中双重连锁正反转控制电路的常见故障相似，其电气故障分析和检测方法在此不再赘述，读者可自行分析。在此仅就限位控制部分故障进一步说明，见表 3-1-2。

表 3-1-2　线路故障现象、原因及处理方法

故障现象	可能的原因	处理方法
挡铁碰撞行程开关 SQ1（或 SQ2）后，电动机不能停止	可能故障点是 SQ1（或 SQ2）不动作，其不动作的可能原因是： 1.行程开关的紧固螺钉松动，使传动机构松动或发生偏移 2.行程开关被撞坏，机构失灵；或有杂质进入开关内部，使机械被卡住等	1.外观检查行程开关固定螺钉的松动；按压并放开行程开关，查看行程开关机构动作是否灵活 2.断开电源，用万用表的电阻挡，将两支表笔连接在 SQ1（或 SQ2）常闭触点的两端，按压并放开行程开关，检查通断情况
挡铁碰撞到 SQ1（或 SQ2），电动机停止，再按下 SB2（或 SB1），电动机启动，挡铁碰撞到 SQ2（或 SQ1），电动机停止；再按下 SB1（或 SB2），电动机不启动运行	可能故障点是行程开关 SQ1（或 SQ2）不复位，其不复位的可能原因是： 1.行程开关不复位多为运动部件或挡铁撞块超行程太多，机械失灵、开关被撞坏、杂质进入开关内部，使机械部分被卡住，开关复位弹簧失效，弹力不足使触点不能复位闭合 2.触点表面不清洁、有污垢	1.检查外观，是否因为运动部件或撞块超行程太多，造成行程开关机械损坏 2.断开电源，打开行程开关检查触点表面是否清洁 3. 断开电源，用万用表的电阻挡，将两支表笔连接在 SQ1（或 SQ2）常闭触点的两端，按压并放开行程开关，检查通断情况

任务评价

对任务实施的完成情况进行检查，并将结果填入任务测评表，见表 2-1-2。

任务 2　自动往返循环控制电路的安装与检修

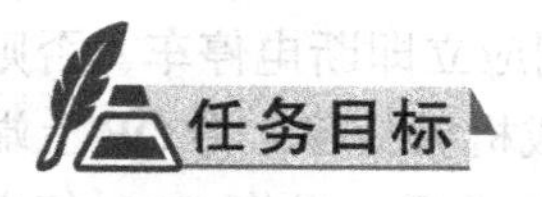

任务目标

知识目标

1．正确理解自动往返循环控制电路的工作原理。

2．能正确识读自动往返循环控制电路的原理图、接线图和布置图。

能力目标

1．会按照工艺要求正确安装自动往返循环控制电路。

2．能根据故障现象，检修自动往返循环控制电路。

素质目标

养成独立思考和动手操作的习惯，培养小组协调能力和互相学习的精神。

任务呈现

在生产实际中有一些机械设备，如B2012A刨床工作台要求在一定行程内自动往返循环运动，X62W铣床工作台在纵向进给中自动循环工作，以便实现对工件的连续加工，提高生产效率。这就需要电气控制电路能对电动机实现自动换接正反转控制。而这种利用机械运动触碰行程开关实现电动机自动换接正反转控制的电路，就是电动机自动循环控制电路。如图3-2-1所示。本次任务的主要内容是：完成对自动往返循环控制电路的安装与检修。

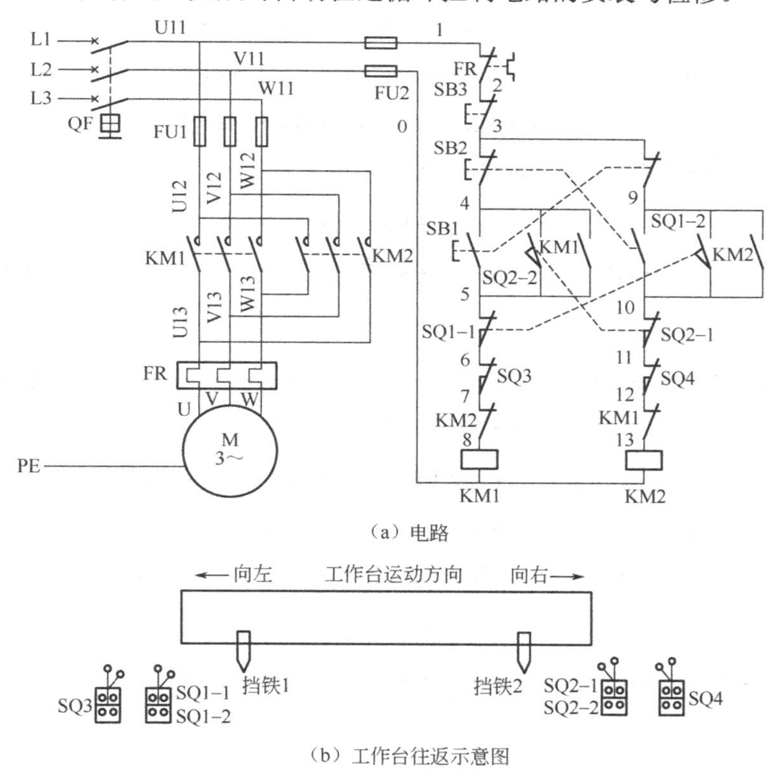

图3-2-1 自动往返循环控制电路

知识准备

一、电路分析

从如图3-2-1所示的电路中可以看出，为了使电动机的正反转控制与工作台的左右运动相配合，在控制电路中设置了4个行程开关SQ1、SQ2、SQ3和SQ4，并把它们安装在工作台所需限位的位置。其中SQ1、SQ2被用来自动切换电动机正反转控制电路，实现工作台的自动往返循环控制；SQ3和SQ4被用作终端保护，以防止SQ1、SQ2失灵，工作台越过限定位置而造成事故。在工作台边的T形槽中装有两块挡铁，挡铁1只能和SQ1、SQ3相碰撞，挡铁2只能和SQ2、SQ4相碰撞。当工作台运动到所限位置时，挡铁碰撞行程开关，使其触点动作，自动切换电动机正反转控制电路，通过机械传动机构使工作台自动往返循环运动。工作台的行程可通过移动挡铁位置来调节，拉开两块挡铁间的距离，行程就短，反之则长。

二、工作原理

如图3-2-1所示的自动往返循环控制电路的工作原理如下。

先合上电源开关QF。

1. 自动往返循环控制

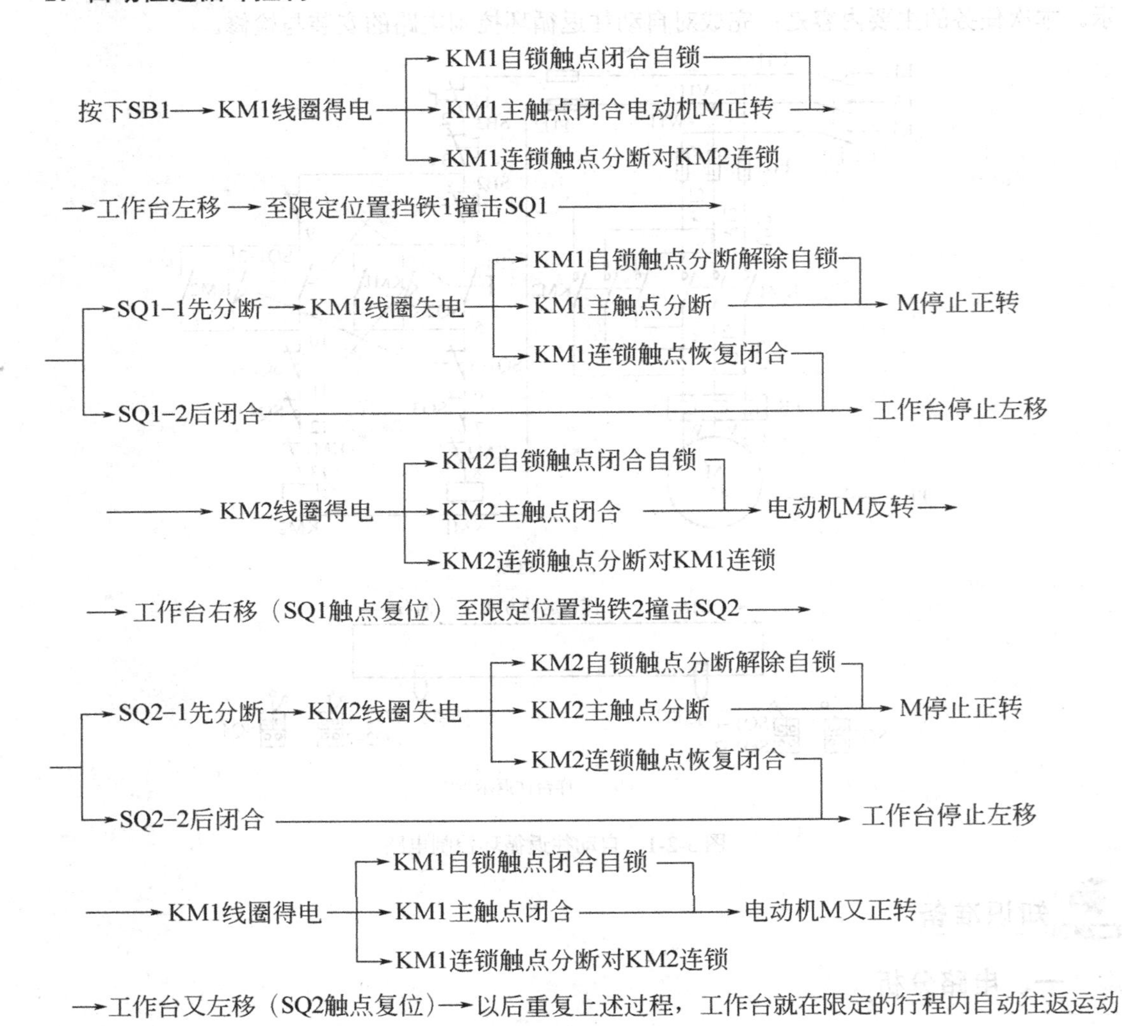

2. 停止控制

按下 SB3→整个控制电路失电→KM1（或 KM2）主触点分断→电动机 M 失电停转

这里 SB1、SB2 分别作为正转启动按钮和反转启动按钮，若启动时工作台在左端，则应按下 SB2 进行启动。

任务准备

实施本任务教学所使用的实训设备及工具材料见表 3-2-1。

表 3-2-1 实训设备及工具材料

序 号	名 称	型 号 规 格	单位	数量	备 注
1	电工常用工具		套	1	
2	万用表	MF47 型	块	1	
3	三相四线电源	AC3×380/220V、20A	处	1	
4	三相电动机	Y112M-4，4kW、380V、△接法；或自定	台	1	
5	配线板	500mm×600mm×20mm	块	1	
6	低压断路器	DZ5-20/330	只	1	
7	接触器	CJ10-20，线圈电压 380V，20A	个	2	
8	熔断器 FU1	RL1-60/25，380V，60A，熔体配 25A	套	3	
9	熔断器 FU2	RL1-15/2，380V，15A，熔体配 2A	套	2	
10	热继电器	JR16-20/3，三极，20A	只	1	
11	按钮	LA10-3H	只	1	
12	位置开关	JLXK1-111，单轮旋转式	只	4	
13	木螺钉	ϕ3×20mm；ϕ3×15mm	个	30	
14	平垫圈	ϕ4mm	个	30	
15	圆珠笔	自定	支	1	
16	主电路导线	BVR-1.5，1.5mm^2（7×0.52mm）（黑色）	m	若干	
17	控制电路导线	BVR-1.0，1.0mm^2（7×0.43mm）	m	若干	
18	按钮线	BVR-0.75，0.75mm^2	m	若干	
19	接地线	BVR-1.5，1.5mm^2（黄绿双色）	m	若干	
20	走线槽	18mm×25mm	m	若干	
21	编码套管	自定	m	若干	

任务实施

一、自动往返循环控制电路的安装与调试

1. 绘制元器件布置图和接线图

自动往返循环控制电路的元器件布置图和实物接线图与位置控制线路相似，读者可自行

绘制，在此不再赘述。

2．元器件规格、质量检查

（1）根据表 3-2-1 所示的元器件明细表，检查各元器件、耗材与表中的型号与规格是否一致。

（2）检查各元器件的外观是否完整无损，附件、备件是否齐全。

（3）用仪表检查各元器件和电动机的有关技术数据是否符合要求。

3．根据元器件布置图安装固定低压元器件

当元器件检查完毕后，按照所绘制的元器件布置图安装和固定元器件。安装和固定元器件的步骤和方法与前面任务基本相同。在此值得注意的是：行程开关 SQ1 和 SQ2 的作用是行程控制，而行程开关 SQ3 和 SQ4 的作用是限位控制，这两组开关不可装反，否则会引起错误动作。

4．根据电气原理图进行走线槽配线

当元器件安装完毕后，按照如图 3-2-1 所示的原理图进行板前走线槽配线。

5．电动机的连接

按照电动机铭牌上的接线方法，正确连接接线端子，然后将定子绕组的电源引入线接到接线端子的 U、V 和 W 端子上，最后连接电动机的保护接地线。

6．自检

当线路安装完毕后，必须经过自检，并经指导教师确认无误后方可通电试车。自检的方法及步骤与前面任务相似，在此仅就自动往返循环控制和限位控制的检测进行介绍。

（1）检查正向行程控制。按下正向启动按钮 SB1 不要放开，应测得 KM1 线圈电阻值，再轻轻按下行程开关 SQ1 的滚轮，使其常闭触点分断（此时常开触点未接通），万用表应显示电路由通而断；然后松开按钮 SB1，再将行程开关 SQ1 的滚轮按到底，则应测得 KM2 线圈的电阻值。

（2）检查反向行程控制。按下反向启动按钮 SB2 不放，应测得 KM2 线圈的电阻值；然后轻轻按下 SB2 的滚轮，使其常闭触点分断（此时常开触点未接通），万用表应显示电路由通而断；然后松开按钮 SB2，再将行程开关 SQ2 的滚轮按到底，则应测得 KM1 线圈的电阻值。

（3）检查正、反向限位控制。按下正向启动按钮 SB1 测得 KM1 线圈的直流电阻值后，再按下限位开关 SQ3 的滚轮，应测出电路由通而断。同理，再按下反向启动按钮 SB2 测得 KM2 线圈的直流电阻值后，再按下限位开关 SQ4 的滚轮，也应测出电路由通而断。

（4）检查行程开关的连锁作用。同时按下行程开关 SQ1 和 SQ2 的滚轮，测量的电阻值应为“∞”，此时正反转控制电路均处于断路状态。

7．通电试车

学生通过自检和教师确认无误后，在教师的监护下进行通电试车，其操作方法和步骤如下。

1）空操作试验

（1）行程控制试验。按下正向启动按钮 SB1 使 KM1 得电动作后，用绝缘棒轻按 SQ1

滚轮，使其常闭触点分断，KM1 应释放，将 SQ1 滚轮继续按到底，则 KM2 得电动作；再用绝缘棒缓慢按下 SQ2 滚轮，则应先后看到 KM2 释放、KM1 得电动作。值得一提的是，行程开关 SQ1 及 SQ2 对电路的控制作用与正反转控制电路中的 SB1 及 SB2 类似，所不同的是它依靠工作台上的挡铁进行控制。反复试验几次以后检查行程控制动作的可靠性。

（2）限位保护试验。按下正向启动按钮 SB1 使 KM1 得电动作后，用绝缘棒按下限位开关 SQ3 滚轮，KM1 应失电释放；再按下反向启动按钮 SB2 使 KM2 得电动作，然后按下限位开关 SB4 滚轮，KM2 应失电释放。反复试验几次，检查限位保护动作的可靠性。

2）带负荷试车

断开 QF，接好电动机接线，装好接触器的灭弧罩，做好立即停车的准备，合上 QF 进行以下几项试验。

（1）检查电动机转动方向。操作正向启动按钮 SB1 启动电动机，若所拖动的部件向 SQ1 的方向移动，则电动机转向符合要求。如果电动机转向不符合要求，应断电后将 QF 下端的电源相线任意两根交换位置后接好，重新试车检查电动机转向。

（2）正反向运行控制试验。交替操作 SB1、SB3 和 SB2、SB3，检查电动机转向是否受控制。

（3）行程控制试验。做好立即停车的准备。启动电动机，观察设备上的运动部件在正反两个方向的规定位置之间往返的情况，试验行程开关及线路动作的可靠性。如果部件到达行程开关，挡块已将开关滚轮压下而电动机不能停车，应立即断电停车进行检查。重点检查这个方向上的行程开关的接线、触点及有关接触器的触点动作，排除故障后重新试车。

（4）限位控制试验。启动电动机，在设备运行中用绝缘棒按压该方向上的限位保护行程开关，电动机应断电停车。否则应检查限位行程开关的接线及其触点动作情况，排除故障后重新试车。

二、自动往返循环控制电路的故障现象分析及检修

1．主电路的故障检修

自动往返循环控制电路主电路的故障现象和故障检修与前面任务中接触器连锁正反转控制电路主电路的故障现象和故障检修相同，在此不再赘述，读者可自行分析。

2．控制电路的故障检修

【故障现象 1】当按下正反向启动按钮 SB1 或 SB2 后，接触器 KM1 或 KM2 均未动作，电动机不转，工作台不运动。

【故障分析】采用逻辑分析法对故障现象进行分析可知，其故障最小范围可用虚线表示，如图 3-2-2 所示。

【故障检修】根据如图 3-2-2 所示的故障最小范围，可以采用电压测量法或者采用验电笔测量法进行检测。检测时可参照前面任务所介绍的方法进行操作，在此不再赘述。

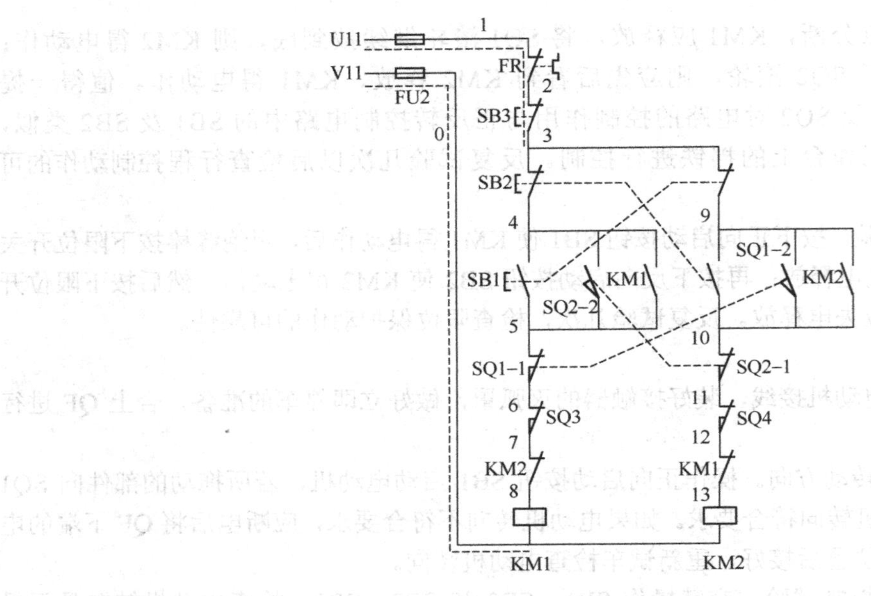

图 3-2-2　故障最小范围

小贴士

在学生进行自动往返循环控制电路的安装、调试与维修实训过程中，时常会遇到如下问题。

问题：在进行自动往返循环控制电路的接线时，误将行程开关 SQ1-1 和 SQ1-2（SQ2-1 和 SQ2-2）的常闭触点和常开触点接反，如图 3-2-3 所示。

后果及原因：在进行自动往返循环控制电路的接线时，误将行程开关 SQ1-1 和 SQ1-2（SQ2-1 和 SQ2-2）的常闭触点和常开触点接反，不但起不到自动循环控制作用，还会造成电路无法正常启动，这是因为 SQ1-2 和 SQ2-2 常开触点切断了正反转控制电路，导致接触器线圈无法得电。

预防措施：自动往返循环控制电路中的行程开关的常开触点与启动按钮并联，而常闭触点与接触器线圈串联，应把图 3-2-3 中的两对常开触点换成常闭触点。

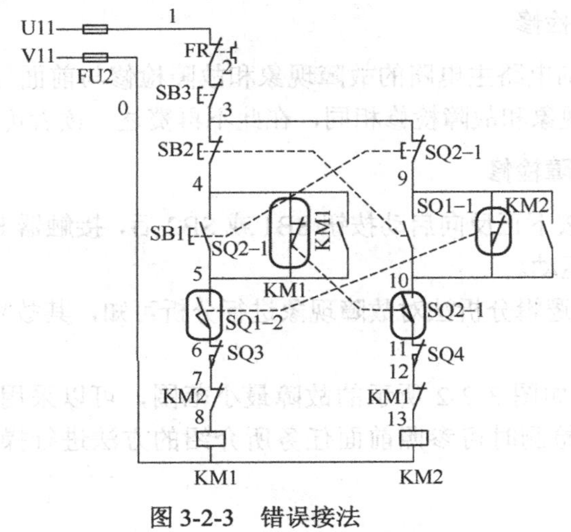

图 3-2-3　错误接法

【故障现象 2】当按下正向启动按钮 SB1 后，接触器 KM1 不动作，电动机不转，工作台不运动。但按下反向启动按钮 SB2 后，接触器 KM2 动作，电动机启动运行，工作台反向运动，当碰撞行程开关 SQ2 后，电动机停止，工作台停下，未进入正向运动状态。

【故障分析】采用逻辑分析法对故障现象进行分析可知，其故障最小范围可用虚线表示，如图 3-2-4 所示。

【故障检修】根据如图 3-2-4 所示的故障最小范围，可以采用电压测量法或者采用验电笔测量法进行检测。检测时可参照前面任务所介绍的方法进行操作，在此不再赘述。

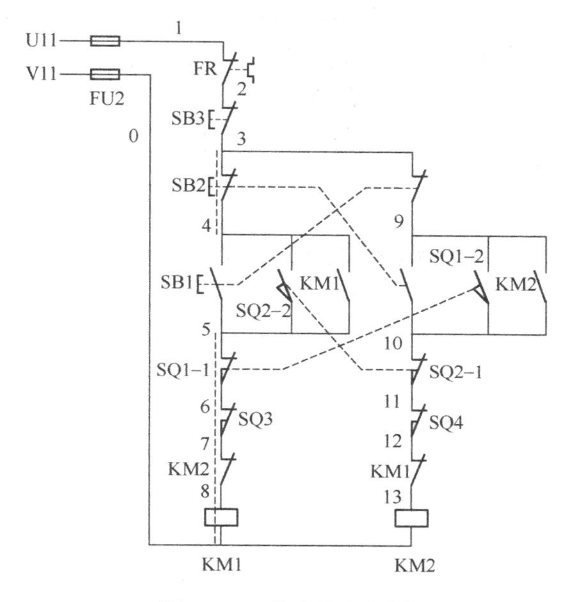

图 3-2-4　故障最小范围

任务评价

对任务实施的完成情况进行检查，并将结果填入任务测评表，见表 2-1-2。

知识拓展

顺序控制电路

在装有多台电动机的生产机械上，各电动机所起的作用是不同的，有时要按一定的顺序启动和停止，才能保证操作过程的合理和工作的安全可靠。要求几台电动机的启动或停止必须按一定的先后顺序来完成的控制方式，称为电动机的顺序控制。常见的顺序控制主要有两大类：一是通过在主电路上的控制来实现；另一种是通过控制电路来实现。如图 3-2-5 所示就是通过控制电路来实现的顺启逆停顺序控制电路。读者有兴趣可自行分析其工作原理。

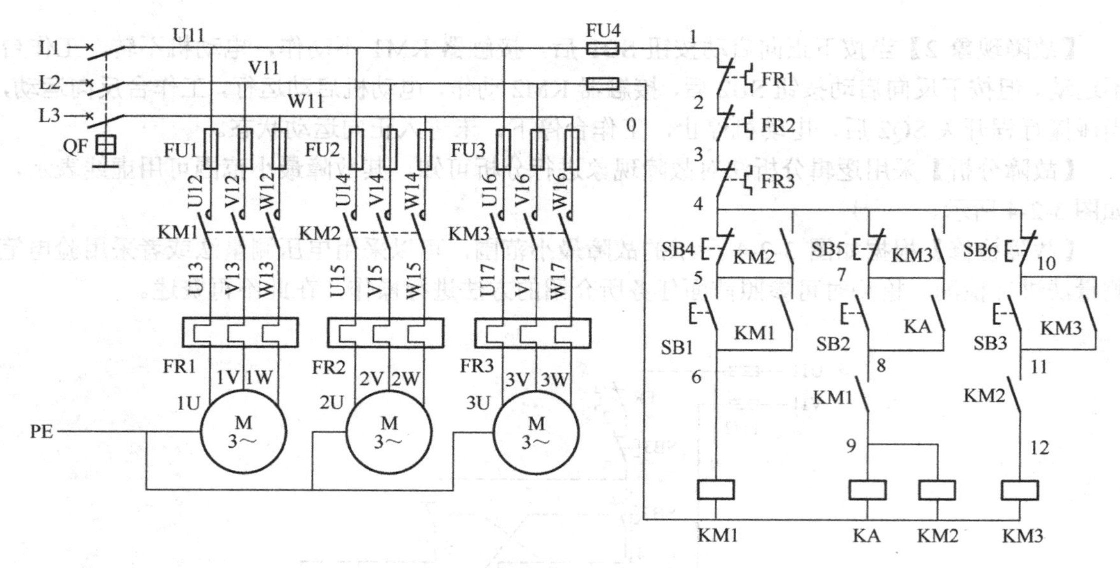

图 3-2-5　顺启逆停顺序控制电路

项目 4 三相笼型异步电动机降压启动控制电路的安装与检修

任务 1 定子绕组串接电阻降压启动控制电路的安装与检修

知识目标

1．熟悉时间继电器的功能、基本结构、工作原理及型号含义。
2．正确理解三相异步电动机定子绕组串接电阻降压启动的工作原理。
3．能正确识读定子绕组串接电阻降压启动控制电路的原理图、接线图和布置图。

能力目标

1．会进行时间继电器的选用与简单检修。
2．会按照工艺要求正确安装三相异步电动机定子绕组串接电阻降压启动控制电路。
3．能根据故障现象，检修三相异步电动机定子绕组串接电阻降压启动控制电路。

素质目标

养成独立思考和动手操作的习惯，培养小组协调能力和互相学习的精神。

任务呈现

定子绕组串接电阻降压启动是指在电动机启动时，把电阻串接在电动机定子绕组与电源之间，通过电阻的分压作用来降低定子绕组上的启动电压，待电动机启动后，再将电阻短接，使电动机在额定电压下正常运行。时间继电器自动控制定子绕组串接电阻降压启动控制电路如图 4-1-1 所示。本次任务的主要内容是：完成对时间继电器自动控制定子绕组串接电阻降压启动控制电路的安装与检修。

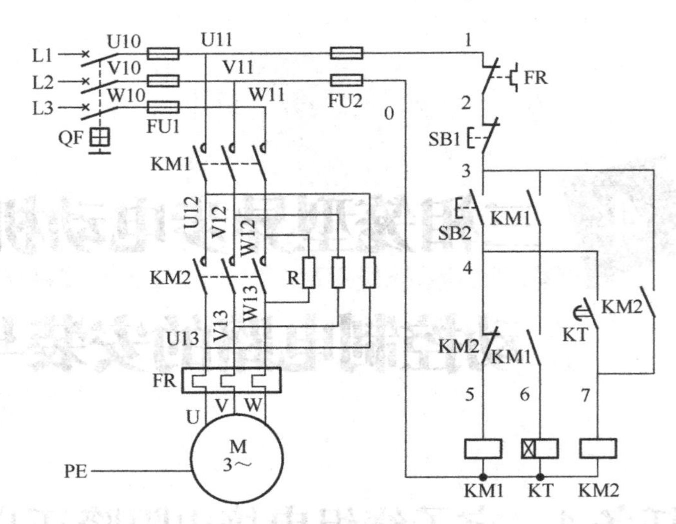

图 4-1-1　时间继电器自动控制定子绕组串接电阻降压启动控制电路

知识链接

一、时间继电器

在得到动作信号后，能按照一定的时间要求控制触点动作的继电器，称为时间继电器。

时间继电器的种类很多，常用的主要有电磁式、电动式、空气阻尼式、晶体管式、单片机控制式等类型。其中，电磁式时间继电器的结构简单，价格低廉，但体积和质量大，延时时间较短，且只能用于直流断电延时；电动式是利用同步微电动机与特殊的电磁传动机械来产生延时的，延时精度高，延时可调范围大，但结构复杂，价格贵；空气阻尼式延时精度不高，体积大，已逐步被晶体管式取代；单片机控制式时间继电器是为了适应工业自动化控制水平越来越高而生产的，如 DHC6 多制式时间继电器，采用单片机控制，LCD 显示，具有九种工作制式，正计时、倒计时任意设定，八种延时时段，延时范围从 0.01s～999.9h 任意设定，键盘设定，设定完成之后可以锁定键盘，防止误操作。可以按要求任意选择控制模式，使控制线路最简单可靠。目前在电力拖动控制电路中，应用较多的是晶体管式时间继电器，如图 4-1-2 所示是几款时间继电器的外形。

（a）晶体管式　（b）空气阻尼式　（c）电动式　（d）单片机控制式

图 4-1-2　时间继电器的外形

晶体管式时间继电器也称为半导体时间继电器或电子式时间继电器，具有机械结构简单、延时范围宽、整定精度高、体积小、耐冲击和耐震动、消耗功率小、调整方便及寿命长等优点，所以发展迅速，已成为时间继电器的主流产品，应用越来越广。

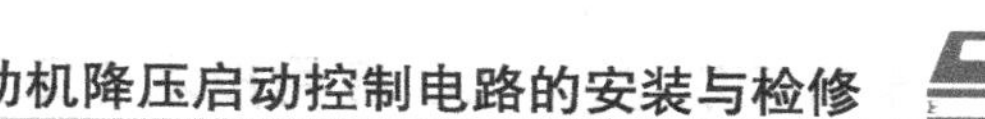

晶体管式时间继电器按结构分为阻容式和数字式两类；按延时方式分为通电延时型、断电延时型及带瞬动触点的通电延时型。

JS20 系列晶体管时间继电器是全国推广的统一设计产品，适用于交流 50Hz、电压 380V 及以下或直流电压 220V 及以下的控制电路中作为延时元器件，按预定的时间接通或分断电路。它具有体积小、质量小、精度高、寿命长、通用性强等优点。

1. 结构

JS20 系列晶体管时间继电器的外形如图 4-1-2（a）所示，它具有保护外壳，其内部结构采用印制电路组件。安装和接线采用专用的插接座，并配有带插脚标记的下标牌作为接线指示，上标盘上还带有发光二极管作为动作指示。结构形式有外接式、装置式和面板式三种。外接式的整定电位器可通过插座用导线接到所需的控制板上；装置式具有带接线端子的胶木底座；面板式采用通用八大脚插座，可直接安装在控制台的面板上，另外还带有延时刻度和延时旋钮供整定延时时间用。JS20 系列通电延时型时间继电器的接线如图 4-1-3（a）所示。

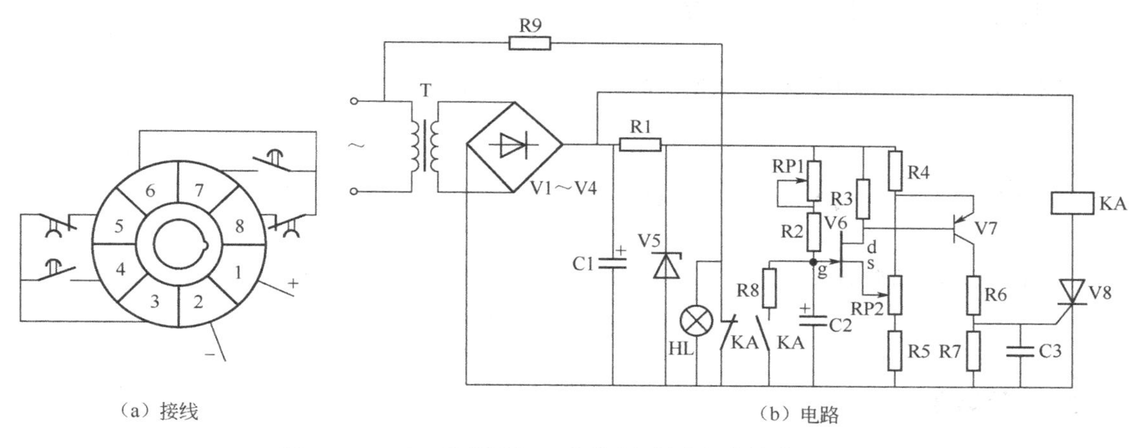

（a）接线　　（b）电路

图 4-1-3　JS20 系列通电延时型时间继电器的接线和电路

2. 工作原理

JS20 系列通电延时型时间继电器的电路如图 4-1-3（b）所示。它由电源、电容充放电电路、电压鉴别电路、输出和指示电路五部分组成。电源接通后，经整流滤波和稳压后的直流电，经过 RP1 和 R2 向电容 C2 充电。当场效应管 V6 的栅源电压 U_{gs} 低于夹断电压 U_p 时，V6 截止，因而 V7、V8 也处于截止状态。随着充电的不断进行，电容 C2 的电位按指数规律上升，当满足 U_{gs} 高于 U_p 时，V6 导通，V7、V8 也导通，继电器 KA 吸合，输出延时信号。同时电容 C2 通过 R8 和 KA 的常开触点放电，为下次动作做好准备。当切断电源时，继电器 KA 释放，电路恢复原始状态，等待下次动作。调节 RP1 和 RP2 即可调整延时时间。

3. 型号含义及技术数据

JS20 系列晶体管时间继电器的型号含义如下。

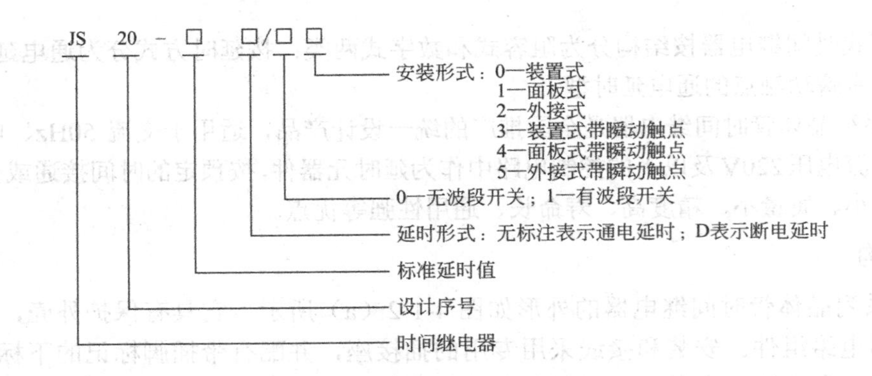

4. 时间继电器的图形及文字符号

时间继电器在电路图中的图形及文字符号如图 4-1-4 所示。

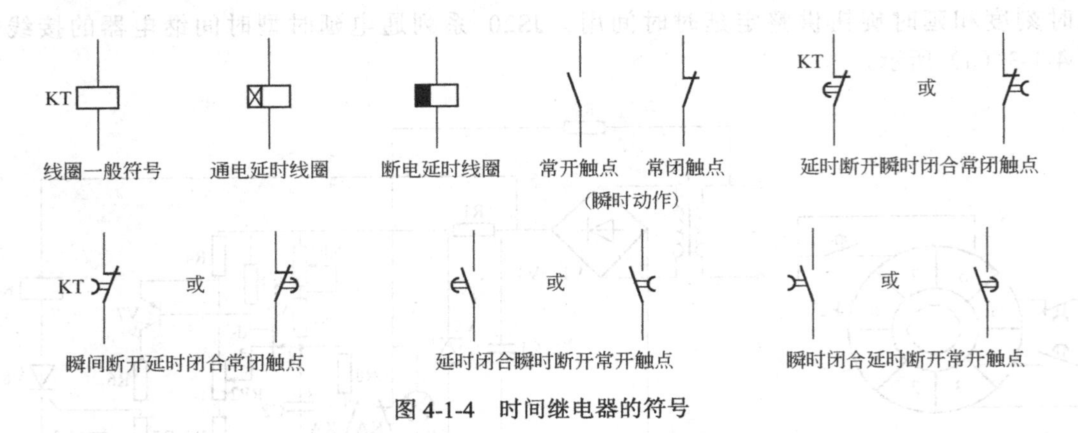

图 4-1-4 时间继电器的符号

5. 适用场合

当电磁式时间继电器不能满足要求时，或者当要求的延时精度较高时，或者控制回路相互协调需要无触点输出时使用。

二、电阻器

电阻器是具有一定电阻值的元器件，电流通过时，在它上面将产生电压降。利用电阻器这一特性，可控制电动机的启动、制动及调速。用于控制电动机启动、制动及调速的电阻器与电子产品中的电阻器在用途上有较大的区别，电子产品中用到的电阻器一般功率较小，发热量较低，一般不需要专门的散热设计；而用于控制电动机启动、制动及调速的电阻器的功率较大，一般为千瓦（kW）级，工作时发热量较大，要有良好的散热性能，因此在外形结构上与电子产品中常用的电阻器有较大的差异。常用于控制电动机启动、制动及调速的电阻器有铸铁电阻器、板形（框架式）电阻器、铁铬合金电阻器和管形电阻器，其外形如图 4-1-5 所示。

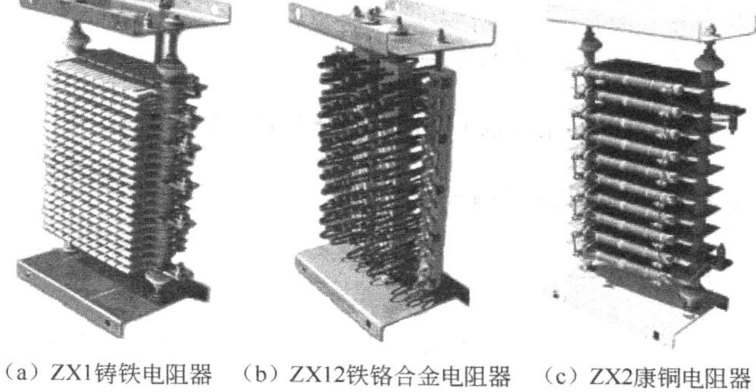

（a）ZX1铸铁电阻器　（b）ZX12铁铬合金电阻器　（c）ZX2康铜电阻器　（d）ZX9铁铬铝合金电阻器

图 4-1-5　常用电阻器的外形

电阻器的用途与分类见表 4-1-1。

表 4-1-1　电阻器的用途与分类

类　型	型号	结构及特点	适用场合	备　注
铸铁电阻器	ZX1	自浇铸或冲压成形的电阻片选装而成，取材方便，价格低廉，有良好的耐腐蚀性和较大的发热时间常数，但性脆易断，电阻值较小，温度系数较大，体积大而笨重	在交直流低压电路中，供电动机启动、调速、制动及放电等用	
板形电阻器	ZX2	在板形瓷质绝缘件上绕制的线状（ZX-2 型）或带状（ZX2-1 型）康铜电阻元器件，其特点是耐震动，具有较高的机械强度	同上，但较适用于要求耐震动的场合	
铁铬铝合金电阻器	ZX9	由铁、铬、铝合金电阻带轧成波浪形式，电阻为敞开式，计算容量约为 4.6kW	适用于大、中容量电动机的启动、制动和调速	技术数据与 ZX1 基本相同，因而可取而代之
	ZX15	由铁、铬、铝合金带制成螺旋式管状电阻元器件（ZY 型）装配而成，容量约为 4.6kW		
管形电阻器	ZG11	在陶瓷管上绕单层镍铜或镍铬合金电阻丝，表面经高温处理涂珐琅质保护层，电阻丝两端用电焊法连接多股绞合软铜线或连接紫铜导片作为引出端头 可调式在珐琅表面开有使电阻丝裸露的窄槽，并装有供移动的调节夹	适用于电压不超过 500V 的低压电气设备的电路中，供降低电压、电流用	

启动电阻一般采用 ZX1、ZX2 系列铸铁电阻。铸铁电阻能够通过较大电流，功率大。

三、时间继电器自动控制定子绕组串接电阻降压启动控制线路

1．线路组成

时间继电器自动控制定子绕组串接电阻降压启动控制电路如图 4-1-1 所示。在这个电路中，用接触器 KM2 取代了组合开关 QS2 来短接启动电阻 R，用时间继电器 KT 来控制电动机从降压启动到全压运行的时间，从而实现了自动控制。

2．工作原理

如图 4-1-1 所示的时间继电器自动控制定子绕组串接电阻降压启动控制线路工作原理如下。

【降压启动控制】

先合上电源开关 QF。

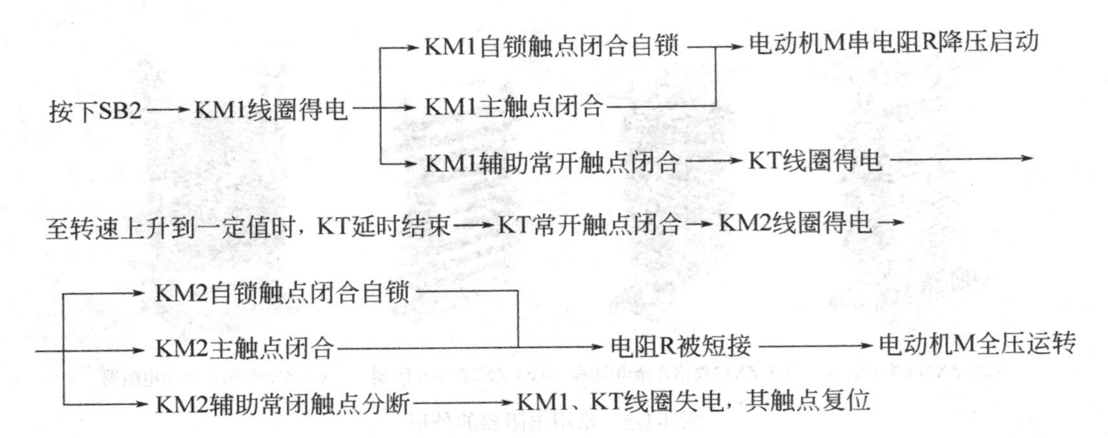

【停止控制】

停止时，按下 SB1 即可实现。

由以上分析可见，只要调整好时间继电器 KT 触点的动作时间，电动机由启动过程切换成运行过程就能准确可靠地自动完成。

串电阻降压启动的缺点是减小了电动机的启动转矩，同时启动时在电阻上功率消耗也较大。如果启动频繁，则电阻的温度很高，对于精密的机床会产生一定的影响，故目前这种降压启动的方法在生产实际中的应用正在逐步减少。

任务准备

实施本任务教学所使用的实训设备及工具材料见表 3-1-1。

任务实施

一、时间继电器自动控制定子绕组串接电阻降压启动控制电路的安装与调试

1．绘制元器件布置图和接线图

时间继电器自动控制定子绕组串接电阻降压启动控制线路的元器件布置图和实物接线图请读者自行绘制，在此不再赘述。

2．元器件规格、质量检查

（1）根据元器件明细表，检查各元器件、耗材与表中的型号与规格是否一致。

（2）检查各元器件的外观是否完整无损，附件、备件是否齐全。

（3）用仪表检查各元器件和电动机的有关技术数据是否符合要求。

3．根据元器件布置图安装固定低压元器件

当元器件检查完毕后，按照所绘制的元器件布置图安装和固定元器件。在此仅介绍时间继电器和启动电阻的安装与使用要求。

1）时间继电器的安装与使用要求

（1）时间继电器应按说明书规定的方向安装。无论是通电延时型还是断电延时型，都必须使继电器在断电后，释放时衔铁的运动方向垂直向下，其倾斜度不得超过5°。

（2）时间继电器的整定值，应预先在不通电时整定好，并在试车时校正。

（3）时间继电器金属底板上的接地螺钉必须与接地线可靠连接。

（4）通电延时型和断电延时型可在整定时间内自行调换。

（5）使用时，应经常清除灰尘及油污，否则延时误差将增大。

2）启动电阻的安装与使用要求

启动电阻要安装在箱体内，并且要考虑其产生的热量对其他电器的影响。若将电阻器置于箱外时，必须采取遮护或隔离措施，以防止发生触电事故。

4．根据电气原理图和安装接线图进行走线槽配线

当元器件安装完毕后，按照如图 4-1-1 所示的原理图和安装接线图进行板前走线槽配线。

5．电动机的连接

按照电动机铭牌上的接线方法，正确连接接线端子，然后将电动机定子绕组的电源引入线接到接线端子的 U、V、W 的端子上，最后连接电动机的保护接地线。

6．自检

当线路安装完毕后，在通电试车前必须经过自检，并经指导教师确认无误后方可通电试车。自检的方法及步骤具体如下。

首先将万用表的选择开关拨到电阻挡（$R\times1$挡），并进行校零。断开电源开关 QF，并摘下接触器灭弧罩。

1）主电路的检测

将万用表的表笔跨接在 U11 和 U13 处，应测得电路处于电路断路状态，然后按下 KM1 的触点架，应测得 R 的电阻值，再按下 KM2 的触点架，由于 KM2 的主触点将电阻器 R 短接，则测得的阻值变小，万用表显示通路。依次分别在 V11、V13 和 W11、W13 之间重复进行测量，结果应相同。

2）控制电路的检测

（1）将万用表的表笔跨接在熔断器 FU2 的 0 和 1 之间的接线柱上，应测得的电阻是“∞”，电路处于开路状态。然后按下启动按钮 SB2 不放，应测得 KM1 电阻值；再按下停止按钮 SB1，此时万用表的读数应显示电路由通而断。

（2）按下 KM1 的触点架，此时应测得的电阻值是 KM1、KT 线圈电阻的并联值；然后松开 KM1 的触点架，万用表应显示电路由通而断；再按下 KM2 的触点架，此时应测得 KM2 线圈的电阻值。

7．通电试车

学生通过自检和教师确认无误后，在教师的监护下进行通电试车。

二、时间继电器自动控制定子绕组串接电阻降压启动控制电路的故障分析及维修

1．主电路的故障检修

时间继电器自动控制定子绕组串接电阻降压启动控制电路主电路的故障现象和检修方法与前面任务中主电路的故障现象和检修方法相似，在此不再赘述，读者可自行分析。

2．控制电路的故障检修

【故障现象1】当按下启动按钮 SB2 后，接触器 KM1 未动作，电动机未能串电阻降压启动。

【故障分析】采用逻辑分析法对故障现象进行分析可知，其故障最小范围可用虚线表示，如图 4-1-6 所示。

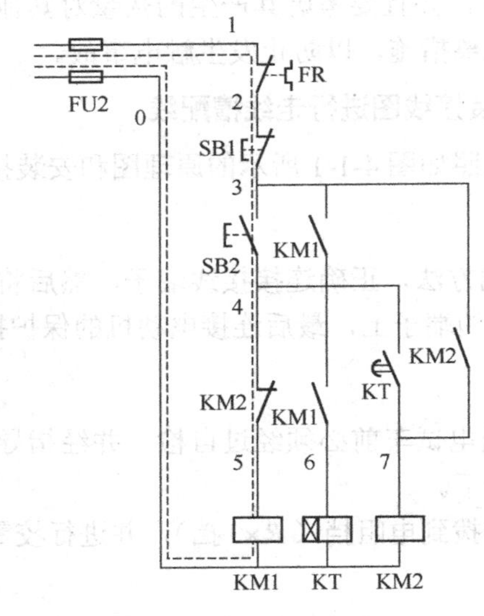

图 4-1-6　故障最小范围

【检修方法】根据如图 4-1-6 所示的故障最小范围，可以采用电压测量法或者验电笔测量法进行检测。检测方法可参照前面任务所介绍的方法进行操作，在此不再赘述。

小贴士

常用晶体管式时间继电器接线时，要注意时间继电器的底座是有方向的，不要接反了，其外形及底座如图 4-1-7 所示。

（a）插接座　（b）时间调节旋钮　（c）插接柱

图 4-1-7　晶体管时间继电器

【故障现象 2】当按下启动按钮 SB2 后，接触器 KM1 动作，时间继电器 KT 未动作，电动机未能转入全压运行。

【故障分析】采用逻辑分析法对故障现象进行分析可知，其故障最小范围可用虚线表示，如图 4-1-8 所示。

【检修方法】根据如图 4-1-8 所示的故障最小范围，检测时，首先按下停止按钮 SB1，然后采用验电笔测量法对 KM1 的辅助常开触点的两端（4 号线和 6 号线）进行检测，若两端的电压都正常，则故障点一定是 KM1 的辅助常开触点接触不良。若验电笔显示的亮度不正常，则故障点在与 KM1 的辅助常开触点连接的时间继电器控制回路上，检测方法可参照前面任务所介绍的方法进行操作，在此不再赘述。

图 4-1-8 故障最小范围

任务评价

对任务实施的完成情况进行检查，并将结果填入任务测评表，见表 2-1-2。

知识拓展

一、JS7-A 系列空气阻尼式时间继电器

空气阻尼式时间继电器又称为气囊式时间继电器，如图 4-1-9 所示，主要由电磁系统、延时机构和触点系统三部分组成。根据触点延时的特点，可分为通电延时动作型和断电延时复位型两种。

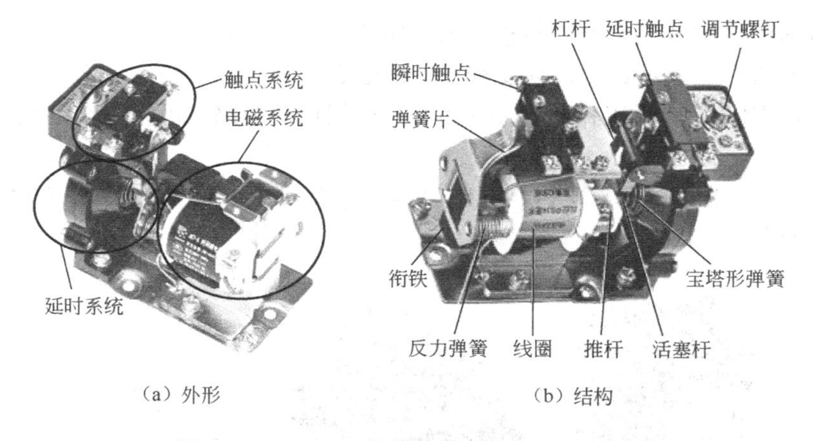

图 4-1-9 JS7-A 系列空气阻尼式时间继电器

1. 结构

JS7-A 系列空气阻尼式时间继电器是利用气囊中的空气通过小孔节流的原理来获得延时动作的，其结构原理如图 4-1-10 所示。

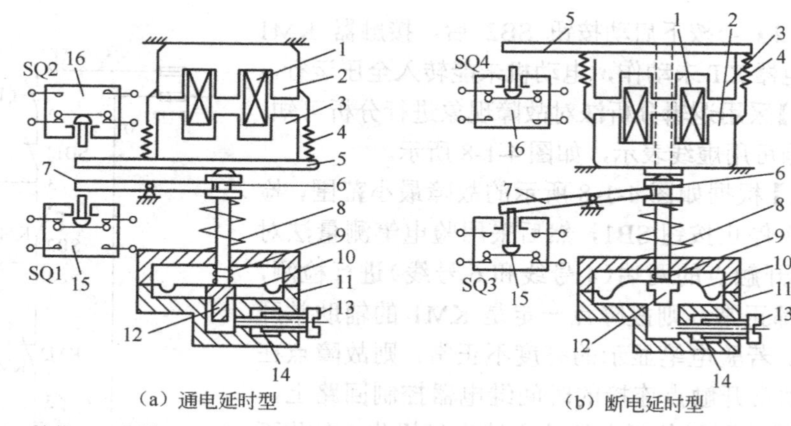

（a）通电延时型　　（b）断电延时型

1—线圈；2—铁芯；3—衔铁；4—反力弹簧；5—推板；6—活塞杆；7—杠杆；8—塔形弹簧；9—弱弹簧；10—橡皮膜；11—空气室；12—活塞；13—调节螺钉；14—进气孔；15,16—微动开关

图 4-1-10　JS7-A 型时间继电器的结构原理

2．符号及型号

JS7-A 型时间继电器的符号及型号的含义与晶体管时间继电器基本相同。空气阻尼式时间继电器的特点是延时范围大（0.4～180s），结构简单，价格低，使用寿命长，但整定精度往往较差，只适用于一般场合。

二、中间继电器

中间继电器是用来增加控制电路中的信号数量或将信号放大的继电器。其输入信号是线圈的通电和断电，输出信号是触点的动作。

1．中间继电器的结构及符号

中间继电器的结构及工作原理与接触器基本相同，因而中间继电器又称为接触器式继电器。但中间继电器的触点对数多，且没有主、辅触点之分，各对触点允许通过的电流大小相同，多数为 5A。因此，对于工作电流小于 5A 的电气控制线路，可用中间继电器代替接触器来控制。

常见的中间继电器有 JZ7、JZ14、JZ15 等系列，如图 4-1-11 所示。其中 JZ7 系列为交流中间继电器，如图 4-1-12 所示。

（a）JZ7系列

（b）JZ14系列

（c）JZ15系列

图 4-1-11　中间继电器

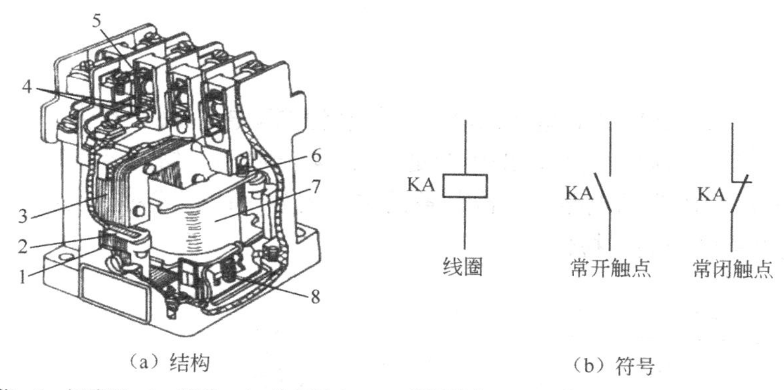

（a）结构　　（b）符号

1—静铁芯；2—短路环；3—衔铁；4—常开触点；5—常闭触点；6—反作用弹簧；7—线圈；8—缓冲弹簧

图 4-1-12　JZ7 系列交流中间继电器

2．型号意义

中间继电器的型号意义如下。

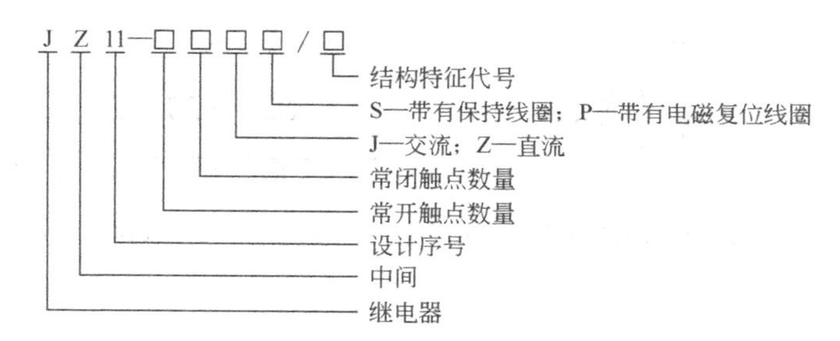

任务 2　Y—△降压启动控制电路的安装与检修

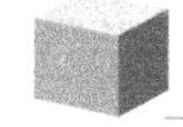

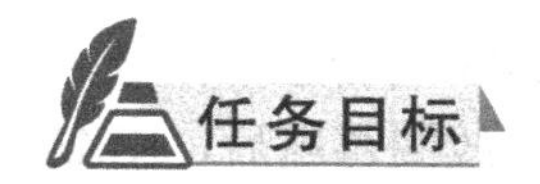

任务目标

知识目标

1．正确理解三相异步电动机Y—△降压启动控制电路的工作原理。

2．能正确识读Y—△降压启动控制电路的原理图、接线图和布置图。

能力目标

1．会按照工艺要求正确安装三相异步电动机Y—△降压启动控制电路。

2．能根据故障现象，检修三相异步电动机Y—△降压启动控制电路。

素质目标

养成独立思考和动手操作的习惯，培养小组协调能力和互相学习的精神。

任务呈现

在实际生产中，如 M7475B 型平面磨床上的砂轮电动机，由于电动机功率较大，又是△接法，为了限制电动机的启动电流，采用的是Y—△降压启动。如图 4-2-1 所示就是典型的时间继电器控制Y—△降压启动电路。本次任务的主要内容是：完成对时间继电器自动控制Y—△降压启动控制电路的安装与检修。

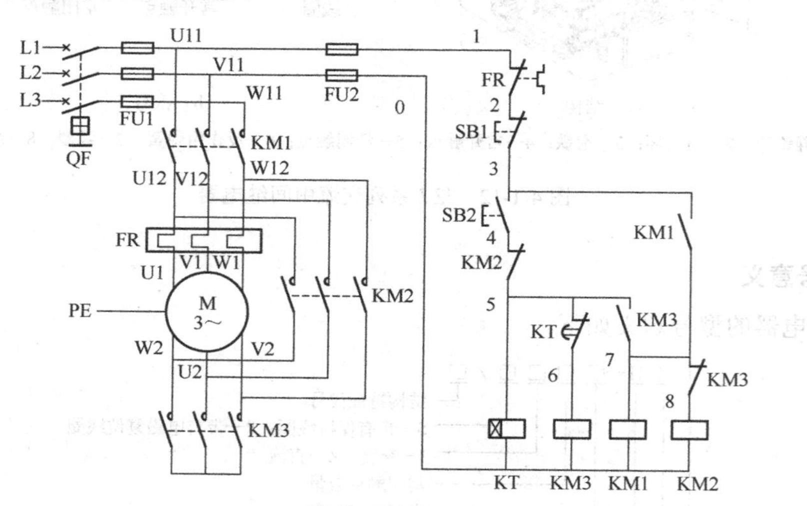

图 4-2-1　时间继电器自动控制 Y—△降压启动控制电路

知识链接

时间继电器自动控制 Y—△降压启动电路

时间继电器自动控制 Y—△降压启动电路如图 4-2-1 所示。

1．电路原理

首先合上电源开关 QF。然后按下启动按钮 SB2，KM3 线圈得电，KM3 动合触点闭合，KM1 线圈得电，KM1 自锁触点闭合自锁、KM1 主触点闭合；同时，KM3 线圈得电后，KM3 主触点闭合；电动机 M 接成星形降压启动；KM3 连锁触点分断对 KM2 连锁；在 KM3 线圈得电的同时，时间继电器 KT 线圈得电，延时开始，当电动机 M 的转速上升到一定值时，KT 延时结束，KT 动断触点分断，KM3 线圈失电，KM3 动触点分断；KM3 主触点分断，解除星形连接；KM3 连锁触点闭合，KM2 线圈得电，KM2 连锁触点分断对 KM3 连锁；同时 KT 线圈失电，KT 动断触点瞬时闭合，KM2 主触点闭合，电动机 M 接成三角形全压运行。

停止时，按下 SB2 即可。

2．电路特点

该电路中，接触器 KM3 得电以后，通过 KM3 的辅助常开触点使接触器 KM1 得电动作，这样 KM3 的主触点是在无负载的条件下进行闭合的，故可延长接触器 KM3 主触点的使用寿命。

任务准备

实施本任务教学所使用的实训设备及工具材料见表 4-2-1。

表 4-2-1 实训设备及工具材料

序号	名称	型号规格	单位	数量	备注
1	电工常用工具		套	1	
2	万用表	MF47 型	块	1	
3	三相四线电源	AC3×380/220V、20A	处	1	
4	三相电动机	Y112M-4，4kW、380V、△接法；或自定	台	1	
5	配线板	500mm×600mm×20mm	块	1	
6	低压断路器	DZ5-20/330	只	1	
7	接触器	CJ10-20，线圈电压 380V，20A	个	3	
8	熔断器 FU1	RL1-60/25，380V，60A，熔体配 25A	套	3	
9	熔断器 FU2	RL1-15/2，380V，15A，熔体配 2A	套	2	
10	热继电器	JR16-20/3，三极，20A	只	1	
11	按钮	LA10-2H	只	1	
12	时间继电器	JS20 或 JS7-4A	只	1	
13	木螺钉	ϕ3×20mm；ϕ3×15mm	个	30	
14	平垫圈	ϕ4mm	个	30	
15	圆珠笔	自定	支	1	
16	主电路导线	BVR-1.5，1.5mm^2（7×0.52mm）（黑色）	m	若干	
17	控制电路导线	BVR-1.0，1.0mm^2（7×0.43mm）	m	若干	
18	按钮线	BVR-0.75，0.75mm^2	m	若干	
19	接地线	BVR-1.5，1.5mm^2（黄绿双色）	m	若干	
20	走线槽	18mm×25mm	m	若干	
21	编码套管	自定	m	若干	

任务实施

一、时间继电器自动控制 Y—△降压启动控制电路的安装与调试

1. 绘制元器件布置图和接线图

根据如图 4-2-1 时间继电器自动控制Y—△降压启动控制电路原理图，请读者自行绘制其元器件布置图和实物接线图，在此不再赘述。

2. 元器件规格、质量检查

（1）根据表 4-2-1 中的元器件明细表，检查各元器件、耗材与表中的型号及规格是否一致。

（2）检查各元器件的外观是否完整无损，附件、备件是否齐全。

（3）用仪表检查各元器件和电动机的有关技术数据是否符合要求。

3．根据元器件布置图安装固定低压元器件

当元器件检查完毕后，按照所绘制的元器件布置图安装和固定元器件。

4．根据电气原理图和安装接线图进行走线槽配线

当元器件安装完毕后，按照如图 4-2-1 所示的原理图和安装接线图进行板前走线槽配线。实物接线效果图如图 4-2-2 所示。

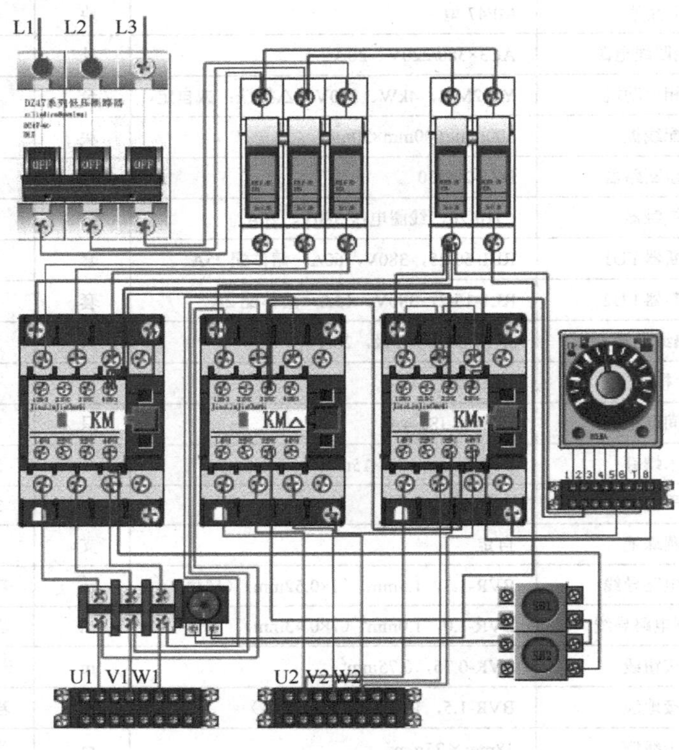

图 4-2-2 实物接线效果图

5．电动机的连接

按照电动机铭牌上的接线方法，正确连接接线端子，接线时，要保证电动机三角形接法的正确性，即接触器主触点闭合时，应保证定子绕组的 U1 与 W2、V1 与 U2、W1 与 V2 相连接。最后连接电动机的保护接地线。

6．自检

当线路安装完毕后，在通电试车前必须经过自检，并经指导教师确认无误后方可通电试车。自检的方法及步骤请读者自行分析，在此不再赘述。

二、时间继电器自动控制 Y—△降压启动控制电路的故障分析及维修

1．主电路的故障分析及检修

【故障现象 1】星形启动时电动机发出“嗡嗡”声，电动机的转速很慢，5s 后转入三角形

全压正常运行。

【故障分析】这是典型的电动机星形启动缺相运行。采用逻辑分析法对故障现象进行分析可知，其故障最小范围可用虚线表示，如图4-2-3所示。

【故障检修】根据如图4-2-3所示的故障最小范围，首先切断电源，可以采用直流电阻测量法进行检测。检测时可参照前面任务所介绍的方法进行操作，在此不再赘述。

【故障现象2】电动机星形启动时正常，5s后转入三角形全压运行时，电动机发出“嗡嗡”声，电动机的转速很慢。

【故障分析】这是典型的电动机三角形缺相运行。采用逻辑分析法对故障现象进行分析可知，其故障最小范围可用虚线表示，如图4-2-4所示。

【故障检修】根据如图4-2-4所示的故障最小范围，首先切断电源，可以采用直流电阻测量法进行检测。检测方法是：将万用表的量程选到 $R\times100$ 挡，然后以接触器KM2的主触点为分界点，分别将万用表的表笔搭接在与KM2主触点相连接的U1U2、V1V2、W1W2的接线柱上，若三次测得回路的阻值都很小，则说明故障在KM2的主触点上；若测得的阻值不正常，说明故障在与KM2主触点连接的回路上，运用前面任务学过的方法可判断出故障点并排除故障。

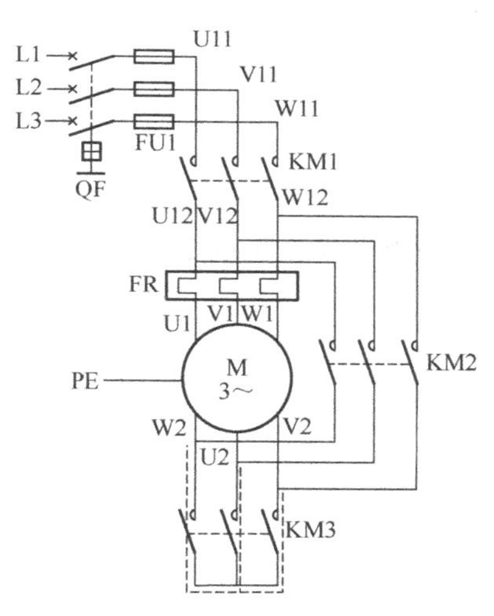

图4-2-3 故障最小范围

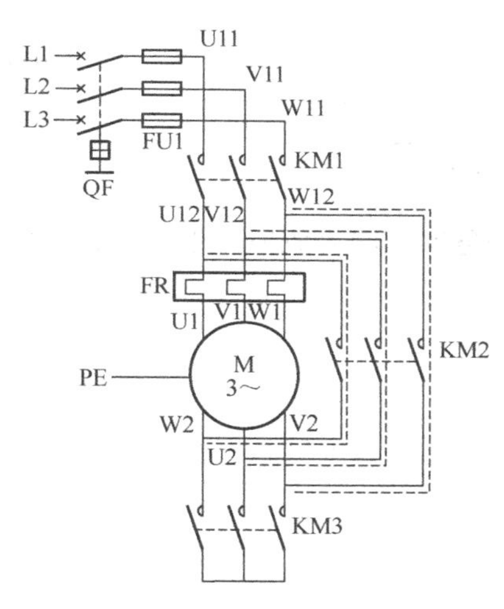

图4-2-4 故障最小范围

2. 控制电路的故障分析与检修

Y—△降压启动控制电路的一般故障检修与前面任务所述的方法基本相同，在此仅就一些复杂的故障检修进行介绍。

【故障现象3】按下启动按钮SB2后，KT动作，电动机星形启动，启动时间到，电动机仍然处于星形启动状态，不会转入三角形运行。

【故障分析】采用逻辑分析法对故障现象进行分析可知，其故障最小范围可用虚线表示，如图4-2-5所示。

【故障检修】根据如图4-2-5所示的故障最小范围，首先按下停止按钮，然后断开KM1线圈回路，可以采用电笔测量法进行检测。检测方法是：断开KM1线圈回路，以接触器KM3的辅助常闭触点为分界点，用电笔测量KM3辅助常闭触点（7-8）两端是否有电，来观察故障点，具体检修过程读者可参照前面任务自行分析和检测。

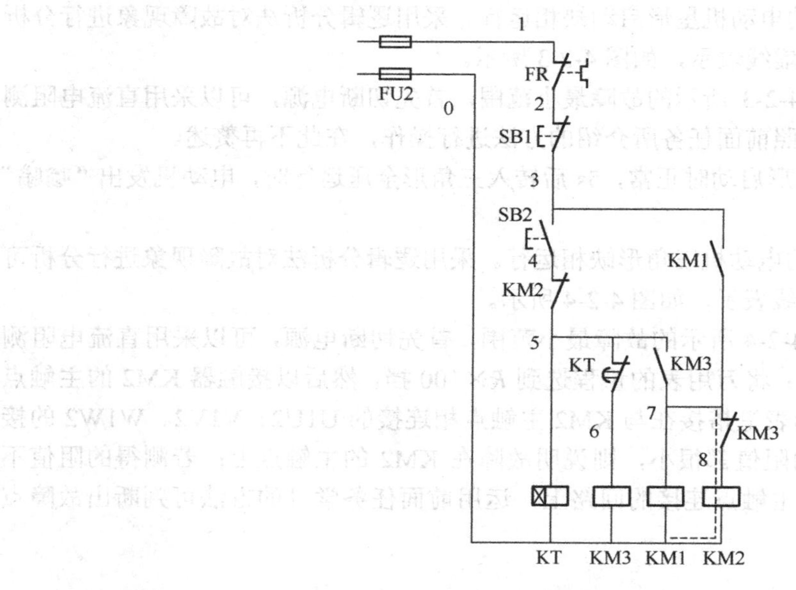

图 4-2-5　故障最小范围

任务评价

对任务实施的完成情况进行检查，并将结果填入任务测评表，见表 2-1-2。

项目 5 三相笼型异步电动机制动控制电路的安装与检修

任务 1 电磁抱闸制动器制动控制电路的安装与检修

知识目标

1．熟悉电磁抱闸制动器的功能、基本结构、工作原理及型号含义。
2．正确理解三相异步电动机电磁抱闸制动器制动控制电路的工作原理。
3．能正确识读电磁抱闸制动器制动控制电路的原理图、接线图和布置图。

能力目标

1．会电磁抱闸制动器的选用与简单检修。
2．会按照工艺要求正确安装三相异步电动机电磁抱闸制动器制动控制电路。
3．能根据故障现象，检修三相异步电动机电磁抱闸制动器制动控制电路。

素质目标

养成独立思考和动手操作的习惯，培养小组协调能力和互相学习的精神。

任务呈现

电动机断开电源后，利用机械装置产生的反作用力矩使其迅速停转的方法称为机械制动。机械制动常用的方法有电磁抱闸制动器制动和电磁离合器制动。例如，X62W 万能铣床的主轴电动机就采用电磁离合器制动以实现准确停车。而在 20/5t 桥式起重机上，主钩、副钩、大车、小车全部采用电磁抱闸制动以保证电动机失电后的迅速停车。如图 5-1-1 为 20/5t 桥式起重机副钩上采用的电磁抱闸断电制动控制电路。本次任务的主要内容是：完成对电磁抱闸制动器断电制动控制电路的安装与检修。

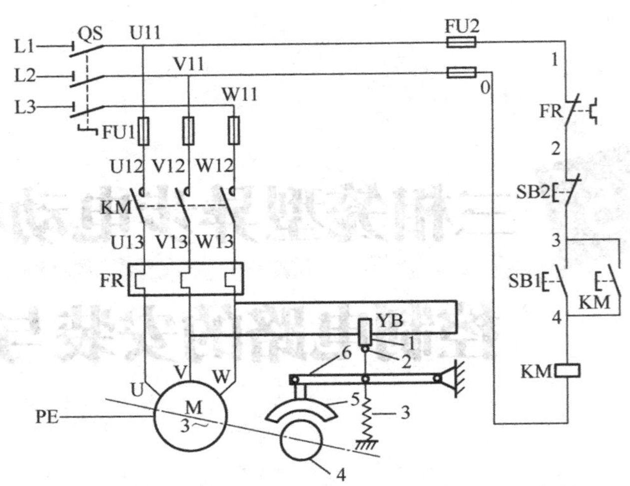

1—线圈；2—衔铁；3—弹簧；4—闸轮；5—闸瓦；6—杠杆

图 5-1-1　电磁抱闸断电制动控制电路

知识链接

一、电磁抱闸制动器

1. 结构及型号

1）结构

制动电磁铁由铁芯、衔铁和线圈三部分组成。闸瓦制动器包括闸轮、闸瓦、杠杆和弹簧等部分。如图 5-1-2 所示为常用的制动电磁铁与闸瓦制动器的外形，它们配合使用共同组成电磁抱闸制动器，其结构如图 5-1-3（a）所示，图形符号如图 5-1-3（b）所示。

（a）MZD1系列交流单相制动电磁铁

（b）TJ2系列闸瓦制动器

图 5-1-2　常用的制动电磁铁与闸瓦制动器的外形

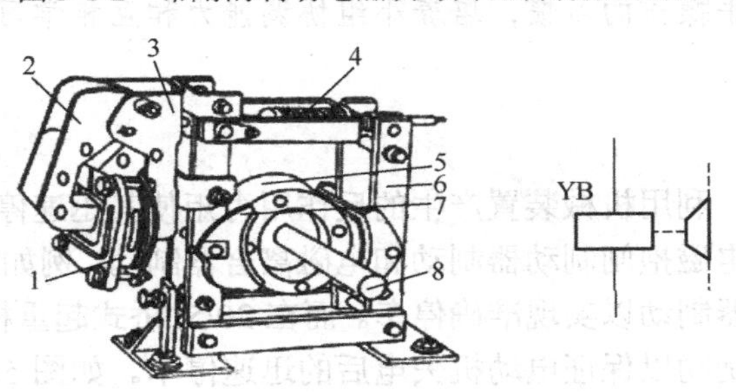

（a）结构　　（b）符号

1—线圈；2—衔铁；3—铁芯；4—弹簧；5—闸轮；6—杠杆；7—闸瓦；8—轴

图 5-1-3　电磁抱闸制动器

2）型号

电磁铁和制动器的型号及其含义如下。

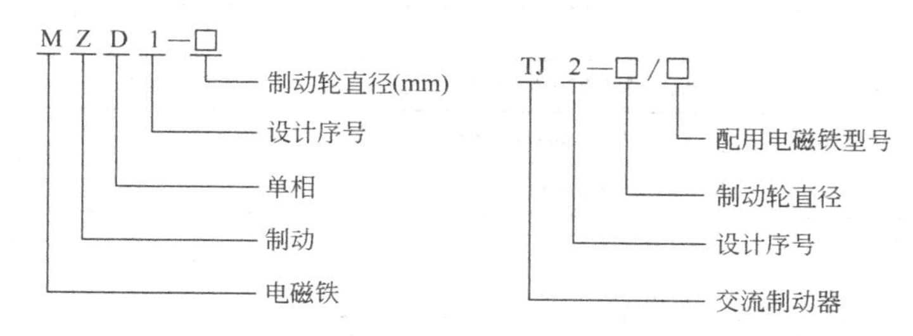

2．工作原理

电磁抱闸制动器分为断电制动型和通电制动型两种。

断电制动型的工作原理：当制动电磁铁的线圈得电时，制动器的闸瓦与闸轮分开，无制动作用；当线圈失电时，制动器的闸瓦紧紧抱住闸轮制动。

通电制动型的工作原理：当制动电磁铁的线圈得电时，闸瓦紧紧抱住闸轮制动；当线圈失电时，制动器的闸瓦与闸轮分开，无制动作用。

二、电磁抱闸制动器断电制动控制电路

如图 5-1-1 所示的电磁抱闸断电制动控制电路，其工作原理如下。

1．启动控制

首先合上电源开关 QS。按下启动按钮 SB1，接触器 KM 线圈得电，其自锁触点和主触点闭合，电动机 M 接通电源，同时电磁抱闸制动器 YB 线圈得电，衔铁与铁芯吸合，衔铁克服弹簧拉力，迫使制动杠杆向上移动，从而使制动器的闸瓦与闸轮分开，电动机正常运转。

2．制动控制

按下停止按钮 SB2，接触器 KM 线圈失电，其自锁触点和主触点分断，电动机 M 失电，同时电磁抱闸制动器 YB 线圈也失电，衔铁与铁芯分开，在弹簧拉力的作用下，制动器的闸瓦紧紧抱住闸轮，使电动机被迅速制动而停转。

电磁抱闸制动器断电制动在起重机械上被广泛采用。其优点是能够准确定位，同时可防止电动机突然断电时，重物自行坠落；其缺点是不经济。因为电磁抱闸制动器线圈耗电时间与电动机一样长。另外，由于电磁抱闸制动器在切断电源后的制动作用，使手动调整工件很困难，因此，对要求电动机制动后能调整工件位置的机床设备，可采用通电制动控制线路。

实施本任务教学所使用的实训设备及工具材料见表 5-1-1。

表 5-1-1　实训设备及工具材料

序　号	名　称	型号规格	单位	数量	备　注
1	电工常用工具		套	1	

续表

序　号	名　称	型号规格	单位	数量	备　注
2	万用表	MF47 型	块	1	
3	三相四线电源	AC3×380/220V、20A	处	1	
4	三相电动机	Y112M-4，4kW、380V、△接法；或自定	台	1	
5	配线板	500mm×600mm×20mm	块	1	
6	组合开关	HZ10-25/3	只	1	
7	接触器	CJ10-20，线圈电压 380V，20A	个	1	
8	熔断器 FU1	RL1-60/25，380V，60A，熔体配 25A	套	3	
9	熔断器 FU2	RL1-15/2，380V，15A，熔体配 2A	套	2	
10	热继电器	JR16-20/3，三极，20A	只	1	
11	按钮	LA10-2H	只	1	
12	制动电磁铁	TJ2-200（配以 MZD1-200 电磁铁）	台	1	
13	木螺钉	ϕ3×20mm；ϕ3×15mm	个	30	
14	平垫圈	ϕ4mm	个	30	
15	圆珠笔	自定	支	1	
16	主电路导线	BVR-1.5，1.5mm²（7×0.52mm）（黑色）	m	若干	
17	控制电路导线	BVR-1.0，1.0mm²（7×0.43mm）	m	若干	
18	按钮线	BVR-0.75，0.75mm²	m	若干	
19	接地线	BVR-1.5，1.5mm²（黄绿双色）	m	若干	
20	行线槽	18mm×25mm	m	若干	
21	编码套管	自定	m	若干	

一、电磁抱闸制动器断电制动控制电路的安装与调试

1. 绘制元器件布置图和接线图

电磁抱闸制动器断电制动控制电路的元器件布置图和实物接线图请读者自行绘制，在此不再赘述。

2. 元器件规格、质量检查

（1）根据表 5-1-1 所示的元器件明细表，检查各元器件、耗材与表中的型号与规格是否一致。

（2）检查各元器件的外观是否完整无损，附件、备件是否齐全。

（3）用仪表检查各元器件和电动机的有关技术数据是否符合要求。

3. 根据元器件布置图安装固定低压元器件

当元器件检查完毕后，按照所绘制的元器件布置图安装和固定元器件。在此仅介绍电磁

抱闸制动器的安装与调整。

（1）电磁抱闸制动器必须与电动机一起安装在固定的底座或座墩上，其地脚螺栓必须拧紧，且有防松措施；电动机轴伸出端上的制动闸轮必须与闸瓦制动器的抱闸机构在同一平面上，而且轴心要一致。

（2）电磁抱闸制动器安装后，必须在切断电源的情况下先进行粗调，然后在通电试车时再进行微调。粗调时以断电状态下用外力转不动电动机的转轴，而当用外力将制动电磁铁吸合后，电动机转轴能自由转动为合格。

4．根据电气原理图和安装接线图进行行线槽配线

当元器件安装完毕后，按照如图 5-1-1 所示的原理图和安装接线图进行板前行线槽配线。

5．电动机的连接

按照电动机铭牌上的接线方法，正确连接接线端子，然后将电动机定子绕组的电源引入线接到接线端子的 U、V、W 的端子上，最后连接电动机的保护接地线。

6．自检

当电路安装完毕后，在通电试车前必须经过自检，并经指导教师确认无误后方可通电试车。其自检的方法及步骤与前面任务基本相同，不同点是在热继电器的下端 V 和 W 之间连接有电磁制动器线圈，重点检查线圈的通断情况。

7．通电试车

学生通过自检和教师确认无误后，可在教师的监护下通电试车。

二、电磁抱闸制动器断电制动控制电路的故障现象分析及检查方法

由于电磁抱闸制动器断电制动控制电路与接触器自锁电路基本相同，其电气故障的检测方法也基本相同，在此仅就制动方面的故障进行介绍，其故障现象、原因分析及检查方法见表 5-1-2。

表 5-1-2　故障现象、原因分析及检查方法

故障现象	原因分析	检查方法
电动机启动后，电磁抱闸制动器闸瓦与闸轮过热	闸瓦与闸轮的间距没有调整好，间距太小，造成闸瓦与闸轮有摩擦	检查闸瓦与闸轮的间距，调整间距后启动电动机一段时间后，停车再检查闸瓦与闸轮过热是否消失
电动机断电后不能立即制动	闸瓦与闸轮的间距过大	检查调整小闸瓦与闸轮的间距，调整间距后启动电动机，停车检查制动情况
电动机堵转	电磁抱闸制动器的线圈损坏或线圈连接线路断路，造成抱闸装置在通电的情况下没有放开	断开电源，拆下电动机的连接线；用电阻法或校验灯法检查故障点

任务评价

对任务实施的完成情况进行检查，并将结果填入任务测评表，见表 2-1-2。

任务拓展

电磁离合器制动的原理和电磁抱闸制动器的制动原理相似，所不同的是：电磁离合器是利用动、静摩擦片之间产生足够大的摩擦力，使电动机断电后立即制动的。

1．电磁离合器的结构

电磁离合器的结构如图 5-1-4 所示。

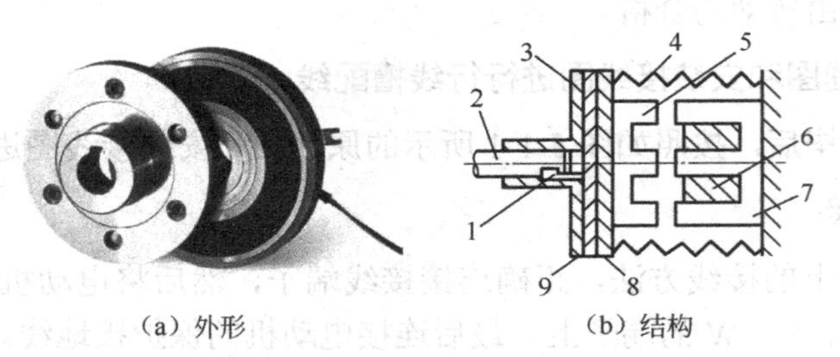

（a）外形　　（b）结构

1—键；2—绳轮轴；3—法兰；4—制动弹簧；5—动铁芯；6—励磁线圈；7—静铁芯；8—静摩擦片；9—动摩擦片

图 5-1-4　断电制动型电磁离合器的外形和结构

2．电气控制电路

电磁离合器的制动控制电路与电磁抱闸断电控制电路基本相同。

3．制动原理

电磁离合器制动的原理是：电动机断电时，线圈失电，制动弹簧将静摩擦片紧紧地压在动摩擦片上，此时电动机通过绳轮轴被制动。当电动机通电运转时，线圈也同时得电，电磁铁的动铁芯被静铁芯吸合，使静摩擦片分开，于是动摩擦片连同绳轮轴在电动机的带动下正常启动运转。当电动机切断电源时，线圈也同时失电，制动弹簧立即将静摩擦片连同铁芯推向转着的动摩擦片，强大的弹簧张力迫使动、静摩擦片之间产生足够大的摩擦力，使电动机断电后立即受制动停转。

任务 2　反接制动控制电路的安装与检修

任务目标

知识目标

1．熟悉速度继电器的功能、基本结构、工作原理及型号含义。

2．正确理解三相异步电动机反接制动控制电路的工作原理。

3．能正确识读反接制动控制电路的原理图、接线图和布置图。

能力目标

1．会按照工艺要求正确安装三相异步电动机反接制动控制电路。

2．能根据故障现象，检修三相异步电动机反接制动控制电路。

素质目标

养成独立思考和动手操作的习惯，培养小组协调能力和互相学习的精神。

任务呈现

电力制动是指使电动机在切断定子电源停转的过程中，产生一个和电动机实际旋转方向相反的电磁力矩（制动力矩），迫使电动机迅速制动停转的方法。电力制动常用的方法有：反接制动、能耗制动、电容制动和再生发电制动等。

如图 5-2-1 所示为单向启动反接制动控制电路。本次任务的主要内容是：完成对单向启动反接制动控制电路的安装与检修。

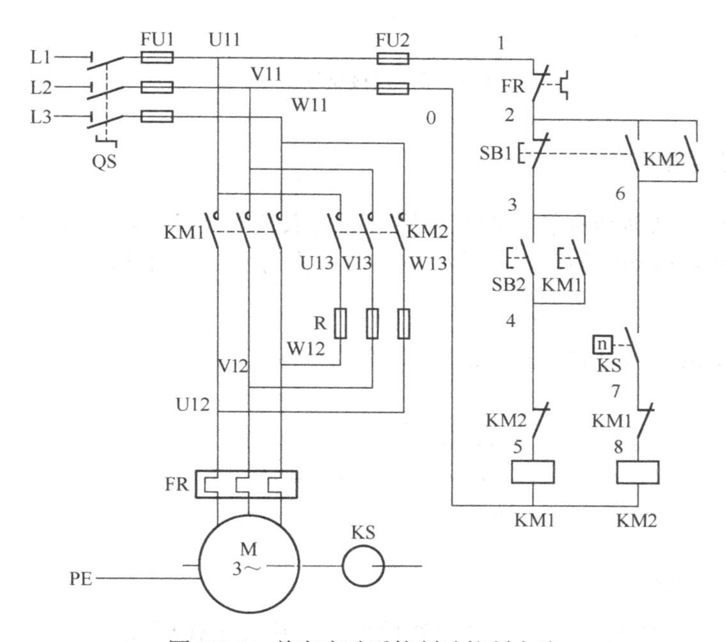

图 5-2-1　单向启动反接制动控制电路

知识链接

一、反接制动

依靠改变电动机定子绕组的电源相序来产生制动力矩，迫使电动机迅速停转的方法称为反接制动。反接制动原理图如图 5-2-2 所示。当电动机为正常运行时，电动机定子绕组的电源相序为 L1—L2—L3，电动机将沿旋转磁场方向以 $n<n_1$ 的速度正常运转。当电动机需要停转时，可拉开开关 QS，使电动机先脱离电源（此时转子仍按原方向旋转），当将开关迅速向下投合时，使电动机三相电源的相序发生改变，旋转磁场反转，此时转子将以 n_1+n 的相对速度沿原转动方向切割旋转磁场，在转子绕组中产生感应电流，其方向可由左手定则判断出来，可见此

转矩方向与电动机的转动方向相反，使电动机受制动迅速停转。

值得注意的是：当电动机转速接近零值时，应立即切断电动机的电源，否则电动机将反转。在反接制动设备中，为保证电动机的转速被制动到接近零值时能迅速切断电源，防止反向启动，常利用速度继电器来自动地及时切断电源。

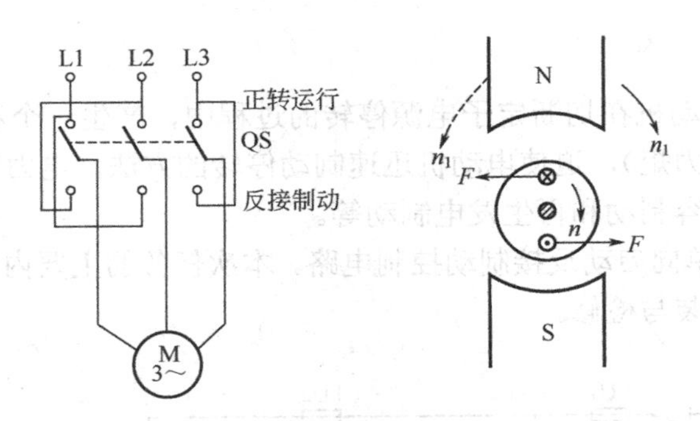

图 5-2-2　反接制动原理图

二、速度继电器

速度继电器是反映转速和转向的继电器，其主要作用是以旋转速度的快慢为指令信号，与接触器配合实现对电动机的反接制动控制，故又称为反接制动继电器。

1. 型号意义

常用速度继电器的型号及其含义如下。

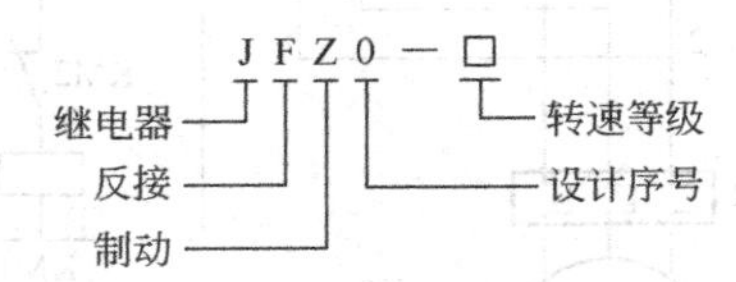

2. 结构及工作原理

如图 5-2-3 所示为常用的 JY1 型速度继电器的结构和工作原理。它主要由定子、转子、可动支架、触点系统及端盖等部分组成。转子由永久磁铁制成，固定在转轴上；定子由硅钢片叠成并装有笼型短路绕组，能做小范围偏转；触点系统由两组转换触点组成，一组在转子正转时动作，另一组在转子反转时动作。

当电动机旋转时，带动与电动机同轴相连的速度继电器的转子旋转，相当于在空间中产生旋转磁场；从而在定子笼型短路绕组中产生感应电流，感应电流与永久磁铁的旋转磁场相互作用，产生电磁转矩，使定子随永久磁铁转动的方向偏转，与定子相连的胶木摆杆也随之偏转。当定子偏转到一定角度时，胶木摆杆推动簧片，使继电器的触点动作。

当转子转速减小到零时，由于定子的电磁转矩减小，胶木摆杆恢复原状态，触点随即复位。

速度继电器的动作转速一般不低于 100~300r/min，复位速度约在 100r/min 以下。常用的速度继电器中，JY1 型能在 3000r/min 以下可靠地工作，JFZ0 型的两组触点改用两个微动开关，

使其触点的动作速度不受定子偏转速度的影响。额定工作转速有 300~1000r/min（JFZ0-1 型）和 1000~3600r/min（JFZ0-2 型）两种。

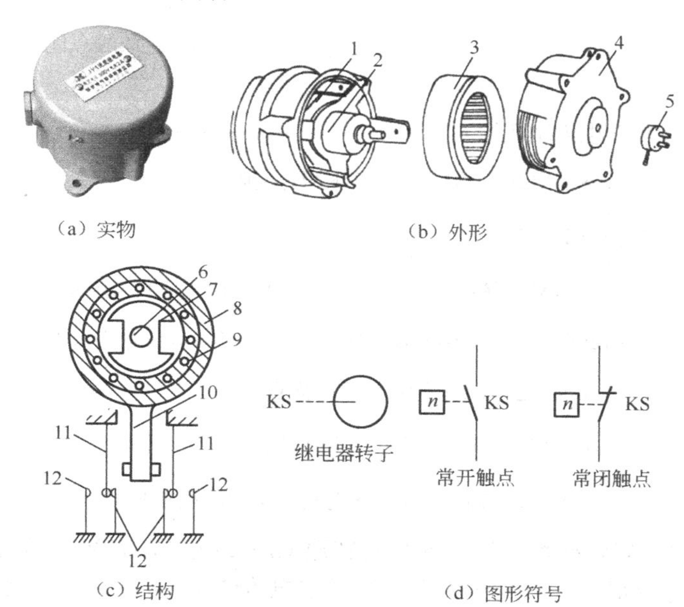

（a）实物　　（b）外形

（c）结构　　（d）图形符号

1—可动支架；2—转子；3—定子；4—端盖；5—连接头；6—电动机轴；7—转子（永久磁铁）；8—定子；9—定子绕组；10—胶木摆杆；11—簧片（动触点）；12—静触点

图 5-2-3　JY1 型速度继电器的结构和工作原理

三、电动机单向启动反接制动控制电路分析

1. 电路组成

如图 5-2-1 所示为电动机单向启动反接制动控制电路，反接制动属于电力制动。电路的主电路和正反转控制电路的主电路基本相同，只是在反接制动时增加了三个限流电阻 R。电路中 KM1 为正转运行接触器，KM2 为反接制动接触器，KS 为速度继电器，其轴与电动机轴相连（图 5-2-3 中用点画线表示）。

2. 工作原理

电路的工作原理如下：先合上电源开关 QS。

【单向启动控制】

按下SB2 → KM1线圈得电 →
- → KM1自锁触点闭合自锁 → 电动机M启动运转
- → KM1主触点闭合
- → KM1连锁触点分断对KM2连锁

→ 至电动机转速上升到一定值（150r/min左右）时 → KS常开触点闭合，为制动做准备

【反接制动控制】

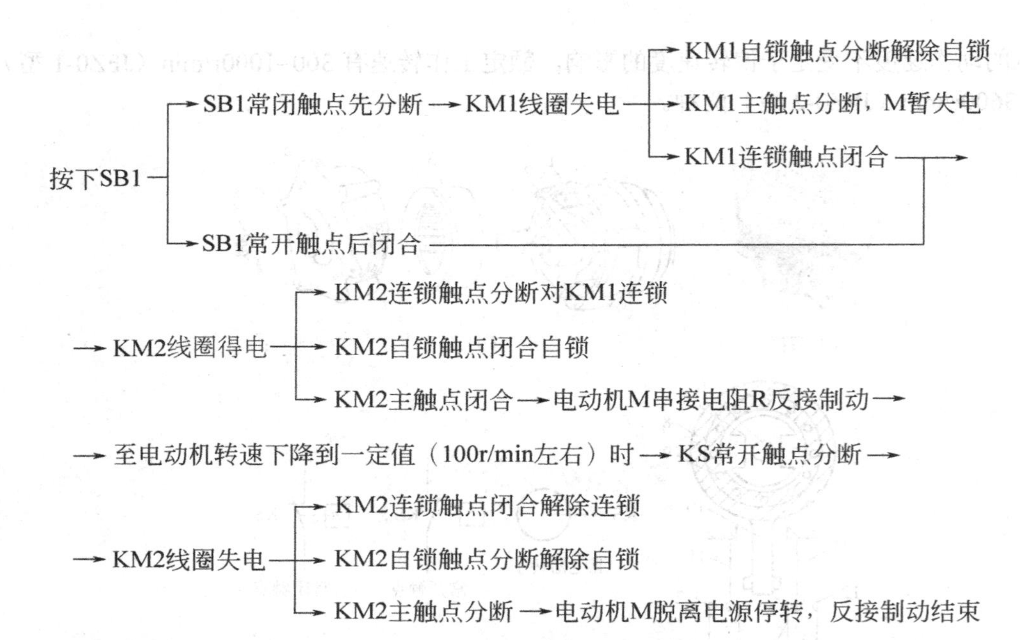

反接制动时，由于旋转磁场与转子的相对转速（n_1+n）很高，故转子绕组中感生电流很大，致使定子绕组中的电流很大，一般约为电动机额定电流的10倍左右。因此，反接制动适用于10kW以下小容量电动机的制动，并且对4.5kW以上的电动机进行反接制动时，要在定子绕组回路中串入限流电阻R，以限制反接制动电流。

反接制动的优点是制动力强，制动迅速。反接制动的缺点是制动准确性差，制动过程中冲击强烈，易损坏传动零件，制动能量消耗大，不宜经常制动。因此，反接制动一般适用于制动要求迅速、系统惯性较大、不经常启动与制动的场合，如铣床、镗床、中型车床等主轴的制动控制。

实施本任务教学所使用的实训设备及工具材料见表5-2-1。

表5-2-1 实训设备及工具材料

序号	名称	型号规格	单位	数量	备注
1	电工常用工具		套	1	
2	万用表	MF47型	块	1	
3	三相四线电源	AC3×380/220V、20A	处	1	
4	三相电动机	Y112M-4，4kW、380V、△接法；或自定	台	1	
5	配线板	500mm×600mm×20mm	块	1	
6	组合开关	HZ10-25/3	只	1	
7	接触器	CJ10-20，线圈电压380V，20A	个	2	
8	熔断器FU1	RL1-60/25，380V，60A，熔体配25A	套	3	
9	熔断器FU2	RL1-15/2，380V，15A，熔体配2A	套	2	
10	热继电器	JR16-20/3，三极，20A	只	1	

续表

序　号	名　称	型 号 规 格	单位	数量	备　注
11	按钮	LA10-2H	只	1	
12	速度继电器	JY1	只	1	
13	限流电阻	自定	只	3	
14	木螺钉	ϕ3×20mm；ϕ3×15mm	个	30	
15	平垫圈	ϕ4mm	个	30	
16	圆珠笔	自定	支	1	
17	主电路导线	BVR-1.5，1.5mm^2（7×0.52mm）（黑色）	m	若干	
18	控制电路导线	BVR-1.0，1.0mm^2（7×0.43mm）	m	若干	
19	按钮线	BVR-0.75，0.75mm^2	m	若干	
20	接地线	BVR-1.5，1.5mm^2（黄绿双色）	m	若干	
21	行线槽	18mm×25mm	m	若干	
22	编码套管	自定	m	若干	

任务实施

一、电动机单向启动反接制动控制电路的安装与调试

1．绘制元器件布置图和接线图

根据如图5-2-1所示电动机单向启动反接制动控制电路原理图，读者可自行绘制其元器件布置图和实物接线图，在此不再赘述。

2．元器件规格、质量检查

（1）根据表5-2-1所示的元器件明细表，检查各元器件、耗材与表中的型号与规格是否一致。

（2）检查各元器件的外观是否完整无损，附件、备件是否齐全。

（3）用仪表检查各元器件和电动机的有关技术数据是否符合要求。

3．根据元器件布置图安装固定低压元器件

当元器件检查完毕后，按照所绘制的元器件布置图安装和固定元器件。在此仅介绍速度继电器的安装与使用。

（1）速度继电器的转轴应与电动机同轴连接，使两轴的中心线重合。速度继电器的轴可用联轴器与电动机的轴连接。

（2）速度继电器安装接线时，应注意正反向触点不能接错，否则不能实现反接制动控制。

（3）速度继电器的金属外壳应可靠接地。

4．根据电气原理图和安装接线图进行行线槽配线

当元器件安装完毕后，按照如图5-2-1所示的原理图和安装接线图进行板前行线槽配线。

5．电动机的连接

按照电动机铭牌上的接线方法，正确连接接线端子，然后将电动机定子绕组的电源引入线接到接线端子的U、V、W端子上，最后连接电动机的保护接地线。

6．自检

当线路安装完毕后，必须经过自检，并经指导教师确认无误后方可通电试车。自检的方法及步骤读者可自行分析，在此不再赘述。

二、电动机单向启动反接制动控制电路的故障现象分析及检修

1．主电路的故障检修

电动机单方向启停主电路的故障现象和故障检修与前面任务中主电路的故障现象和故障检修相同，在此不再赘述，读者可自行分析，此处仅介绍反接制动时主电路的故障分析与检修。

【故障现象】电动机正常运行时，当按下停止按钮SB1后，接触器KM1断电，KM2动作，但电动机不能立即停下，继续沿着原来的方向做惯性运动，且转速很慢，并发出“嗡嗡”声。

【故障分析】这是典型的反接制动缺相运行现象。采用逻辑分析法对故障现象进行分析可知，其故障最小范围可用虚线表示，如图5-2-4所示。

【故障检修】根据如图5-2-4所示的故障最小范围，可以采用电压测量法和验回路测量法，以接触器KM2的主触点为分界点进行检测。检测时可参照前面任务所介绍的方法进行操作，在此不再赘述。

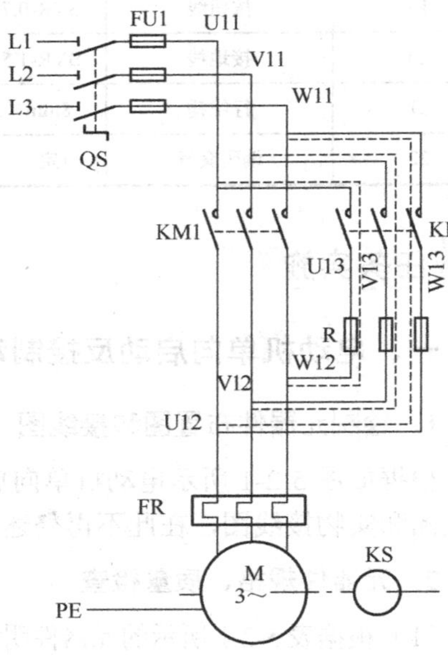

图5-2-4　故障最小范围

2．控制电路的故障检修

运用前面接触器连锁正反转控制电路任务所学的方法自行分析及维修电动机单向启动反接制动控制电路的故障。在此仅就速度继电器造成控制电路的故障进行分析，见表5-2-2。

表5-2-2　控制电路故障的现象、原因及检查方法

故障现象	原因分析	检查方法
反接制动时速度继电器失效，电动机不制动	①胶木摆杆断裂 ②触点接触不良 ③弹性动触片断裂或失去弹性 ④笼型绕组开路	①更换胶木摆杆 ②清洗触点表面油污 ③更换弹性动触片 ④更换笼型绕组
电动机不能正常制动	速度继电器的弹性动触片调整不当	①将调整螺钉向下旋，弹性动触片弹性增大，速度较高时继电器才动作 ②将调整螺钉向上旋，弹性动触片弹性减小，速度较低时继电器即动作

续表

故障现象	原因分析	检查方法
制动效果不显著	①速度继电器的整定转速过高 ②速度继电器永磁转子磁性减退 ③限流电阻阻值太大	首先调松速度继电器的整定弹簧，观察制动效果是否有明显改善。如若制动效果不明显改善，则减小限流电阻阻值，调整后再观察其变化，若仍然制动效果不明显，则更换速度继电器
制动后电动机反转	由于制动太强，速度继电器的整定速度太低，电动机反转	①调紧调节螺钉 ②增加弹簧弹力
制动时电动机振动过大	由于制动太强，限流电阻阻值太小，造成制动时电动机振动过大	适当减小限流电阻

任务评价

对任务实施的完成情况进行检查，并将结果填入任务测评表，见表 2-1-2。

任务拓展

一、双向启动反接制动控制电路

如图 5-2-5 所示是典型的双向启动反接制动控制电路。

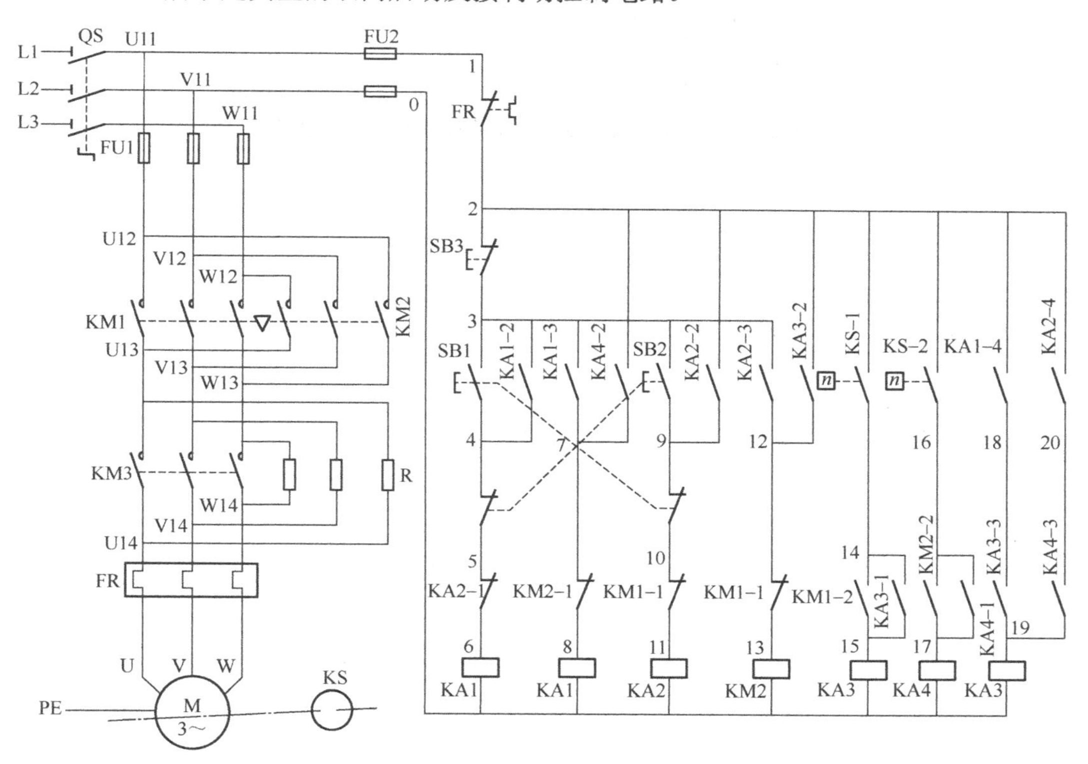

图 5-2-5　双向启动反接制动控制电路

双向启动反接制动控制电路所用电器较多，线路较为复杂，但操作方便，运行安全可靠，是一种比较完善的控制电路。

二、能耗制动控制电路

对于要求频繁制动的情况则采用能耗制动控制。例如，C5225车床工作台主拖动电动机的制动采用的就是能耗制动控制电路。如图5-2-6所示为典型的无变压器单相半波整流能耗制动控制电路。有兴趣的读者可自行分析其工作原理。

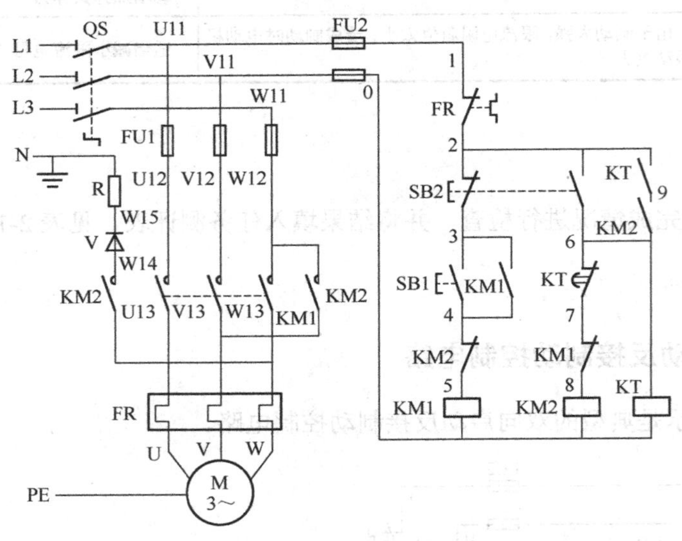

图5-2-6 无变压器单相半波整流能耗制动控制电路

模块二

典型机床电气控制电路的安装调试与检修

项目 6　CA6140 型车床电气控制电路的安装调试与检修
项目 7　X62W 型万能铣床电气控制电路的安装与检修

项目 6 CA6140 型车床电气控制电路的安装调试与检修

任务 1　认识 CA6140 型普通车床

任务目标

知识目标

1．了解 CA6140 型车床的结构、作用和运动形式。

2．熟悉构成 CA6140 型车床的操纵手柄、按钮和开关的功能。

3．熟悉 CA6140 型车床的电气控制元器件的位置和功能、线路的大致走向。

能力目标

能进行 CA6140 型车床的基本操作。

素质目标

养成独立思考和动手操作的习惯，培养小组协调能力和互相学习的精神。

任务呈现

CA6140 型普通车床是一种工业生产中应用极为广泛的金属切削通用机床，如图 6-1-1 所示。在机加工过程中，普通车床主要用于车削外圆、内圆、端面、螺纹、螺杆及车削定型表明等。普通车床的控制是机械与电气一体化的控制，本次工作任务就是：通过观摩操作，认识 CA6140 型普通车床，具体任务要求如下。

（1）识别 CA6140 型普通车床主要部件（主轴箱、主轴、进给箱、丝杠与光杠、溜板箱、溜板、刀架等），清楚电气控制元器件位置及线路布线走向。

（2）通过车床的切削加工演示观察车床的主运动、进给运动及刀架的快速运动，主要体会车床电气控制电路对主轴电动机、冷却泵及刀架的控制。

（3）在教师指导下进行 CA6140 型普通车床启停、快速进给操作，观察车床电气控制电路中各元器件与车床运动的关系。

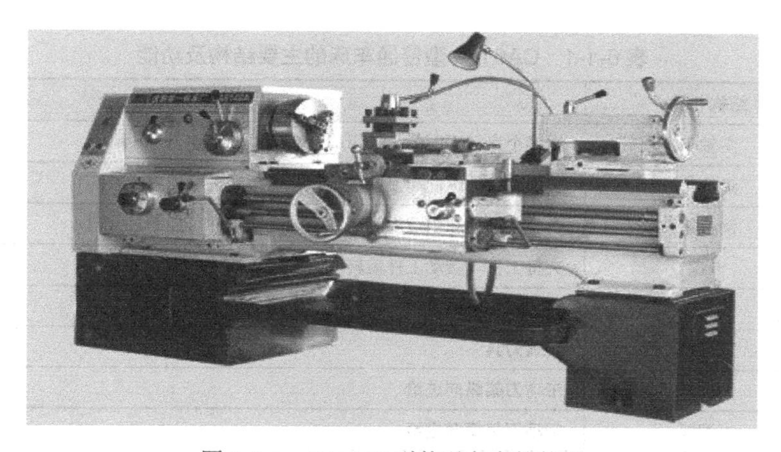

图 6-1-1　CA6140 型普通车床的外形

知识链接

一、CA6140 型普通车床的型号规格

CA6140 型普通车床的型号规格及含义如下：

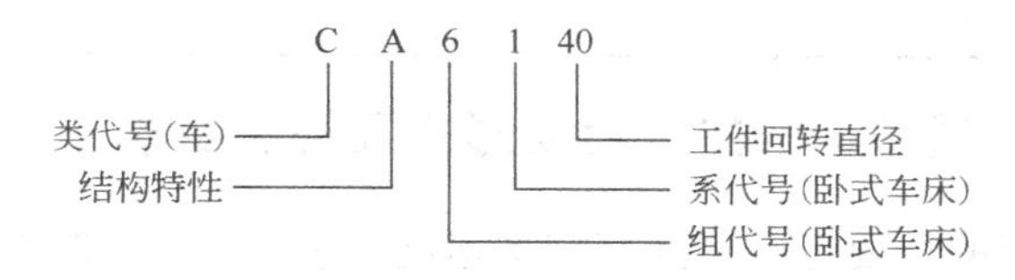

二、CA6140 型普通车床的主要结构及功能

CA6140 型普通车床主要由主轴箱、进给箱、溜板箱、卡盘、方刀架、尾座、挂轮架、光杠、丝杠、大溜板、中溜板、小溜板、床身、左床座和右床座等组成，如图 6-1-2 所示。CA6140 型普通车床的主要结构及功能见表 6-1-1。

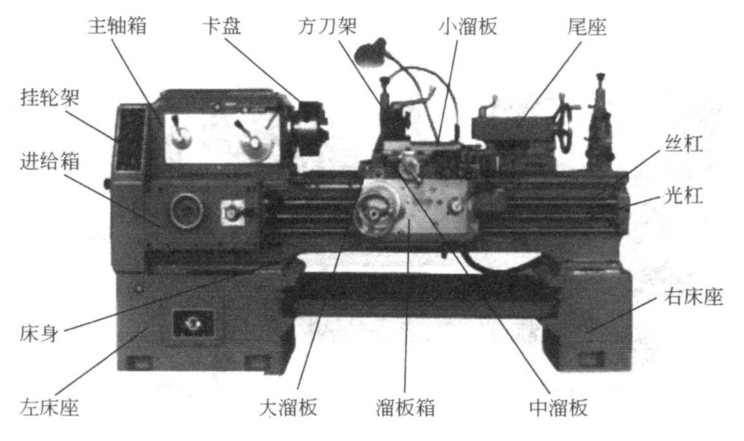

图 6-1-2　CA6140 型普通车床的外形及结构

表 6-1-1 CA6140 型普通车床的主要结构及功能

序号	结构名称	主要功能
1	主轴箱	由多个直径不同的齿轮组成，实现主轴变速
2	进给箱	实现刀具的纵向和横向进给，并可改变进给速度
3	溜板箱	实现大溜板和中溜板手动或自动进给，并可控制进给量
4	卡盘	夹持工件，带动工件旋转
5	挂轮架	将主轴电动机的动力传递给进给箱
6	方刀架	安装刀具
7	大溜板	带动刀架纵向进给
8	中溜板	带动刀架横向进给
9	小溜板	通过摇动手轮使刀具纵向进给
10	尾座	安装顶尖、钻头和铰刀等
11	光杠	带动溜板箱运动，主要实现内外圆、端面、镗孔等切削加工
12	丝杠	带动溜板箱运动，主要实现螺纹加工
13	床身	主要起支撑作用
14	左床座	内装主轴电动机和冷却泵电动机、电气控制电路
15	右床座	内装冷却液

三、CA6140 型普通车床的主要运动形式及控制要求

CA6140 型普通车床的主要运动形式有切削运动、进给运动、辅助运动。进给运动是方刀架带动刀具的直线运动；辅助运动有尾座的纵向移动、工件的夹紧与放松等。如图 6-1-3 所示是 CA6140 型普通车床的主要运动形式示意图。值得一提的是，车床工作时，绝大部分功率消耗在主轴运动上。

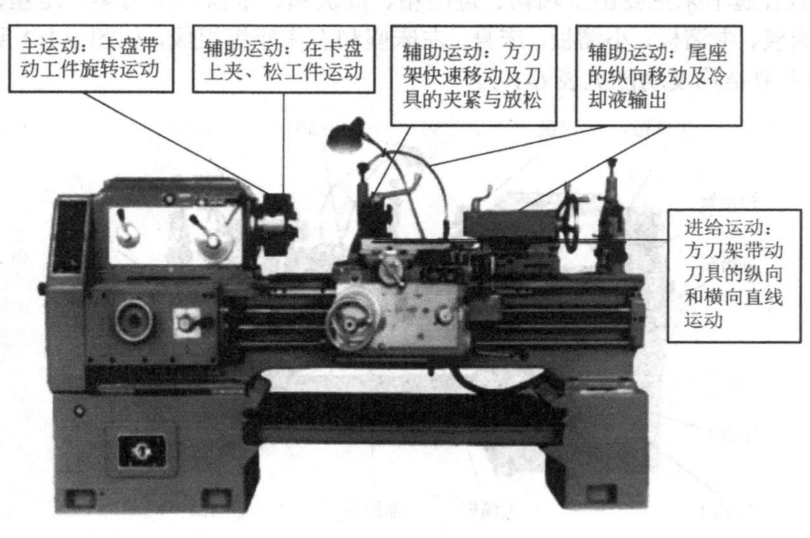

图 6-1-3 CA6140 型普通车床的主要运动形式示意图

四、CA6140 型普通车床的操纵系统

在操纵使用车床前，必须了解车床的各个操纵手柄的位置和用途，以免因操作不当而损坏机床，CA6140 型普通车床的操纵手柄系统示意图如图 6-1-4 所示。CA6140 型普通车床的操纵手柄功能见表 6-1-2。

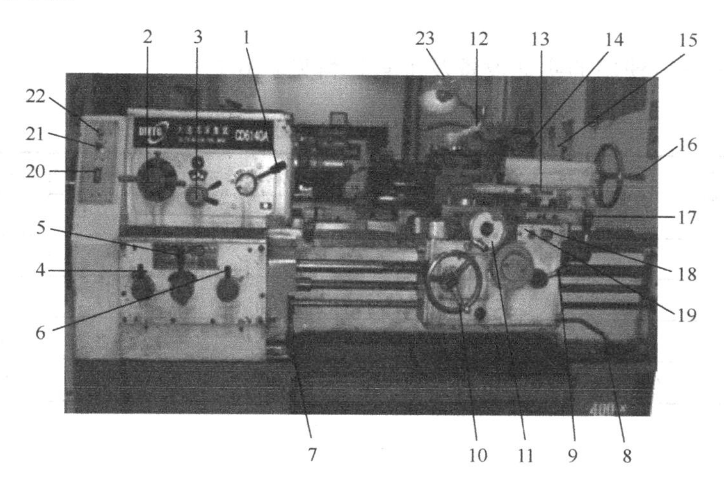

图 6-1-4　CA6140 型普通车床的操纵手柄系统示意图

表 6-1-2　CA6140 型普通车床的操纵手柄功能

图上编号	名称及用途	图上编号	名称及用途
1	主轴高、中、低档手柄	14	尾台顶尖套筒固定手柄
2	主轴变速手柄	15	尾台紧固手柄
3	纵向正、反走刀手柄	16	尾台顶尖套筒移动手轮
4、5、6	螺距及进给量调整手柄、丝杠光杠、变换手柄	17	刀架纵向、横向进给控制手柄
7、8	主轴正、反转操纵手柄	18	急停按钮
9	开合螺母操纵手柄	19	主轴电动机启动按钮
10	大溜板纵向移动手轮	20	电源总开关
11	中溜板横向移动手柄	21	冷却开关
12	方刀架转位、固定手柄	22	电源信号灯
13	小溜板纵向移动手柄	23	照明灯开关

五、CA6140 型普通车床电气传动的特点

（1）主驱动电动机选用三相笼型异步电动机，不进行电气调整。采用齿轮箱进行机械有级调速。为了减小振动，主驱动电动机通过几条 V 形皮带将动力传递到主轴箱。

（2）该型号的车床在车削螺纹时，主轴通过机械的方法实现主轴的正反转。

（3）刀架移动和主轴转动有固定的比例关系，以满足对螺纹加工的需要。

（4）车削加工时，由于刀具及工件温度过高，有时需要冷却，配有冷却泵电动机，在主

轴启动后，根据需要决定冷却泵电动机是否工作。

（5）具有过载、短路、欠压和失压（零压）保护。

（6）具有安全可靠的机床局部照明装置。

任务准备

实施本任务教学所使用的实训设备及工具材料见表 6-1-3。

表 6-1-3　实训设备及工具材料

序号	分类	名称	型号规格	数量	单位	备注
1	工具	电工常用工具		1	套	
2	仪表	万用表	MF47 型	1	块	
3		兆欧表	500V	1	只	
4		钳形电流表		1	只	
5	设备器材	CA6140 型普通车床		1	台	

任务实施

一、认识 CA6140 型普通车床的主要结构和操作部件

通过观摩 CA6140 型普通车床实物与如图 6-1-2 所示的车床外形及结构和如图 6-1-4 所示的操纵手柄示意图进行对照，认识 CA6140 型普通车床的主要结构和操作部件。

二、熟悉 CA6140 型普通车床的电器设备名称、型号规格、代号及位置

首先切断设备总电源，然后在教师指导下，根据表 6-1-4 的元器件明细表和元器件位置图熟悉 CA6140 型普通车床的电器设备名称、型号规格、代号及位置。

表 6-1-4　CA6140 型普通车床电气元器件明细表

代号	名称	型号	规格	数量	用途
M1	主轴电动机	Y112M—4B3	4kW 、1450r/min	1	主轴及进给传动
M2	冷却泵电动机	AYB－25	90W、3000 r/min	1	供冷却液
M3	快速移动电动机	AOS5634	250W、1360 r/min	1	刀架快速移动
FR1	热继电器	JR36-20/3	15.4A	1	M1 过载保护
FR2	热继电器	JR36-20/3	0.32A	1	M2 过载保护
KM	交流接触器	CJ10-20	线圈电压 110V	1	控制 M1
KA1	中间继电器	JZ7-44	线圈电压 110V	1	控制 M2
KA2	中间继电器	JZ7-44	线圈电压 110V	1	控制 M3
SB1	急停按钮	LAY3-01ZS/1		1	停止 M1
SB2	启动按钮	LAY3-10/3.11		1	启动 M1

续表

代号	名称	型号	规格	数量	用途
SB3	启动按钮	LA9		1	启动 M3
SB4	旋钮开关	LAY3-10X/20		1	控制 M2
SB	钥匙按钮	LAY3-01Y/2		1	电源开关锁
SQ1 SQ2	行程开关	JWM6-11		2	断电保护
FU1	熔断器	BZ001	熔体 6A	3	M2、M3 短路保护
FU2	熔断器	BZ001	熔体 1A	1	控制电路短路保护
FU3	熔断器	BZ001	熔体 1A	1	信号灯短路保护
FU4	熔断器	BZ001	熔体 2A	1	照明电路短路保护
HL	信号灯	ZSD-0	6V	1	电源指示
EL	照明灯	JC11	24V	1	工作照明
QF	低压断路器	AM2-40	20A	1	电源开关
TC	控制变压器	JBK2-100	380V/110V/24V/6V	1	控制电路电源
XT0	接线端子板	JX2—1010	380V、10A、10 节	1	
XT1	接线端子板	JX2—1015	380V、10A、15 节	1	
XT2	接线端子板	JX2—1010	380V、10A、10 节	1	
XT3	接线端子板	JX2—1010	380V、10A、10 节	1	

三、CA6140 型普通车床试车的基本操作方法和步骤

观察教师示范，熟悉对 CA6140 型普通车床试车的基本操作方法和步骤，具体操作方法和步骤如下。

1. 开机前的准备工作

打开电气柜门，检查各元器件安装是否牢固，各电器开关是否合上，接线端子上的电线是否有松动的现象，把各电器开关合上，各接线端子与连接导线紧固后，关好电气柜门。

2. 试机操作调试方法步骤

（1）开机操作。合上电气柜侧面的总电源开关 QF，此时机床电气部分已通电。

（2）主轴电动机的启动操作。按下启动按钮 SB2，交流接触器 KM 得电吸合并自锁，主轴电动机 M1 得电启动连续旋转。然后向上抬起机械操纵手柄，主轴立即正转（同时通过卡盘带动工件正向旋转），若向下压下机械操纵手柄，则主轴立即变为反转。

（3）冷却泵电动机的启动操作。搬动 SB4 旋转开关至 I 位置，冷却泵启动，将 SB4 旋至 O 位置时，冷却泵停止。

（4）主轴电动机的停止操作。按下 SB1 紧急停止按钮时，主轴电动机和冷却泵同时停止，机床处于急停状态。按照按钮上箭头方向（顺时针）旋转急停按钮 SB1，急停按钮将复位。

（5）刀架快速移动电动机 M2 的启动操作。按下点动按钮 SB3，刀架快速移动电动机得电运转，带动刀架快速移动，实现迅速对刀。手松开启动按钮 SB3，刀架快速移动电动机失电停转，刀架立即停止移动。

（6）溜板的进给操作。首先根据加工需求，扳动丝杠、光杠变换手柄，然后再扳动进给操作手柄，实现大溜板的纵向进给或中溜板的横向进给。也可摇动进给手轮，实现各溜板的手动进给。

（7）关机操作。如果机床停止使用，为了确保人身和设备安全，一定要关断电源开关QF。

四、试车

在老师的监控指导下，按照上述操作方法，学生分组完成对CA6140型普通车床的试车操作训练。

由于学生不是正式的车床操作人员，因此，在进行试车操作训练时，可不用安装车刀和工件进行加工，只要按照上述的试车操作步骤进行试车，观察车床的运动过程即可。

小贴士

（1）试车操作过程中，必须做好安全保护措施，如有异常情况必须立即切断电源。

（2）必须在教师的监护指导下操作，不得违反安全操作规程。

（3）分组操作时，操作过程中不得围观人数太多，防止发生人身和设备安全事故。

任务评价

对任务的完成情况进行检查，并将结果填入任务测评表，见表6-1-5。

表6-1-5 任务测评表

序号	主要内容	考核要求	评分标准	配分	扣分	得分
1	结构识别	①正确判断各操纵部件位置及功能 ②正确判别电器位置、型号规格及作用	①对操作部件位置及功能不熟悉，每处扣5分 ②对电器位置、型号规格及作用不清楚，每只扣5分	50		
2	开机操作	正确操作CA6140型普通车床	操作方法步骤错误，每次扣10分	50		
3	安全文明生产	①严格执行车间安全操作规程 ②保持实习场地整洁，秩序井然	①发生安全事故，扣30分 ②违反文明生产要求，视情况扣5~20分			
工时	60min	合 计				
开始时间			结束时间		成 绩	

任务拓展

一、电气系统的一般调试方法和步骤

1．试车前的检查

（1）用兆欧表（摇表）对电路进行测试，检查元器件及导线绝缘是否良好，相间或相线与底座之间有无短路现象。

（2）用兆欧表对电动机及电动机引线进行对地绝缘测试，检查有无对地短路现象。断开电动机三相绕组间的连接头，检查电动机引线相间绝缘，检查有无相间短路现象。

（3）用手转动电动机转轴，观察电动机转动是否灵活，有无噪声或卡阻现象。

（4）在电动机进行试车前，应先按下启动按钮，观察交流接触器是否吸合；松开启动按钮后接触器能否自动保持，然后用万用表 500V 交流挡测量需要接电动机三相定子绕组的接线端子排，看其上有无三相额定电压、是否缺相。如果电压正常，按下停止按钮，观察交流接触器是否断开。一切动作正常后，断开总电源，将电动机的三相定子绕组的引线接上。

2．试车

（1）合上总电源开关。

（2）先将左手手指触摸在启动按钮上，右手手指触摸在停止按钮上。然后按下启动按钮，电动机启动后，注意听和观察电动机有无异常声音及转向是否正确。如果有异常声音或转向不对，应立即按下停止按钮，使电动机断电。断电后，由于电动机因惯性仍然转动，此时，应注意观察是否有异常声音，若仍有异常声音，则可判定是机械部分的故障；若无异常声音，则可判定是电动机电气部分的故障。有噪声时应对电动机进行检修。如果电动机反转，则将电动机三相定子绕组电源进线中的任意两相对调即可。

（3）再次启动电动机前，应用钳形电流表卡住电动机三相定子绕组引线中的任意一根引线，测量电动机的启动电流。电动机的启动电流一般是电动机额定电流的 4～7 倍。值得一提的是，测量时，钳形电流表的量程应该超过这一数值的 1.2～1.5 倍，否则容易损坏钳形电流表，或造成测量数据不准确。

（4）电动机转入正常运转后，用钳形电流表分别测量电动机定子绕组的三相电流，观察三相电流是否平衡，空载和有负载时的电流是否超过额定值。

（5）如果电流正常，使电动机运行 30min，运行中应经常测试电动机的外壳温度，检查长时间运行中的温升是否太高或太快。

二、试验记录

（1）记录试验设备名称、位置，参加试验人员名单及试验日期等。
（2）工具、材料清单，如万用表、钳形电流表、兆欧表、导线和调压器等。
（3）试验中有关的图样、资料及加工工件的毛坯。
（4）列出试验步骤。
（5）记录试验中出现的问题、解决方法及更换的元器件。
（6）记录试验中所有的电气参数。
（7）试验过程中更改的元器件或控制电路要记录入档，并反映到有关图样资料中去。

任务 2　CA6140 型普通车床的读图和安装调试

知识目标

1．了解 CA6140 型普通车床的读图方法。

2．掌握 CA6140 型普通车床电气控制电路的组成及工作原理。

能力目标

1．能够分析 CA6140 型普通车床的电气控制原理。

2．能根据 CA6140 型普通车床的电气原理图，进行线路安装及调试。

素质目标：养成独立思考和动手操作的习惯，培养小组协调能力和互相学习的精神。

任务呈现

在本项目任务 1 中，我们已初识了 CA6140 型普通车床的结构、运动形式、元器件的测绘和试车操作训练。本次任务的主要内容如下。

（1）通过如图 6-2-1 所示的 CA6140 型普通车床的电气原理图，掌握绘制和识读机床电路图的基本知识及本电气线路的工作原理。

（2）根据电气原理图进行电气线路的安装工艺与调试。

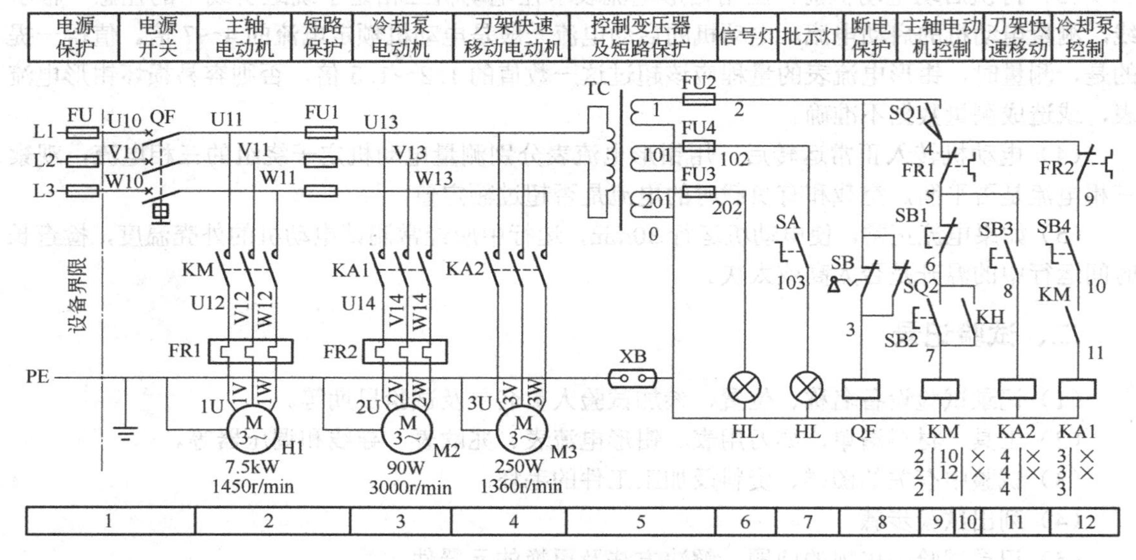

图 6-2-1　CA6140 型普通车床的电气原理图

CA6140 型普通车床的电气控制电路分析

1．识读机床电路图的基本知识

常用的机床电路一般比电气拖动基本环节电路复杂，为了便于读图分析、查找图中元器件及其触点的位置，机床电路图的表示方法有自己相应的特点，主要表现在以下几个方面。

1）用途栏

机床电路图的用途栏一般设置在电路图的上部，按照电路功能分为若干个单元，通过文字表

述的形式将电路图中每部分电路在机床电气操作中的功能、名称等标注在用途栏内。从图 6-2-1 中我们可以看到 CA6140 型普通车床的电路图按功能可分为电源保护、电源开关、主轴电动机、短路保护、冷却泵电动机、刀架快速移动电动机、控制变压器及短路保护、信号灯、指示灯、断电保护、主轴电动机控制、刀架快速移动和冷却泵控制 13 个单元。

2）图区栏

机床电路图的图区栏一般设置在电路图的下部，通常是一条回路或一条支路划为一个图区，并从左向右依次用阿拉伯数字编号标注在图区栏内。从如图 6-2-1 所示的 CA6140 型普通车床电气原理图的识读示意图中可以看出，电路图共划分为 12 个图区。

3）接触器触点在电路图中位置的标记

在电路图中每个接触器线圈的下方画有两条竖线，分成左、中、右三栏，其中左栏表示接触器主触点所在图区的位置，中栏表示辅助常开触点（动合触点）所在图区的位置，而右栏则表示辅助常闭触点（动断触点）所在图区的位置。对于接触器备而无用的辅助触点（常开或常闭），则在相应的栏区内用记号“×”标出或不标出任何符号。表 6-2-1 就是如图 6-2-1 所示的 CA6140 型普通车床电气原理图中接触器 KM 的触点在电路图中位置标记的注释说明。

表 6-2-1 接触器触点在电路图中位置的标记说明

栏目	左栏	中栏	右栏
触点类型	主触点所处的图区号	辅助常开触点所处的图区号	辅助常闭触点所处的图区号
KM 2 10 × 2 12 × 2	表示接触器 KM 的 3 对主触点均在图区 2 的位置	表示接触器 KM 的一对辅助常开触点在图区 10 的位置，而另一端常开触点在图区 12 位置	表示接触器的 2 对辅助常闭触点未用

4）继电器触点在电路图中位置的标记

与接触器触点在电路图中位置标记不同的是，在电路图中每个继电器线圈的下方画有一条竖线，分成左、右两栏，其中左栏表示继电器常开触点（动合触点）所在图区的位置，而右栏则表示辅助常闭触点（动断触点）所在图区的位置。对于继电器备而无用的辅助触点（常开或常闭），也是在相应的栏区内用记号“×”标出或不标出任何符号。表 6-2-2 就是如图 6-2-1 所示的 CA6140 型普通车床电气原理图中中间继电器 KA1、KA2 的触点在电路图中位置标记的注释说明。

表 6-2-2 继电器触点在电路图中位置的标记说明

栏目	左栏	右栏
触点类型	常开触点所处的图区号	常闭触点所处的图区号
KA2 4 × 4 × 4	表示继电器 KA2 的 3 对常开触点在图区 4 的位置	表示继电器 KA2 的 2 对常闭触点未用
KA1 3 × 3 × 3	表示继电器 KA1 的 3 对常开触点在图区 3 的位置	表示继电器 KA1 的 2 对常闭触点未用

2. CA6140型普通车床的读图及电路分析

1）主电路

从如图6-2-1所示的电气原理图和表6-1-3的电气元器件明细表中可知，本机床的电源采用三相380V交流电源，并通过低压断路器QF引入，总电源短路保护用总熔断器FU。主电路有三台电动机M1、M2和M3，均为正转控制。其中主轴电动机M1的短路保护由低压断路器QF的电磁脱扣器来实现，而冷却泵电动机M2和刀架快速移动电动机M3及控制电源变压器TC一次侧绕组的短路保护由FU1来实现。主轴电动机M1和冷却泵电动机M2的过载保护则由各自的热继电器FR1和FR2来实现。

另外，机床的主轴电动机M1由交流接触器KM控制，带动主轴旋转和刀架做进给运动；冷却泵电动机M2由中间继电器KA1控制，输送切削冷却液；刀架快速移动电动机M3则由KA1控制，在机械手柄的控制下带动刀架快速做横向或纵向进给运动。主轴的旋转方向、主轴的变速和刀架的移动方向均由机械控制实现。

小贴士

机床电路的读图应从主电路着手，根据主电路电动机的控制形式，分析其控制内容，控制内容主要包括：电动机的启停方式、正反转控制、调速方法、制动控制和自动循环等基本控制环节。

2）控制电路

控制线路由控制变压器TC供电，控制电源电压110V，由熔断器FU2做短路保护。

（1）机床电源引入控制。

合上配电箱壁龛门 ——┐
插入钥匙开关旋至接通置，SB断开 ——→ 合上断路器QF引入三相电源

小贴士

钥匙式开关SB和行程开关SQ2在车床正常工作时是断开的，断路器QF的线圈不通电，QF能合闸。当打开电气控制箱壁龛门时，行程开关SQ2闭合，QF线圈获电，断路器QF自动断开，切断车床的电源，以保证设备和人身安全。

【启动控制】

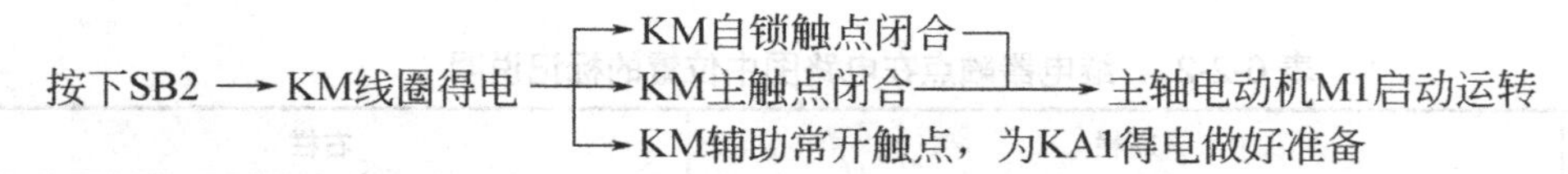

【停车控制】

按下停止按钮SB1→KM线圈失电→KM各触点恢复初始状态→主轴电动机M1失电停转。

小贴士

在正常工作时，行程开关SQ1的常开触点闭合,当打开床头皮带罩后，SQ1的常开触点断开，切断控制电路电源，以确保人身安全。

（2）刀架快速移动电动机M3的控制。刀架快速移动电动机M3的控制电路如图6-2-1中的第11区所示。从安全需要考虑，其控制电路是由安装在刀架快速进给操作手柄顶端的按钮SB3与中间继电器KA2组成的点动控制电路；当要进行控制时，只要将进给操作手柄扳到所需移动的方向，然后按下SB3，KA2得电吸合，电动机M3启动运转，刀架沿指定的方向快速接近或离开工件加工部位。

（3）冷却泵电动机M2的控制。冷却泵电动机M2的控制电路如图6-2-1中的第12区所示。从电路图中可以看出冷却泵电动机M2和主轴电动机M1在控制电路中采用了顺序控制的方式，因此只有当主轴电动机M1启动后（即KM的辅助常开触点闭合），再合上转换开关SB4，中间继电器KA1才能吸合，冷却泵电动机M2才能启动。

（4）照明、信号（指示）电路。照明、信号（指示）电路如图6-2-1中的第6、7区所示。其控制电源由控制变压器TC的二次侧分别提供6V和24V交流电压，合上电源总开关QF，电源指示信号灯HL亮，FU3做短路保护；若合上转换开关SA，机床局部照明灯EL点亮，断开转换开关SA，照明灯EL熄灭，FU4做短路保护。

小贴士

机床控制电路的读图分析可按控制功能的不同，划分成若干控制环节进行分析，采用“化零为整”的方法；在对各个控制环节进行分析时，还应特别注意各个控制环节之间的连锁关系，最后再“积零为整”对整体电路进行分析。

任务准备

实施本任务教学所使用的实训设备及工具材料见表6-2-3。

表6-2-3　实训设备及工具材料

序号	分类	名称	型号规格	数量	单位	备注
1	工具	电工常用工具		1	套	
2		铅笔及测绘工具		1	套	
3	仪表	万用表	MF47型	1	块	
4		兆欧表	500V	1	只	
5		钳形电流表		1	只	
6	设备器材	CA6140型普通车床		1	台	

任务实施

一、CA6140型普通车床的电气安装

根据如图6-2-1所示的电气原理图和如图6-2-2所示的电气安装图进行电气配电板的制作。

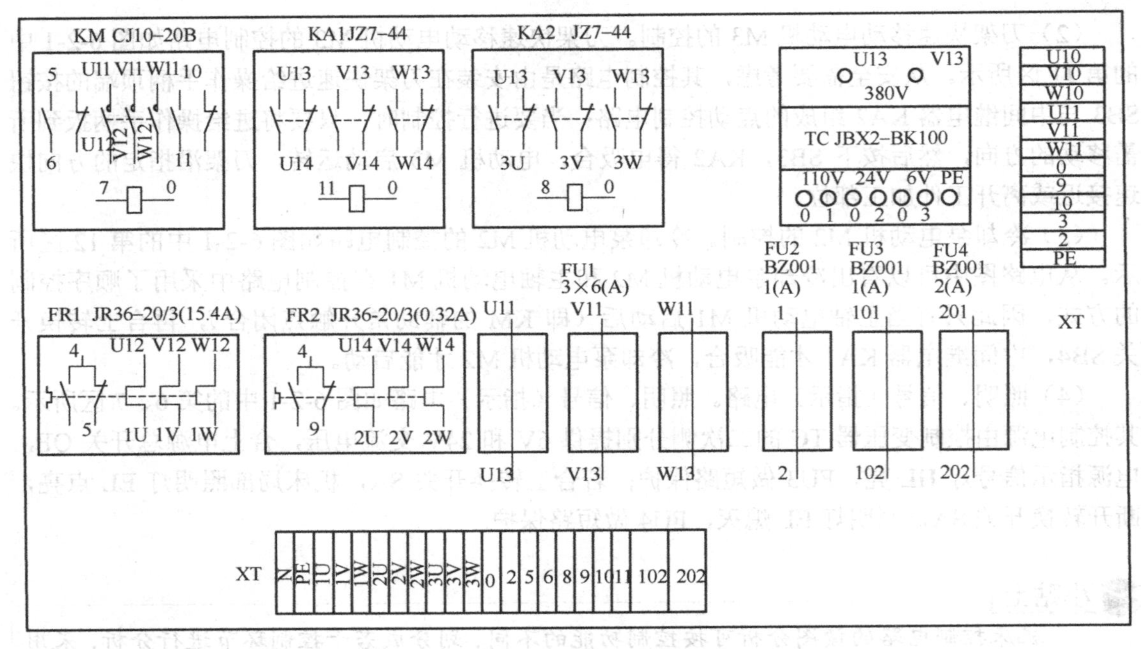

图 6-2-2　CA6140 型普通车床的电气安装图

1．电气配电板的选料

电气配电板可用 2.5～3mm 钢板制作，上面覆盖一张 1mm 左右的布质酚醛层压板，也可以将钢板涂以防锈漆。电气配电板的尺寸要小于配电柜门框的尺寸，同时也要考虑元器件安装后电气配电板能自由进出柜门。

先将所有的元器件备齐，然后在桌面上将这些元器件进行模拟排列。元器件布局要合理，总的原则是力求连接导线短，各电器排列的顺序应符合其动作规律。钢板要求无毛刺并倒角，四边呈 90° 角，表明平整。用划针在底板上画出元器件的装配孔位置，然后拿开所有的元器件。校对每一个元器件的安装孔尺寸，然后钻中心孔、钻孔、攻螺纹，最后刷漆。

2．元器件的安装

要求元器件与底板保持横平竖直，所有元器件在底板上要固定牢固，不得有松动现象。安装接触器时，要求散热孔朝上。

3．连接主电路

主电路的连接导线一般采用较粗的 2.5mm^2 单股塑料铜芯线，或按照图样要求的导线规格进行接线。配线的方法及步骤如下。

（1）连接电源端子 U11、V11、W11 与熔断器 FU1 和接触器 KM 之间的导线。

（2）连接 KM 与热继电器 FR1 之间的导线。

（3）连接热继电器 FR1 与端子 1U、1V、1W 之间的导线。

（4）连接熔断器 FU1 与中间继电器 KA1、KA2 之间的导线。

（5）连接热继电器 FR2 与中间继电器 KA1 和端子 2U、2V、2W 之间的导线。同样连接好中间继电器 KA2 与端子 3U、3V、3W 之间的导线。

（6）全部连接好后检查有无漏线、接错。

4. 连接控制电路

控制电路一般采用 1.5mm² 单股塑料铜芯线，或按照图样要求的导线规格（如 1.5mm² 的多股铜芯软线）进行接线。配线的方法及步骤如下。

（1）连接控制电源变压器 TC 与熔断器 FU2、FU3、FU4 之间的导线。

（2）连接热继电器 FR1 与 FR2 之间的连线和与接线端子 XT 之间的导线。

（3）连接接触器 KM 线圈与辅助常开触点和接线端子 XT 之间的导线。

（4）连接中间继电器 KA1 线圈与接触器 KM 辅助常开触点和接线端子 XT 之间的导线。

（5）连接中间继电器 KA2 线圈与接线端子 XT 之间的导线。

（6）分别连接熔断器 FU2、FU3、FU4 与接线端子 XT 之间的导线。

（7）分别连接 KM、KA1、KA2、QF、HL 和 EL 的工作地线，并分别与控制电源变压器 TC 和端子 XT 连接好。

5. 电气配电板接线检查

（1）检查布线是否合理、正确，所有接线螺钉是否拧紧、牢固，导线是否平直、整齐。

（2）对照电气原理图及接线安装图，详细检查主电路和控制电路各部分接线、电气编号等有无遗漏或错误，如有应予以纠正。一切就绪后即可进行安装。

6. 电动机的安装

电动机的安装一般采用起吊装置，先将电动机水平吊起至中心高度并与安装孔对正，装好电动机与齿轮箱的连接件并相互对准，吊装方法如图 6-2-3 所示。再将电动机与齿轮连接件啮合，对准电动机安装孔，旋紧螺栓，最后撤去起吊装置。

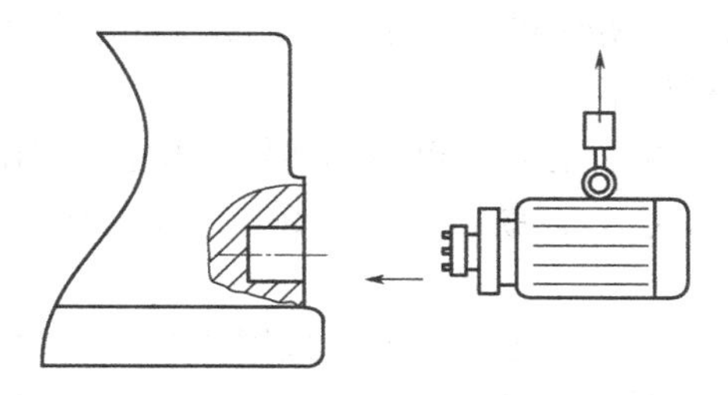

图 6-2-3　电动机的吊装

小贴士

在进行电动机吊装时，应在教师的指导下与机械装配人员配合完成，并注意安全。另外，如果是在原有的机床上进行，电动机已事先装好，该步骤可省掉不做。

7. 限位开关的安装

（1）安装前检查限位开关 SQ1、SQ2 是否完好，即用手按压或松开触点，听开关动作和复位的声音是否正常。检查限位开关支架和撞块是否完好。

（2）安装限位开关时要将限位开关位置放置在撞块安全撞压区内（撞块能可靠撞压开关，但不能撞坏开关，固定牢固。

8．敷设接线

敷设的连接线包括板与按钮、板与限位开关、板与电动机、板与照明灯和信号灯等之间的连线。连接线的过程如下。

（1）测量距离。测量要连接部件的距离（要留有连接余量及机床运动部件的运动延伸长度），裁剪导线（选用塑料绝缘软铜线）。

（2）套保护套管。机床床身上各电气部件间的连接导线必须用塑料套管保护。

（3）敷设连接线。将连接导线从床身或穿线孔穿到相应的位置，在两端临时把套管固定。然后，用万用表校对连接线，套上号码管。校对方法如图6-2-4所示。确认某一根导线作为公共线，剥出所有导线芯，将一端与公共线搭接，用$R\times1$的电阻挡测量另一端。测完全部导线，并在两端套上号码管。

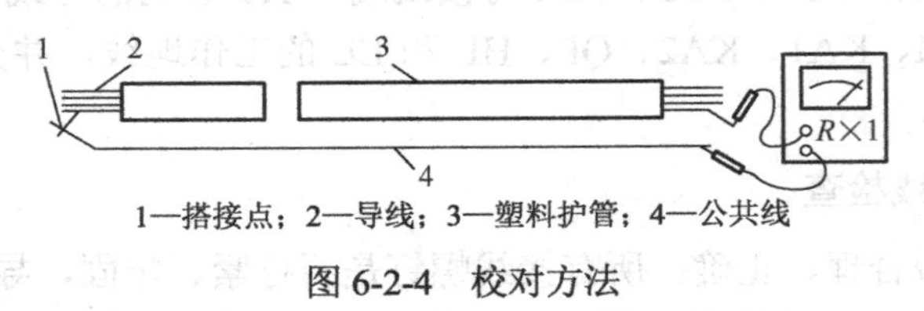

1—搭接点；2—导线；3—塑料护管；4—公共线

图6-2-4　校对方法

9．电气控制板的安装

电气控制板的安装时，应在电气控制板和控制箱壁之间垫上螺母和垫片，以不压迫连接线为宜。同时将连接线从接线端子排一侧引出，便于机床的电气连接。

10．机床的电气连接

机床的电气连接主要是电气控制板上的接线端子排与机床上各个电气部件之间的连接，如按钮、限位开关、电动机、照明灯和信号灯等，形成一个整体系统。它的总体要求是安全、可靠、美观、整齐。具体要求如下。

（1）机床上的电气部件上端子的接线可用剥线钳剪切出适当的长度，剥出接线头（不宜太长，取连接时的压接长度即可），除锈，然后镀锡，套上号码管，接到接线端子上用螺钉拧紧即可。

（2）由于电气控制板与机床电气之间的连线采用的是多股软线，因此对成捆的软导线要进行绑扎，要求整齐美观；所有接线应连接可靠，不得有松动。安装完毕后，对照原理图和安装接线图认真检查，有无错接、漏接现象。经教师检查验证正确无误后，则将按钮盒安装就位，关上电气箱的门，即可准备试车。

二、CA6140型普通车床的调试

1．调试前的准备

1）图样、资料

将有关CA6140型普通车床的图样和安装、使用、调试说明书准备好。

2）工具、仪表

将电工工具、兆欧表、万用表和钳形电流表准备好。

3）元器件的检查

（1）测量电动机M1、M2、M3绕组间、对地绝缘电阻是否大于0.5MΩ，否则要进行浸漆烘干处理；测量线路对地电阻是否大于3MΩ。检查电动机是否转动灵活，轴承有无缺油等异常现象。

（2）检查低压断路器、熔断器是否和电气元器件明细表一致，热继电器调整是否合理。

（3）检查主电路、控制电路所有电气元器件是否完好、动作是否灵活，有无接错、掉线、漏接和螺钉松动现象；接地系统是否可靠。

4）检查是否短路

检查是否短路的方法及步骤如下。

（1）检查主电路。断开电源和控制电源变压器TC的一次绕组，用兆欧表测量相与相之间、相对地之间是否有短路或绝缘损坏现象。

（2）检查控制电路。断开控制电源变压器TC的二次回路，用万用表$R\times1\Omega$挡测量电源线与零线或保护性PE之间是否短路。

5）检查电源

首先接通试车电源，用万用表检查三相电源电压是否正常。然后拔去控制电路的熔断器，接通机床电源开关，观察有无异常现象，如打火、冒烟、熔丝断等；是否有异味；检测电源控制电源变压器TC输出电压是否正常。如有异常，应立即关断机床电源，再切断试车电源，然后进行检查处理。如检查一切正常，可开始机床电气的整体调试。

2．机床电气的调试

1）控制电路的试车

先将电动机M1、M2、M3接线端的接线断开，并包好绝缘。然后在教师的指导下，按下列试车调试方法和步骤进行操作。

（1）先合上低压断路器QF，检查熔断器FU1前后有无380V电压。

（2）检查电源控制变压器TC一次和二次绕组的电压是否分别为380V、24V、6.3V和110V。再检查FU2、FU3和FU4后面的电压是否正常。电源指示灯HL应该亮。

（3）按下启动按钮SB2，接触器KM1应吸合，按下停止按钮SB1，接触器KM1应释放。操作过程中，注意观察接触器有无异常响声。

（4）采用同样的方法按下按钮SB3，观察中间继电器KA2是否动作正常和有无异常响声。

（5）按下启动按钮SB2后接通冷却泵旋钮开关SB4可观察中间继电器KA1的情况。

（6）接通照明旋钮开关SA，照明灯EL亮。

2）主电路通电试车

在控制电路通电调试正常后方可进行主电路的通电试车。为了安全起见，首先断开机械负载。分别连接电动机与接线端子1U、1V、1W、2U、2V、2W、3U、3V、3W之间的连线；然后按照控制电路试车中的第（3）~（6）项的顺序进行试车。检查主轴电动机M1、冷却泵电动机M2和刀架快速移动电动机M3运转是否正常。试车的内容包括以下几个方面。

（1）检查电动机旋转方向是否与工艺要求相同。检查电动机空载电流是否正常。

（2）经过一段时间的试运行，观察、检查电动机有无异常响声、异味、冒烟、振动和温升过高等异常现象。

（3）让电动机带上机械负载，然后按照控制回路试车中的第（3）~（6）项的顺序进行试车。检查能否满足工艺要求而动作，并按最大切削负载运转。检查电动机电流是否超过额定值。然后再观察、检查电动机有无异常响声、异味、冒烟、振动和温升过高等异常现象。

以上各项调试完毕后，全部合格才能验收，交付使用。

小贴士

在实施电气线路的安装与调试时应特别注意以下几个方面的内容。

（1）电动机和线路的接地要符合要求。严禁采用金属作为接地通道。

（2）在电气控制箱外部进行敷设连接线时，导线必须穿在导线通道或敷设在机床底座内的导线通道里或套管内，导线的中间不允许有接头。

（3）在进行刀架快速移动调试时，要注意将运动部件置于行程的中间位置，以防运动部件与车头或尾座相撞，造成设备和人身事故。

（4）在进行试车调试时，要先合上电源开关，再按下启动按钮；停车时，要先按停止按钮，后断开电源开关。

（5）在进行通电试车调试时必须在教师的监护下进行，必须严格遵守安全操作规程。

在实施本任务中的电气配电板的制作、线路安装和调试的实训时，各校可根据自己的实际情况进行，若受现场安装调试条件限制也可按照如图 6-2-4 所示的电气安装图，选用木质材料的模拟电气配电板进行板前配线安装和调试技能训练。在模拟电气配电板上进行训练的具体安装与调试步骤及工艺要求可参照表 6-2-4 内的内容实施。

表 6-2-4　CA6140 普通车床控制线路的安装与调试

安装步骤	工艺要求
第一步　选配并检验元器件和电气设备	（1）按照电气原理图和表 6-1-3 的电气元器件明细表配齐电气设备和元器件，并逐个检验其规格和质量 （2）根据电动机的容量、线路走向和各元器件的安装尺寸，正确选配导线的规格、数量、接线端子排、配电板、紧固体等
第二步　在控制配电板上固定元器件，并在元器件附近做好与电路图上相同代号的标记	元器件安装整齐、合理、牢固、美观
第三步　在控制配电板上进行硬线板前配线，并在导线的端部套上号码管	按照板前配线的工艺要求进行配线
第四步　进行控制配电板以外的元器件固定和连线	合理选择导线的走向，并在各线头上套上与电路图相同的线号套管
第五步　自检	按照试车前的准备和检查方法分别对主电路和控制电路进行通电试车前的检查
第六步　通电调试	按照机床通电调试步骤进行通电调试

任务评价

对任务的完成情况进行检查，并将结果填入任务测评表 6-2-5。

表 6-2-5 任务测评表

序号	主要内容	考核要求	评分标准	配分	扣分	得分
1	安装前的检查	元器件的检查	元器件漏检或错检，每处扣 2 分	5		
2	电气线路安装	根据电气安装接线图和电气原理图进行电气线路的安装	①元器件安装合理、牢固，否则每个扣 2 分；损坏元器件每个扣 10 分；电动机安装不符合要求，每台扣 5 分 ②板前配线合理、整齐美观，否则每处扣 2 分 ③按图接线，功能齐全，否则扣 20 分 ④控制配电板与机床电气部件的连接导线敷设符合要求，否则每根扣 3 分 ⑤漏接接地线，扣 10 分	35		
3	通电试车	按照正确的方法进行试车调试	①热继电器未整定或整定错误，每只扣 5 分 ②通电试车的方法和步骤正确，否则每项扣 5 分 ③试车不成功，扣 30 分	30		
4	安全文明生产	①严格执行车间安全操作规程 ②保持实习场地整洁，秩序井然	①发生安全事故，扣 30 分 ②违反文明生产要求，视情况扣 5~20 分			
工时	5h	其中，控制配电板的板前配线为 5h，上机安装与调试为 7h，每超过 5min 扣 5 分	合　计			
开始时间		结束时间		成　　绩		

任务拓展

控制配电板的安装与接线

（1）控制箱内外所有电气设备和电气元器件的编号，必须与电气原理图上的编号完全一致。安装和检查时都要对照原理图进行。

（2）安装接线时为了防止差错，主、辅电路要分开先后接线，控制线路应一个回路一个回路地接线，安装好一部分，检测一部分，就可避免在接线中出现差错。

（3）接线时要注意，不可把主电路用线和辅助电路用线搞错。

（4）为了使今后不致因一根导线损坏而全部更新导线，在导线穿管时，应多穿 1～2 根备用线。

（5）配电板明配线时，要求线路整齐美观，导线去向清楚，便于查找故障。当板内空间较大时，可采用塑料线槽配线方式。塑料线槽布置在配电板四周和电气元器件上下。塑料线槽用螺钉固定在底板上。

（6）配电板暗配线时，在每一个电气元器件的接线端处钻出比连接导线外径略大的孔，在孔中插进塑料套管即可穿线。

（7）连接线的两端根据电气原理图或接线图套上相应的线号。线号的材料有：用压印机压在异型塑料管上的编号；印有数字或字母的白色塑料套管；也有人工书写的线号。

（8）根据接线端子的要求，将剥削绝缘的线头按螺钉拧紧方向弯成圆环（线耳）或直接接上，多股线压头处应镀上焊锡。

（9）在同一接线端子上压两根以上不同截面导线时，大截面放在下层，小截面放在上层。

（10）所有压接螺栓要配置镀锌的平垫圈、弹簧垫圈，并要牢固压紧，以防止松动。

（11）接线完毕，应根据原理图、接线图仔细检查各元器件与接线端子之间及它们相互之间的接线是否正确。

任务 3　CA6140 型普通车床主轴控制电路的电气故障检修

任务目标

知识目标

1．了解机床检修的一般方法和步骤。

2．掌握主轴电动机电气控制电路常见电气故障的分析和检测方法。

能力目标

能熟练检修 CA6140 型普通车床主轴电动机电气控制电路的常见故障。

素质目标

养成独立思考和动手操作的习惯，培养小组协调能力和互相学习的精神。

任务呈现

常用的机床电气设备在运行的过程中产生故障，会致使设备不能正常工作，不但影响生产效率，严重时还会造成人身或设备事故。机床电气故障的种类繁多，同一种故障症状可有多种引起故障的原因；而同一种故障原因又可能有多种故障症状的表现形式。快速排除故障，保持机床电气设备的连续运行是电气维修人员的职责，也是衡量电气维修人员水平的标志。机床电气故障无论是简单的还是复杂的，在进行检修时都有一定的规律和方法可循。

本次任务的主要内容是：通过 CA6140 型普通车床主轴电动机控制线路常见电气故障的分析与检修，掌握常用机床电气设备的维修要求、检修方法和维修的步骤，同时能熟练的使用量电法（电压法、验电笔测试法）、电阻法（通路法）检测故障。

知识链接

一、电气设备维修的一般要求

对电气设备维修的要求一般包括以下几个方面。

（1）检修工作时，所采取的维修步骤和方法必须正确，切实可行。

（2）检修工作时，不得损坏完好的元器件。

（3）检修工作时，不得随意更换元器件及连接导线的型号及规格。

（4）检修工作时，应保持原有线路的完好性，不得擅自改动线路。

（5）检修工作时，若不小心损坏了电气装置，在不降低其固有的性能的前提下，对损坏的电气装置应尽量修复使用。

（6）检修后的电气设备的各种保护性能必须满足使用的要求。

（7）检修后的电气绝缘必须合格，通电试车能满足电路要求的各种功能，控制环节的动作程序符合控制要求。

（8）检修后的电气装置必须满足其质量标准。电气装置的检修质量标准如下。

① 检修后的电气装置外观整洁，无破损和碳化现象。

② 电气装置和元器件所有的触点均应完整、光洁，并接触良好。

③ 电气装置和元器件的压力弹簧和反作用弹簧具有足够的弹力。

④ 电气装置和元器件的操纵、复位机构都必须灵活可靠。

⑤ 各种电气装置的衔铁运动灵活，无卡阻现象。

⑥ 带有灭弧装置的电气装置和元器件，其灭弧罩必须完整、清洁，安装牢固。

⑦ 电气装置的整定数值大小应符合电路使用的要求，如热继电器、过流继电器等。

⑧ 电气设备的指示装置能正常发出信号。

二、电气设备的日常维护和保养

电气设备的日常维护和保养主要包括电动机和控制设备的日常维护和保养。加强对电气设备的日常检查、维护和保养，及时发现一些非正常因素，并进行及时的修复和更换处理，将故障消灭在萌芽状态，是减少故障造成的损失、增加电气设备连续运转周期、保证电气设备正常运行的有效措施。

1．电动机的日常维护

电动机是机床设备实现电力拖动的核心部分，因此在日常检查和维护中显得尤为重要。在电动机的日常检查和维护时应做到：电动机表面清洁，通风顺畅，运转声音正常，运行平稳，三相定子绕组的电流平衡，各相绕组之间的绝缘电阻和绕组对外壳的绝缘电阻应大于0.5MΩ，温升正常，绕线式电动机和直流电动机电刷下的火花应在允许的范围内。

2．控制设备的日常维护保养

控制设备的日常维护保养的主要内容包括以下几个方面。

（1）控制设备操纵台上的所有操纵按钮、主令开关的手柄、信号灯及仪表护罩都应保持清洁完好。

（2）控制设备上的各类指示信号装置和照明装置应完好。

（3）电气柜的门、盖应关闭严密，柜内保持清洁、无积尘和异物，不得有水滴、油污和金属切屑等，以免损坏电器造成事故。

（4）接触器、继电器等电器的吸合良好，无噪声、卡阻和迟滞现象。触点接触面有无烧蚀、毛刺或穴坑；电磁线圈是否过热；各种弹簧弹力是否适当；灭弧装置是否完好无损等。

（5）试验位置开关能否起到限位保护作用，各电器的操作机构应灵活可靠。

（6）控制设备各线路接线端子连接牢靠，无松脱现象。同时各部件之间的连接导线、电缆或保护导线的软管，不得被切削液、油污等腐蚀。

（7）电气柜及导线通道的散热情况应良好。

（8）控制设备的接地装置必须可靠。

三、电气设备的维护保养周期

对设置在电气柜（配电箱）内的元器件，一般无须经常进行开门监护，主要靠日常定期的维护和保养来实现电气设备较长时间的安全稳定运行。其维护保养周期应根据电气设备的构造、使用情况及环境条件等来确定。在进行电气设备的维护保养时，一般可配合生产机械的一、二级保养同时进行。电气设备的维护保养周期及内容见表6-3-1。

表6-3-1　电气设备的维护保养周期及内容

保养级别	保养周期	机床作业时间	电气设备保养内容
一级保养	一季度左右	6～12h	（1）清扫配电箱的积尘异物 （2）修复或更换即将损坏的元器件 （3）整理内部接线，使之整齐美观。特别是在平时应急修理处，应尽量复原成正规状态 （4）紧固熔断器的可动部分，使之接触良好 （5）紧固接线端子和元器件上的压线螺钉，使所有压接线头牢固可靠，以减小接触电阻 （6）对电动机进行小修和中修检查 （7）通电试车，使元器件的动作程序正确可靠
二级保养	一年左右	3～6d	（1）机床一级保养时，对机床电器所进行的各项维护保养工作 （2）检修动作频繁且电流较大的接触器、继电器触点 （3）检查有明显噪声的接触器和继电器 （4）校验热继电器，看其是否能正常工作，校验效果应符合热继电器的动作特性 （5）校验时间继电器，看其延时时间是否符合要求

四、电气设备故障检修步骤

机床电气设备故障的类型大致可分为两大类：一类是有明显外表特征并容易发现的故障。如电动机、元器件的显著发热、冒烟甚至发出焦臭味或电火花等。另一类是没有明显外表特征的故障，此类故障多发生在控制电路中，由于元器件调整不当，机械动作失灵，触点及压接线端子接触不良或脱落，以及小零件损坏、导线断裂等原因所引起。尽管机床电气设备通过日常维护保养后，大大地降低了电气故障的发生率，但绝不能杜绝电气故障的发生。因此，电气维修人员除了掌握日常维护保养技术外，还必须在电气故障发生后，能够及时采用正确的判断方法和正确的检修方法及步骤，找出故障点并排除故障。

当电气设备出现故障时，不应盲目动手进行检修，应遵循电气故障检修的步骤进行检修，其检修的步骤流程图如图 6-3-1 所示。

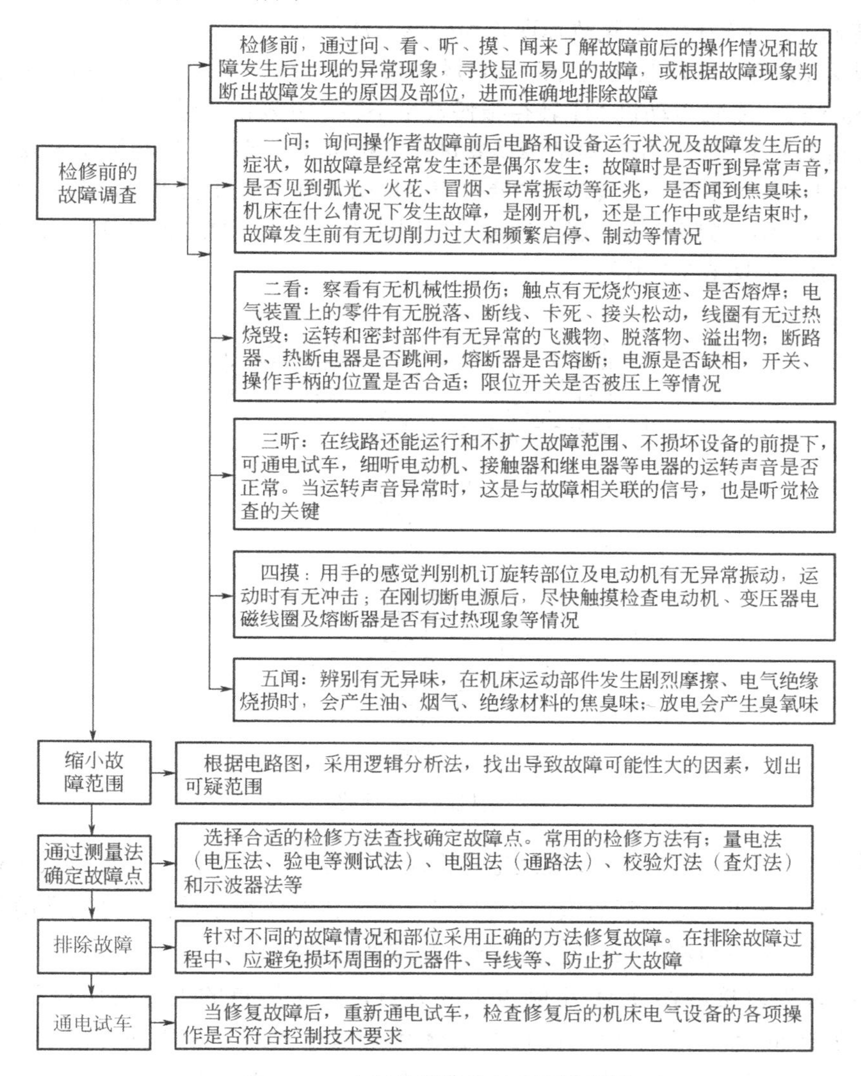

图 6-3-1 电气故障检修的步骤流程图

任务准备

实施本任务教学所使用的实训设备及工具材料见表 6-1-3。

任务实施

CA6140 型普通车床主轴控制常见故障分析与检修

首先由教师在 CA6140 型普通车床（或车床模拟实训台）上人为设置自然故障点，并进行故障分析和故障检修操作示范，让学生仔细观察教师示范检修过程。然后，在教师的指导下，让学生分组自行完成故障点的检修实训任务。本书后续故障分析与检修均建议按照此方法。CA6140型普通车床主轴控制常见故障现象和检修方法如下。

【故障现象1】合上低压断路器QF，信号灯HL亮、合上照明灯开关SA，照明灯EL亮，按下启动按钮SB2，主轴电动机M1转得很慢甚至不转，并发出“嗡嗡”声。

【故障分析】采用逻辑分析法对故障现象进行分析可知，当按下启动按钮SB2后，主轴电动机M1转得很慢甚至不转，并发出“嗡嗡”声，说明接触器KM已吸合，电气故障为典型的电动机缺相运行，因此故障范围应在主轴电气控制的主电路上，通过逻辑分析法可用虚线画出该故障最小范围，如图6-3-2所示。

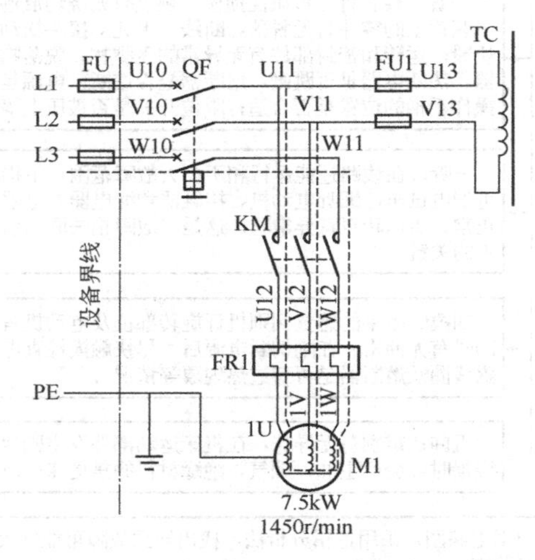

图6-3-2　主轴电动机缺相运行的故障最小范围

【故障检修方法】当试机时，发现是电动机缺相运行，应立即按下停止按钮SB1，使接触器KM主触点处于断开状态，然后根据如图6-3-2所示的故障最小范围，分别采用电压测量法和电阻测量法进行故障检测。具体的检测方法及实施过程如下。

步骤一：首先以接触器KM主触点为分界点，在主触点的上方采用电压测量法，即采用万用表交流500V挡分别检测接触器KM主触点输入端三相电压U_{U11V11}、U_{U11W11}、U_{V11W11}的电压值，如图6-3-3所示。若三相电压值正常；就切断低压断路器QF的电源，在主触点的下方采用电阻测量法，借助电动机三相定子绕组构成的回路，用万用表$R\times100$（或$R\times1k$）挡分别检测接触器KM主触点输出端的三相回路（即U12与V12之间、U12与W12之间、V12与W12之间）是否导通，若三相回路正常导通，则说明故障在接触器的主触点上。

步骤二：当判断出故障范围在接触器KM的主触点上时，应在断开断路器QF和拔下熔断器FU1的情况下，按下接触器KM动作试验按钮，分别检测接触器KM的3对主触点接触是否良好，若测得电阻值为无穷大，则说明该触点接触不良，若电阻值为零则说明无故障，可进入下一步检修。主触点的检测如图6-3-4所示。

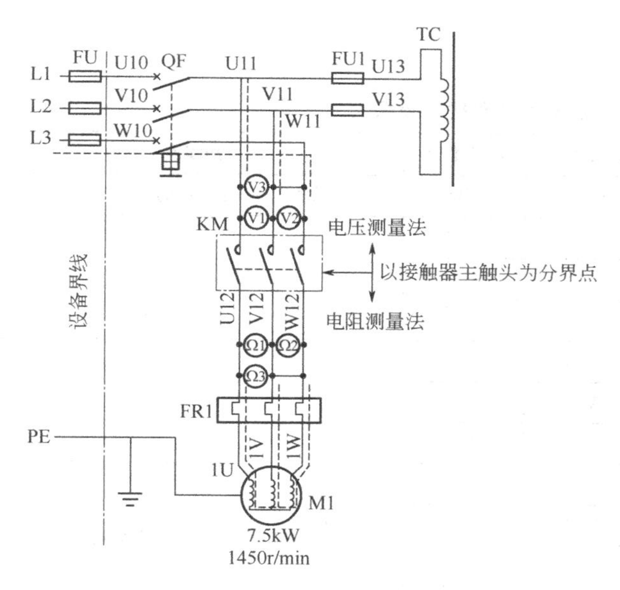

图 6-3-3 主电路的测试方法

图 6-3-4 主触点的检测

步骤三：若检测出接触器 KM 主触点输入端三相电压值不正常，则说明故障范围在接触器主触点输入端上方。具体的检修过程见表 6-3-2。若检测出接触器 KM 主触点输出端三相回路导通不正常，则说明故障范围在接触器主触点输出端下方。

【故障现象 2】按下启动按钮 SB2 后，接触器 KM 不吸合，主轴电动机 M1 不转。

由于机床电气控制是一个整体的电气控制系统，当出现按下启动按钮 SB2 后，接触器 KM 不吸合，主轴电动机 M1 不转的故障现象时，不能盲目对故障范围下结论和采取检测方法进行检修，应首先进行整体的试车，仔细观察现象，然后根据现象确定故障最小范围后，再采用正确合理的检测方法找出故障点，排除故障。一般造成按下启动按钮 SB2 后，接触器 KM 不吸合，主轴电动机 M1 不转的故障现象的故障范围一般分为下列几种。

（1）合上低压断路器 QF，信号灯 HL 不亮，合上照明灯开关 SA，照明灯 EL 不亮，然后打开壁龛门，压下 SQ2 传动杆，合上低压断路器 QF，信号灯 HL 不亮、合上照明灯开关 SA，照明灯 EL 不亮，再按下启动按钮 SB2，接触器 KM 不吸合，主轴电动机 M1 不转，按下刀架快速进给按钮 SB3，中间继电器 KA2 不能吸合，拨通冷却泵开关 SB4，中间继电器 KA1 不能吸合。

【故障分析】采用逻辑分析法对故障现象进行分析可知，故障范围应在控制电源变压器 TC 一次绕组的电源回路上。其故障最小范围可用虚线表示，如图 6-3-5 所示。

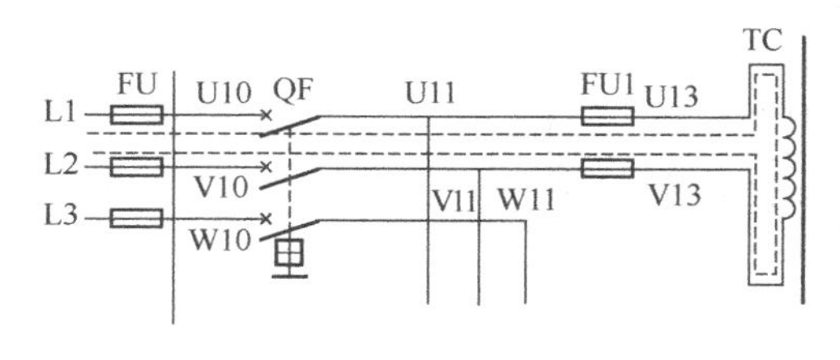

图 6-3-5 故障最小范围

【故障检修】根据如图 6-3-5 所示的故障最小范围，可以采用电压测量法或者采用验电笔测量法进行检测。

① 电压测量法检测。

采用电压测量法进行检测时，先将万用表的量程选择开关拨至交流 500V 挡，具体检测过程见

表 6-3-2。

表 6-3-2　电压测量法查找故障点

故障现象	测试状态	测量标号	电压数值	故障点
合上低压断路器 QF，信号灯 HL 不亮、合上照明灯开关 SA，照明灯 EL 不亮，按下启动按钮 SB2，接触器 KM 不吸合，主轴电动机 M1 不转，按下刀架快速进给按钮 SB3，中间继电器 KA2 不能吸合，拨通冷却泵开关 SB4，中间继电器 KA2 不能吸合	电压测量法	U13－V13	正常	故障在变压器 TC 的一次绕组上
		U13－V13	异常	V 相的 FU1 熔丝断
		U11－V11	正常	
		U11－V13	异常	
		U13－V13	异常	U 相的 FU1 熔丝断
		U13－V11	异常	
		U11－V13	正常	
		U11－V11	异常	断路器 QF 的 U 相触点接触不良
		U10－V10	正常	
		U10－V11	正常	
		U11－V10	异常	
		U11－V11	异常	断路器 QF 的 V 相触点接触不良
		U10－V10	正常	
		U10－V11	异常	
		U11－V10	正常	
		U10－V10	异常	V 相的 FU 熔丝断
		U10－L2	正常	
		U10－V10	异常	U 相的 FU 熔丝断
		V10－L1	正常	

② 验电笔测量法检测。

在进行该故障检测时，也可用验电笔测量法进行检测，而且检测的速度较电压测量法要快，但前提条件是必须拔下熔断器 FU1 中的 U、V 两相任意一个熔断器，断开控制电源变压器一次绕组的回路，避免因电流回路造成检测时的误判。具体的检测方法及判断如下：以熔断器 FU1 为分界点，如图 6-3-6 所示，首先拔下 U11 与 U13 之间的熔断器 FU1，然后用验电笔分别检测 U11 与 U13 之间的熔断器 FU1 两端是否有电（验电笔氖管的亮度是否正常），来判断故障点所在的位置，具体检测流程图如图 6-3-7 所示。

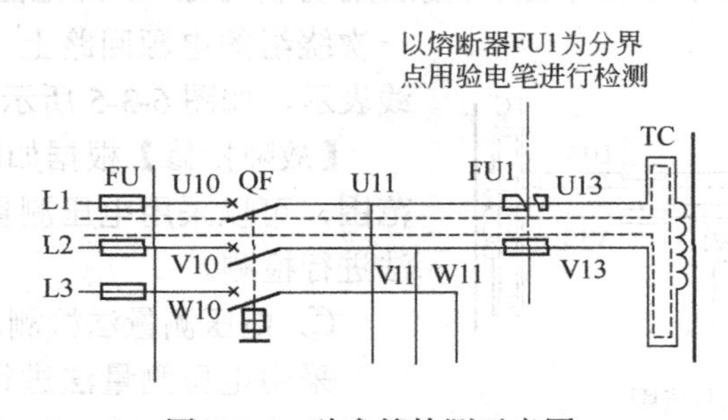

图 6-3-6　验电笔检测示意图

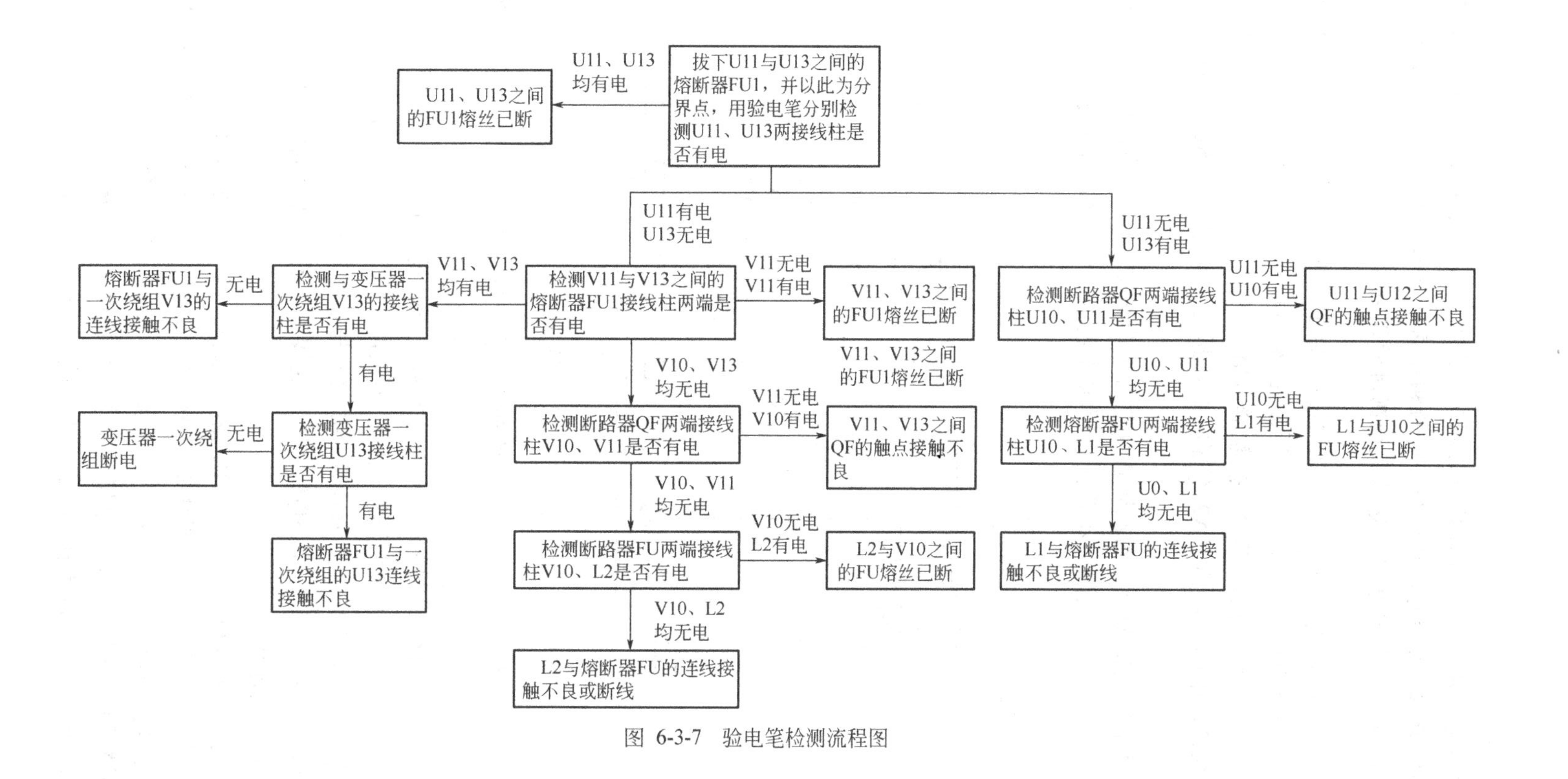

图 6-3-7 验电笔检测流程图

小贴士

在使用验电笔测量法进行该故障检测时，虽然检测的速度比电压测量法要快，但前提条件是必须断开熔断器 FU1 中的 U、V 两相任意一个熔断器，由此断开控制电源变压器一次绕组的回路，避免因电流回路造成检测时的误判。

（2）合上低压断路器 QF，信号灯 HL 不亮，合上照明灯开关 SA，照明灯 EL 不亮，然后打开壁龛门，压下 SQ2 传动杆，合上低压断路器 QF，信号灯 HL 亮、合上照明灯开关 SA，照明灯 EL 亮，再按下启动按钮 SB2，接触器 KM 不吸合，主轴电动机 M1 不转，按下刀架快速进给按钮 SB3，中间继电器 KA2 不能吸合，拨通冷却泵开关 SB4，中间继电器 KA1 不能吸合。

【故障分析】采用逻辑分析法对故障现象进行分析可知，故障范围应在控制电源变压器 TC 二次绕组的控制回路上。其故障最小范围可用虚线表示，如图 6-3-8 所示。

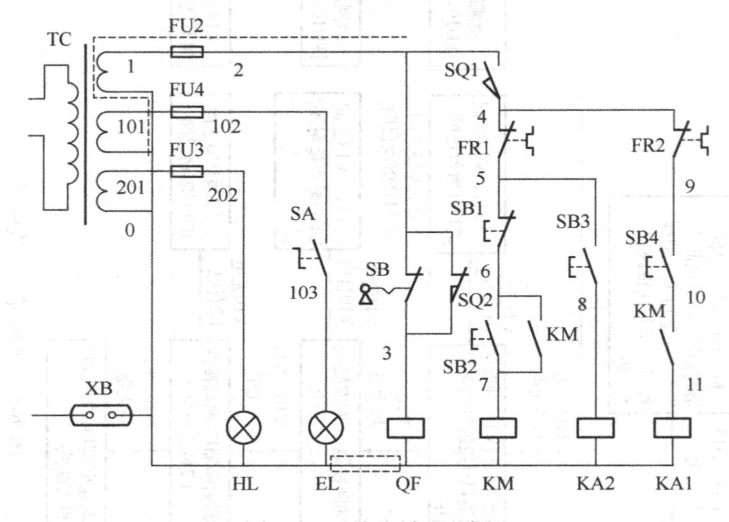

图 6-3-8　故障最小范围

【故障检修】打开壁龛门，压下 SQ2 传动杆，合上低压断路器 QF，用电压测量法首先测量控制电源变压器 TC 的 110V 二次绕组的 1＃与 0＃接线柱之间的电压值是否正常，若不正常则说明控制电源变压器 TC 的 110V 二次绕组断路。若电压值正常，则测量熔断器 FU2 的 2＃与 0＃接线柱之间电压值，如果所测得电压值不正常，则说明熔断器 FU2 的熔丝已断；如果所测得电压值正常，就继续测量与 SQ1 连接的 2＃与 0＃接线柱之间的电压值，若电压值不正常，则说明故障在熔断器 FU2 和 SQ1 之间的连线上，若所测得电压值正常，则说明故障在 QF 线圈与 0＃接线柱连线上。

（3）合上低压断路器 QF，信号灯 HL 亮，合上照明灯开关 SA，照明灯 EL 亮，按下启动按钮 SB2，接触器 KM 不吸合，主轴电动机 M1 不转，按下刀架快速进给按钮 SB3，中间继电器 KA2 不吸合，拨通冷却泵开关 SB4，中间继电器 KA1 不能吸合。

【故障分析】采用逻辑分析法对故障现象进行分析可知，故障范围应在控制电源变压器 TC 二次绕组的控制回路上。其故障最小范围可用虚线表示，如图 6-3-9 所示。

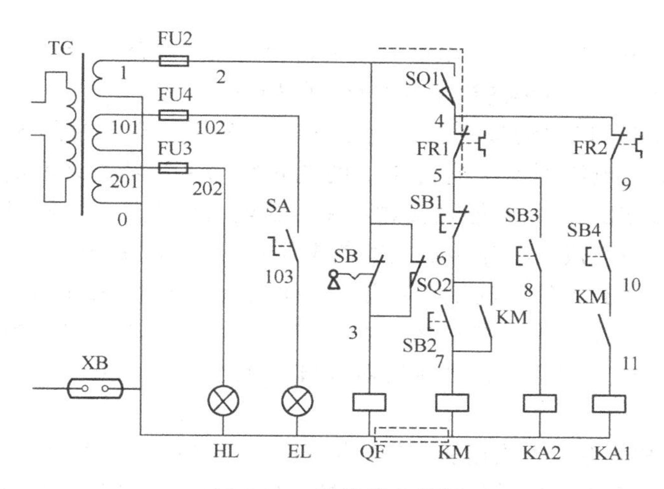

图 6-3-9　故障最小范围

【故障检修】打开壁龛门，压下 SQ2 传动杆，合上低压断路器 QF，首先用电压测量法检测熔断器 FU2 的 2 # 接线柱与接触器 KM 线圈连接的 0 # 接线柱的电压是否正常，若电压不正常，则说明故障在与接触器 KM 线圈连接的 0 # 接线柱上。若测得的电压值正常，则以 SQ1 作为分界点，用验电笔检测与 SQ1 连接的 2 # 接线柱是否有电，若无电，则说明故障在与 SQ1 连接的 2 # 接线柱上。若有电，用手按下 SQ1，检测与 SQ1 的 4 # 接线柱是否有电，若无电则是 SQ1 常开触点接触不良；若有电就继续按下 SQ1，检测与 KH1 连接的 4 # 接线柱是否有电，若无电，则说明故障在与 FR1 连接的 4 # 接线柱上。若有电，继续检测与 KH1 连接的 5 # 接线柱是否有电，若无电则是 KH1 常闭触点接触不良；若有电，则说明故障在与 KH1 连接的 5 # 接线柱上。

（4）合上低压断路器 QF，信号灯 HL 亮，合上照明灯开关 SA，照明灯 EL 亮，按下启动按钮 SB2，接触器 KM 不吸合，主轴电动机 M1 不转，拨通冷却泵开关 SB4，中间继电器 KA1 不能吸合，但按下刀架快速进给按钮 SB3，中间继电器 KA2 吸合。

【故障分析】采用逻辑分析法对故障现象进行分析可知，其故障最小范围可用虚线表示，如图 6-3-10 所示。

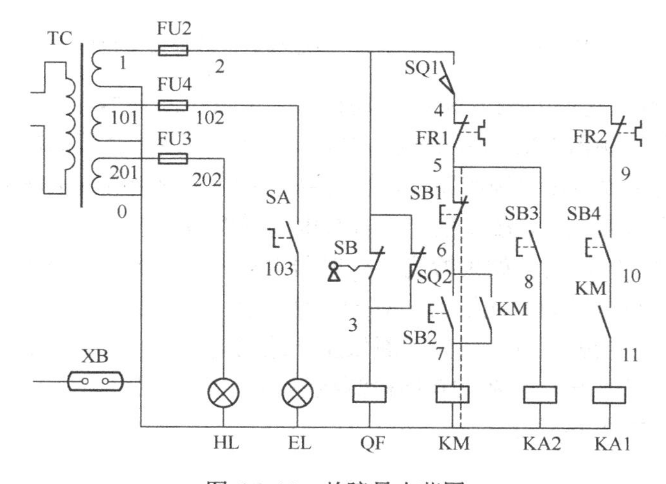

图 6-3-10　故障最小范围

【故障检修】打开壁龛门，压下 SQ2 传动杆，合上低压断路器 QF，采用电压测量法和验电笔测量法配合进行检测。具体的检测方法及步骤如下。

① 人为接通 SQ1，以启动按钮 SB2 为分界点，先用验电笔检测 SB2 的 6＃接线柱是否有电，若有电，就用电压测量法检测 SB2 两端 6＃、7＃接线柱之间的电压是否正常，若电压值正常则说明是 SB2 的常开触点接触不良。若电压值不正常，则以机床的导轨为“0”电位点，测量 SB2 的 6＃接线柱与导轨之间的电压值应正常（110V），然后测量熔断器 FU2 的 2＃接线柱与接触器 KM 线圈的 7＃接线柱之间电压，若电压值正常，则故障应在 7＃接线柱上。若电压值不正常，继续测量熔断器 FU2 的 2＃接线柱与接触器 KM 线圈的 6＃接线柱之间电压，如果电压值正常，则接触器 KM 线圈已断；如果电压值不正常，则故障应在 6＃接线柱上。

② 在人为接通 SQ1 后，如果用验电笔检测 SB2 的 6＃接线柱发现无电，则继续检测按钮 SB1 两端的 5＃和 6＃接线柱是否有电，若 5＃接线柱有电而 6＃接线柱没有电，则故障是 SB1 常闭触点接触不良。若 5＃和 6＃接线柱都无电，则说明故障在与 SB1 连接的 5＃接线柱上。

【故障现象 3】按下启动按钮 SB2，主轴电动机 M1 运转，松开 SB2 后，主轴电动机 M1 停转。

【故障分析】分析线路工作原理可知，造成这种故障的主要原因是接触器 KM 的自锁触点接触不良或导线松脱，使电路不能自锁。其故障最小范围如图 6-3-11 所示。

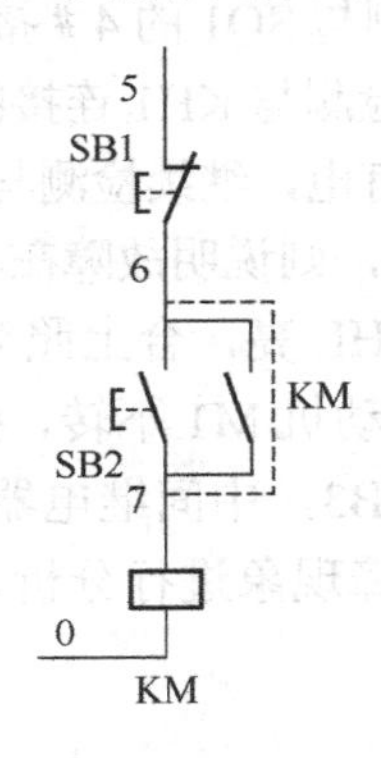

图 6-3-11　主轴电动机不能连续运行故障最小范围

【故障检修】打开壁龛门，压下 SQ2 传动杆，合上低压断路器 QF，在人为接通 SQ1 后，采用电压测量法检测接触器 KM 自锁触点两端 6＃与 7＃接线柱之间的电压值是否正常；如果电压值不正常，则说明故障在自锁回路上，然后用验电笔检测接触器 KM 自锁触点 6＃接线柱是否有电，若无电则故障在 6＃接线柱上；若有电则说明故障在 7＃接线柱上。如果是接触器 KM 自锁触点闭合时接触不良。如果检测出接触器 KM 自锁触点两端 6＃与 7＃接线柱之间的电压值正常，则说明故障原因是接触器 KM 自锁触点闭合时接触不良。

检测自锁触点是否接触良好，应先切断低压断路器 QF，使 SQ1 处于断开位置，然后人为按下接触器 KM，用万用表电阻 $R\times10$ 挡检测接触器自锁触点接触是否良好。如果接触不良，则修复或更换触点，如图 6-3-12 所示。

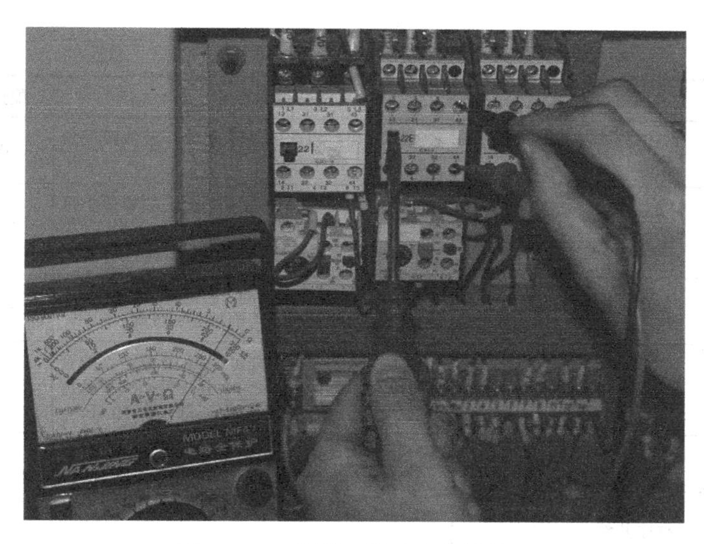

图 6-3-12 检测自锁触点接触情况

【故障现象4】按下停止按钮SB1，主轴电动机M1不能停止。

【故障分析】按下停止按钮后，主轴电动机M1不能停止的主要原因分别是KM主触点熔焊；停止按钮SB1被击穿短路或线路中5、6两点连接导线短路；KM铁芯端面被油垢粘牢不能脱开。

【故障检修方法】当出现该故障现象时，应立即断开断路器QF，若KM释放，说明故障是停止按钮SB1被击穿或导线短路；若KM过一段时间释放，则故障为铁芯端面被油垢粘牢；若KM不释放，则故障为KM主触点熔焊。可根据情况采取相应的措施修复，在此不再赘述。

小贴士

（1）检修前要认真识读分析电路图、电器布置图和接线图，熟练掌握各个控制环节的作用及原理，掌握电器的实际位置和走线路径。

（2）认真观摩教师的示范检修，掌握车床电气故障检修的一般方法和步骤。

（3）检修过程中要注意人身安全，所使用的工具和仪表应符合使用要求。

（4）检修时，严禁扩大故障范围或产生新的故障点。

（5）故障检测时应根据电路的特点，通过相关和允许的试车，尽量缩小故障范围。

（6）当检测出是主回路的故障时，为避免因缺相在检修试车过程中造成电动机损坏的事故，继电器主触点以下部分最好采用电阻测量法进行检测。

（7）控制电路的故障检测应尽量采用量电法（即电压测量法和验电笔测量法），当故障检测出后，应断开电源后方可排除故障。

（8）停电后要进行验电，带电检修时，必须有指导教师在现场监护，以确保操作安全，同时要做好检修记录。

任务评价

对任务的完成情况进行检查，并将结果填入任务测评表，见表6-3-3。

表 6-3-3 任务测评表

序号	考核内容	考核要求	评分标准	配分	扣分	得分
1	故障现象	正确观察机床的故障现象	能正确观察机床的故障现象，若故障现象判断错误，每个故障扣 10 分	20		
2	故障范围	用虚线在电气原理图中画出故障最小范围	能用虚线在电气原理图中画出故障最小范围，错判故障范围，每个故障扣 10 分；未缩小到故障最小范围，每个扣 5 分	20		
3	检修方法	检修步骤正确	①仪表和工具使用正确，否则每次扣 5 分 ②检修步骤正确，否则每处扣 5 分	30		
4	故障排除	故障排除完全	故障排除完全，否则每个扣 10 分；不能查出故障点，每个故障扣 20 分；若扩大故障每个扣 20 分，如损坏元器件，每只扣 10 分	30		
5	安全文明生产	①严格执行车间安全操作规程 ②保持实习场地整洁，秩序井然	①发生安全事故，扣 30 分 ②违反文明生产要求，视情况扣 5~20 分			
工时	30min		合　计			
开始时间			结束时间		成　绩	

任务拓展

电气故障的修复及注意事项

当查找出电气设备的故障点后，就要着手进行修复、试运转、记录等，然后交付使用，但必须注意以下事项。

（1）在查找出故障点和修复故障时，应注意不能把找出的故障点作为寻找故障的终点，还必须进一步分析查明产生故障的根本原因。例如，在处理某台电动机因过载烧毁的事故时，绝不能认为将烧毁的电动机重新修复或换上一台同一型号的新电动机就算完事，而应进一步查明电动机过载的原因，查明是因负载过重，还是电动机选择不当、功率过小所致，因为两者都将导致电动机过载。所以在处理故障时，修复故障应在找出故障原因并排除之后进行。

（2）查找出故障点后，一定要针对不同故障情况和部位，相应地采取正确的修复方法，不要轻易更换元器件和补线等方法，更不允许轻易改动线路或更换规格不同的元器件，以防产生人为故障。

（3）在故障点的修理工作中，一般情况下应尽量做到复原。但是，有时为了尽快恢复机床的正常运行，根据实际情况也允许采取一些适当的应急措施，但绝不可凑合行事。

（4）当发现熔断器熔断故障后，不要急于更换熔断器的熔丝，而仔细分析熔断器熔断的原因。如果是负载电流过大或有短路现象，应进一步查出故障并排除后，再更换熔断器熔丝；如果是容量选小了，应根据所接负载重新核算选用合适的熔丝；如果是接触不良引起的，应对熔断器座进行修理或更换。

（5）如果查出是电动机、变压器、接触器等出了故障，可按照相应的方法进行修理。如果损坏严重无法修理，则应更换新的。为了减少设备的停机时间，也可先用新的电器将故障电器替换下来再修。

（6）当接触器出现主触点熔焊故障，这很可能是由于负载短路造成的，一定要将负载短路的问题解决后，才能再次通电试验。

（7）由于机床故障的检测，在许多情况下要带电操作，所以一定要严格遵守电工操作规程，注意安全。

（8）电气故障修复完毕，需要通电试运行时，应和操作者配合，避免出现新的故障。

（9）每次排除故障后，应及时总结经验，并做好维修记录。记录的的内容包括：机床设备的型号、名称、编号、故障发生日期、故障现象、部位、损坏的电器、故障原因、修复措施及修复后的运行情况等。记录的目的是以此作为档案，以备日后维修时参考，并通过对历次故障的分析，采取相应的有效措施，防止类似故障的再次发生或对电气设备本身的设计提出改进意见等。

项目 7 X62W 型万能铣床电气控制电路的安装与检修

任务 1 X62W 型万能铣床电气控制电路的安装

任务目标

知识目标

1．熟悉 X62W 型万能铣床的结构、作用和运动形式。
2．掌握 X62W 型万能铣床的操纵手柄、按钮和开关的功能。
3．掌握 X62W 型万能铣床元器件的位置、线路的大致走向。

能力目标

能对 X62W 型万能铣床进行基本操作及调试。

素质目标

养成独立思考和动手操作的习惯，培养小组协调能力和互相学习的精神。

任务呈现

铣床的种类很多，按照结构形式和加工性能的不同，可分为卧式铣床、立式铣床、仿形铣床、龙门铣床、专用铣床和万能铣床等。X62W 型万能铣床是一种多用途卧式铣床，如图 7-1-1 所示。它可以用圆柱铣刀、圆片铣刀、角度铣刀、成型铣刀及端面铣刀等刀具对各种零件进行平面、斜面、沟槽及成型表面的加工，装上分度盘可以铣削齿轮和螺旋面，装上圆工作台可以铣削凸轮和弧形槽等。

图 7-1-1 X62W 型万能铣床的外形

铣床的控制是机械与电气一体化的控制，本次工作任务就是：通过观摩操作，认识 X62W 型万能铣床。

具体任务要求如下。

（1）识别铣床主要部件，清楚元器件位置及线路布线走向。

（2）观察主轴停车制动、变速冲动的动作过程，观察两地停止操作、工作台快速移动控制。

（3）细心观察体会工作台与主轴之间的连锁关系，纵向操纵、横向操纵与垂直操纵之间的连锁关系，变速冲动与工作台自动进给的连锁关系，圆工作台与工作台自动进给连锁的关系。

（4）在教师指导下操作 X62W 型万能铣床。

知识链接

一、X62W 型万能铣床型号含义

X62W 型万能铣床的型号含义为：

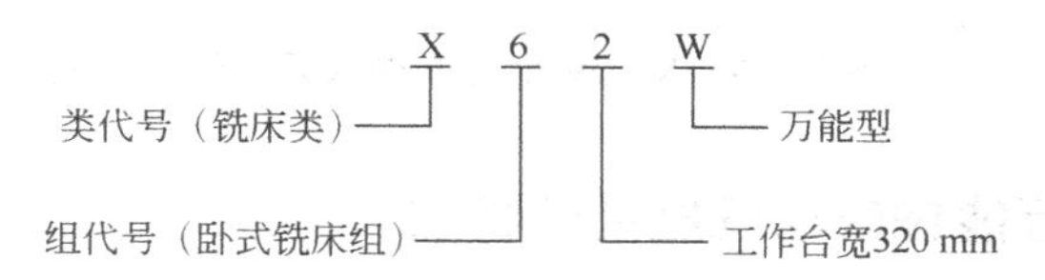

二、X62W 型万能铣床的主要结构及功能

X62W 型万能铣床的主要结构如图 7-1-2 所示。它主要由床身、主轴、刀杆、悬梁、刀杆挂脚、工作台、回转盘、横溜板、升降台和底座等部分组成。

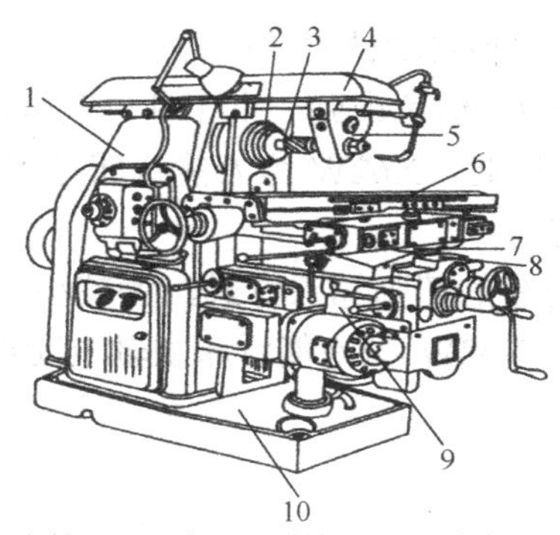

1—床身；2—主轴；3—刀杆；4—悬梁；5—刀杆挂脚；6—工作台；7—回转盘；8—横溜板；9—升降台；10—底座

图 7-1-2 X62W 型万能铣床的主要结构

在铣床床身的前面有垂直导轨，升降台可沿着垂直导轨上下移动；在升降台上面的水平导轨上，装有可在平行主轴轴线方向移动（前后移动）的溜板；溜板上部有可转动的回转盘，工作台上有 T 形槽来固定工件，因此，安装在工作台上的工件可以在 3 个坐标上的 6 个方向（上下、左右、前后）调整位置或进给。

铣床的铣削是一种高效率的加工方式。铣床主轴带动铣刀的旋转运动是主运动；铣床工作台的横向（前、后）、纵向（左、右）和垂直（上、下）6 个方向的运动是进给运动；

铣床其他的运动，如工作台旋转运动属于辅助运动。X62W 型万能铣床元器件位置图如图 7-1-3 所示。

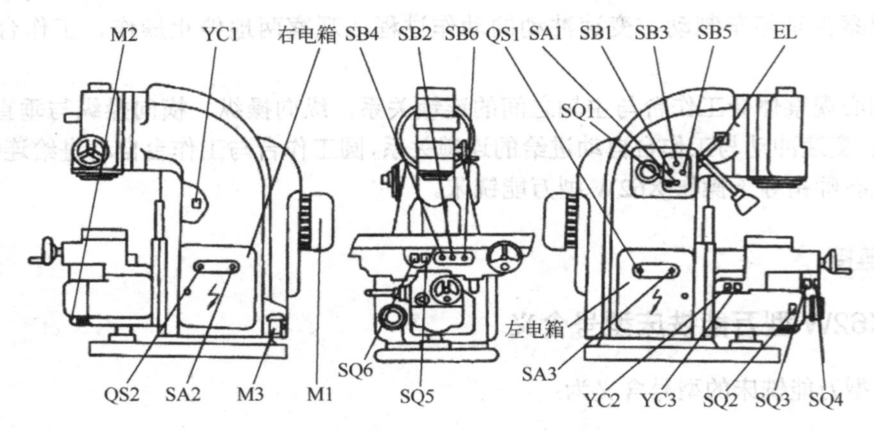

图 7-1-3　X62W 型万能铣床元器件位置图

三、X62W 型万能铣床电气控制的特点

X62W 型万能铣床由 3 台电动机驱动，M1 为主轴电动机，担负主轴的旋转运动，即主运动；M2 为进给电动机，机床的进给运动和辅助运动由 M2 驱动；M3 为冷却泵电动机，将切削液输送到机床的切削部位。各运动的电气控制特点如下。

1．主运动

X62W 万能铣床的主运动是主轴带动铣刀的旋转运动。铣削加工有顺铣和逆铣两种方式，所以要求主轴电动机能实现正反转，但考虑到一批工件一般只用一个方向铣削，在加工过程中无须经常变换主轴旋转的方向，因此，X62W 型万能铣床是用组合开关 SA3 来改变主轴电动机的电源相序以实现正反转目的。

另外，铣削加工是一种不连续的切削加工方式，为减小振动，主轴上装有惯性轮，但这样就会造成主轴停车困难，为此 X62W 型万能铣床主轴电动机采用电磁离合器制动以实现准确停车。

2．进给运动

X62W 型万能铣床的进给运动是指工件随工作台在横向（前、后）、纵向（左、右）和垂直（上、下）6 个方向上的运动，以及圆形工作台的旋转运动。

X62W 型万能铣床工作台 6 个方向的进给运动和快速移动，由进给电动机 M2 采用正反转控制，6 个方向的进给运动中同时只能有一种运动产生，采用机械手柄和位置开关配合的方式实现 6 个方向进给运动的连锁；进给快速移动是通过电磁离合器和机械挂挡来完成；为扩大加工能力，在工作台上可加装圆形工作台，圆形工作台的回转运动是由进给电动机经传动机构驱动的。

为防止刀具和机床的损坏，要求只有主轴启动后才允许有进给运动；同时为了减小加工件的表面粗糙度，要求进给停止后主轴才能停止或同时停止。

3．辅助运动

X62W 型万能铣床的辅助运动是指工作台的快速运动，以及主轴和进给的变速冲动。

X62W 型万能铣床的主轴调速和进给运动调速是采用变速盘进行速度选择，为了保证齿轮良好啮合，调整变速盘时采用变速冲动控制。

另外，为了更换铣刀方便、安全，设置换刀专用开关 SA1。换刀时，一方面将主轴制动，另一方面将控制电路切断，避免出现人身事故。

四、X62W 型万能铣床控制原理

X62W 型万能铣床主要由电源电路、主电路、控制电路和照明电路四部分组成。X62W 型万能铣床的电气原理图如图 7-1-4 所示。

1．主轴电动机 M1 的控制

为了方便操作，主轴电动机的启动、停止及进给电动机的控制均采用两地控制方式，一组安装在工作台上，另一组安装在床身上。

1）主轴电动机 M1 的启动

主轴电动机启动前根据顺铣、逆铣的要求，将转换开关 SA3 扳到所需的转向位置。然后按下启动按钮 SB1 或 SB2，接触器 KM1 通电吸合并自锁，主轴电动机 M1 启动。KM1 的辅助常开触点（9—10）闭合，接通控制电路的进给线路电源，保证了只有先启动主轴电动机，才可开动进给电动机，避免工件或刀具的损坏。

2）主轴电动机的制动

为了使主轴停车准确，主轴采取电磁离合器制动。该电磁离合器安装在主轴传动链中与电动机轴相连的第一根传动轴上，当按下停止按钮 SB5 或 SB6 时，接触器 KM1 断电释放，电动机 M1 失电。按钮按到底时，停止按钮的常开触点 SB5-2 或 SB6-2 接通电磁离合器 YC1，离合器吸合，将摩擦片压紧，对主轴电动机进行制动。直到主轴停止转动，才可松开停止按钮。主轴制动时间不超过 0.5s。

3）主轴变速冲动

主轴变速是通过改变齿轮的传动比进行的，由一个变速手柄和一个变速盘来实现，有 18 级不同转速（30～1500r/min）。为使变速时齿轮组能很好重新啮合，设置变速冲动装置。变速时，先将变速手柄 3 压下，然后向外拉动手柄，使齿轮组脱离啮合；再转动蘑菇形变速手轮，调到所需转速上，将变速手柄复位。在手柄复位过程中，压动位置开关 SQ1，SQ1 的常闭触点（8—9）先断开，常开触点（5—6）后闭合，接触器 KM1 线圈瞬时通电，主轴电动机做瞬时点动，使齿轮系统抖动一下，达到良好啮合。当手柄复位后，SQ1 复位，断开了主轴瞬时点动线路，完成变速冲动工作。变速冲动控制示意图如图 7-1-5 所示。

4）主轴换刀控制

在主轴更换铣刀时，为避免人身事故，将主轴置于制动状态，即将主轴换刀制动转换开关 SA1 转到“接通”位置，其常开触点 SA1-1 接通电磁离合器 YC1，将电动机轴抱住，主轴处于制动状态；其常闭触点 SA1-2 断开，切断控制电路电源，保证了上刀或换刀时，机床没有任何动作。当上刀、换刀结束后，将 SA1 扳回“断开”位置。

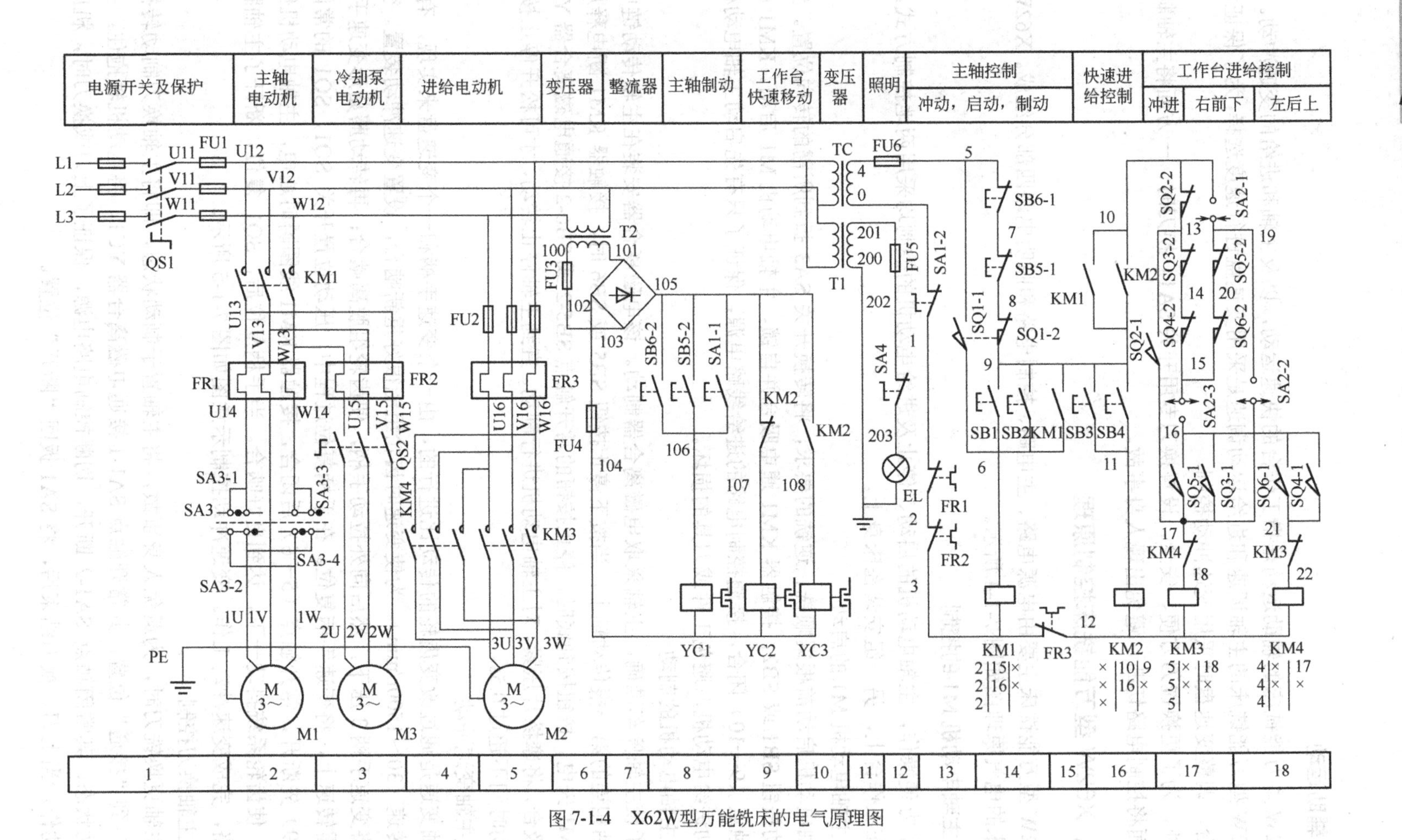

图 7-1-4 X62W型万能铣床的电气原理图

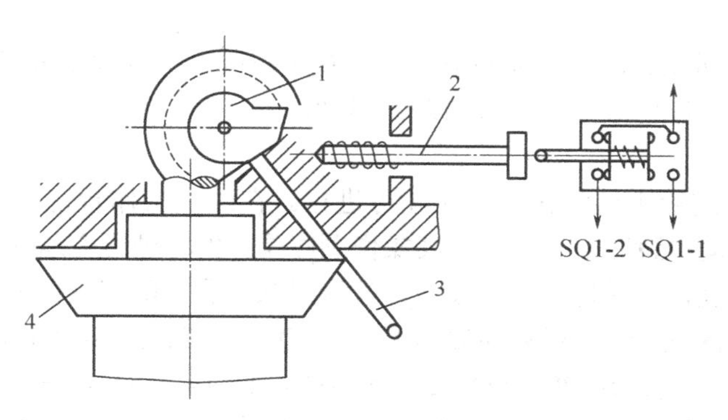

1—凸轮；2—弹簧杆；3—变速手柄；4—变速盘

图 7-1-5 变速冲动控制示意图

2．进给电动机 M2 的控制

工作台的进给运动分为工作进给和快速进给。工作进给只有在主轴启动后才可进行，快速进给是点动控制，即使不启动主轴也可进行。工作台的 6 个方向的运动都是通过操纵手柄和机械联动机构带动相应的位置开关，控制进给电动机 M2 正转或反转来实现的。在正常进给运动控制时，回转盘控制转换开关 SA2 应转至断开位置。SQ5、SQ6 控制工作台的向右和向左运动，SQ3、SQ4 控制工作台的向前、向下和向后、向上运动。

进给驱动系统用了两个电磁离合器 YC2 和 YC3，都安装在进给传动链中的第四根轴上。当左边的离合器 YC2 吸合时，连接上工作台的进给传动链；当右边的离合器 YC3 吸合时，连接上快速移动传动链。

1）工作台的纵向（左、右）进给运动

启动主轴，当纵向进给手柄扳向右边时，联动机构将电动机的传动链拨向工作台下面的丝杠，使电动机的动力通过该丝杠作用于工作台，同时压下位置开关 SQ5，接触器 KM3 线圈通过（10—SQ2-2—13—SQ3-2—14—SQ4-2—15—SA2-3—16—SQ5-1—17—KM4 常闭触点—18—KM3 线圈）路径得电吸合，进给电动机 M2 正转，带动工作台向右运动。

当纵向进给手柄扳向左时，SQ6 被压下，接触器 KM4 线圈得电，进给电动机 M2 反转，工作台向左运动。

进给到位将手柄扳至中间位置，SQ5 或 SQ6 复位，KM3 或 KM4 线圈断电，电动机的传动链与左右丝杠脱离，M2 停转。若在工作台左右极限位置装设限位挡铁，当挡铁碰撞到手柄连杆时，把手柄推至中间位置，电动机 M2 停转实现终端保护。

2）工作台的垂直（上、下）与横向（前、后）进给运动

工作台的垂直与横向运动由一个十字进给手柄操纵，该手柄有 5 个位置，即上、下、前、后、中间。当手柄向上或向下时，传动机构将电动机传动链和升降台上下移动丝杠相连；向前或向后时，传动机构将电动机传动链与溜板下面的丝杠相连；手柄在中间位时，传动链脱开，电动机停转。手柄扳至前、下位置，压下位置开关 SQ3；手柄扳至后、上位置，压下位置开关 SQ4。

将十字手柄扳到向上（或向后)位，SQ4 被压下，接触器 KM4 得电吸合，进给电动机 M2 反转，带动工作台做向上（或向后）运动。KM4 线圈得电路径为：10—SA2-1—19—SQ5-2—20—SQ6-2—15—SA2-3—16—SQ4-1—21—KM3 常闭触点—22—KM4 线圈。

同理，将十字手柄扳到向下（或向前）位，SQ3 被压下，接触器 KM3 得电吸合，进给电动机 M2 正转，带动工作台做向下（或向前）运动。

3）进给变速冲动

进给变速只有各进给手柄均在零位时才可进行。在改变工作台进给速度时，为使齿轮易于啮合，需要进给电动机瞬时点动一下。其操作顺序是：先将进给变速的蘑菇形手柄拉出，转动变速盘，选择好速度，然后将手柄继续向外拉到极限位置，随即推回原位，变速结束。就在手柄拉到极限位置的瞬间，位置开关 SQ2 被压动，SQ2-2 先断开，SQ2-1 后接通，接触器 KM3 经（10—SA2-1—19—SQ5-2—20—SQ6-2—15—SQ4-2—14—SQ3-2—13—SQ2-1—17—KM4 常闭触点—18—KM3 线圈）路径得电，进给电动机瞬时正转。在手柄推回原位时 SQ2 复位，故进给电动机只瞬动一下。

4）工作台快速移动

为提高劳动生产效率，减少生产辅助工时，在不进行铣削加工时，可使工作台快速移动。当工作台工作进给时，再按下快速移动按钮 SB3 或 SB4（两地控制），接触器 KM2 得电吸合，其常闭触点（9 区）断开电磁离合器 YC2，将齿轮传动链与进给丝杠分离；KM2 常开触点（10 区）接通电磁离合器 YC3，将电动机 M2 与进给丝杠直接搭合。YC2 的失电及 YC3 的得电，使进给传动系统跳过了齿轮变速链，电动机直接驱动丝杠套，工作台按进给手柄的方向快速进给。松开 SB3 或 SB4，KM2 断电释放，快速进给过程结束，恢复原来的进给传动状态。

由于在接触器 KM1 的常开触点（16 区）上并联了 KM2 的一个常开触点，故在主轴电动机不启动的情况下，也可实现快速进给调整工件。

5）回转盘的控制

当要加工螺旋槽、弧形槽和弧形面时，可在工作台上加装回转盘。使用圆工作台时，先将回转盘转换开关 SA2 扳到“接通”位置，再将工作台的进给操纵手柄全部扳到中间位，按下主轴启动按钮 SB1 或 SB2，接触器 KM1 得电吸合，主轴电动机 M1 启动，接触器 KM3 线圈经（10—SQ2-2—13—SQ3-2 14—SQ4-2—15—SQ6-2—20—SQ5-2—19—SA2-2—17—KM4 常闭触点—18—KM3 线圈）路径得电吸合，进给电动机 M2 正转，带动回转盘做旋转运动。回转盘只能沿一个方向做回转运动。

3. 冷却泵及照明电路控制

主轴电动机启动后，扳动组合开关 QS2 可控制冷却泵电动机 M3。

铣床照明由变压器 T1 提供 24V 电压，由开关 SA4 控制，熔断器 FU5 作为照明电路的短路保护。

实施本任务教学所使用的实训设备及工具材料见表 7-1-1。

表 7-1-1 实训设备及工具材料

序号	分类	名称	型号规格	数量	单位	备注
1	工具	电工常用工具		1	套	

续表

序号	分类	名称	型号规格	数量	单位	备注
2	仪表	万用表	MF47 型	1	块	
3		兆欧表	500V	1	只	
4		钳形电流表		1	只	
5	设备器材	X62W 型万能铣床		1	台	

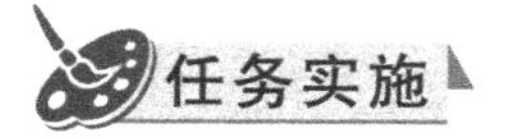

任务实施

一、指认 X62W 型万能铣床的主要结构和操作部件

通过观摩 X62W 型万能铣床实物与如图 7-1-6 所示的正面操纵部件位置图和如图 7-1-7 所示的左侧面操作部件位置图进行对照，认识 X62W 型万能铣床的主要结构和操作部件。

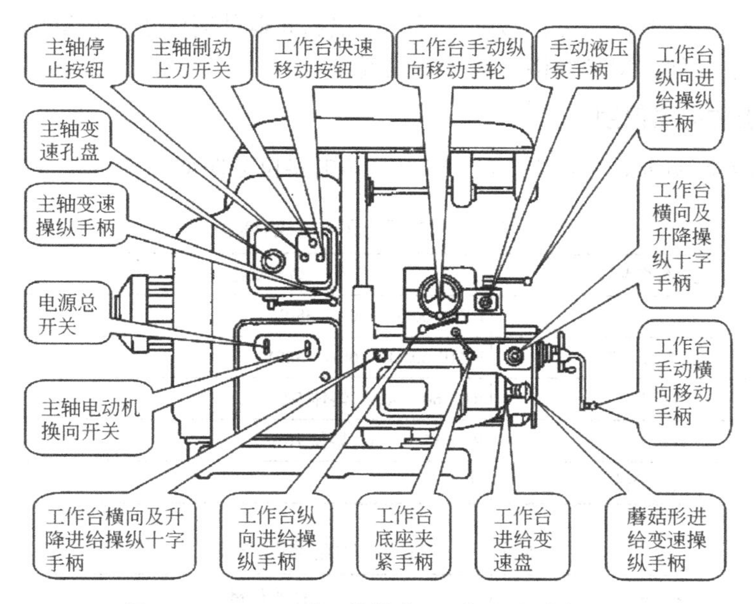

图 7-1-6　X62W 型万能铣床正面操纵部件位置图

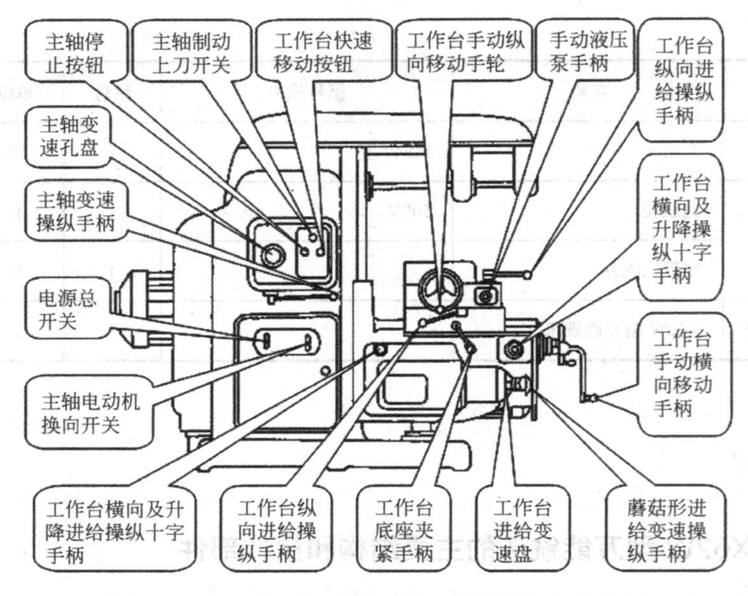

图 7-1-7　X62W 型万能铣床左侧面操纵部件位置图

二、熟悉 X62W 型万能铣床的电器设备名称、型号规格、代号及位置

首先切断设备总电源，然后在教师指导下，根据元器件明细表和位置图熟悉 X62W 型万能铣床的电器设备名称、型号规格、代号及位置。

1．左右门上的电器识别

左右门上的电器明细表见表 7-1-2、7-1-3，其电器位置图如图 7-1-8、7-1-9 所示。

表 7-1-2　左门上的电器明细表

序号	元器件名称	型号规格	代号	数量
1	电源总开关	HZ10-60/3J　60A　380V	QS1	1
2	主轴换向开关	HZ10-60/3J　60A　380V	SA3	1
3	熔断器	RL1-60　60A　熔体 50A	FU1	3
4	熔断器	RL1-15　15A　熔体 10A	FU2	3
5	接线端子排	10 节	XT1	1

表 7-1-3　右门上的电器明细表

序号	元器件名称	型号规格	代号	数量
1	圆工作台开关	HZ10-10/3J　10A　380V	SA2	1
2	冷却泵开关	HZ10-10/3J　10A　380V	QS2	1
3	整流变压器	BK-100　100V・A　380/36V	T2	1
4	整流器	2CZ×4　5A　50V	VC	1
5	接线端子排	15 节	XT4	1

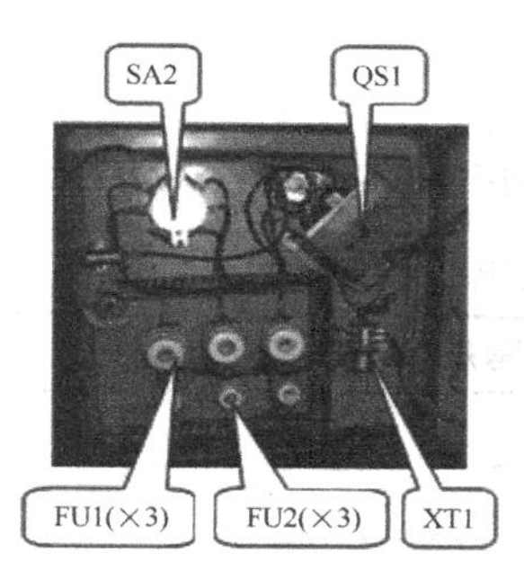

图 7-1-8　左门上的电器位置图

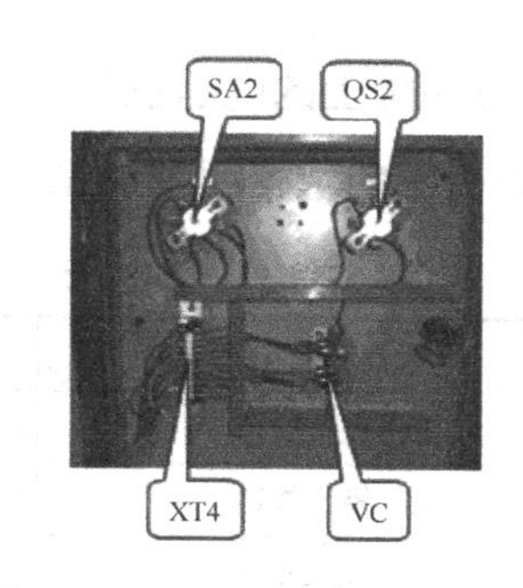

图 7-1-9　右门上的电器位置图

2．左、右壁龛内的电器识别

左、右壁龛内的电器明细表见表 7-1-4、7-1-5，其电器位置图如图 7-1-10、7-1-11 所示。

表 7-1-4　左壁龛内的电器明细表

序号	元器件名称	型号规格	代号	数量
1	交流接触器	CJ10-20　20A　线圈电压 110V	KM1	1
2	交流接触器	CJ10-10　10A　线圈电压 110V	KM2 KM3 KM4	3
3	热继电器	RJ16-20/3D　整定电流 16A	FR1	1
4	热继电器	RJ16-20/3D　整定电流 0.43A	FR2	1
5	热继电器	RJ16-20/3D　整定电流 3.4A	FR3	1
6	接线端子排	20 节	XT2	1

表 7-1-5　右壁龛内的电器明细表

序号	元器件名称	型号规格	代号	数量
1	控制变压器	BK-150　150V・A　380/110V	TC	1
2	照明变压器	BK-50　50V・A　380/24V	T1	1
3	整流变压器	BK-100　100V・A　380/36V	T2	1
4	熔断器	RL1-15　15A　熔体 4A	FU3 FU6	2
5	熔断器	RL1-15　15A　熔体 2A	FU4 FU5	2
6	接线端子排	20 节	XT3	1

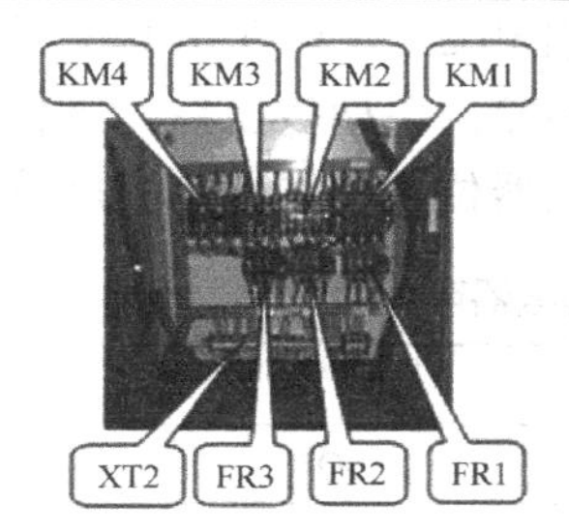

图 7-1-10　左壁龛内电器位置图

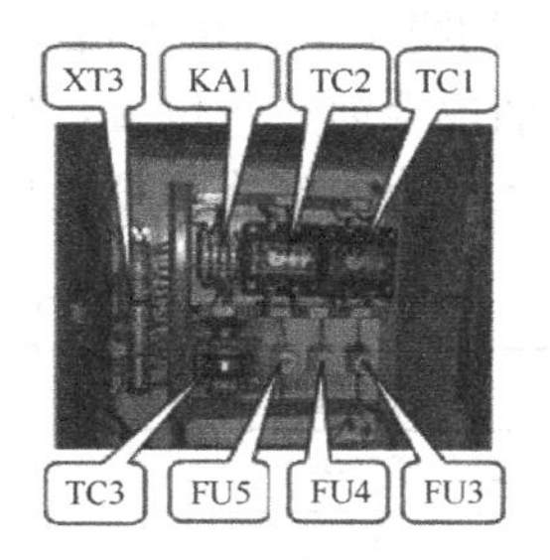

图 7-1-11　右壁龛内电器位置图

3．左侧面按钮板上的电器识别

左侧面按钮板上的电器明细表见表7-1-6，其电器位置图如图7-1-12所示。

表7-1-6　左侧面按钮板上的电器明细表

序号	元器件名称	型号规格	代号	数量
1	主轴启动按钮	LA2	SB2	1
2	主轴停止按钮	LA2	SB6	1
3	工作台快速进给按钮	LA2	SB4	1
4	主轴冲动位置开关	LX3-11K　开启式	SQ1	1

4．纵向工作台床鞍上的电器识别

纵向工作台床鞍上的电器明细表见表7-1-7，其电器位置图如图7-1-13所示。

表7-1-7　纵向工作台床鞍上的电器明细表

序号	元器件名称	型号规格	代号	数量
1	主轴启动按钮	LA2	SB1	1
2	主轴停止按钮	LA2	SB5	1
3	工作台快速进给按钮	LA2	SB3	1
4	工作台纵向（左、右）运动位置开关	LX3-11K　开启式	SQ5 SQ6	2

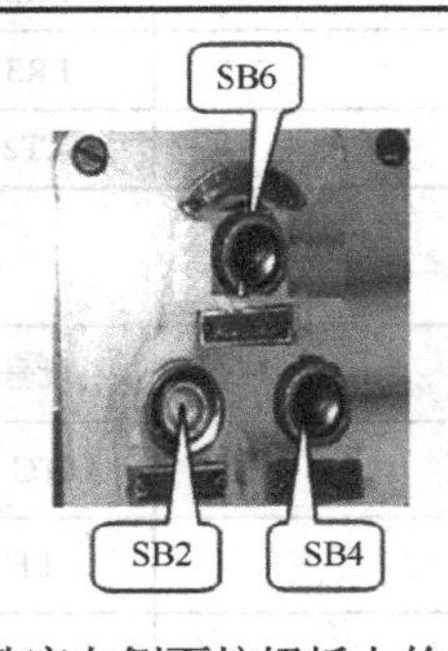

图7-1-12　铣床左侧面按钮板上的电器位置图

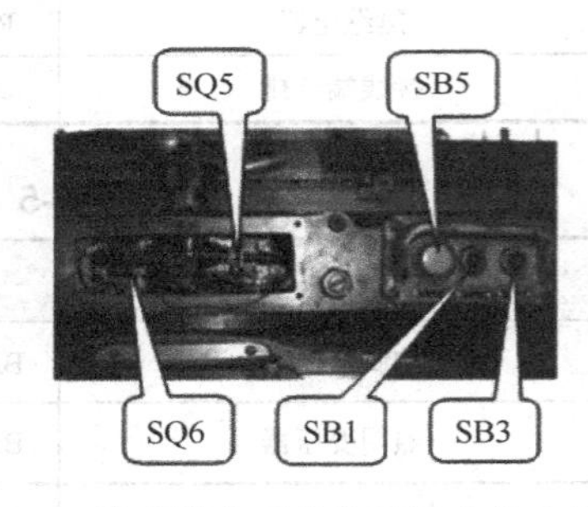

图7-1-13　铣床纵向工作台床鞍上的电器位置图

5．升降台上部分电器识别

工作台的垂直与横向运动由一个十字进给手柄操纵，该手柄有5个位置，即上、下、前、后、中间。当手柄向上或向下时，传动机构将电动机传动链和升降台上下移动丝杆相连；向前或向后时，传动机构将电动机传动链与溜板下面的丝杆相连；手柄在中间位置时，传动链脱开，电动机停转。手柄扳至前、下位置，压下位置开关SQ3；手柄扳至后、上位置，压下位置开关SQ4。升降台上部分的电器明细表见表7-1-8，其电器位置图如图7-1-14所示。

表7-1-8　升降台上部分的电器明细表

序号	元器件名称	型号规格	代号	数　量
1	工作台冲动位置开关	LX3-11K　开启式	SQ2	1
2	工作台的垂直（上、下）与横向（前、后）进给位置开关	LX3-131　单轮自动复位	SQ3（下、前）SQ4（上、后）	2

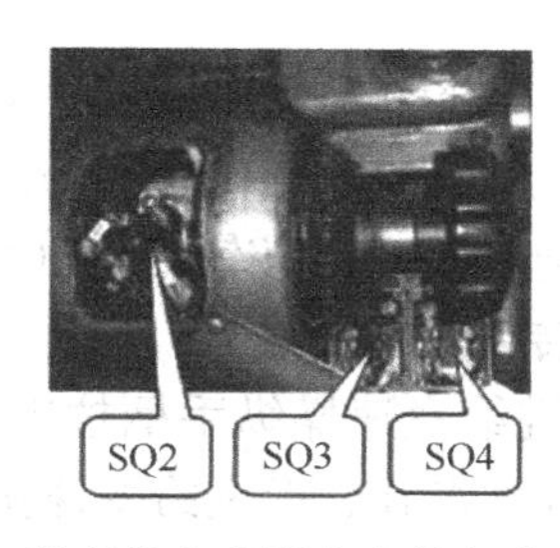

图 7-1-14 铣床纵向升降台上的部分电器位置图

6．其他电器的识别

其他电器明细表见表 7-1-9，请读者自行对照实物确定它们在铣床上的位置。

表 7-1-9 其他电器明细表

序号	元器件名称	型号规格	代号	数量
1	工作台常速、快速进给电磁离合器	BIDL－Ⅱ	YC1 YC2	2
2	主轴制动电磁离合器	BIDL－Ⅱ	YC3	1
3	工作照明灯	JC-25 40W 24V	EL	1
4	主轴电动机	Y132M-4-B3 7.5KW 1440r/min	M1	1
5	进给电动机	Y90L-4 7.5KW 1440r/min	M2	1
6	冷却泵电动机	JCB-22 125W 2790r/min	M3	1

三、X62W 型万能铣床试车的基本操作方法和步骤

观察教师示范对 X62W 型万能铣床试车的基本操作方法和步骤，具体如下。

1．试车前的准备工作

（1）将主轴变速操纵手柄向右推进原位。

（2）将工作台纵向进给操纵手柄置“中间”位置。

（3）将工作台横向及升降进给十字操纵手柄置“中间”位置。

（4）将冷却泵转换开关 SQ2 置“断开”位置。

（5）将圆工作台转换开关 SA2 置“断开”位置。

（6）将换刀开关 SA1 置“换刀”位置。

2．试车操作调试方法步骤

（1）合上铣床电源总开关 SQ1。

（2）将开关 SA4 置于“开”位置状态，机床工作照明灯 EL 灯亮，此时说明机床已处于带电状态，同时告诫操作者该机床电气部分不能随意用手触摸，防止人身触电事故。

（3）将主轴换向开关 SA3 扳至所需要的旋转方向上（如果主轴要顺时针方向旋转时，将主轴换向开关置“顺”；反之置“倒”；中间为“停”。）。

（4）装上或更换铣刀后，将换刀开关 SA1 置“放松”位置。

（5）调整主轴转速。将主轴变速操纵手柄向左拉开，使齿轮脱离；手动旋转变速盘使箭

头对准变速盘上所需要的转速刻度，再将主轴变速操纵手柄向右推回原位，同时压动行程开关SQ1，使主轴电动机出现短时转动，从而使改变传动比的齿轮重新啮合。

（6）主轴启动操作。按下主轴电动机启动按钮SB1（或SB2），主轴电动机M1启动，主轴按预定方向、预选速度带动铣刀转动。

（7）调整进给转速。将蘑菇形进给变速操纵手柄拉出，使齿轮间脱离，转动工作台进给变速盘至所需要的进给速度挡，然后再将蘑菇形进给变速操纵手柄迅速推回原位。蘑菇形进给变速操纵手柄在复位过程中压动瞬时点动位置开关SQ2，此时进给电动机M2做短时转动，从而使齿轮系统产生一次抖动，使齿轮顺利啮合。在进给变速时，工作台纵向进给移动手柄、工作台横向及升降操纵十字手柄均应置中间位置。

（8）工件与主轴对刀操作。预先固定在工作台上的工件，根据需要将工作台纵向进给操纵手柄或横向及升降操纵十字手柄置某一方向，则工作台将按选定方向正常移动；若按下快速移动按扭SB3或SB4，使工作台在所选方向做快速移动，检查工件与主轴所需的相对位置是否到位（这一步也可在主轴不启动的情况下进行）。

（9）将冷却泵转换开关SQ2置“开”位置，冷却泵电动机M3启动，输送冷却液。

（10）工作台进给运动。分别操作工作台纵向进给操纵手柄或横向及升降操纵十字手柄，可使固定在工作台上的工件随着工作台作3个坐标6个方向（左、右、前、后、上、下）上的进给运动；需要快速进给时，再按下SB3或SB4，工作台快速进给运动。

（11）加装回转盘时，应将工作台纵向进给操纵手柄和横向及升降操纵十字手柄置“中间”位置，此时可以将圆工作台转换开关SA2置“接通”，圆工作台转动。

（12）加工完毕后，按下主轴停止按扭SB5或SB6，主轴随即制动停止。

（13）机床工作照明灯EL的开关置于“断开”位置，使铣床工作照明灯EL熄灭。

（14）断开铣床电源总开关SQ1，试车结束。

四、试车操作训练

在老师的监控指导下，按照上述操作方法，学生分组完成对铣床的试车操作训练由于学生不是正式的铣床操作人员，因此，在进行试车操作训练时，可不用安装铣刀和工件进行加工，只要按照上述的试车操作步骤进行试车，观察铣床的运动过程即可。

小贴士

学生在进行X62W型万能铣床试车操作过程中，时常会遇到如下几个问题。

问题1：当按下停止按钮SB5或SB6后，主轴电动机未能准确制动停车。

原因：停止按钮SB5或SB6未按到底，或者是松手太快。因为为了使主轴停车准确，主轴采用电磁离合器制动。该电磁离合器安装在主轴传动链中与电动机轴相连的第一根轴上，当按下停止按钮SB5或SB6时，如果未按到底，此时只有接触器KM1断电释放，电动机M1失电，但电动机未能立即停止，将做惯性运动。只有将按钮按到底时，停止按钮常开触点SB5-2或SB6-2接通电磁离合器YC1，离合器吸合，将摩擦片压紧，对主轴电动机进行制动。另外，一般主轴制动时间不超过0.5s，所以，按下的停止按钮必须等到主轴停止转动，才可松开。

预防措施：主轴停车时，停止按钮SB5或SB6必须按到底，同时必须等到主轴停止转动，才可松开。

任务评价

对任务实施的完成情况进行检查，并将结果填入任务测评表 7-1-10 中。

表 7-1-10 任务测评表

序号	主要内容	考核要求	评分标准	配分	扣分	得分
1	结构识别	①正确判断各操纵部件位置及功能 ②正确判别电器位置、型号规格及作用	①对操作部件位置及功能不熟悉，每处扣 5 分 ②对电器位置、型号规格及作用不清楚，每只扣 5 分	50		
2	通电试车	正确操作 X62W 型万能铣床	①热继电器未整定或整定错误，每只扣 5 分 ②通电试车的方法和步骤正确，否则每项扣 5 分 ③试车不成功，扣 30 分	50		
3	安全文明生产	①严格执行车间安全操作规程 ②保持实习场地整洁，秩序井然	①发生安全事故，扣 30 分 ②违反文明生产要求，视情况扣 5~20 分	10		
工时	60min		合　计			
开始时间		结束时间		成　绩		

任务 2　X62W 型万能铣床主轴、冷却泵电动机控制电路的电气故障检修

任务目标

知识目标

1．熟悉排除冷却泵电动机控制常见电气故障的方法和步骤。

2．熟悉排除 X62W 型万能铣床主轴电动机启动、冲动控制常见电气故障的方法和步骤。

能力目标

能完成 X62W 型万能铣床主轴、冷却泵电动机控制电路常见故障的检修。

素质目标

养成独立思考和动手操作的习惯，培养小组协调能力和互相学习的精神。

任务呈现

X62W型万能铣床的主要控制为对主轴电动机、冷却泵电动机和进给电动机的控制，本任务是分析排除X62W铣床主轴电动机启动、冲动、冷却泵电动机启动的常见故障。

知识链接

从如图7-1-4所示的电气原理图简化后的主轴电动机M1和冷却泵电动机M3的控制电路如图7-2-1所示。

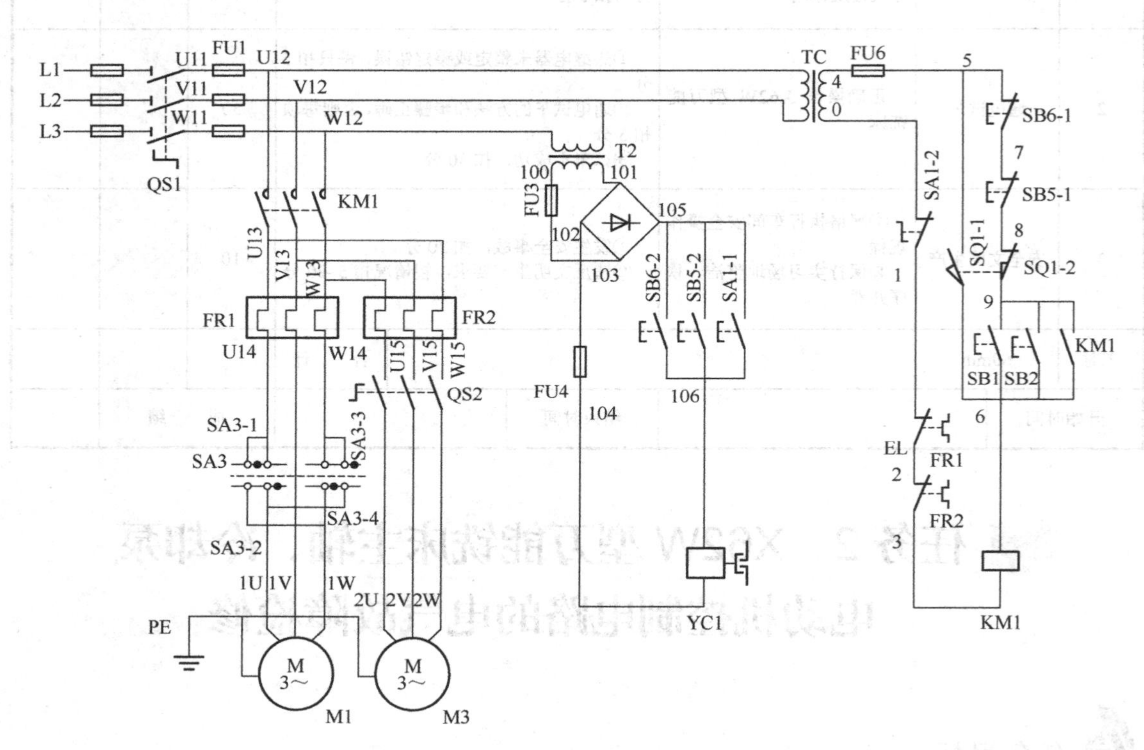

图7-2-1 主轴电动机和冷却泵电动机控制电路

一、主轴电动机M1电路分析

主轴电动机M1的控制包括启动控制、制动控制、换刀控制和变速冲动控制。

1．主轴电动机M1的启动控制

主轴启动前，首先选择好主轴的转速，接着将主轴换向开关SA3扳到所需要的转向，然后合上铣床电源总开关QS1。其工作原理如下：

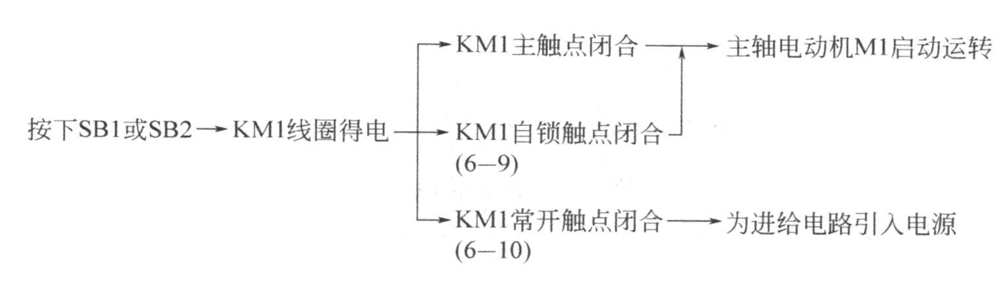

KM1 线圈得电回路为：TC（4）→FU6→5→SB6-1→7→SB5-1→8→SQ1-2→9→SB1(或SB2)→6→KM1 线圈→TC1（0）。

2．主轴电动机 M1 停车及制动控制

当铣削完毕，需要主轴电动机 M1 停止时，为使主轴能迅速停车，控制电路采用电磁离合器 YC1 对主轴进行停车制动。其工作原理如下：

按下SB5（或SB6）—M1停转→ SB5-1（7-8）触点先断 → KM1线圈失电 → KM1主触点断开 → M1失电惯性自然停；KM1自锁触点断开

按下SB5（或SB6）—M制动→ SB5-2（105-106）触点后闭合 → YC1线圈得电 → M1制动停车

3．主轴换铣刀控制

主轴电动机 M1 停转后并不处于制动状态，主轴仍可自由转动。在主轴更换铣刀时，为避免主轴转动，造成更换困难，应将主轴制动。其方法是将主轴制动换刀开关 SA1 扳向换刀位置（即松紧开关 SA1 置“夹紧”位置），SA1-2 常开触点（105-106）闭合，电磁离合器 YC1 获电，将主轴电动机 M1 制动；同时 SA1-1 常闭触点（0-1）断开，切断了控制电路，机床无法启动运行，从而保证了人身安全。

主轴制动、换刀开关 SA1 的通断状态见表 7-2-1。

表 7-2-1　主轴制动、换刀开关 SA1 的通断状态

触点	接线端标号	所在图区	操作位置	
			主轴正常工作	主轴换刀制动
SA1-1	0-1	12	+	−
SA1-2	105-106	8	−	+

4．主轴变速冲动控制

主轴变速冲动控制线路较为简单，主要是利用变速手柄与冲动行程开关 SQ1 通过机械上的联动机构进行控制的，其控制过程在本项目任务 1 已做介绍，在此不再赘述。

二、冷却泵电动机 M2 的控制电路分析

冷却泵电动机 M2 的控制电路如图 7-2-2 所示。

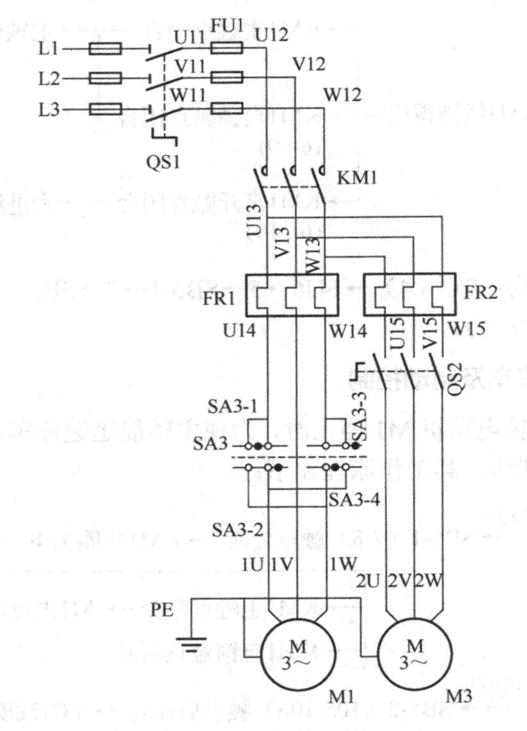

图 7-2-2　冷却泵电动机 M2 的控制电路

1．冷却泵电动机 M2 启动

只有当主轴电动机 M1 启动后，KM1 的主触点闭合后才可启动冷却泵电动机 M2。

工作原理分析如下：

M1 启动后→合上 SQ2→M2 启动运转

2．冷却泵电动机 M2 停止

工作原理分析如下：

关断 SQ2→M2 脱离电源停止运转

任务准备

实施本任务教学所使用的实训设备及工具材料见表 7-2-2。

表 7-2-2　实训设备及工具材料

序号	分类	名称	型号规格	数量	单位	备注
1	工具	电工常用工具		1	套	
2	仪表	万用表	MF47 型	1	块	
3		兆欧表	500V	1	只	
4		钳形电流表		1	只	
5	设备器材	X62W 型铣床或模拟机床线路板		1	台	

一、指认 X62W 型万能铣床主轴、冷却泵电动机控制电路

在教师的指导下，根据前面任务测绘出的 X62W 型万能铣床的电气接线图和电器位置图，在铣床上找出主轴、冷却泵电动机控制电路实际走线路径，并与如图 7-2-1 所示和如图 7-2-2 所示的电路图进行比较，为故障分析和检修做好准备。

二、X62W 型万能铣床主轴控制电路故障分析与检修

1. 主轴电动机 M1 不能启动

【故障现象】合上电源开关 QS1，合上照明灯开关 SA4，照明灯 EL 亮，按下启动按钮 SB1（或 SB2），主轴电动机 M1 正、反转都转得很慢甚至不转，并发出“嗡嗡”声。

【故障分析】采用逻辑分析法对故障现象进行分析可知，当按下启动按钮 SB1（或 SB2）后，主轴电动机 M1 转得很慢甚至不转，并发出“嗡嗡”声，说明接触器 KM1 已吸合，电气故障为典型的电动机缺相运行，因此故障范围应在主轴电气控制的主电路上。由于万能铣床的主轴电动机 M1 和冷却泵电动机 M3 采取的是循序控制，因此，在通过逻辑分析法画出故障最小范围后，应从下面两种情况进行分析。

（1）合上 QS2 后，冷却泵电动机 M3 运行正常，此时可用虚线画出该故障最小范围，如图 7-2-3 所示。

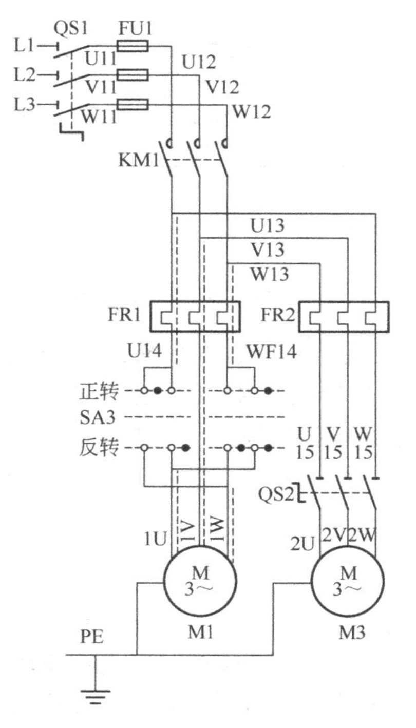

图 7-2-3　故障最小范围

【故障检修 1】当试机时，发现是电动机缺相运行，应立即 SA3 扳到中间“停止”位置，使主轴电动机 M1 脱离电源，避免主轴电动机“带病”工作，然后根据如图 7-2-3 所示的故障最小范围，以主轴换向开关 SA3 为分界点，分别采用电压测量法和电阻测量法进行故障检测。在采用电阻测量法测量回路时应在断开电源的情况下进行操作。

（2）合上 QS2 后，冷却泵电动机 M3 运行也不正常，此时可用虚线画出该故障最小范围，如图 7-2-4 所示。

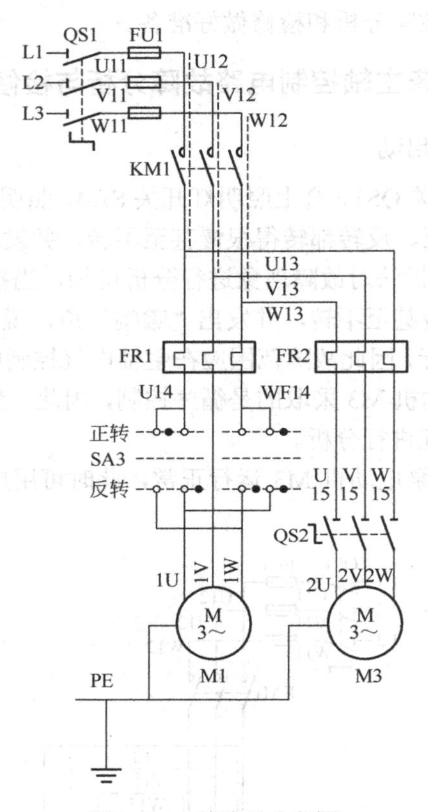

图 7-2-4　故障最小范围

【故障检修 2】当试机时，发现是主轴电动机 M1 和冷却泵电动机 M3 同时缺相运行，应立即按下停止按钮 SB5 或 SB6，使接触器 KM1 主触点分断，使主轴电动机 M1 脱离电源，避免主轴电动机“带病”工作，然后根据故障最小范围，以接触器 KM1 主触点为分界点，分别采用电压测量法和电阻测量法进行故障检测。在采用电阻测量法测量回路时，应在断开电源的情况下进行操作。

2．主轴停车没有制动作用

主轴停车无制动作用，常见的故障点有：交流回路中 FU3、T2，整流桥，直流回路中的 FU4、YC1、SB5-2（SB6-2）等。故障检查时可先将主轴换向开关 SA3 扳到停止位置，然后按下 SB5（或 SB6），仔细听有无 YC1 得电离合器动作的声音，具体检修流程图如图 7-2-5 所示。

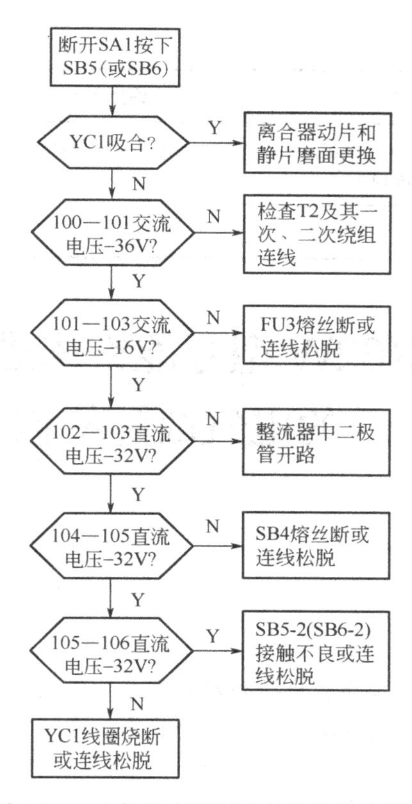

图 7-2-5　主轴停车无制动故障检修流程图

任务评价

对任务的完成情况进行检查，并将结果填入任务测评表，见表 7-2-3。

表 7-2-3　任务测评表

序号	主要内容	考核要求	评分标准	配分	扣分	得分
1	安装前的检查	元器件的检查	元器件漏检或错检，每处扣 2 分	5		
2	电气线路安装	根据电气安装接线图和电气原理图进行电气线路的安装	①元器件安装合理、牢固，否则每个扣 2 分；损坏元器件，每个扣 10 分；电动机安装不符合要求，每台扣 5 分 ②板前配线合理、整齐美观，否则每处扣 2 分 ③按图接线，功能齐全，否则扣 20 分 ④控制配电板与机床电气部件的连接导线敷设符合要求，否则每根扣 3 分 ⑤漏接接地线，扣 10 分	35		
3	通电试车	按照正确的方法进行试车调试	①热继电器未整定或整定错误，每只扣 5 分 ②通电试车的方法和步骤正确，否则每项扣 5 分 ③试车不成功，扣 30 分	30		
4	安全文明生产	①严格执行车间安全操作规程 ②保持实习场地整洁，秩序井然	①发生安全事故，扣 30 分 ②违反文明生产要求，视情况扣 5~20 分			

续表

序号	主要内容	考核要求	评分标准		配分	扣分	得分
工时	5h	其中，控制配电板的板前配线为 5h，上机安装与调试为 7h，每超过 5min 扣 5 分		合　计			
开始时间		结束时间			成　绩		

任务 3　X62W 型万能铣床进给电路常见的电气故障检修

任务目标

知识目标

1．熟悉 X62W 型万能铣床工作台进给运动电路控制原理。

2．掌握排除 X62W 型万能铣床工作台上、下、左、右、前、后进给控制电路常见故障的方法和步骤。

能力目标

能完成 X62W 型万能铣床工作台进给控制电路常见故障的检修。

素质目标

养成独立思考和动手操作的习惯，培养小组协调能力和互相学习的精神。

任务呈现

X62W 型万能铣床工作台前、后、左、右和上、下 6 个方向上的进给运动是通过两个操纵手柄、快速移动按钮、电磁离合器 YC2、YC3 和机械联动机构控制相应的行程开关使进给电动机 M2 正转或反转，实现工作台的常速或快速移动的，并且 6 个方向的运动是连锁的，不能同时接通。本任务是分析排除 X62W 铣床进给电路的常见故障。

知识链接

工作台进给电气控制电路分析

从如图 7-1-4 所示的 X62W 型万能铣床的电气原理图简化后的进给电动机 M3 控制电路如图 7-3-1 所示。

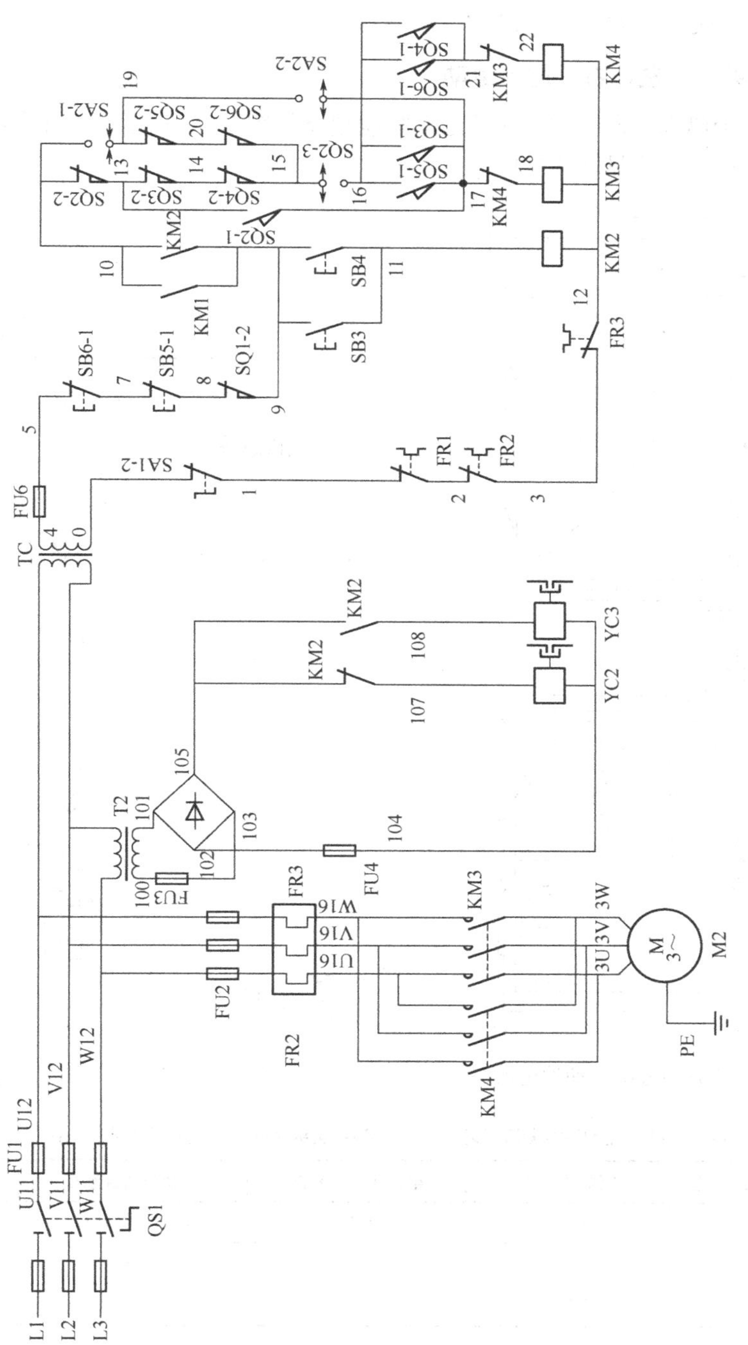

图 7-3-1 X62W型万能铣床进给电动机M3控制电路

X62W 型万能铣床工作台的 6 个方向进给运动分别由接触器 KM3 和 KM4 进行控制，其中：右、下、前 3 个方向由接触器 KM1 控制，左、上、后 3 个方向由接触器 KM2 控制，工作台 6 个方向进给运动的电流路径如图 7-3-2 所示。

1. 工作台的纵向（左、右）进给运动

简化后的工作台纵向（左、右）进给运动控制电路如图 7-3-3 所示。工作台纵向（左、右）进给操纵手柄及其控制关系见表 7-3-1。

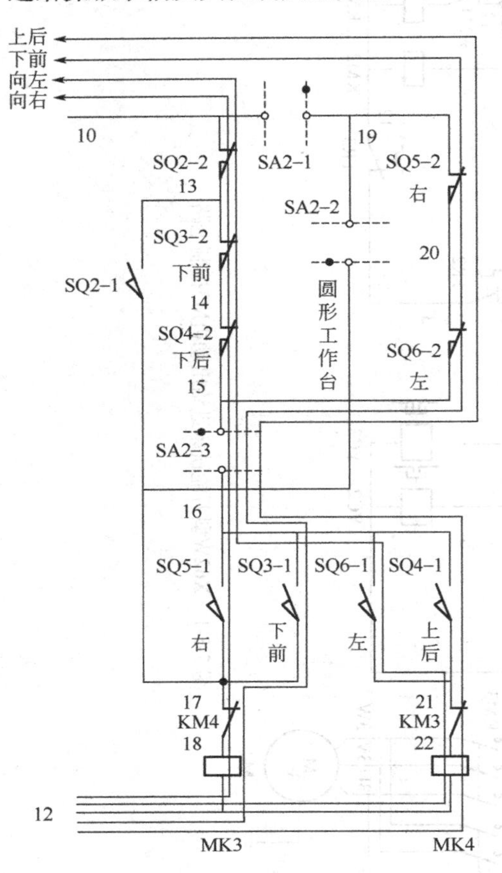

图 7-3-2　工作台 6 个方向进给运动的电流路径

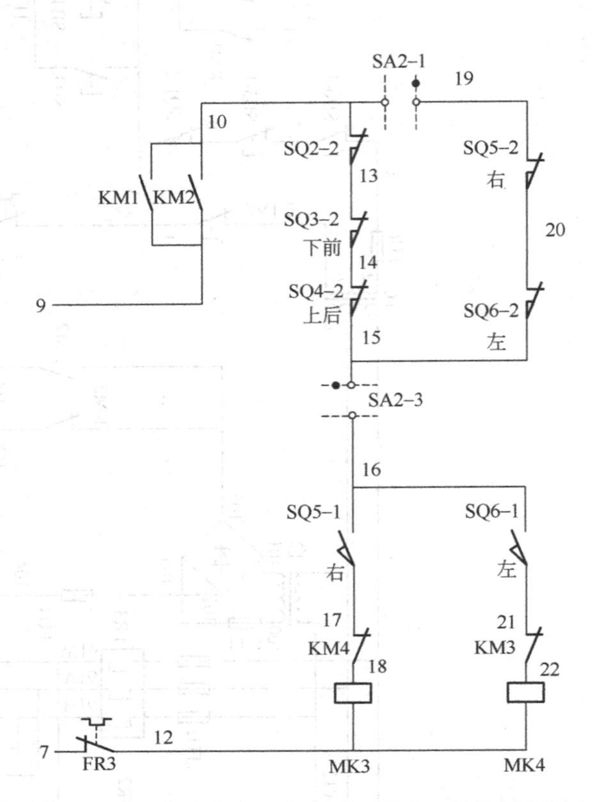

图 7-3-3　工作台纵向（左、右）进给运动控制电路

表 7-3-1　工作台纵向（左、右）进给操纵手柄位置及其控制关系

手柄位置	行程开关动作	接触器动作	电动机 M3 转向	传动链搭合丝杠	工作台运动方向
向右	SQ6	KM3	正转	左右进给丝杠	向右
居中	—		停止	—	停止
向左	SQ5	KM4	反转	左右进给丝杠	向左

启动条件：十字（横向、垂直）操纵手柄置“居中”位置（行程开关 SQ3、SQ4 不受压）；控制回转盘的选择转换开关 SA2 置于“断开”的位置；纵向手柄置“居中”位置（行程开关 SQ5、SQ6 不受压）；主轴电动机 M1 首先已启动，即接触器 KM1 得电吸合并自锁，其辅助常

开触点 KM1（9—10）闭合，接通进给控制电路电源。

1）工作台向左进给运动控制

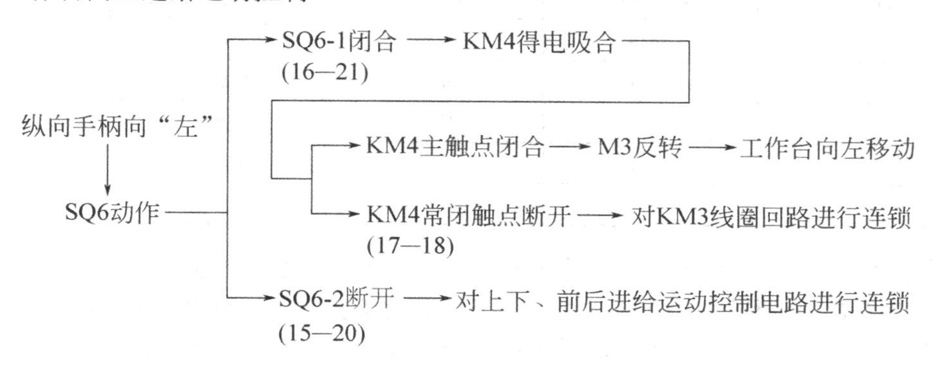

2）工作台向右进给运动控制

工作台向右进给控制与工作台向左进给控制相似，参与控制的电器是行程开关 SQ5 和接触器 KM3，请读者根据图 7-3-3 所示的控制电路自行分析。

2．工作台垂直（上、下）和横向（前、后）进给运动

简化后的工作台垂直（上、下）和横向（前、后）进给运动控制电路如图 7-3-4 所示，工作台上下和前后进给运动的选择和连锁通过十字操纵手柄和行程开关 SQ3、SQ4 组合控制，见表 7-3-2。

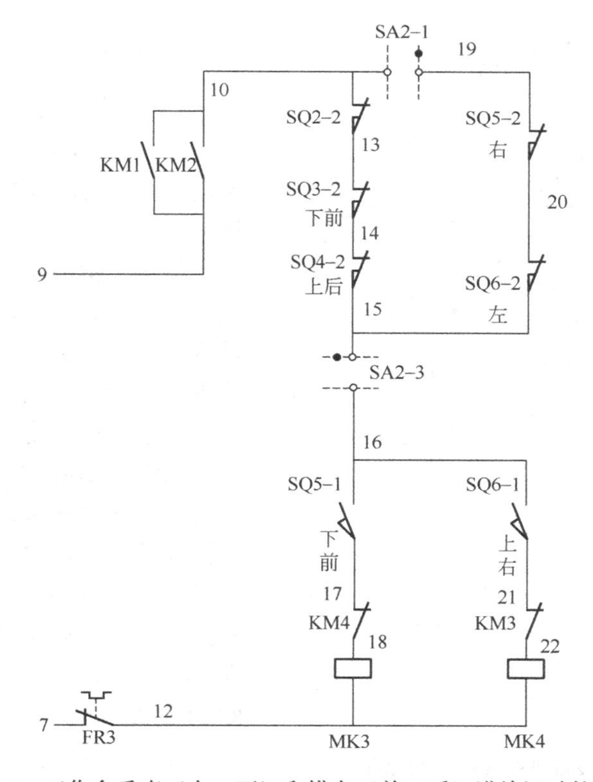

图 7-3-4　工作台垂直（上、下）和横向（前、后）进给运动控制电路

表 7-3-2　工作台垂直（上、下）和横向（前、后）进给操纵手柄位置及其控制关系

手柄位置	行程开关动作	接触器动作	电动机 M3 转向	传动链搭合丝杠	工作台运动方向
向上	SQ4	KM4	反转	上下进给丝杠	向上
向下	SQ3	KM3	正转	上下进给丝杠	向下
居中	—	—	停止	—	停止
向前	SQ3	KM3	正转	前后进给丝杠	向前
向后	SQ4	KM4	反转	前后进给丝杠	向后

启动条件：左、右（纵向）操纵手柄置“居中”位置（SQ5、SQ6 不受压）；控制回转盘转换开关 SA2 置于“断开”位置；十字（横向、垂直）操纵手柄置“居中”位置（行程开关 SQ3、SQ4 不受压）；主轴电动机 M1 首先已启动（即接触器 KM1 得电吸合）。

1）工作台向上和向后的进给

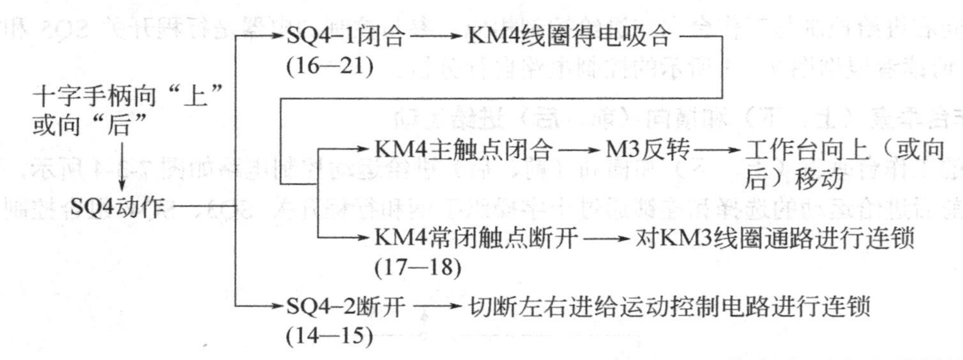

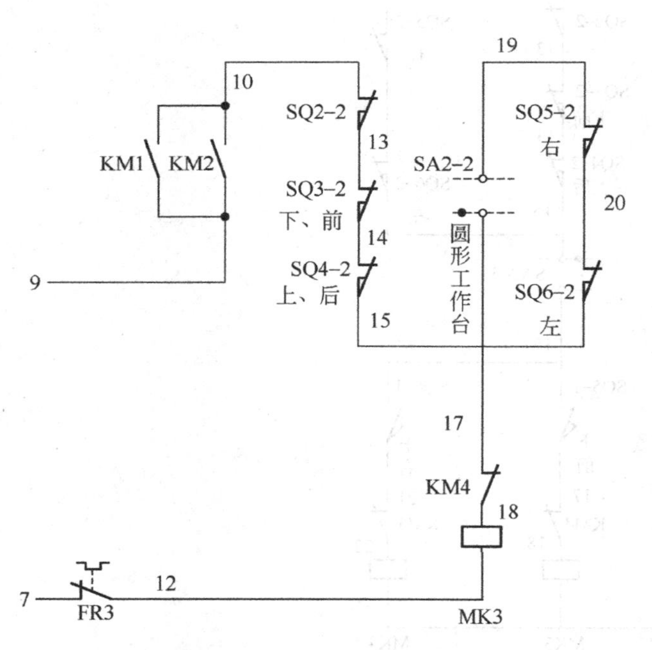

图 7-3-5　简化后的回转盘进给运动控制电路

2）工作台向下和向前的进给

工作台向下、向前进给控制与工作台向上、向后进给控制相似，请读者自行分析。

值得一提的是，工作台左、右进给操纵手柄与上、下、前、后进给操纵手柄的具有连锁控制关系。即在两个手柄中，只能进行其中一个进给方向上的操作，当一个操纵手柄被置定在某一进给方向后，另一个操纵手柄必须置于“中间”位置，否则将无法实现进给运动。如当把左、右进给操纵手柄扳向“左”时，又将十字进给操纵手柄扳置向“下”进给方向，则位置开关 SQ5 和 SQ3 均被压下，触点 SQ5-2 和 SQ3-2 均分断，断开了接触器 KM3 和 KM4 的线圈通路，进给电动机 M3 只能停转，保证了操作安全。

3. 回转盘进给运动

为了扩大铣床的加工范围，可在铣床工作台上安装附件回转盘，进行对圆弧或凸轮的铣削加工。简化后的回转盘进给运动控制电路如图 7-3-5 所示。

启动条件：首先将纵向（左、右）和十字（横向、垂直）操纵手柄置于“中间”位置（行程开关 SQ3～SQ6 均未受压，处于原始状态）；主轴电动机 M1 首先已启动，即接触器 KM1 得电吸合并自锁，其辅助常开触点 KM1（9－10）闭合，接通回转盘进给控制电路电源。

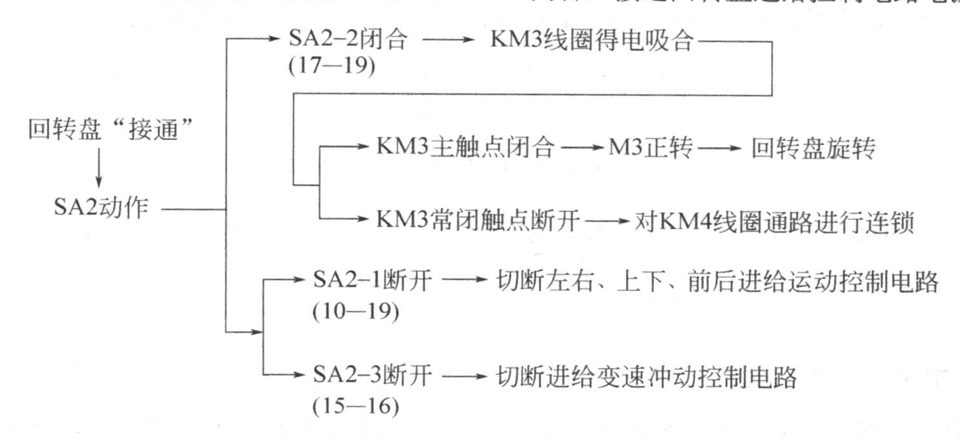

需要回转盘停止工作时，只要按下停止按钮 SB1 或 SB2，此时 KM1、KM3 相继失电释放，电动机 M3 停转，回转盘停止回转。

4. 工作台进给变速时的瞬时点动（即进给变速冲动）

简化后工作台进给变速时的瞬时点动（即进给变速冲动）控制电路如图 7-3-6 所示。

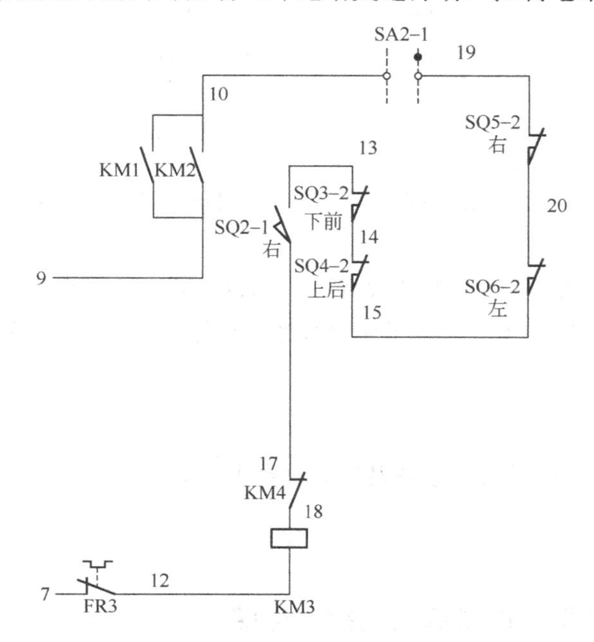

图 7-3-6 简化后工作台进给变速冲动控制电路

工作台进给变速冲动与主轴变速冲动一样，是为了便于变速时齿轮的啮合，进给变速冲动由蘑菇形进给变速手柄配合行程开关 SQ2 来实现。但进给变速时不允许工作台做任何方向的运动。

启动条件：主轴电动机 M1 先已启动，即接触器 KM1 得电吸合并自锁，其辅助常开触点 KM1（9-10）闭合，接通进给控制电路电源。

变速时，先将蘑菇形变速手柄拉出，使齿轮脱离啮合，转动变速盘至所选择的进给速度挡，然后用力将蘑菇形变速手柄向外拉到极限位置，再将蘑菇形变速手柄复位。

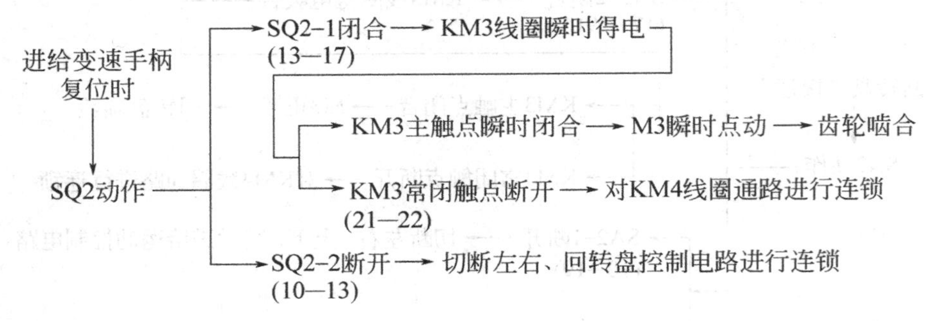

5. 工作台的快速运动

工作台的快速运动，是由各个方向的操纵手柄与快速按钮 SB3 或 SB4 配合控制的。如果需要工作台在某个方向快速运动，应将工作台操纵手柄扳向相应的方向位置。

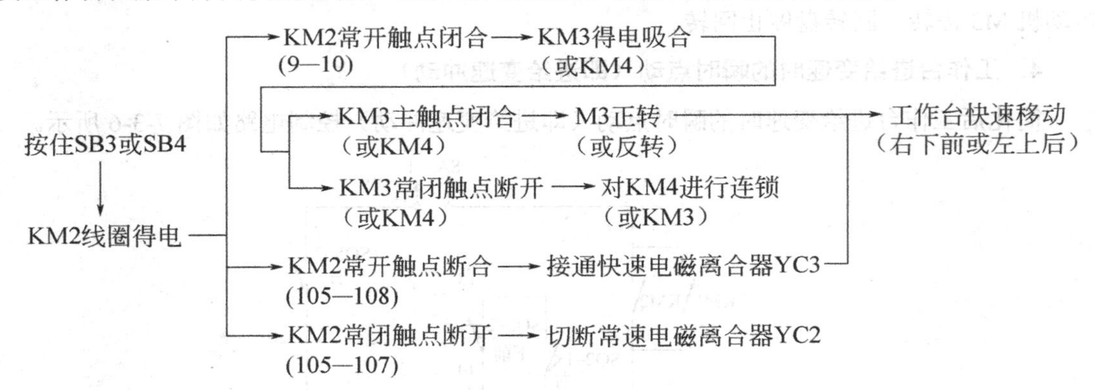

松开快速按钮 SB3 或 SB4，接触器 KM3 或 KM4 失电释放，快速电磁离合器 YC3 失电释放，常速电磁离合器 YC2 得电吸合，工作台快速运动停止，继续以常速在这个方向上运动。

任务准备

实施本任务教学所使用的实训设备及工具材料见表 6-2-3。

任务实施

一、指认 X62W 型万能铣床进给控制电路

在教师的指导下，根据前面任务测绘出的 X62W 型万能铣床的电气接线图和电器位置图，

在 X62W 型万能铣床上找出进给电动机控制电路实际走线路径，并与如图 7-3-1 所示的电路图进行比较，为故障分析和检修做好准备。

二、X62W 型万能铣床进给控制电路常见故障分析与检修

首先由教师在 X62W 型万能铣床（或模拟实训台）的进给控制电路上，人为设置自然故障点，并进行故障分析和故障检修操作示范，让学生仔细观察教师示范检修过程。然后，在教师的指导下，让学生分组自行完成故障点的检修实训任务。X62W 型万能铣床进给控制电路常见故障现象和检修方法如下。

1．主轴电动机启动，进给电动机就转动，但扳动任一进给操作手柄，都不能进给

造成这一现象的原因是回转盘转换开关 SA2 拨到了“接通”位置。进给手柄置于中间位置时，启动主轴，进给电动机 M2 工作，扳动任一进给操作手柄，都会切断 KM3 的通电回路，使进给电动机停转。只要将 SA2 拨到“断开”位置，就可正常进给。

2．工作台各个方向都不能进给

主轴工作正常，进给方向均不能进给，故障多出现在公共点上，可通过试车现象缩小故障范围，判断故障位置，再进行测量。工作台各个方向都不能进给检修流程图如图 7-3-7 所示。

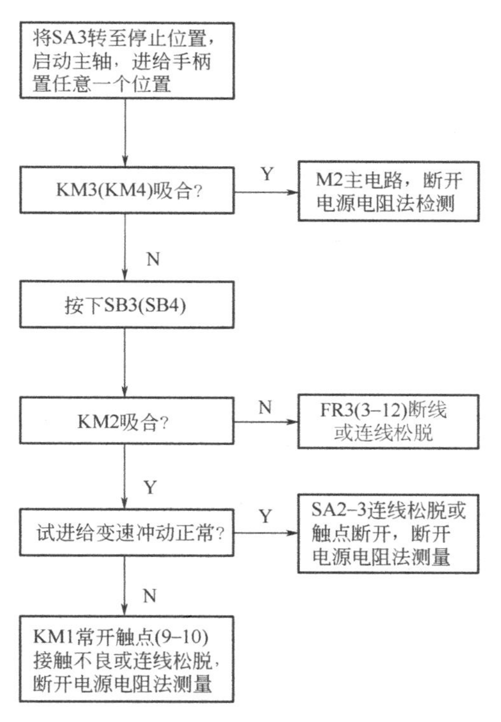

图 7-3-7　工作台各个方向都不能进给检修流程图

3．工作台能上、下进给，但不能左、右进给

工作台上、下进给正常，而左、右进给均不工作，表明故障多出现在左、右进给的公共

通道 17 区（10→SQ2-2→13→SQ3-2→14→SQ4-2→15）之间。检修时，首先检查垂直与横向进给十字操作手柄是否置于中间位置，是否压出 SQ3 或 SQ4；在两个进给手柄在中间位置时，操作工作台变速冲动是否正常，若正常则表明故障在变速冲动位置开关 SQ2-2 常闭触点接触不良或其连接线松脱，否则故障多在 SQ3-2、SQ4-2 常闭触点及其连线上。

任务评价

对任务的完成情况进行检查，并将结果填入任务测评表，见表 6-3-3。

模块三

PLC控制系统的安装与调试

项目8　认识可编程序控制器
项目9　基本控制指令的应用
项目10　步进指令的应用

项目 8 认识可编程序控制器

任务1 初识PLC

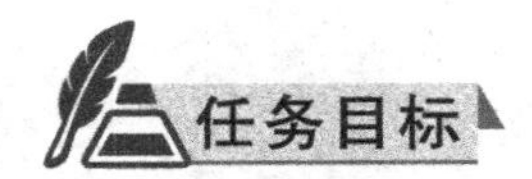

任务目标

知识目标

了解PLC控制系统的发展史及选型。

能力目标

掌握常用PLC的系统。

素质目标

养成独立思考和动手操作的习惯，培养小组协调能力和互相学习的精神。

任务呈现

随着科学技术的不断进步，可编程序控制器（简称PLC）已经进入日常生产、生活的各个方面。在现代工业中生产过程的机械化、自动化已成为突出的主题。随着工业化的进一步发展，自动化已经成为现代企业中的重要支柱，如无人车间、无人生产流水线等。传统的电气控制大多采用继电器和接触器，这种操作方式存在劳动强度大、能耗高等缺点。随着工业现代化的迅猛发展，继电器控制系统无法达到相应的控制要求。PLC作为通用的工业计算机，其功能日益强大，已经成为工业控制领域的主流控制设备，PLC在各行各业已成为必不可少的应用。

知识链接

一、PLC的发展过程

在PLC诞生之前，继电器控制系统已广泛应用于工业生产的各个领域，起着不可替代的作用。随着生产规模的逐步扩大，继电器控制系统已越来越难以适应现代工业生产的要求。继电器控制系统通常是针对某一固定的动作顺序或生产工艺而设计，它的控制功能也局限于逻辑控制、定时、计数等一些简单的控制，一旦动作顺序或生产工艺发生变化，就必须重新进行设

计、布线、装配和调试，造成时间和资金的严重浪费。

继电器控制系统体积大、耗电多、可靠性差、寿命短、运行速度慢、适应性差。为了改变这一现状，1968 年美国最大的汽车制造商通用汽车公司（GM），为了适应汽车型号不断更新的需求，并能在竞争激烈的汽车工业中占有优势，提出要研制一种新型的工业控制装置来取代继电器控制装置，为此，拟定了 10 项公开招标的技术要求。根据招标的技术要求，第二年，美国数字设备公司（DEC）研制出了世界上第一台 PLC，并在通用汽车公司自动装配线上试用成功。这种新型的工控装置，以其体积小、可变性好、可靠性高、使用寿命长、简单易懂、操作维护方便等一系列优点，很快就在美国的许多行业里得到推广应用，也受到了世界上许多国家的高度重视。1971 年，日本从美国引进了这项新技术，很快研制出了他们的第一台 PLC。1973 年，西欧国家也研制出他们的第一台 PLC。我国从 1974 年开始研制，到 1977 年开始应用于工控领域。在这一时期，PLC 虽然采用了计算机的设计思想，但实际上 PLC 只能完成顺序控制，仅有逻辑运算等简单功能，所以人们将它称为可编程逻辑控制器（Programmable Logic Controller），简称 PLC。

20 世纪 70 年代末至 80 年代初期，微处理器日趋成熟，使 PLC 的处理速度大大提高，增加了许多功能。在软件方面，除了保持原有的逻辑运算、计时、计数等功能以外，还增加了算术运算、数据处理、网络通信、自诊断等功能。在硬件方面，除了保持原有的开关模块以外，还增加了模拟量模块、远程 I/O 模块、各种特殊功能模块，并扩大了存储器的容量，而且还提供一定数量的数据寄存器。为此，美国电气制造协会将可编程序逻辑控制器，正式命名为编程序控制器（Programmable Controller），简称 PC。但由于 PC 容易和个人计算机 PC（Personal Computer）混淆，故人们仍习惯地用 PLC 作为可编程序控制器的简称。

1985 年，国际电工委员会（IEC）对 PLC 做出如下定义：可编程序控制器是一种数字运算操作电子系统，专为在工业环境下应用而设计。它采用了可编程序的存储器，用来在其内部存储执行逻辑运算、顺序控制、定时、计数和算术运算等操作的指令，并通过数字的、模拟的输入和输出，控制各种类型的机械或生产过程。可编程序控制器及其有关的外围设备，都应按易于与工业控制系统形成一个整体、易于扩充其功能的原则设计。

目前，随着大规模和超大规模集成电路等微电子技术的发展，PLC 已由最初 1 位机发展到现在的以 16 位和 32 位微处理器构成的微机化 PC，而且实现了多处理器的多通道处理。如今，PLC 技术已非常成熟，不仅控制功能增强，功耗和体积减小，成本下降，可靠性提高，编程和故障检测更为灵活方便，而且随着远程 I/O 和通信网络、数据处理及图像显示的发展，使 PLC 向用于连续生产过程控制的方向发展，成为实现工业生产自动化的一大支柱。

现在，世界上有 200 多家 PLC 生产厂家，400 多品种的 PLC 产品，按地域可分成美国、欧洲和日本三个流派产品，各流派 PLC 产品都各具特色。其中，美国是 PLC 生产大国，有 100 多家 PLC 厂商，著名的有 A-B 公司、通用电气（GE）公司、莫迪康（MODICON）公司。欧洲 PLC 产品主要制造商有德国的西门子（SIEMENS）公司、AEG 公司、法国的 TE 公司。日本有许多 PLC 制造商，如三菱、欧姆龙、松下、富士等，这些生产厂家的产品占有 80%以上的 PLC 市场份额。

经过多年的发展，国内 PLC 生产厂家约有三十家（如汇川），国内 PLC 应用市场仍然以国外产品为主。国内公司在开展 PLC 业务时有较大的竞争优势，如需求优势、产品定制优势、成本优势、服务优势、响应速度优势。

常见 PLC 控制系统如图 8-1-1 所示。

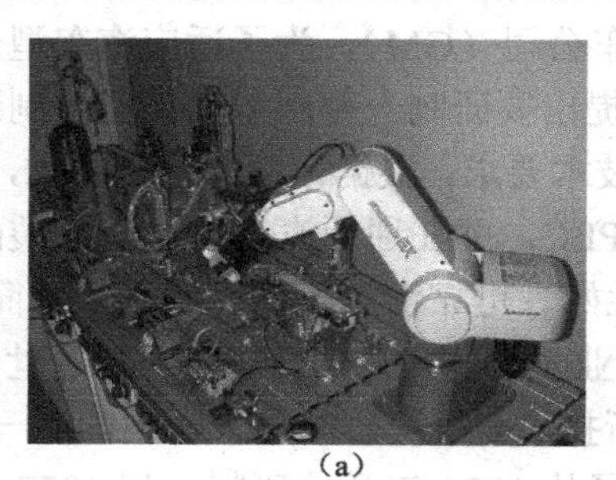
(a)

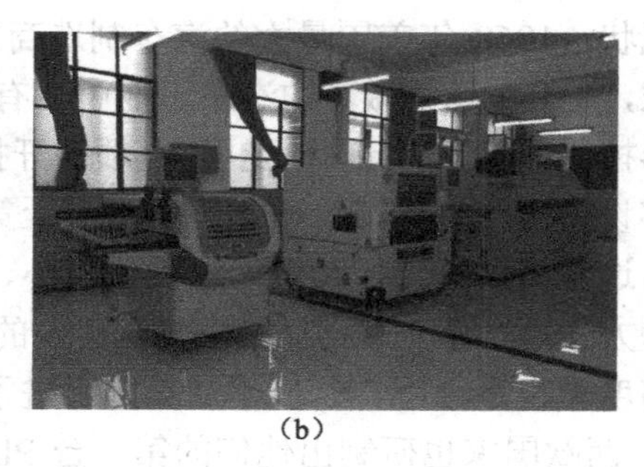
(b)

图 8-1-1　常见 PLC 控制系统

二、常见 PLC 主机

（1）三菱 PLC 英文名又称为 Mitsubishi Programmable Logic Controller，是三菱电机在大连生产的主力产品。它采用一类可编程的存储器，用于其内部存储程序，执行逻辑运算、顺序控制、定时、计数与算术操作等面向用户的指令，并通过数字或模拟式输入/输出控制各种类型的机械或生产过程。三菱 PLC 在中国市场常见的有以下型号：FR-FX1N、FR-FX1S、FR-FX2N、FR-FX3U、FR-FX2NC、FR-A、FR-Q。

FX2N 系列是三菱 PLC 是 FX 家族中最先进的系列，具有高速处理及可扩展大量满足单个需要的特殊功能模块等特点，为工厂自动化应用提供最大的灵活性和控制能力。

FX 系列 PLC 拥有无以匹及的速度、高级的功能逻辑选件及定位控制等特点； FX2N 是从 16 路到 256 路输入/输出的多种应用的选择方案；FX2N 系列是小型化、高速度、高性能和所有方便都是相当于 FX 系列中最高档次的超小型程序装置。除输入/输出 16~25 点的独立用途外，还可以适用于多个基本组件间的连接、模拟控制、定位控制等特殊用途，是一套可以满足多样化需要的 PLC。

程序容量：内置 800 步 RAM（可输入注释），可使用存储盒，最大可扩充至 16K 步。丰富的软元件应用指令中有多个可使用的简单指令、高速处理指令、输入过滤常数可变、中断输入处理、直接输出等。它便于指令数字开关的数据读取、16 位数据的读取、矩阵输入的读取、7 段显示器输出等。它具有数据处理、数据检索、数据排列、三角函数运算、平方根、浮点小数运算等功能。它的特殊用途包括脉冲输出（20kHz/DC5V，kHz/DC12V-24V）、脉宽调制、PID 控制指令等。它的外部设备相互通信的特点是串行数据传送、ASCII code 印刷、HEX ASCII 变换、校验码等。

（2）德国西门子（SIEMENS）公司生产的可编程序控制器在我国的应用也相当广泛，在冶金、化工、印刷生产线等领域都有应用。西门子（SIEMENS）公司的 PLC 产品包括 LOGO、S1-200、S1-1200、S1-300、S7-400 等。西门子 S7 系列 PLC 体积小、速度快、标准化，具有网络通信能力，功能更强，可靠性高。S7 系列 PLC 产品可分为微型 PLC（如 S1-200），小规模性能要求的 PLC（如 S1-300）和中、高性能要求的 PLC（如 S7-400）等。

（3）汇川 H2U 系列 PLC 简介。

① 控制规模：32～256 点；程序容量：16k。

② 基本指令 0.24μs/指令，浮点运算指令 1～数百 μs/指令。
③ 最高 5×100k 脉冲输出。
④ 最多内置 6 路 100k 高速计数。
⑤ 支持 CANLINK 通信协议。
⑥ 支持 Modbus、N:N 网络协议。
⑦ 多台 PLC 快速交换数据。
常见 PLC 主机如图 8-1-2 所示。

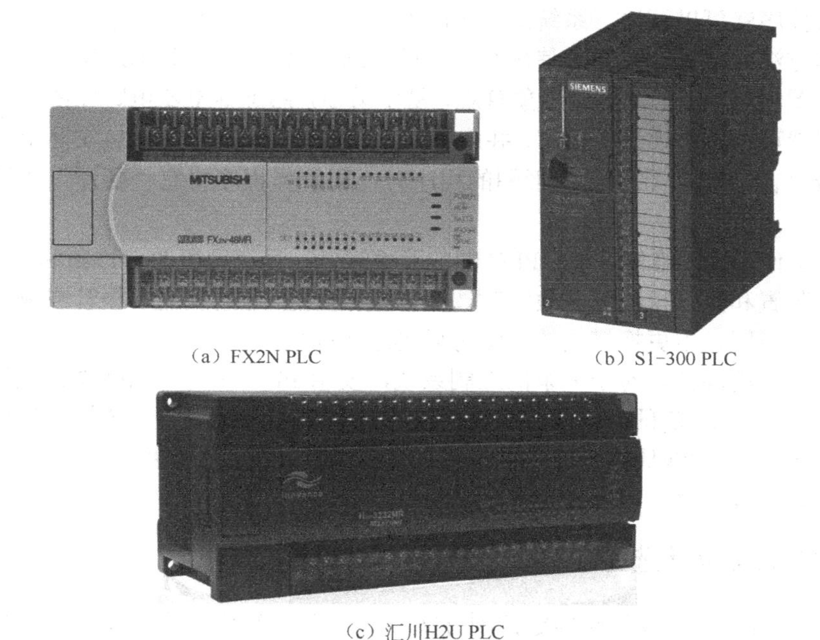

（a）FX2N PLC （b）S1-300 PLC

（c）汇川H2U PLC

图 8-1-2 常见 PLC 主机

三、PLC 的优势

（1）功能强，性能价格比高。一台小型 PLC 内有成百上千个可供用户使用的编程元器件，有很强的功能，可以实现非常复杂的控制功能。与相同功能的继电器相比，具有很高的性能价格比。PLC 可以通过通信联网，实现分散控制，集中管理。

（2）硬件配套齐全，用户使用方便，适应性强。PLC 产品已经标准化、系列化、模块化，配备有品种齐全的各种硬件装置供用户选用。用户能灵活方便地进行系统配置，组成不同的功能、不规模的系统。PLC 的安装接线也很方便，一般用接线端子连接外部接线。PLC 有很强的带负载能力，可以直接驱动一般的电磁阀和交流接触器。

（3）可靠性高，抗干扰能力强。传统的继电器控制系统中使用了大量的中间继电器、时间继电器。由于触点接触不良，容易出现故障，PLC 用软件代替大量的中间继电器和时间继电器，仅剩下与输入和输出有关的少量硬件，接线可减少为继电器控制系统的 1/100~1/10，因触点接触不良造成的故障也大为减少。PLC 采取了一系列硬件和软件抗干扰措施，具有很强的抗干扰能力，平均无故障时间达到数万小时以上，可以直接用于有强烈干扰的工业生产现场，

PLC已被广大用户公认为最可靠的工业控制设备之一。

（4）系统的设计、安装、调试工作量少。PLC 用软件功能取代了继电器控制系统中大量的中间继电器、时间继电器、计数器等元器件，使控制柜的设计、安装、接线工作量大大减少。PLC 的梯形图程序一般采用顺序控制设计方法。这种编程方法很有规律，很容易掌握。对于复杂的控制系统，梯形图的设计时间比设计继电器系统电路图的时间要少得多。

PLC的用户程序可以在实验室模拟调试，输入信号用小开关来模拟，通过PLC上的发光二极管可观察输出信号的状态。完成了系统的安装和接线后，在现场的统调过程中发现的问题一般通过修改程序就可以解决，系统的调试时间比继电器系统少得多。

（5）编程方法简单。梯形图是使用得最多的 PLC 编程语言，其电路符号和表达方式与继电器电路原理图相似，梯形图语言形象直观，易学易懂，熟悉继电器电路图的电气技术人员只要花几天时间就可以熟悉梯形图语言，并用来编制用户程序。梯形图语言实际上是一种面向用户的一种高级语言，PLC 在执行梯形图的程序时，用解释程序将它“翻译”成汇编语言后再去执行。

（6）维修工作量少，维修方便：PLC的故障率很低，且有完善的自诊断和显示功能。PLC或外部的输入装置和执行机构发生故障时，可以根据 PLC 上的发光二极管或编程器提供的住处迅速查明故障原因，用更换模块的方法可以迅速排除故障。

（7）体积小，能耗低。对于复杂的控制系统，使用 PLC 后，可以减少大量的中间继电器和时间继电器，小型 PLC 的体积相当于几个继电器大小，因此可将开关柜的体积缩小到原来的确 1/10~1/2。PLC的配线比继电器控制系统的配线要少得多，故可以省下大量的配线和附件，减少大量的安装接线工时，可以减少大量费用。

四、PLC工程设计选型

在PLC系统设计时，首先应确定控制方案，下一步工作就是PLC工程设计选型。工艺流程的特点和应用要求是设计选型的主要依据。PLC 及有关设备应是集成的、标准的，按照易于与工业控制系统形成一个整体，易于扩充其功能的原则选型，所选用 PLC 应是在相关工业领域有投运业绩、成熟可靠的系统，PLC 的系统硬件、软件配置及功能应与装置规模和控制要求相适应。熟悉 PLC、功能表图及有关的编程语言，有利于缩短编程时间，因此，工程设计选型和估算时，应详细分析工艺过程的特点、控制要求，明确控制任务和范围确定所需的操作和动作，然后根据控制要求，估算输入/输出点数、所需存储器容量、确定 PLC 的功能、外部设备特性等，最后选择有较高性能价格比的PLC和设计相应的控制系统。

1．输入/输出（I/O）点数的估算

I/O 点数估算时应考虑适当的余量，通常根据统计的输入/输出点数，再增加 10%～20%的可扩展余量后，作为输入/输出点数估算数据。实际订货时，还要根据制造厂商 PLC 的产品特点，对输入/输出点数进行圆整。

2．存储器容量的估算

存储器容量是 PLC 本身能提供的硬件存储单元大小，程序容量是存储器中用户应用项目使用的存储单元的大小，因此程序容量小于存储器容量。设计阶段，由于用户应用程序还未编

制，因此，程序容量在设计阶段是未知的，要在程序调试之后才知道。为了设计选型时能对程序容量有一定估算，通常采用存储器容量的估算来替代。存储器内存容量的估算没有固定的公式，许多文献资料中给出了不同公式，大体上都是按数字量I/O点数的10～15倍，加上模拟I/O点数的100倍，以此数为内存的总字数（16位为1个字），另外再按此数的25%考虑余量。

3．控制功能的选择

控制功能的选择包括运算功能、控制功能、通信功能、编程功能、诊断功能和处理速度等特性的选择。

4．机型的选择

1）PLC的类型

整体型PLC的I/O点数固定，因此用户选择的余地较小，用于小型控制系统；模块型PLC提供多种I/O卡件或插卡，因此用户可较合理地选择和配置控制系统的I/O点数，功能扩展方便灵活，一般用于大、中型控制系统。

2）输入/输出模块的选择

输入/输出模块的选择应考虑与应用要求的统一。例如，对于输入模块，应考虑信号电平、信号传输距离、信号隔离、信号供电方式等应用要求。对于输出模块，应考虑选用的输出模块类型，通常继电器输出模块具有价格低、使用电压范围广、寿命短、响应时间较长等特点；可控硅输出模块适用于开关频繁、电感性、低功率因数负荷场合，但价格较贵、过载能力较差。输出模块还有直流输出、交流输出和模拟量输出等，与应用要求应一致。

可根据应用要求，合理选用智能型输入/输出模块，以便提高控制水平和降低应用成本。考虑是否需要扩展机架或远程I/O机架等。

3）电源的选择

除了引进设备同时引进的PLC应根据产品说明书要求设计和选用外，一般PLC的供电电源应选用交流220V电源，与国内电网电压一致。在重要的应用场合，PLC应采用不间断电源或稳压电源供电。

如果PLC本身带有可使用电源时，应核对提供的电流是否满足应用要求，否则应设计外接供电电源。为防止外部高压电源因误操作而引入PLC，对输入和输出信号的隔离是必要的，有时也可采用简单的二极管或熔丝管隔离。

4）存储器的选择

由于计算机集成芯片技术的发展，存储器的价格已下降，因此，为保证应用项目的正常投运，一般要求PLC的存储器容量按256个I/O点，至少选8K存储器。当需要复杂控制功能时，PLC应选择容量更大，档次更高的存储器。

5）经济性的考虑

选择PLC时，应考虑性能价格比。考虑经济性时，应同时考虑应用的可扩展性、可操作性、投入产出比等因素，进行比较和兼顾，最终选出较满意的产品。

输入/输出点数对价格有直接影响。每增加一块输入/输出卡件就要增加一定的费用。当点数增加到某一数值后，相应的存储器容量、机架、母板等也要相应增加，因此，点数的增加对CPU选用、存储器容量、控制功能范围等选择都有影响。在估算和选用时应充分考虑，使整个控制系统有较合理的性能价格比。

任务准备

序号	分类	名称	型号规格	数量	单位	备注
1	工具	电子常用工具		1	套	
2	仪表	万用表	UT53 型	1	块	
3	设备器材	可编程序控制器	FX2N-48MR	1	台	
4		可编程序控制器	S1-300	1	台	
5		可编程序控制器	H2U-3624MR(N)	1	台	

任务实施

通过阅读及老师讲解介绍 PLC 控制系统的发展史，学生根据图 8-1-1 区分不同的 PLC 主机，完成表 8-1-1。

表 8-1-1

图片序号	产品型号	PLC 厂家
(a)		
(b)		
(c)		

通过阅读及老师讲解介绍 PLC 控制系统的发展史，学生完成表 8-1-2。

表 8-1-2

方式	PLC 控制系统	继电器控制系统
控制方式		
工作方式		
控制速度		
定时、记数		
可靠、维护		

任务评价

通过以上学习，根据任务填写表 8-1-3，完成任务评价。

表 8-1-3

评价内容	要求	自评	互评
尝试区分不同的 PLC 主机	认真核对型号信息（30 分），每写错一个扣 10 分		
PLC 的定义	写出国际通用解释（20 分）		
PLC 能否完全取代继电器	根据 5 个方面进行比较，写出特点（50 分）		
教师评语			

任务拓展

PLC 和继电器谁优谁劣

（1）PLC 和继电器在控制系统中是相辅相成，直到现在继电器没有停止进一步发展，包括 SIEMENS 公司在内从来没有承诺普通 PLC 是安全的，如设备的安全控制（停止、起重、人身防护）都是由专门安全继电器来保证，所以至今欧洲还有很多专门生产商在生产研发。

（2）PLC 虽好，但不能包罗万象，对于一个控制系统，或者一台机器来说，你的选择主要要考虑生产的成本。如果用 800 元的 PLC 能解决的事情，你非要 2000 多元的 PLC，那么老板会解雇你的。如果加几块控温仪表能解决的事情，你非要花高价把它集成在 PLC 里，也是不合适的，总之，不是绝对的，要针对具体的情况来选择使用。

（3）PLC 和继电器各有各自的好处，就看它们的利用环境和变量，继电器经济实惠，但是它的工作具有局限性，PLC 也一样，用什么还是要看具体情况而定。例如，单台设备的手动（现场控制）是必不可少的，也是靠继电器回路控制更好的选择，PLC 的厂家似乎也从来没想过去替代这些继电器设备。

任务 2　PLC 的硬件组成及系统特性

任务目标

知识目标

1．了解 PLC 的硬件组成。
2．了解 PLC 的分类。
3．掌握 PLC 的系统特性。

素质目标

养成独立思考和动手操作的习惯，培养小组协调能力和互相学习的精神。

任务呈现

PLC 实质上是一种工业控制计算机，PLC 与计算机的组成十分相似。只不过它比一般的计算机具有更强的与工业过程相连接的接口，以及更直接的适应控制要求的编程语言。

知识链接

一、PLC 的硬件

PLC 的硬件主要由中央处理器（CPU）、存储器、输入单元、输出单元、通信接口、扩展接口、电源等部分组成。其中 CPU 是 PLC 的核心，按照系统程序赋予的功能，指挥 PLC 有条不紊地进行工作；存储器主要用来存放系统程序、用户程序及工作数据；输入单元和输出单元是连接现场输入/输出设备与 CPU 之间的接口电路，通过输入接口可以检测被控对象的各种数据，以这些数据作为 PLC 对被控对象进行控制的依据，同时 PLC 又通过输出接口将处理结果送给被控制对象，以实现控制目的；通信接口用于与监视器、打印机、其他 PLC、编程器、上位机等外设连接；扩展接口用于连接扩展单元；PLC 配有开关电源，以供内部电路使用。PLC 的结构如图 8-2-1 所示。

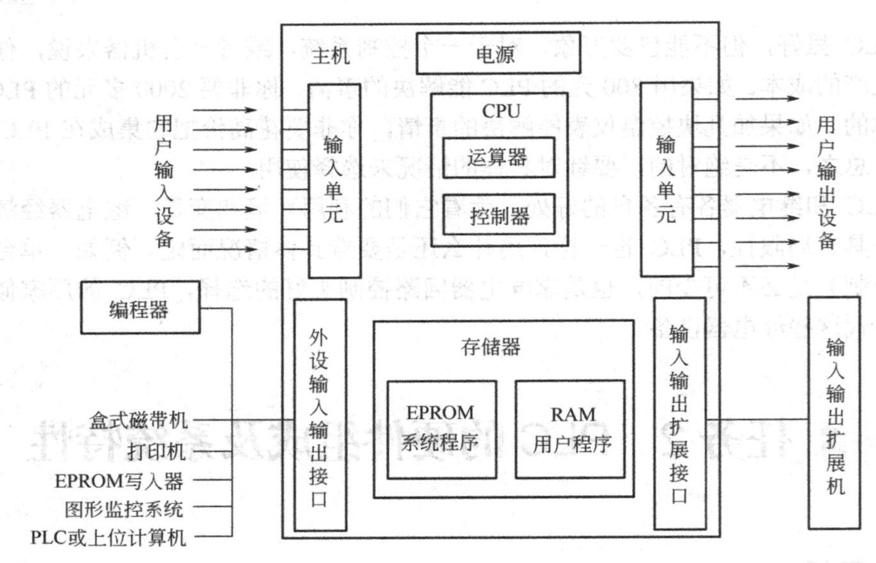

图 8-2-1　PLC 的结构

PLC 主要的外部设备很多，如 EPROM 写入器、外存储器、人机接口装置等。EPROM 写入器是用来将用户程序固化到 EPROM 存储器中；外存储器主要是用外部的磁带、磁盘及用半导体存储器做成的存储盒等来存储 PLC 的用户程序；人机接口装置是用来实现操作人员与 PLC 控制系统的对话。

PLC 的软件主要由系统程序和用户程序组成。系统程序由 PLC 制造厂商设计编写，并存入 PLC 的系统存储器中，用户不能直接读写与更改，系统程序一般包括系统诊断程序、输入处理程序、编译程序、信息传送程序、监控程序等；PLC 的用户程序是用户利用 PLC 的编程语言，根据控制要求编制的程序，用以实现控制目的。

二、PLC 的分类

1. 按 I/O 点数分类

PLC 所能接受的输入信号个数和输出信号个数分别称为 PLC 的输入点数和输出点数。其输入、输出点数的数目之和称为 PLC 的输入/输出点数，简称 I/O 点数。I/O 点数是选择 PLC 的重要依据之一。按 PLC 输入、输出点数的多少可将 PLC 分为以下三类。

（1）小型机：小型 PLC 输入、输出总点数一般在 256 点以下，用户程序存储器容量在 4K 字左右。小型 PLC 的功能一般以开关量控制为主，适合单机控制和小型控制系统。

（2）中型机：中型 PLC 的输入、输出总点数在 256~2048 点之间，用户程序存储器容量达到 8K 字左右。中型机适用于组成多机系统和大型控制系统。

（3）大型机：大型 PLC 的输入、输出总点数在 2084 点以上，用户程序存储器容量达到 16K 字以上。大型机适用于组成分布式控制系统和整个工厂的集散控制网络。

上述划分没有一个十分严格的界限，随着 PLC 技术的飞速发展，一些小型 PLC 也具备中型或大型 PLC 的功能，这也是 PLC 的发展趋势。

2．按结构形式分类

按照 PLC 的结构特点可分为整体式、模块式、叠装式三大类。

（1）整体式结构：把 PLC 的 CPU、存储器、输入/输出单元、电源等集成在一个基本单元中，其结构紧凑，体积小，成本低，安装方便。基本单元上设有扩展端口，通过电缆与扩展单元相连，可配接特殊功能模块。微型和小型 PLC 一般为整体式结构，S1-200 系列 PLC 属整体式结构。

（2）模块式结构：模块式结构的 PLC 由一些模块单元构成，这些标准模块包括 CPU 模块、输入模块、输出模块、电源模块和各种特殊功能模块等，使用时将这些模块插在标准机架内即可。各模块功能是独立的，外形尺寸是统一的。模块式 PLC 的硬件组态方便灵活，装配和维修方便，易于扩展。

（3）叠装式 PLC：还有一些 PLC 将整体式和模块式的特点结合起来。叠装式 PLC 的 CPU、电源、I/O 接口等也是各自独立的模块，但它们之间是靠电缆进行连接的，并且各模块可以一层层地叠装。这样，不但系统可以灵活配置，还可做得体积小巧。

三、PLC 可编程控制器的特点

1．可靠性高，抗干扰能力强

工业生产一般对控制设备的可靠性要求很高，并且要有很强的抗干扰能力。PLC 能在恶劣的环境中可靠工作，平均无故障时间达到数万小时以上，已被公认为最可靠的工业控制设备之一。在结构上对耐热、防潮、防尘、抗震等都有精确的考虑，在硬件上采用隔离、屏蔽、滤波、接地等抗干扰措施，在软件上采用数字滤波等措施。与继电器系统和通用计算机相比，PLC 更能适应工业现场环境要求。

2．硬件配套齐全，使用方便，适应性强

PLC 是通过执行程序实现控制的。当控制要求发生改变时，只要修改程序即可，最大限度地缩短了工艺更新所需要的时间。在 PLC 控制系统中，只要在 PLC 的端子上接入相应的输入/输出信号线即可，无须进行大量且复杂的硬接线，并且 PLC 有较强的带负载能力，可以直接驱动一般的电磁阀和交流接触器。

3．编程直观、易学易会

PLC 提供了多种编程语言，其中梯形图使用最普遍。梯形图与继电原理图相似，这种编程语言形象直观，易学易懂，不需要专门的计算机知识和语言，现场工程技术人员可在短时间内学会使用。

4. 系统的设计、安装、调试工作量小，维护方便

PLC 用软件取代了继电器控制系统中大量的中间继电器、时间继电器、计数器等器件，使控制柜的设计、安装、接线工作量大为减少。同时 PLC 的用户程序大部分可以在实验室进行模拟调试，模拟调试好后再将 PLC 控制系统安装到生产现场，进行联机调试，既安全，又快捷方便。PLC 的故障率很低，并且有完善的自诊断和显示功能。当发生故障时，可以根据 PLC 的状态指示灯显示或编程器提供的信息迅速查找到故障原因，排除故障。

5. 体积小，能耗低

由于 PLC 采用了半导体集成电路，其体积小，质量小，结构紧凑、功耗低、便于安装，是机电一体化的理想控制器。对于复杂的控制系统，采用 PLC 后，一般可将开关柜的体积缩小到原来的 1/10~1/2。

任务实施

通过阅读及老师讲解介绍，学生完成表 8-2-1。

表 8-2-1

PLC 的硬件组成	PLC 的分类	PLC 的特点

任务评价

通过以上学习，根据任务填写表 8-2-2，完成任务评价。

表 8-2-2

评价内容	要求	自评	互评
PLC 的硬件组成有哪些？	写出 7 大点，每点 5 分。		
PLC 的分类依据是什么，具体如何分类？	写出 6 种分类。每种 5 分。		
PLC 的特点有哪些？	写出 5 个特点，每点 7 分。		
教师评语			

任务拓展

随着 PLC 应用领域日益扩大，PLC 技术及其产品结构都在不断改进，功能日益强大，性价比越来越高。

（1）在产品规模方面，向两极发展。一方面，大力发展速度更快、性价比更高的小型和超小型 PLC，以适应单机及小型自动控制的需要。另一方面，向高速度、大容量、技术完善的大型 PLC 方向发展。随着复杂系统控制的要求越来越高和微处理器与计算机技术的不断发展，人们对 PLC 的信息处理速度要求也越来越高，要求用户存储器容量也越来越大。

（2）向通信网络化发展。PLC 网络控制是当前控制系统和 PLC 技术发展的潮流。PLC 与 PLC 之间的联网通信、PLC 与上位计算机的联网通信已得到广泛应用。目前，PLC 制造商都在发展自己专用的通信模块和通信软件，以加强 PLC 的联网能力。各 PLC 制造商之间也在协商指定通用的通信标准，以构成更大的网络系统。PLC 已成为集散控制系统（DCS）不可缺少的组成部分。

（3）向模块化、智能化发展。为满足工业自动化各种控制系统的需要，近年来，PLC 厂家先后开发了不少新器件和模块，如智能 I/O 模块、温度控制模块和专门用于检测 PLC 外部故障的专用智能模块等，这些模块的开发和应用不仅增强了功能，扩展了 PLC 的应用范围，还提高了系统的可靠性。

（4）编程语言和编程工具的多样化和标准化。多种编程语言的并存、互补与发展是 PLC 软件进步的一种趋势。PLC 厂家在使硬件及编程工具换代频繁、丰富多样、功能提高的同时，日益向 MAP(制造自动化协议)靠拢，使 PLC 的基本部件，包括输入/输出模块、通信协议、编程语言和编程工具等方面的技术规范化和标准化。

任务 3 PLC 软件的使用

任务目标

知识目标

掌握三菱编程软件 GX Developer 的基本操作。

能力目标

1．掌握三菱编程软件 GX Developer 的安装及使用。
2．掌握三菱仿真软件 GX Simulator 的安装及使用。

素质目标

养成独立思考和动手操作的习惯，培养小组协调能力和互相学习的精神。

任务呈现

PLC程序是用PLC编程软件编写，不同品牌的PLC有不同的编程软件，各自品牌的PLC均有适合自己PLC的编程软件，并且不同品牌PLC之间的编程软件是不可以互用的。三菱编程软件为GX Developer，仿真软件是GX Simulator。学会独立安装使用三菱编程软件GX Developer及仿真软件GX Simulator。

知识准备

一、三菱编程软件GX Develope的安装

首先可以在三菱自动化官网，免费下载PLC编程软件，然后解开压缩包，如图8-3-1所示。

名称	修改日期	类型	大小
DNaviPlus	2013/3/31 17:28	文件夹	
EnvMEL	2013/3/31 17:28	文件夹	
GX_Com	2013/3/31 17:28	文件夹	
Update	2013/3/31 17:28	文件夹	
INST32I.EX	1998/1/22 21:54	EX_ 文件	284 KB
_ISDEL	1998/1/27 14:07	应用程序	9 KB
_setup.dll	1998/1/23 14:32	应用程序扩展	11 KB
_sys1	2006/4/18 19:57	WinRAR 压缩文件	196 KB
_user1	2006/4/18 19:57	WinRAR 压缩文件	57 KB
DATA.TAG	2006/4/18 19:57	TAG 文件	1 KB
data1	2006/4/18 19:57	WinRAR 压缩文件	17,144 KB
Desktop_1	2009/9/16 11:24	配置设置	1 KB
lang.dat	1997/10/20 10:20	DAT 文件	5 KB
layout.bin	2006/4/18 19:57	BIN 文件	1 KB
LicCheck.dll	1999/2/14 22:46	应用程序扩展	23 KB
os.dat	1997/5/6 14:15	DAT 文件	1 KB
PROCHECK.dll	2001/4/8 21:19	应用程序扩展	44 KB
Setup	2005/6/3 9:40	Bitmap 图像	394 KB
SETUP	2006/4/18 19:57	配置设置	1 KB
setup.ins	2006/4/11 11:56	INS 文件	118 KB
setup.lid	2006/4/18 19:57	LID 文件	1 KB
安装说明	2007/9/22 9:35	文本文档	1 KB

图8-3-1　解开压缩包

在安装软件前，先进行“安装环境”的安装，然后才进行“使用环境”的安装，否则该软件不可用。进入文件夹EnvMEL，如图8-3-2所示。

单击SETUP.EXE之后，如图8-3-3所示。

然后不断单击“下一个”直到结束，如图8-3-4所示。

INST32I.EX	1998/1/22 21:54	EX_ 文件	284 KB
_ISDEL	1998/1/27 14:07	应用程序	9 KB
_setup.dll	1998/1/23 14:32	应用程序扩展	11 KB
_sys1	2006/8/25 10:39	WinRAR 压缩文件	196 KB
_user1	2006/8/25 10:39	WinRAR 压缩文件	45 KB
DATA.TAG	2006/8/25 10:39	TAG 文件	1 KB
data1	2006/8/25 10:39	WinRAR 压缩文件	6,931 KB
lang.dat	1997/10/20 10:20	DAT 文件	5 KB
layout.bin	2006/8/25 10:39	BIN 文件	1 KB
os.dat	1997/5/6 14:15	DAT 文件	1 KB
SETUP	1998/1/22 22:08	应用程序	59 KB
SETUP	2006/8/25 10:39	配置设置	1 KB
setup.ins	2006/8/25 10:39	INS 文件	58 KB
setup.lid	2006/8/25 10:39	LID 文件	1 KB

图 8-3-2　进入文件夹 EnvMEL

图 8-3-3　单击 SETUP.EXE 之后

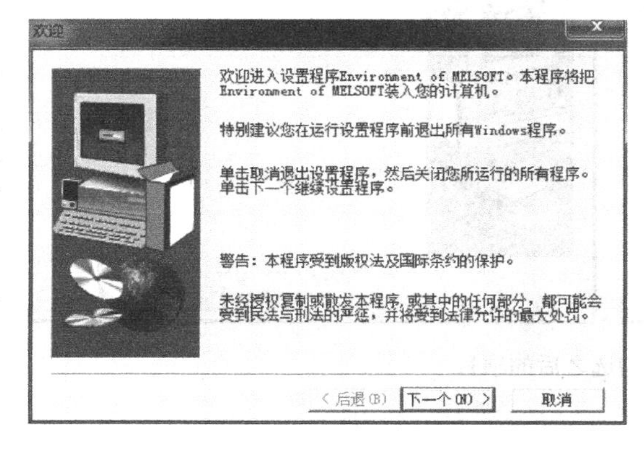

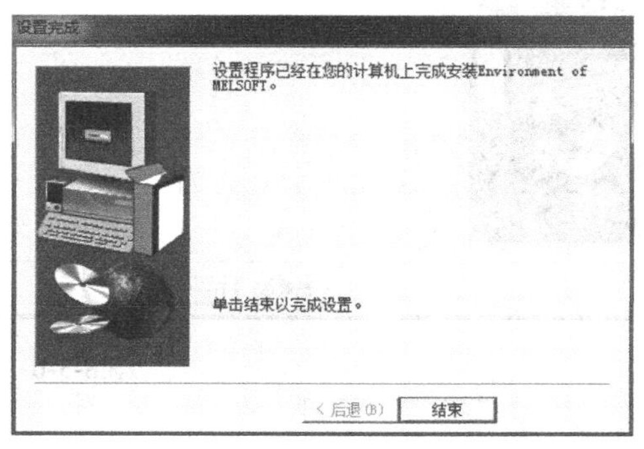

图 8-3-4　单击“下一个”直到结束

然后返回图 8-3-1 界面，并单击 SETUP.EXE，如图 8-3-5 所示。姓名及公司名称可以随便填写，序列号在下载的说明里面有。

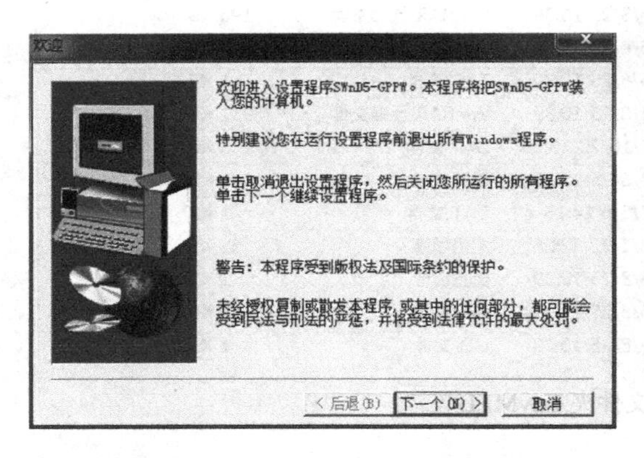

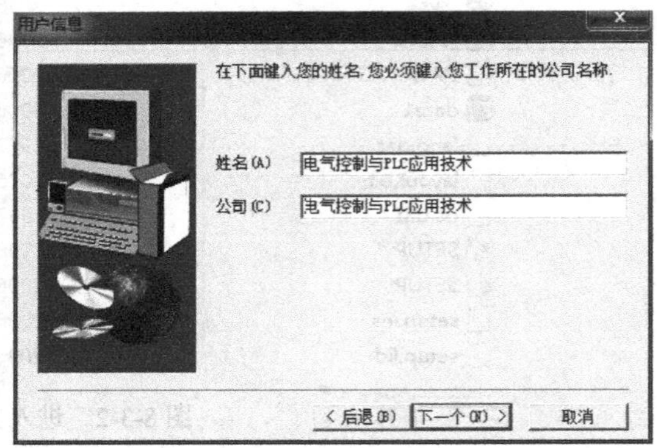

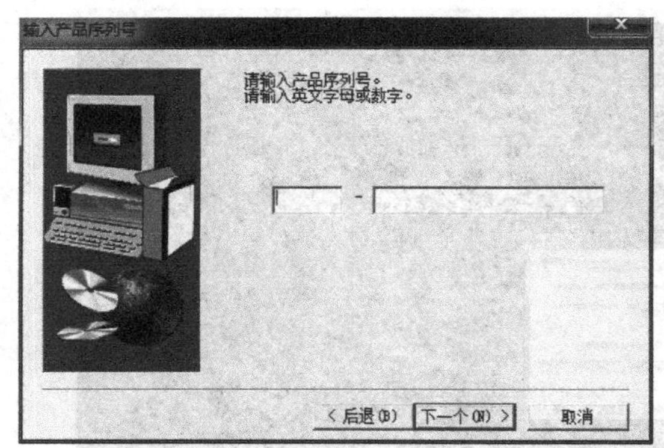

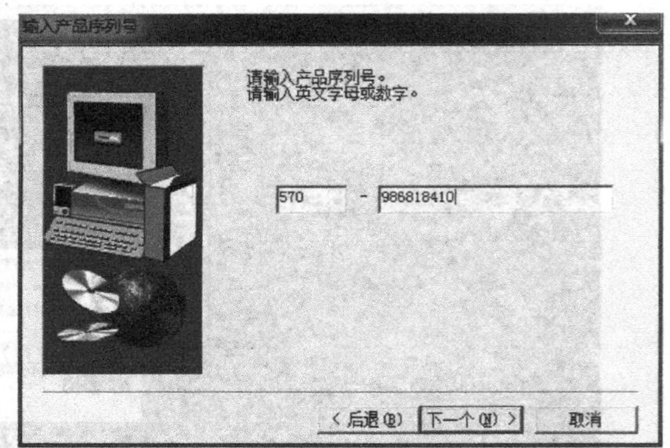

图 8-3-5　返回图 8-3-1 界面，并单击 SETUP.EXE

勾选之后的项目，如图 8-3-6 所示。

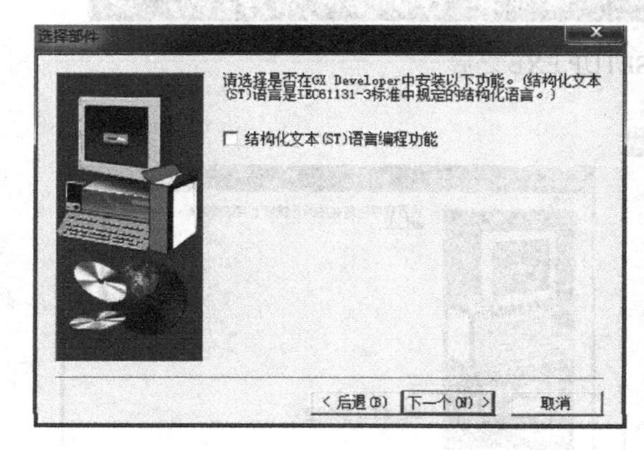

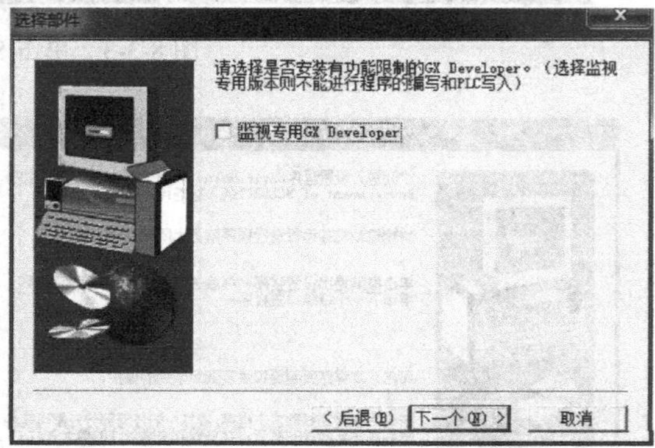

图 8-3-6　勾选之后的项目

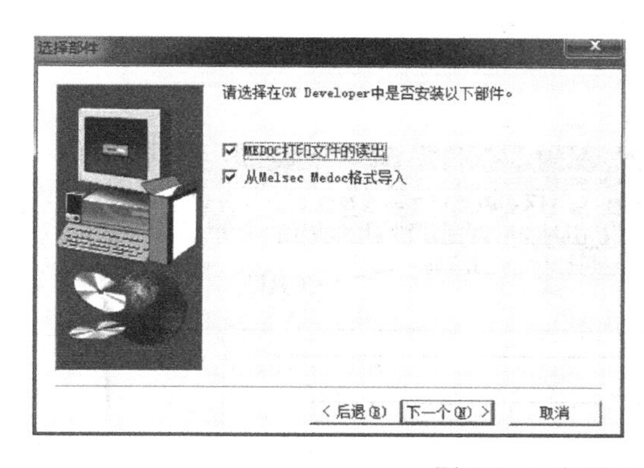

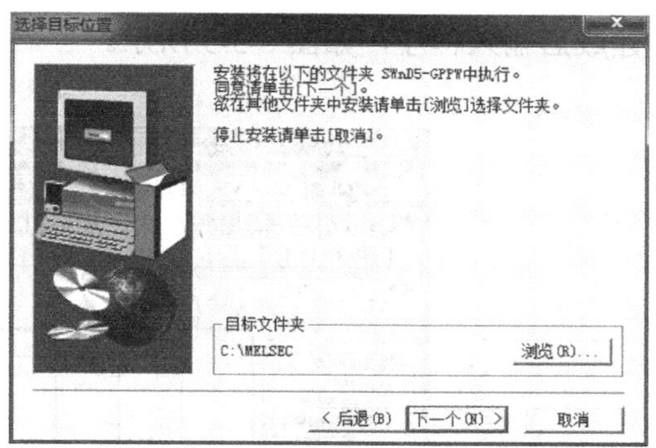

图 8-3-6　勾选之后的项目（续）

安装完毕后，双击图标GX Developer，如图 8-3-7 所示。

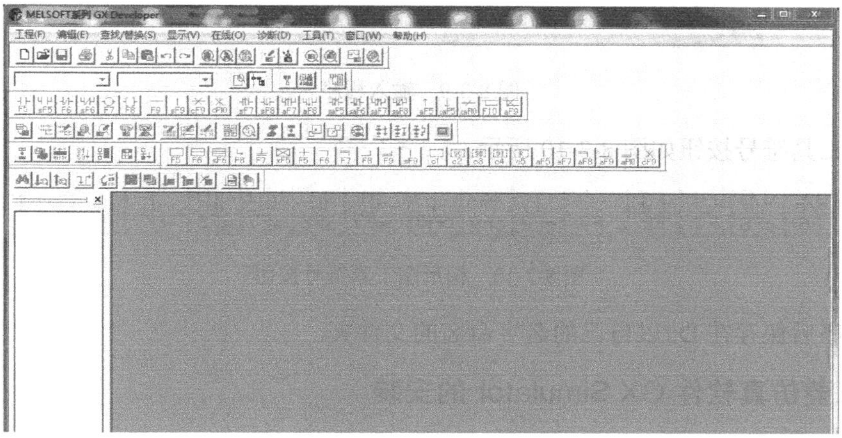

MELSOFT系列 GX Developer

工程(F)　编辑(E)　查找/替换(S)　显示(V)　在线(O)　诊断(D)　工具(T)　窗口(W)　帮助(H)

图 8-3-7　双击图标GX Developer

然后新建文件，选择 PLC 选择系列，选择 PLC 类型，如图 8-3-8 所示。

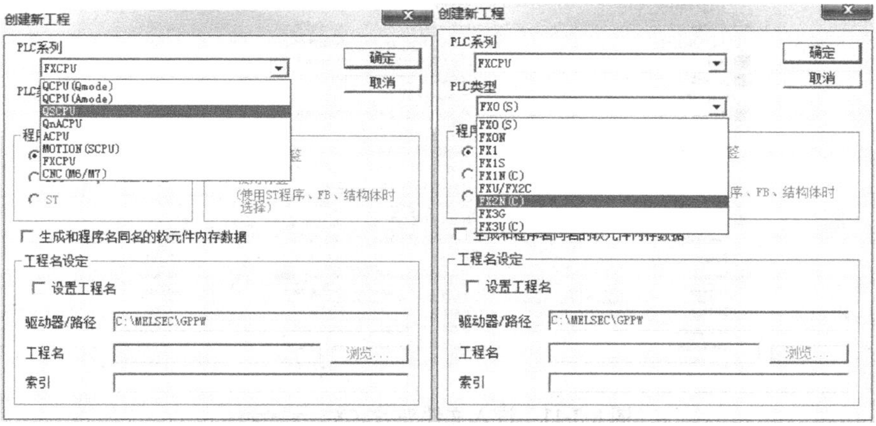

创建新工程
PLC系列
FXCPU
QCPU(Qmode)
QCPU(Amode)
QSCPU
QnACPU
ACPU
MOTION(SCPU)
FXCPU
CNC(M6/M7)
确定
取消
ST
(使用ST程序、FB、结构体时选择)
生成和程序名同名的软元件内存数据
工程名设定
设置工程名
驱动器/路径　C:\MELSEC\GPPW
工程名　浏览...
索引

创建新工程
PLC系列
FXCPU
PLC类型
FX0(S)
FX0(S)
FX0N
FX1
FX1S
FX1N(C)
FXU/FX2C
FX2N(C)
FX3G
FX3U(C)
确定
取消
序、FB、结构体时
工程名设定
设置工程名
驱动器/路径　C:\MELSEC\GPPW
工程名　浏览...
索引

图 8-3-8　选择 PLC 类型

建成后输入程序，如图 8-3-9 所示。

标题栏
工具栏
梯形图窗口
项目管理器
X000
X001
开始
停止
Y000
电动机
END
工程未设置
程序
MAIN
软元件注释
COMMENT
参数
PLC参数
软元件内存
FX2N(C)
本站

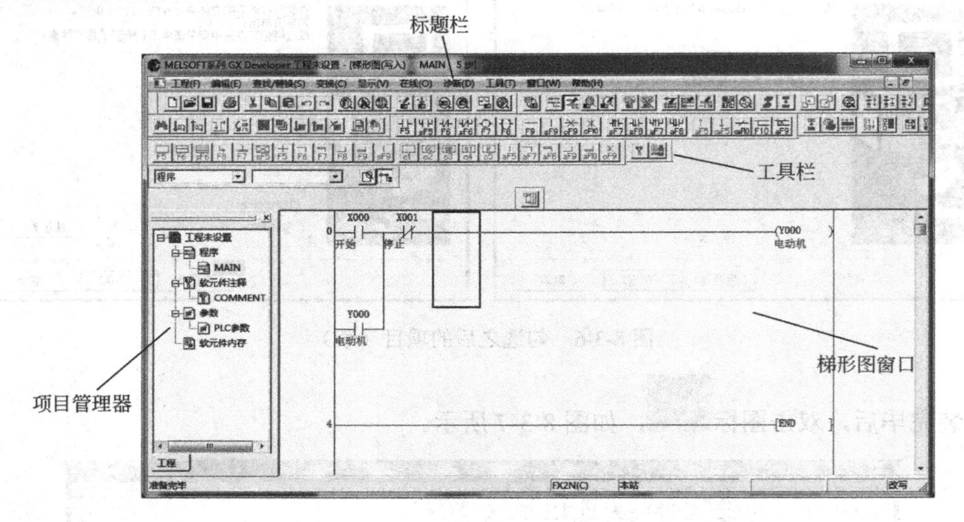

图 8-3-9　输入程序

梯形图工具符号按钮如图 8-3-10 所示。

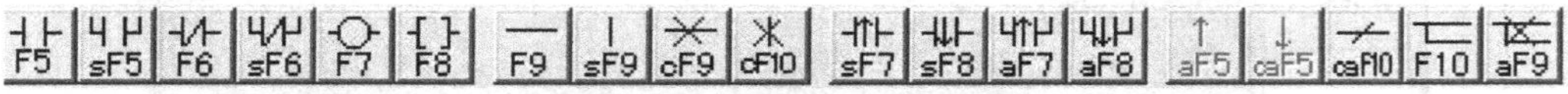

F5
sF5
F6
sF6
F7
F8
F9
sF9
cF9
cF10
sF7
sF8
aF7
aF8
aF5
caF5
caF10
F10
aF9

图 8-3-10　梯形图工具符号按钮

输入程序后保存在 D:/以自己的名字命名的文件夹。

二、三菱仿真软件 GX Simulator 的安装

先找到文件夹 GX Simulator，进入文件夹后，如图 8-3-11 所示。

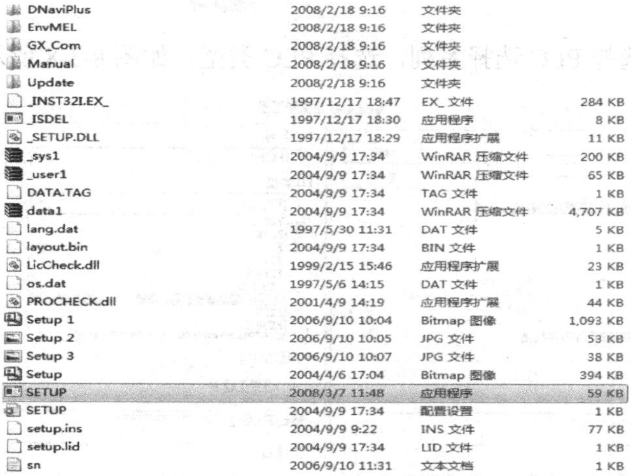

DNaviPlus 2008/2/18 9:16 文件夹
EnvMEL 2008/2/18 9:16 文件夹
GX_Com 2008/2/18 9:16 文件夹
Manual 2008/2/18 9:16 文件夹
Update 2008/2/18 9:16 文件夹
INST32I.EX 1997/12/17 18:47 EX_ 文件 284 KB
_ISDEL 1997/12/17 18:30 应用程序 8 KB
_SETUP.DLL 1997/12/17 18:29 应用程序扩展 11 KB
_sys1 2004/9/9 17:34 WinRAR 压缩文件 200 KB
_user1 2004/9/9 17:34 WinRAR 压缩文件 65 KB
DATA.TAG 2004/9/9 17:34 TAG 文件 1 KB
data1 2004/9/9 17:34 WinRAR 压缩文件 4,707 KB
lang.dat 1997/5/30 11:31 DAT 文件 5 KB
layout.bin 2004/9/9 17:34 BIN 文件 1 KB
LicCheck.dll 1999/2/15 15:46 应用程序扩展 23 KB
os.dat 1997/5/6 14:15 DAT 文件 1 KB
PROCHECK.dll 2001/4/9 14:19 应用程序扩展 44 KB
Setup 1 2006/9/10 10:04 Bitmap 图像 1,093 KB
Setup 2 2006/9/10 10:05 JPG 文件 53 KB
Setup 3 2006/9/10 10:07 JPG 文件 38 KB
Setup 2004/4/6 17:04 Bitmap 图像 394 KB
SETUP 2008/3/7 11:48 应用程序 59 KB
SETUP 2004/9/9 17:34 配置设置 1 KB
setup.ins 2004/9/9 9:22 INS 文件 77 KB
setup.lid 2004/9/9 17:34 LID 文件 1 KB
sn 2006/9/10 11:31 文本文档 1 KB

图 8-3-11　进入文件夹 GX Simulator

单击 SETUP.EXE 之后，如图 8-3-12 所示。

图 8-3-12　单击 SETUP.EXE 之后

一直单击“Next”，如图 8-3-13 所示。

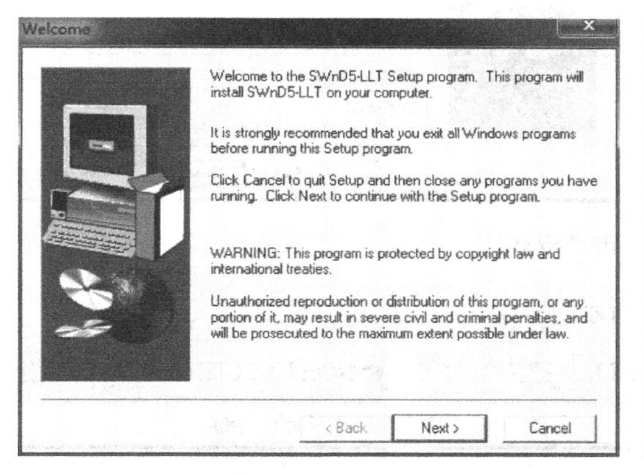

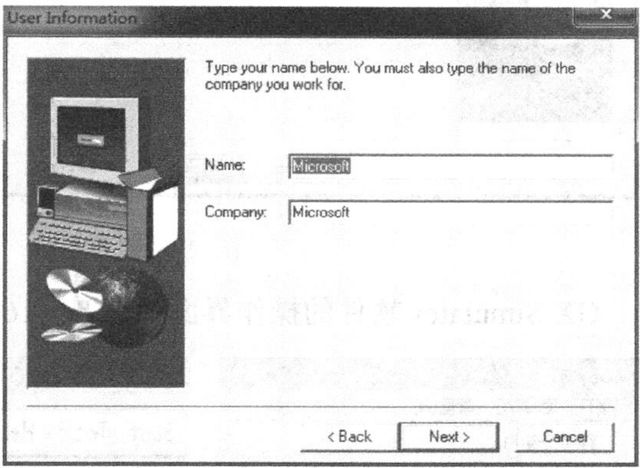

Registration Confirmation

You have provided the following registration information:

Name: Microsoft

Company: Microsoft

Is this registration information correct?

Yes　No

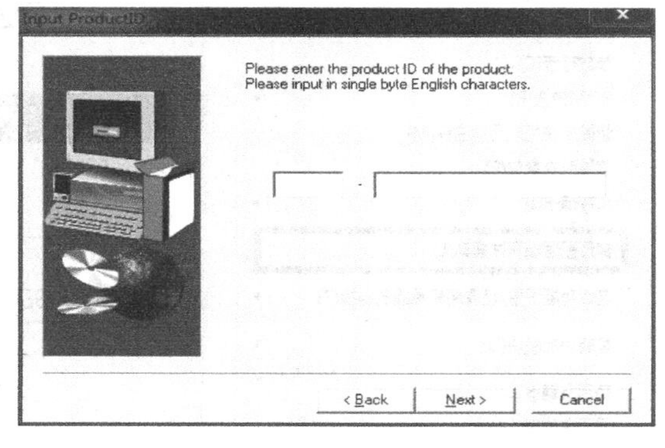

图 8-3-13　一直单击“Next”

然后输入 SN 码，SN 码如图 8-3-14 所示。

Setup 3	2006/9/10 10:07	JPG 文件	38 KB
Setup	2004/4/6 17:04	Bitmap 图像	394 KB
SETUP	2008/3/7 11:48	应用程序	59 KB
SETUP	2004/9/9 17:34	配置设置	1 KB
setup.ins	2004/9/9 9:22	INS 文件	77 KB
setup.lid	2004/9/9 17:34	LID 文件	1 KB
sn	2006/9/10 11:31	文本文档	1 KB

sn - 记事本

文件(F) 编辑(E) 格式(O) 查看(V) 帮助(H)

SN:285-083398126

图 8-3-14　SN 码

然后单击“Next”，如图 8-3-15 所示。

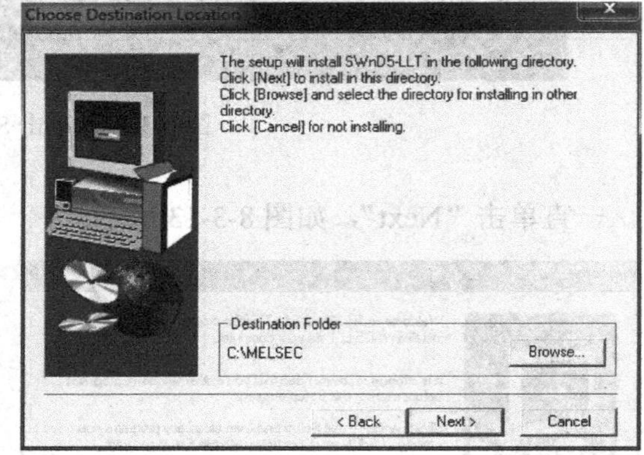

图 8-3-15　单击“Next”

GX Simulator 软件的操作界面如图 8-3-16 所示。

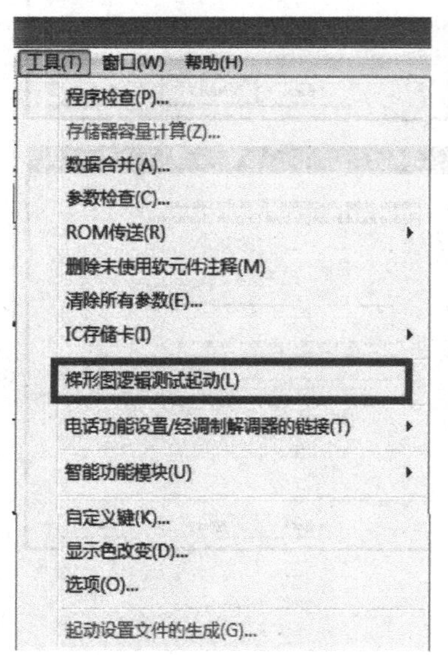

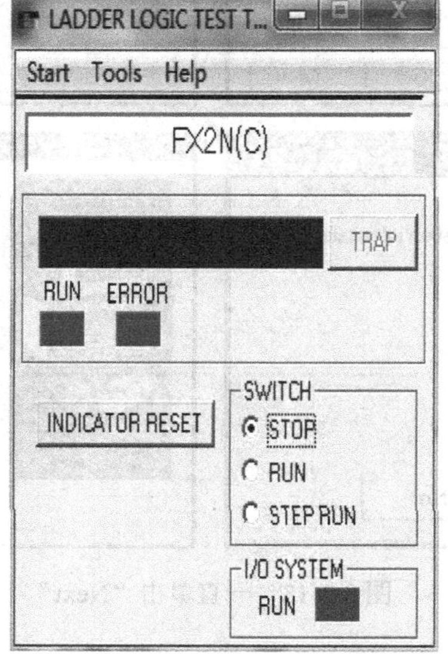

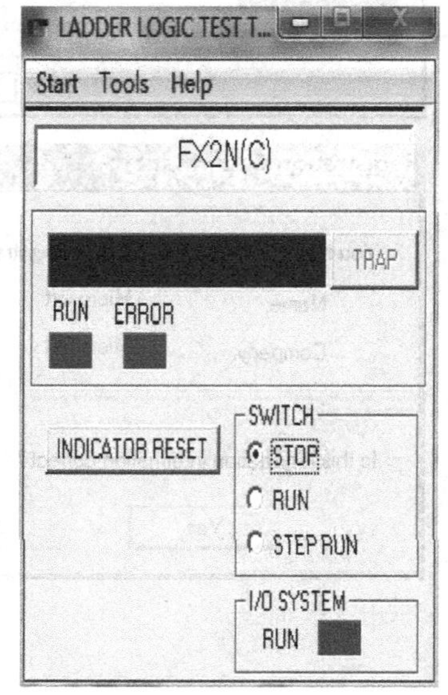

图 8-3-16　GX Simulator 软件的操作界面

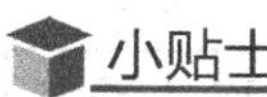

小贴士

（1）如果系统是 Windows XP 不用注意 GX Developer 软件版本的问题。

（2）如果系统是 Windows 7 编程软件需 GX Developer 5.32 以上，仿真软件需 GX Simulator 7.0 以上，否则无法安装。

（3）从官方网页上下载都是最新版本，不存在其他问题。

（4）安装以上软件前必须安装 EnvMEL 软件，否则无法安装 GX Developer、GX Simulator 软件。

任务准备

实施本任务教学所使用的实训设备及工具材料见表 8-3-1。

表 8-3-1　实训设备及工具材料

序号	分类	名称	型号规格	数量	单位	备注
1	设备器材	编程计算机		1	台	
2		接口单元		1	套	
3		通信电缆		1	条	
4		可编程序控制器	FX2N-48MR	1	台	

任务实施

（1）独立安装三菱编程软件 GX Developer。

（2）运用三菱编程软件 GX Developer 创建程序。

（3）使用三菱编程软件 GX Developer 常规工具按钮输入程序并保存。

（4）独立安装三菱仿真软件 GX Simulator，并用其进行仿真。

任务评价

通过以上学习，根据任务填写表 8-3-2，完成任务评价。

表 8-3-2　任务测评表

序号	主要内容	考核要求	评分标准	配分	扣分	得分
1	软件安装	能正确安装 GX Developer、GX Simulator 软件	①编程软件安装的方法及步骤正确，否则每错一项扣 10 分 ②仿真软件安装的方法及步骤正确，否则每错一项扣 10 分	60		
2	软件操作	熟练正确操作软件来新建工程及文件	①不会新建工程、文件、存盘等命令，每项扣 2 分 ②仿真试车不成功，扣 20 分	30		

续表

序号	主要内容	考核要求	评分标准	配分	扣分	得分
3	安全文明生产	劳动保护用品穿戴整齐；电工工具佩带齐全；遵守操作规程；尊重考评员，讲文明礼貌；考试结束要清理现场	①操作中，违反安全文明生产考核要求的，任何一项扣2分，扣完为止 ②当发现学生有重大事故隐患时，要立即予以制止，并每次扣5分	10		
合计						
开始时间			结束时间			

项目 9 基本控制指令的应用

任务 1　河沙自动装载装置控制系统的设计与装调

任务目标

知识目标

1. 掌握 LD、LDI、OR、ORI、AND、ANI、OUT、END 等基本驱动指令和编程元件（X、Y）的功能及应用。

2. 掌握梯形图的编程原则。

能力目标

1. 会根据控制要求，能灵活运用经验法，按照梯形图的设计原则，将三相异步电动机单方向运行控制的继电控制电路转换成梯形图。

2. 能通过三菱 GX Developer 编程软件，采用梯形图输入法，在计算机荧屏上输入梯形图，并通过仿真软件采用逻辑梯形图测试的方法，进行模拟仿真运行；然后将仿真成功后的程序下载写入事先接好外部接线的 PLC 中，完成控制系统的调试。

素质目标

养成独立思考和动手操作的习惯，培养小组协调能力和互相学习的精神。

任务呈现

在实际生产中，三相异步电动机的启停控制是非常基础和应用广泛的控制。例如，生产线中的货物传送带、农田灌溉系统中的抽水机、大型购物商场的扶梯等都是三相异步电动机启停控制的典型应用。它们具有一个共同特征就是电动机单方向连续运转。如图 9-1-1 所示就是一个河沙场的河沙自动装载装置示意图。当有载货卡

图 9-1-1　河沙自动装载装置示意图

车过来运送河沙时，按下启动按钮，传送带启动把河沙送入卡车车厢。当卡车车厢装满河沙时，按下停止按钮，传送带停止。

河沙场的河沙自动装载装置采用的是继电器—接触器逻辑控制系统，其控制电路如图 9-1-2 所示。

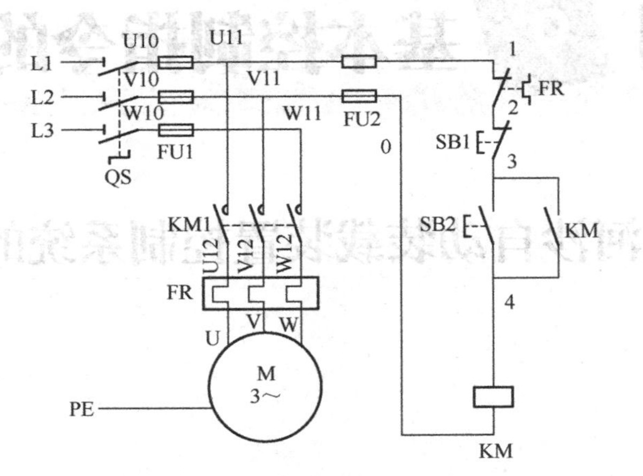

图 9-1-2　三相异步电动机单方向连续运行控制电路

本次任务的主要内容是用 PLC 控制系统来实现如图 9-1-2 所示的三相异步电动机单方向连续运行的控制，完成河沙自动装载装置控制系统的改造，其控制时序图如图 9-1-3 所示。

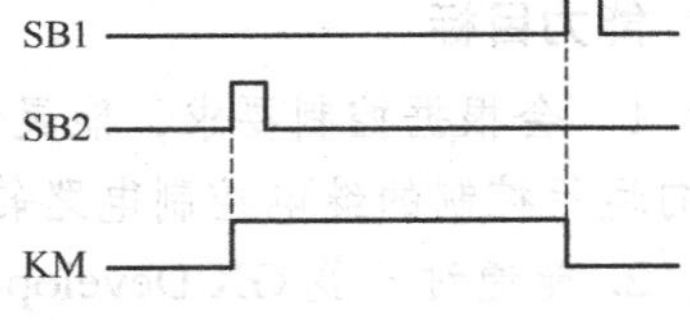

图 9-1-3　控制时序图

任务要求如下。

（1）能够通过启停按钮实现三相异步电动机的单方向连续运行的启停控制。

（2）具有短路保护和过载保护等必要的保护措施。

（3）利用 PLC 的基本指令来实现上述控制。

知识链接

一、编程元件（X、Y）

1. 输入继电器（X）

输入继电器（X）与输入端相连，它是专门用来接受 PLC 外部开关信号的元件。PLC 通过输入接口将外部输入信号状态（接通时为“1”，断开时为“0”）读入并存储在输入映像寄存器中，其特点如下。

（1）输入继电器必须由外部信号驱动，不能用程序驱动，所以在程序中不可能出现其线圈。由于输入继电器反映输入映像寄存器中的状态，所以其触点的使用次数不限，即各点输入继电器都有任意对常开及常闭触点供编程使用。

（2）FX 系列 PLC 的输入继电器采用 X 和八进制数共同组成编号，如 X000～X007、X010～X017 等。FX2N 型 PLC 的输入继电器编号范围为 X000～X267（184 点）。

小贴士

PLC 的基本单元输入继电器的编号是固定的，扩展单元和扩展模块是按与基本单元最靠近开始，顺序进行编号。例如，基本单元 FX2N-64M 的输入继电器编号为 X000～X037（32 点），如果接有扩展单元或扩展模块，则扩展的输入继电器从 X040 开始编号。

2．输出继电器（Y）

输出继电器用来将 PLC 内部信号输出传送给外部负载（用户输出设备）。输出继电器线圈是由 PLC 内部程序的指令驱动，其线圈状态传送给输出单元，再由输出单元对应的硬触点来驱动外部负载，其特点如下。

（1）每个输出继电器在输出单元中都对应有唯一一个常开硬触点，但在程序中供编程用的输出继电器，不管是常开触点还是常闭触点，都是软触点，所以可以使用无数次，即各点输出继电器都有一个线圈及任意对常开触点及常闭触点供编程使用。

（2）FX 系列 PLC 的输出继电器采用 Y 和八进制数共同组成编号，如 Y000～Y007、Y010～Y017 等。FX2N 编号范围为 Y000～Y267（184 点）。

3．辅助继电器（M）

在 PLC 内部有很多辅助继电器，其功能相当于继电控制系统中的中间继电器。辅助继电器线圈与输出继电器线圈一样，由 PLC 内部各软元件的触点驱动，用文字符号“M”表示。辅助继电器有无数对常开触点和常闭触点供用户编程使用，使用次数不受限制。但是，这些触点不能直接驱动外部负载，外部负载只能由输出继电器驱动。

辅助继电器（M）以十进制数进行编号，按功能来分，一般分为普通（通用型）辅助继电器、断电（失电）保持型辅助继电器和特殊辅助继电器，见表 9-1-1。在本次任务中主要介绍普通（通用型）辅助继电器和断电（失电）保持型辅助继电器。

表 9-1-1　FX2N 和 FX0N 系列辅助继电器的分类

分　类	FX2N 系列	FX0N 系列
普通（通用型）辅助继电器	500 点，M0～M499	384 点，M0～M383
断电（失电）保持型辅助继电器	2572 点，M500～M3071	128 点，M383～M511
特殊辅助继电器	256 点，M8000～M8255	57 点，M8000～M8254

小贴士

与输入继电器一样，基本单元的输出继电器的编号是固定的，扩展单元和扩展模块的编号也是按与基本单元最靠近开始，顺序进行编号。在实际使用中，输入、输出继电器的数量要视具体系统的配置情况而定。

二、基本指令（LD、LDI、OR、ORI、AND、ANI、OUT、END）

1．指令的助记符及功能

指令的助记符及功能见表 9-1-2。

表 9-1-2　基本指令的助记符及功能

指令助记符、名称	功能	可作用的软元件	程序步
LD（取指令）	常开触点逻辑运算开始	X、Y、M、S、T、C	1
LDI（取反指令）	常闭触点逻辑运算开始	X、Y、M、S、T、C	1
AND（与指令）	串联常开触点	X、Y、M、S、T、C	1
ANI（与非指令）	串联常闭触点	X、Y、M、S、T、C	1
OR（或指令）	并联常开触点	X、Y、M、S、T、C	1
ORI（或非指令）	并联常闭触点	X、Y、M、S、T、C	1
OUT（输出指令）	驱动线圈的输出	Y、M、S、T、C	Y、M：1步。特殊M：2步。T：3步。C：3～5步
END（结束指令）	程序结束指令，表示程序结束，返回起始地址		1

2. 编程实例

LD、LDI、OR、ORI、AND、ANI、OUT、END等基本指令在编程应用时的梯形图、指令表和时序图见表9-1-3。

表 9-1-3　基本指令在编程应用时的梯形图、指令表和时序图

梯形图	指令表	时序图
X000 (Y000) [END]	LD X000 OUT Y000 END	X000 Y000
X001 (Y001) [END]	LDI X001 OUT Y001 END	X001 Y001
X000 X001 (Y000) [END]	LD X000 OR X001 OUT Y000 END	X000 Y001 Y000
X000 X001 (Y001) [END]	LD X000 ORI X001 OUT Y001 END	X000 Y001 Y000
X003 X004 ( ) [ ]	LD X003 AND X004 OUT Y001 END	X000 Y001 Y000
X003 X004 (Y001) [END]	LD X003 ANI X004 OUT Y001 END	X000 Y001 Y000

三、梯形图的特点及编程原则

梯形图与继电器控制电路图很接近，在结构形式、元件符号及逻辑控制功能方面是类似的，但梯形图具有自己的特点及设计原则。

（1）触点不能接在线圈的右边，如图 9-1-4（a）所示；线圈也不能直接与左母线连接，必须通过触点来连接，如图 9-1-4（b）所示。

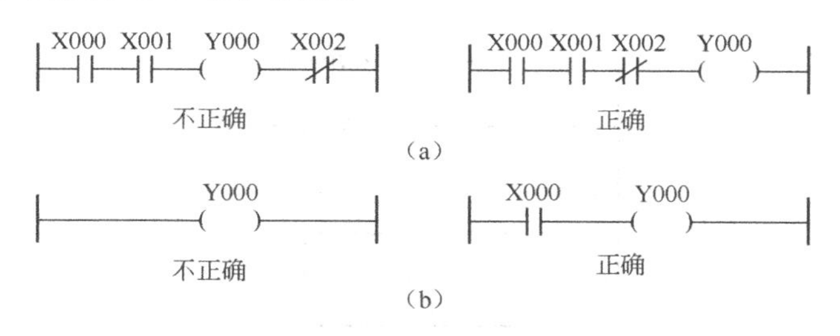

图 9-1-4　规则（1）说明

（2）在每一个逻辑行上，当几条支路并联时，串联触点多的应安排在上，如图 9-1-5（a）所示；几条支路串联时，并联触点多的应安排在左边，如图 9-1-5（b）所示，这样可以减少编程指令。

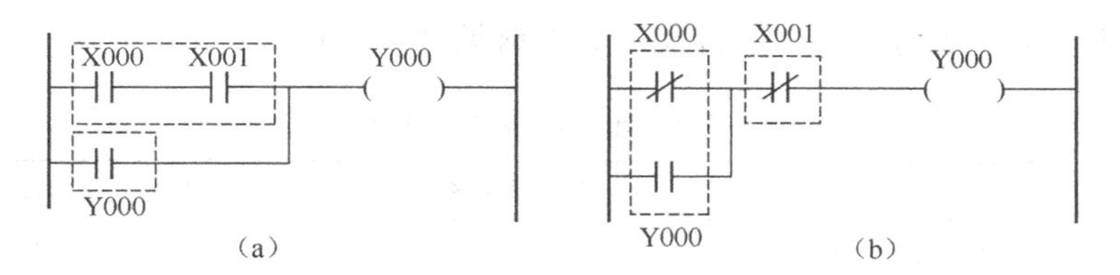

图 9-1-5　规则（2）说明

（3）梯形图的触点应画在水平支路上，而不应画在垂直支路上，如图 9-1-6 所示。

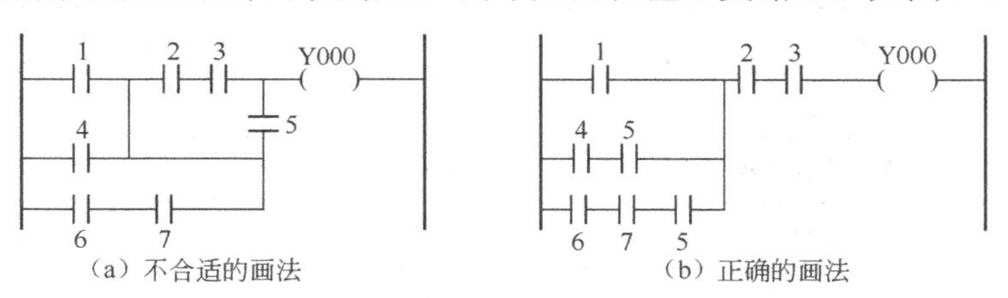

图 9-1-6　规则（3）说明

（4）遇到不可编程的梯形图时，可根据信号单向自左至右，自上而下流动的原则对原梯形图进行重新编排，以便于正确应用 PLC 基本编程指令进行编程，如图 9-1-7 所示。

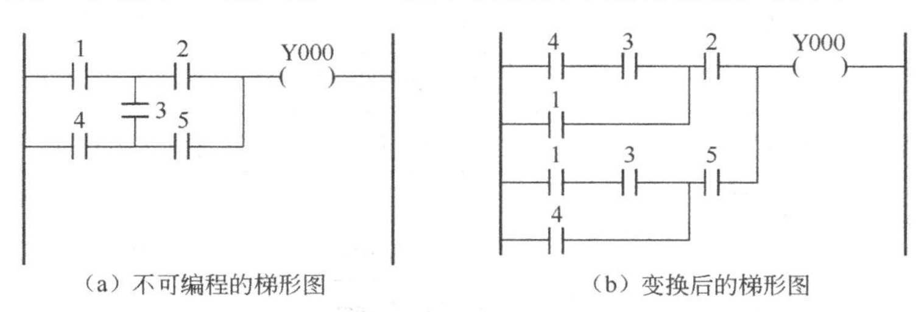

图 9-1-7　规则（4）说明

（5）双线圈输出不可用。如果在同一程序中同一元件的线圈重复出现两次或两次以上，则称为双线圈输出，这时前面的输出无效，后面的输出有效，如图 9-1-8 所示。一般不应出现双线圈输出。

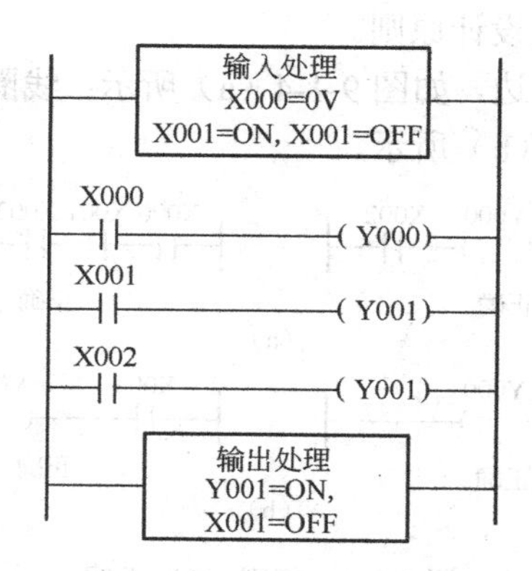

图 9-1-8　规则（5）说明

任务准备

实施本任务教学所使用的实训设备及工具材料见表 9-1-4。

表 9-1-4　实训设备及工具材料

序号	分类	名　称	型号规格	数量	单位	备　注
1	工具	电工常用工具		1	套	
2	仪表	万用表	MF47 型	1	块	
3		编程计算机		1	台	
4		接口单元		1	套	
5		通信电缆		1	条	
6		可编程序控制器	FX2N-48MR	1	台	
7		安装配电盘	600mm×900mm	1	块	
8	设备器材	导轨	C45	0.3	米	
9		空气断路器	Multi9 C65N D20	1	只	
10		熔断器	RT22-2-12	6	只	
11		按钮	LA4-2H	1	只	
12		接触器	CJ9-10 或 CJT1-10	1	只	
13		接线端子	D-20	20	只	
14	消耗材料	铜塑线	BV1/1.37mm²	10	米	主电路
15		铜塑线	BV1/1.13mm²	15	米	控制电路
16		软线	BVR7/0.75mm²	10	米	

续表

序号	分类	名　称	型号规格	数量	单位	备　注
17		紧固件	M4×20mm 螺杆	若干	只	
18			M4×12mm 螺杆	若干	只	
19			ϕ4mm 平垫圈	若干	只	
20			ϕ4mm 弹簧垫圈及 M4mm 螺母	若干	只	
21		号码管		若干	米	
22		号码笔		1	支	

任务实施

一、I/O 分配

通过分析控制要求，分配输入点和输出点，写出 I/O 通道地址分配表。

根据本任务控制要求，可确定 PLC 需要 2 个输入点，1 个输出点，其 I/O 通道分配表见表 9-1-5。

表 9-1-5　I/O 通道地址分配表

输　入			输　出		
元件代号	作用	输入继电器	元件代号	作用	输出继电器
SB1	停止按钮	X000	KM	正转控制	Y000
SB2	启动按钮	X001			

二、画出 PLC 接线图（I/O 接线图）

PLC 接线图如图 9-1-9 所示。

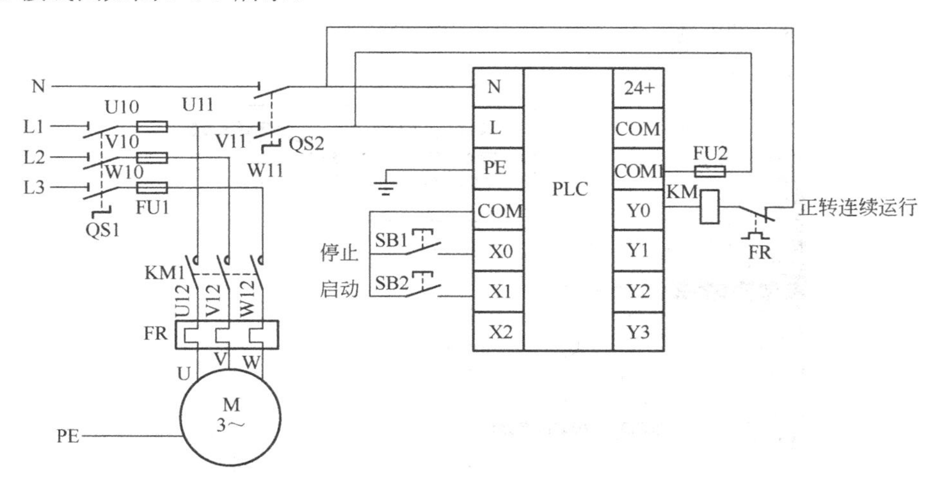

图 9-1-9　PLC 接线图

三、程序设计

根据I/O通道地址分配表及任务控制要求分析，设计本任务控制的梯形图，并写出指令语句表。

编程思路：当按下启动按钮SB2时，输入继电器X001接通，输出继电器Y000置1，交流接触器KM线圈得电，这时电动机连续运行。此时即便松开按钮SB2，输出继电器Y000仍保持接通状态，这就是继电器逻辑控制中所说的“自锁”或“自保持功能”；当按下停止按钮SB1时，输出继电器Y000置0，电动机停止运行。从以上分析可知，满足电动机连续运行控制要求，需要用到启动和复位控制程序。可以通过下面的设计程序来实现PLC控制电动机单方向连续运行电路的要求。其梯形图及指令表如图9-1-10所示。

X001 X000 (Y000)
Y000
[END]

（a）梯形图

LD	X001
OR	Y000
AN1	X000
OUT	Y000
END	

（b）指令表

图9-1-10　PLC控制电动机单方向连续运行梯形图及指令表

如图9-1-10所示电路又称为启—保—停电路，它是梯形图中最基本的电路之一。启—保—停电路在梯形图中的应用极为广泛，其最主要的特点是具有“记忆”功能。

四、程序输入及仿真运行

1. 程序输入

1）启动编程软件

按照图9-1-11所示画面的提示操作，进入图9-1-12所示的程序主画面。然后单击“显示”按钮，打开工具条，进入如图9-1-13所示的工具条选择画面。

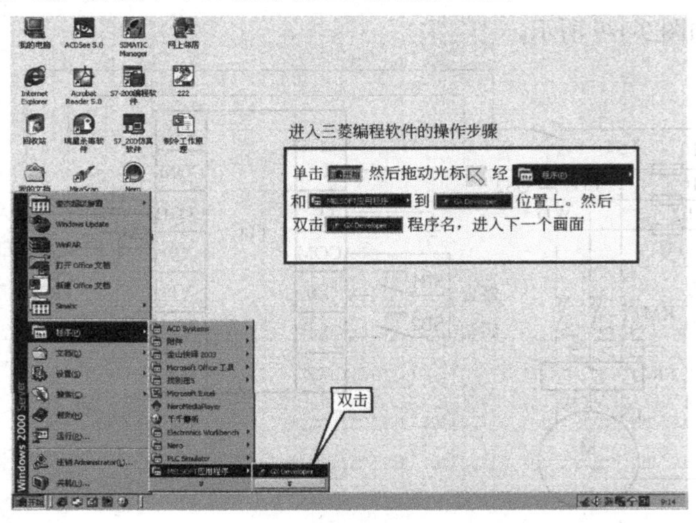

图9-1-11　进入程序画面

图 9-1-12　程序主界面

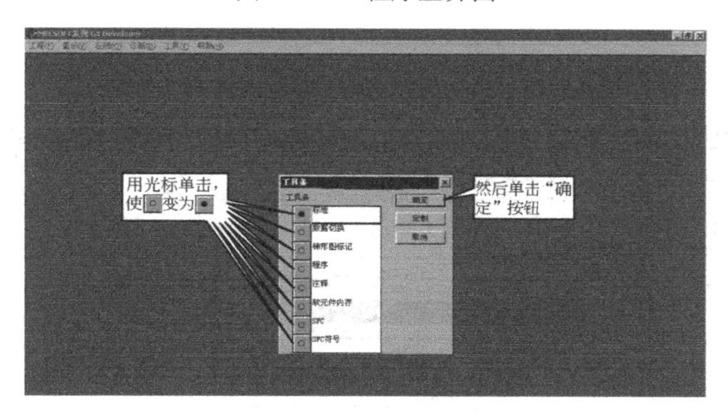

图 9-1-13　工具条选择画面

按照如图 9-1-13 所示的工具条选择画面进行工具条的选择，然后单击“确定”按钮，就会再次进入如图 9-1-12 所示的程序主界面。再次单击“显示”按钮，打开状态条，进入图 9-1-14 所示的状态条选择画面。

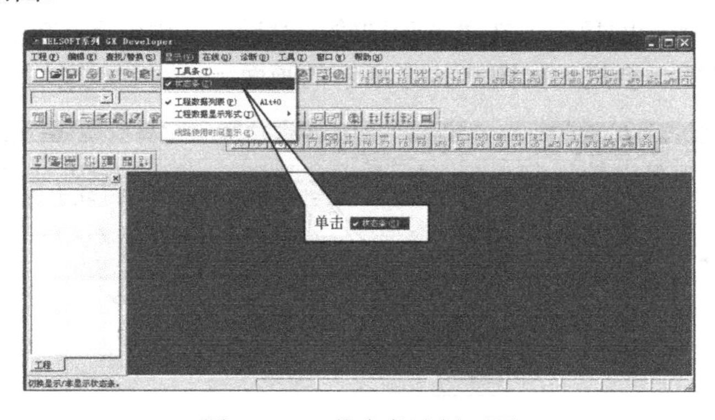

图 9-1-14　状态条选择画面

2）工程名的建立

参见项目 8 任务 3 内容。

3）程序输入

将如图 9-1-10 所示的梯形图，按下列步骤输入计算机中。

（1）启动按钮 X001 的输入。将光标移至如图 9-1-15 所示的梯形图编程界面的蓝框内，然后双击，会弹出如图 9-1-16 所示的梯形图对话框。

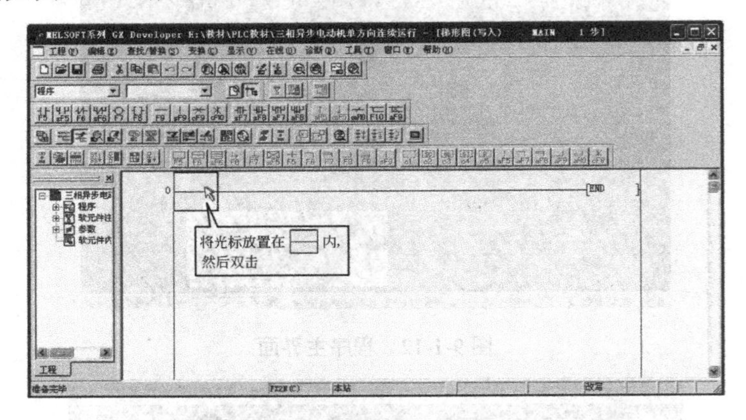

图 9-1-15　启动按钮 X001 的输入画面（一）

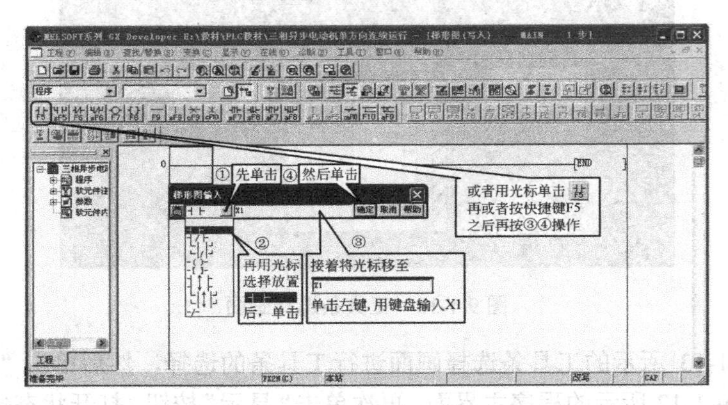

图 9-1-16　启动按钮 X001 的输入画面（二）

按照如图 9-1-16 所示的提示，在“梯形图输入对话框”内输入 X001 的常开触点和编号，然后单击“确定”按钮，会进入如图 9-1-17 所示的画面。

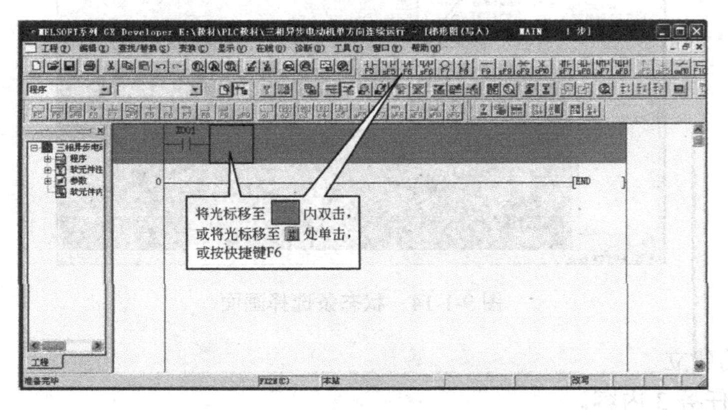

图 9-1-17　停止按钮 X000 的输入画面（一）

（2）停止按钮 X000 的输入。将光标移至如图 9-1-17 所示的梯形图编程界面的蓝框内，然后按照图 9-1-17 中的提示进行操作，会弹出如图 9-1-18 所示的梯形图输入对话框。再按照如图 9-1-18 所示的提示，在“梯形图输入对话框”内输入 X000 的常闭触点和编号，然后单击“确定”按钮，会进入如图 9-1-19 所示的画面。

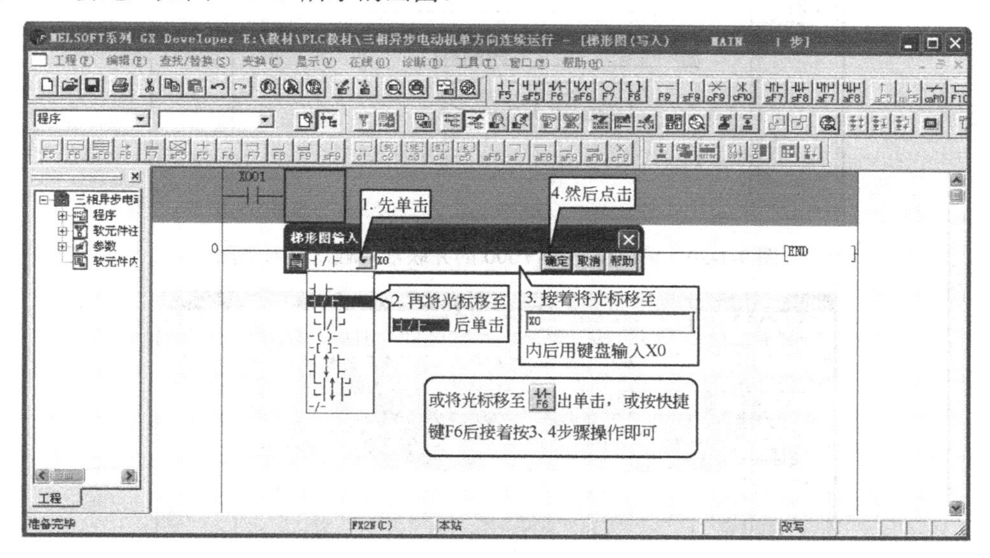

图 9-1-18　停止按钮 X000 的输入画面（二）

（3）输出继电器 Y000 线圈的输入。按照如图 9-1-19 所示的操作提示，在“梯形图输入”对话框中输入 Y000 线圈的图形符号和文字符号，然后单击“确定”按钮，就会进入如图 9-1-20 所示的画面。

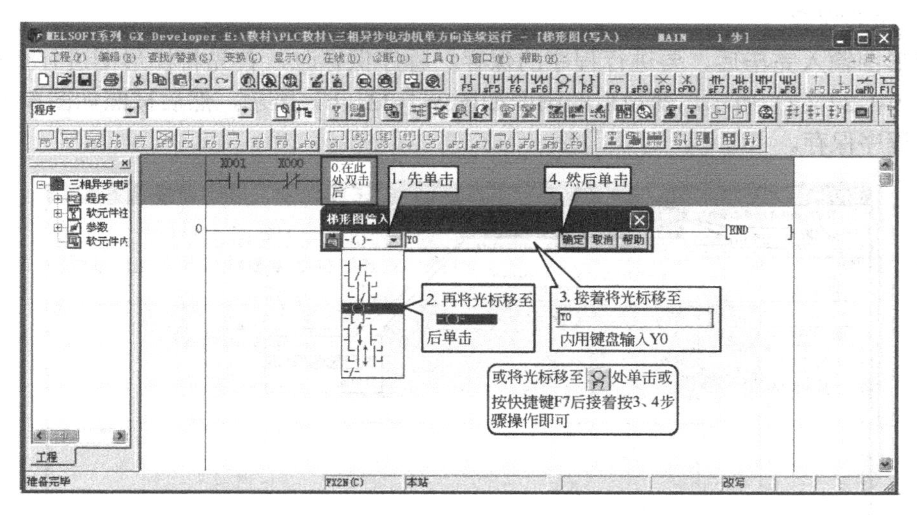

图 9-1-19　输出继电器 Y000 的输入画面

（4）输出继电器 Y000“自锁”触点的输入。按照如图 9-1-20 所示的操作提示，在“梯形图输入”对话框中输入 Y000 的并联常开触点的图形符号和文字符号，然后单击“确定”按钮，就会进入如图 9-1-21 所示的画面。

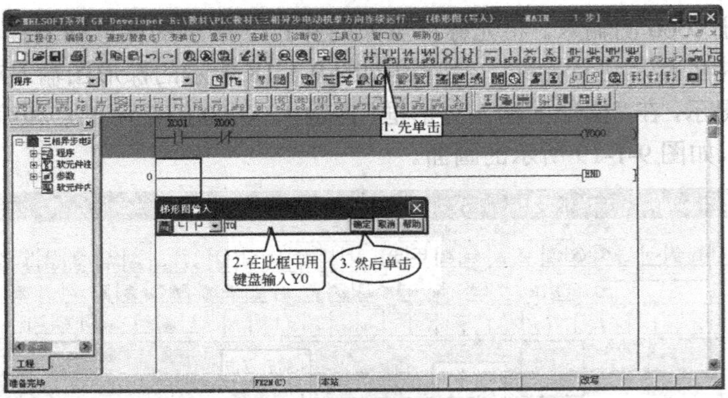

图 9-1-20　输出继电器 Y000 的并联常开触点输入画面

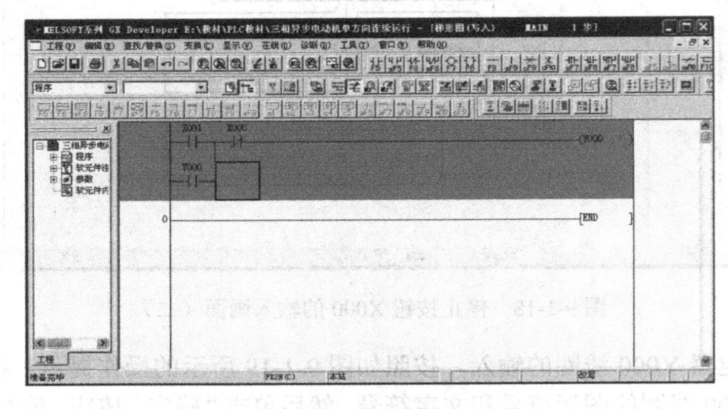

图 9-1-21　梯形图输入完毕画面

4）程序的保存

当梯形图输入完毕后，要进行程序的保存。程序保存时，首先将梯形图进行变换，操作过程如图 9-1-22（a）所示。变换后的画面如图 9-1-22（b）所示，然后按照如图 9-1-22（c）所示进行程序保存。

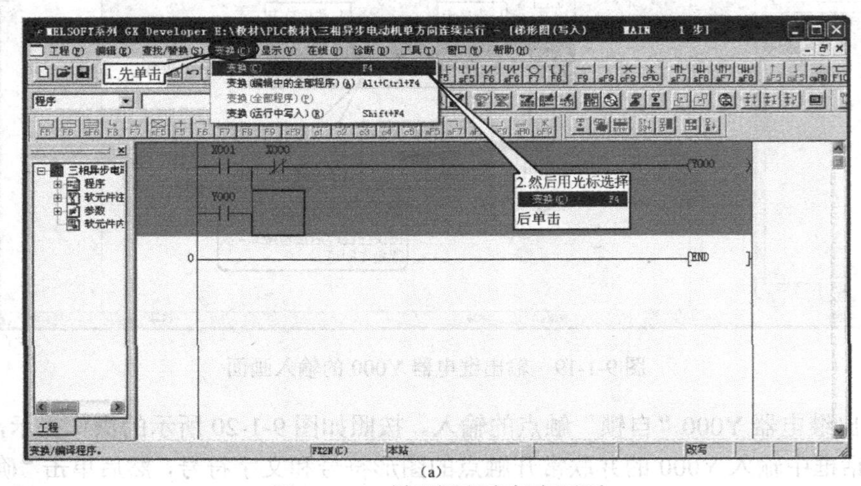

(a)

图 9-1-22　梯形图程序保存画面

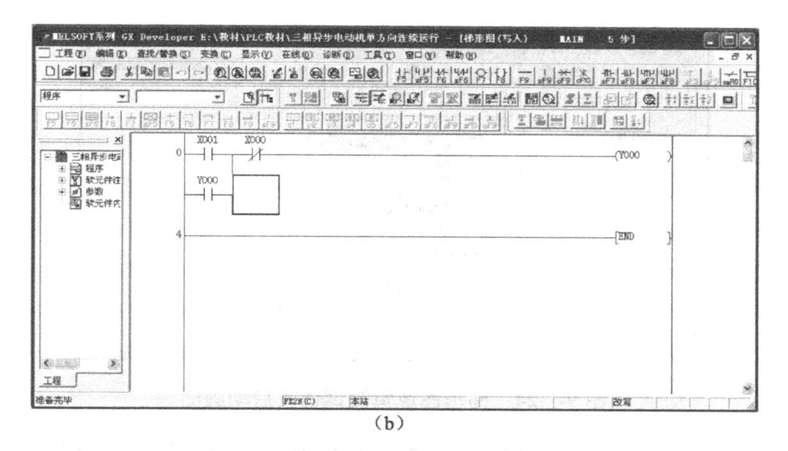

（b）

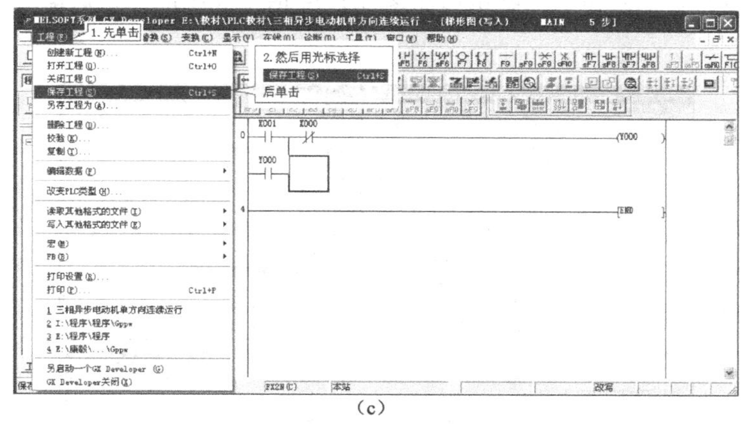

（c）

图 9-1-22 梯形图程序保存画面（续）

2．程序模拟仿真运行

（1）单击如图 9-1-23 所示下拉菜单中“工具”里的“梯形图逻辑测试启动（L）”即可进入如图 9-1-24 所示的梯形图逻辑测试仿真启动画面。

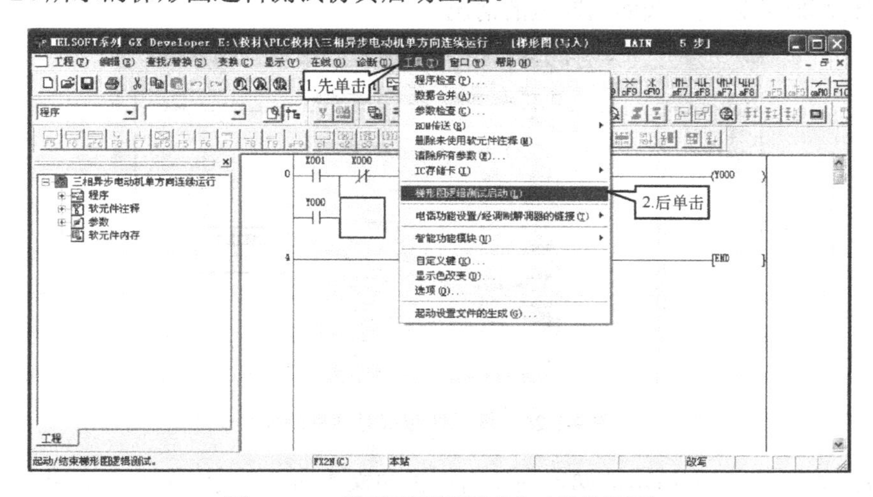

图 9-1-23 梯形图逻辑测试启动操作画面

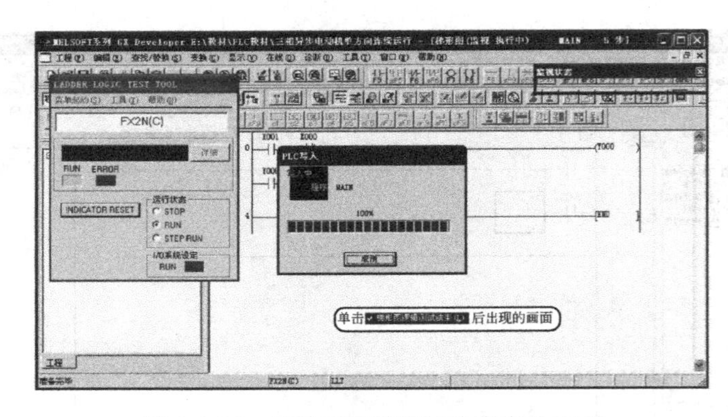

图 9-1-24　梯形图逻辑测试仿真启动画面

（2）当仿真软件启动结束后，会出现如图 9-1-25 所示的画面，然后根据图 9-1-25 中的提示进行仿真操作。

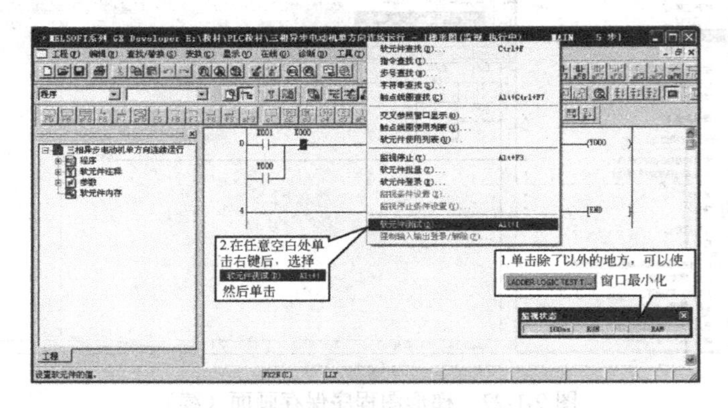

图 9-1-25　梯形图逻辑测试软元件测试画面

（3）单击如图 9-1-25 所示画面中的“软元件测试（D）”，会弹出如图 9-1-26 所示的“软元件测试”对话框。然后按照图 9-1-26 中的提示将对话框下拉，以便在仿真测试过程中能观察到梯形图仿真时的触点和线圈通断电的情况。

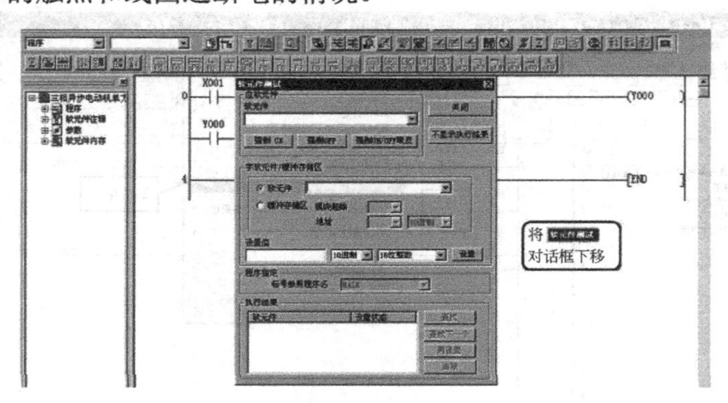

图 9-1-26　软元件测试对话框画面

（4）按照如图 9-1-27 所示的梯形图逻辑测试的操作画面进行仿真操作，并观察显示器里梯形图中软元件的通断电情况是否与任务控制要求相符。

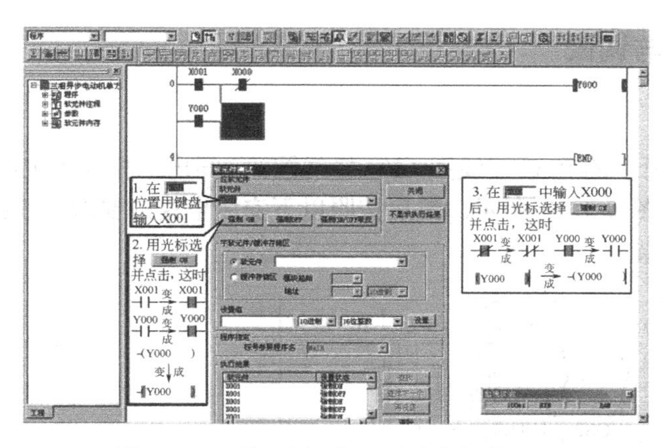

图 9-1-27　梯形图逻辑测试仿真操作画面

（5）当梯形图逻辑测试仿真操作完毕，要结束模拟仿真运行时，可按照如图 9-1-28 所示的梯形图逻辑测试仿真操作画面提示，先单击下拉菜单中的“工具”，然后用光标找到“梯形图逻辑测试结束（L）”后并单击，会弹出如图 9-1-29 所示的“结束梯形图逻辑测试”对话框。

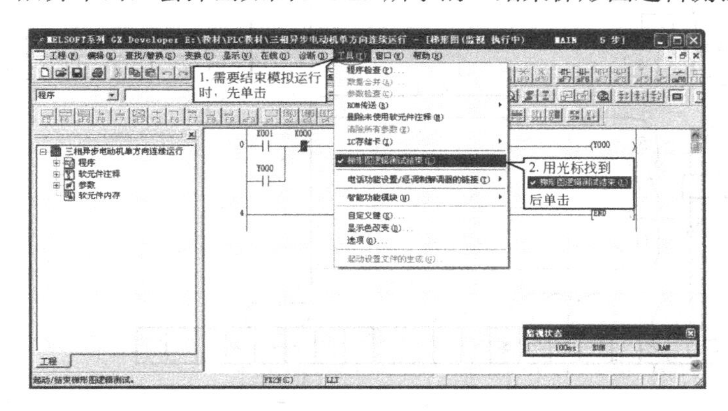

图 9-1-28　结束梯形图逻辑测试仿真操作画面

（6）单击如图 9-1-29 所示“结束梯形图逻辑测试”对话框里的“确定”按钮即可结束梯形图逻辑测试的仿真运行。

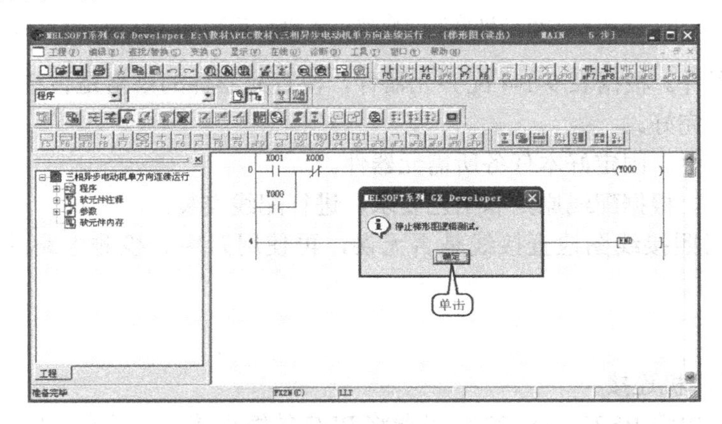

图 9-1-29　结束梯形图逻辑测试仿真操作画面

五、线路安装与调试

1．线路安装

根据如图 9-1-9 所示的 PLC 接线图（I/O 接线图），画出三相异步电动机 PLC 控制系统的电气安装接线图，如图 9-1-30 所示。然后按照以下安装电路的要求在模拟实物控制配线板上进行元器件及线路安装。

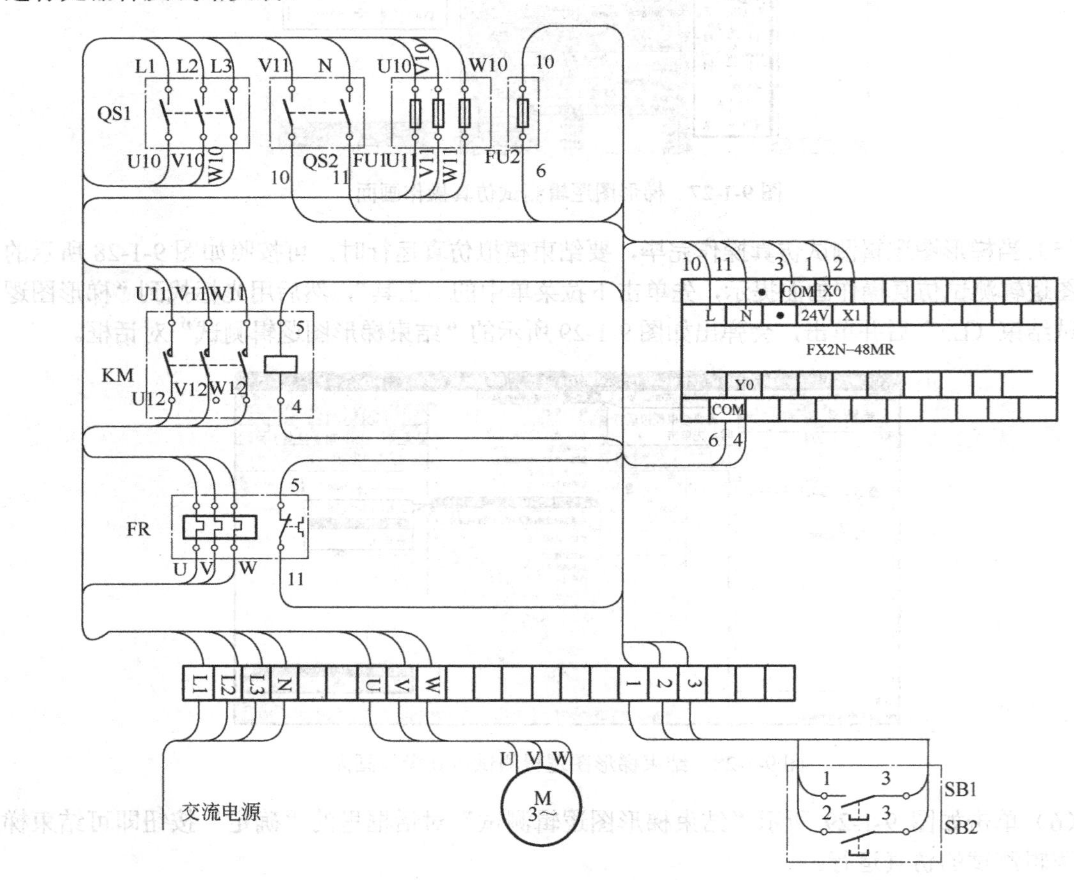

图 9-1-30　三相异步电动机单方向连续运行 PLC 控制系统的电气安装接线图

（1）检查元器件。根据表 9-1-4 配齐元器件，检查元器件的规格是否符合要求，并用万用表检测元器件是否完好。

（2）固定元器件。固定好本任务所需元器件。

（3）配线安装。根据配线原则和工艺要求，进行配线安装。

（4）自检。对照接线图检查接线是否无误，再使用万用表检测电路的阻值是否与设计相符。

2．系统调试

1）PLC 与计算机连接

使用专用通信电缆 RS232/RS422 转换器将 PLC 的编程接口与计算机的 COM1 串口连接。

2）程序写入

首先接通系统电源，将 PLC 的 RUN/STOP 开关拨到“STOP”位置，然后通过 MELSOFT 系列 GX Developer 软件的“PLC”菜单中“在线”栏的“PLC 写入”，下载程序文件到 PLC 中，如图 9-1-31 所示。

图 9-1-31 PLC 与计算机联机画面

3）功能调试

（1）经自检无误后，在指导教师的指导下，方可通电调试。

（2）按照表 9-1-6 进行操作，观察系统运行情况并做好记录。如出现故障，应立即切断电源，分析原因、检查电路或梯形图，排除故障后，方可进行重新调试，直到系统功能调试成功为止。

表 9-1-6 程序调试步骤及运行情况记录表（学生填写）

操作步骤	操作内容	完成情况记录		
		第一次试车	第二次试车	第三次试车
第一步	按下启动按钮 SB2，观察电动机能否启动	完成（ ）	完成（ ）	完成（ ）
		无此功能（ ）	无此功能（ ）	无此功能（ ）
第二步	按下启动按钮 SB1，观察电动机能否停止	完成（ ）	完成（ ）	完成（ ）
		无此功能（ ）	无此功能（ ）	无此功能（ ）

小贴士

（1）在 PLC 控制系统中，当 PLC 外部输入端子的停止按钮采用常闭触点时，在程序中的梯形图里应采用常开触点，而不能采用与之相对应的常闭触点。

（2）在进行 PLC 控制系统的接线时，切记不能将输入端子与输出端子接反，否则会损坏 PLC 的内部。这是因为 PLC 的输入端子采用的是直流 24V 电源，如果误当输出端子来接，就会通入 220V 的交流电源，导致 PLC 损坏。

任务评价

对任务实施的完成情况进行检查，并将结果填入表9-1-7所示的评分表内。

表9-1-7 任务测评表

序号	主要内容	考核要求	评分标准	配分	扣分	得分
1	电路设计	根据任务，设计电路电气原理图，列出PLC控制I/O口（输入/输出）元器件地址分配表，根据加工工艺，设计梯形图及PLC控制I/O口（输入/输出）接线图	①电气控制原理设计功能不全，每缺一项功能扣5分 ②电气控制原理设计错，扣20分 ③输入/输出地址遗漏或搞错，每处扣5分 ④梯形图表达不正确或画法不规范，每处扣1分 ⑤接线图表达不正确或画法不规范，每处扣2分	20		
2	程序输入及仿真调试	熟练正确地将所编程序输入PLC；按照被控设备的动作要求进行模拟调试，达到设计要求	①不会熟练操作PLC键盘输入指令，扣2分 ②不会用删除、插入、修改、存盘等命令，每项扣2分 ③仿真试车不成功，扣50分	50		
3	安装与接线	按PLC控制I/O口（输入/输出）接线图在模拟配线板上正确安装，元器件在配线板上布置要合理，安装要准确紧固，配线导线要紧固、美观，导线要进入线槽，导线要有端子标号	①试机运行不正常，扣20分 ②损坏元器件，扣5分 ③试机运行正常，但不按电气原理图接线，扣5分 ④布线不进入线槽，不美观，主电路、控制电路每根扣1分 ⑤接点松动、露铜过长、反圈、压绝缘层，标记线号不清楚、遗漏或误标，引出端无别径压端子，每处扣1分 ⑥损伤导线绝缘或线芯，每根扣1分 ⑦不按PLC控制I/O（输入/输出）接线图接线，每处扣5分	20		
4	安全文明生产	劳动保护用品穿戴整齐；电工工具佩带齐全；遵守操作规程；尊重考评员，讲文明礼貌；考试结束要清理现场	①考试中，违反安全文明生产考核要求的，任何一项扣2分，扣完为止 ②当考评员发现考生有重大事故隐患时，要立即予以制止，并每次扣5分	10		
合计						
开始时间			结束时间			

知识拓展

一、自保持与消除指令（SET、RST）

当有些线圈在运算过程中要一直保持置位时，要用到自保持置位指令SET和复位指令RST。自保持与消除指令又称为置位与复位指令，其指令的助记符和功能见表9-1-8。

表9-1-8 置位与复位指令的助记符及功能

指令助记符、名称	功能	可作用的软元件	程序步
SET（置位）	保持动作	Y、M、S	Y、M：1步 S、特殊M：2步 C：2步 D、V、Z：3步
RST（复位）	清除动作保持，寄存器清零	Y、M、S、C、D、V、Z	

关于指令功能的说明如下。

（1）当控制触点接通时，SET 使作用的元件置位，RST 使作用的元件复位。

（2）对同一软元件，可以多次使用 SET、RST 指令，使用顺序也可随意。但最后执行的指令有效。

（3）对计数器 C、数据寄存器 D 和变址寄存器 V、Z 的寄存内容清零，可以用 RST 指令。对积算定时器的当前值或触点复位，也可用 RST 指令。

二、利用置位/复位指令实现本任务的控制

利用置位/复位指令实现本任务控制的梯形图及指令表如图 9-1-32 所示。

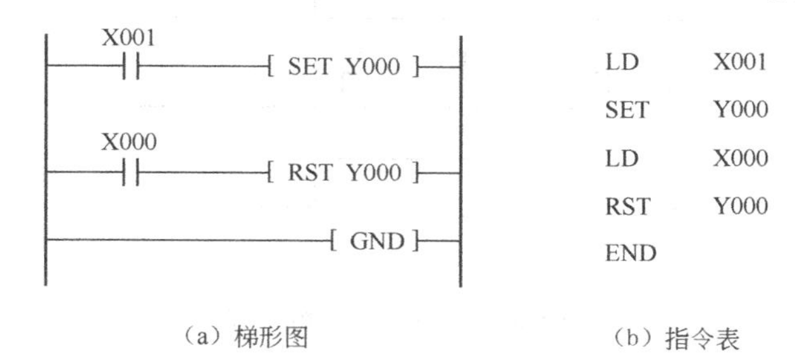

图 9-1-32　置位/复位指令实现三相异步电动机单方向连续运行

小贴士

如图 9-1-32 所示的置位/复位电路与如图 9-1-9 所示的启—保—停电路的功能完全相同。该电路的记忆作用是通过置位、复位指令实现的。置位/复位电路也是梯形图中的基本电路之一。

三、脉冲输出指令（PLS、PLF）

编程时有时需要在置位 SET 或复位 RST 之前使用脉冲输出指令。

1. 指令的助记符和功能

脉冲输出指令的助记符和功能见表 9-1-9。

表 9-1-9　脉冲输出指令的助记符和功能

指令助记符、名称	功能	可作用的软元件	程序步
PLS（上升沿脉冲）	上升沿微分输出	Y、M（特殊 M 除外）	2
PLF（下降沿脉冲）	下降沿微分输出	Y、M（特殊 M 除外）	2

2. 编程实例

PLS 指令的编程实例如图 9-1-33 所示。图 9-1-33 中 X001 接通（由 OFF 至 ON）时，M0 接通（ON）一个扫描周期，同时使得输出线圈 Y001 接通（ON）并保持；当 X002 接通（由 OFF 至 ON）时，使得输出线圈 Y001 断开（OFF）即复位。

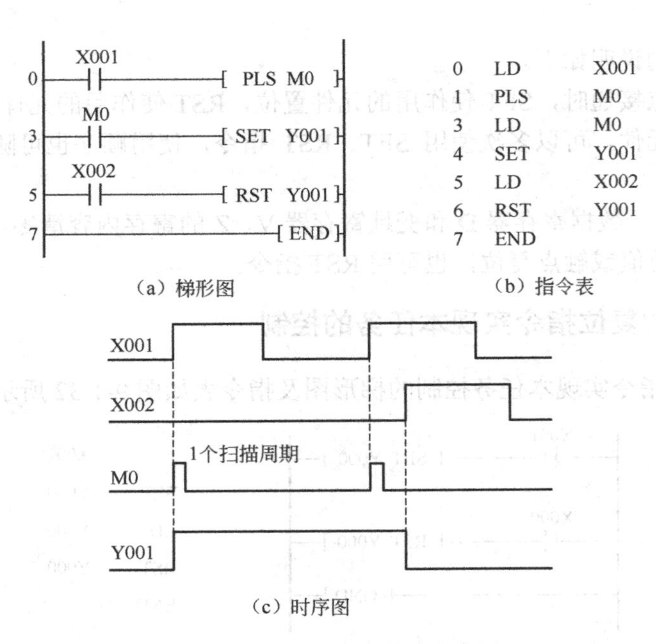

图 9-1-33　PLS 指令的编程实例

PLF 指令的编程实例如图 9-1-34 所示。图 9-1-34 中 X001 接通（由 OFF→ON）时，M0 接通（ON）一个扫描周期，同时使得输出线圈 Y001 接通（ON）并保持；当 X002 断开（由 ON 至 OFF）时，M1 接通（ON）一个扫描周期，同时使得输出线圈 Y001 断开（OFF）即复位。

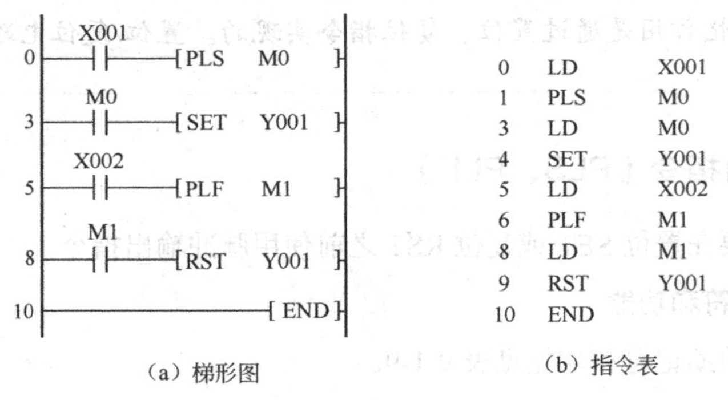

图 9-1-34　PLF 指令的编程实例

3. 关于指令功能的说明

（1）使用 PLS 指令时，仅在驱动输入 ON 后一个扫描周期内，软元件 Y、M 动作。

（2）使用 PLF 指令时，仅在驱动输入 OFF 后一个扫描周期内，软元件 Y、M 动作。

四、脉冲检测指令（LDP、LDF、ANDP、ANDF、ORP、ORF）

1. 指令的助记符和功能

脉冲检测指令的助记符和功能见表 9-1-10。

表 9-1-10 脉冲检测指令的助记符和功能

指令助记符、名称	功能	可作用的软元件	程序步
LDP（取脉冲）	上升沿检测运算开始	X、Y、M、S、T、C	1
LDF（取脉冲）	下降沿检测运算开始	X、Y、M、S、T、C	1
ANDP（与脉冲）	上升沿检测串联连接	X、Y、M、S、T、C	1
ANDF（与脉冲）	下降沿检测串联连接	X、Y、M、S、T、C	1
ORP（或脉冲）	上升沿检测并联连接	X、Y、M、S、T、C	1
ORF（或脉冲）	下降沿检测并联连接	X、Y、M、S、T、C	1

2．关于脉冲检测指令功能说明

（1）表 9-1-9 所示的脉冲检测指令只适用于 FX1S、FS1N、FX2N 和 FX2NC 机型。LDP、ANDP、ORP 使指定的位软元件上升沿时接通一个扫描周期，而 LDF、ANDF、ORF 使指定的位软元件下降沿时接通一个扫描周期。

（2）上升沿和下降沿脉冲检测指令分别与 PLS、PLF 具有同样的功能。如图 9-1-35 所示，其中图 9-1-35（a）为使用脉冲检测指令的情况，它的动作原理对应于图 9-1-35（b）使用 PLS、PLF 的情况。

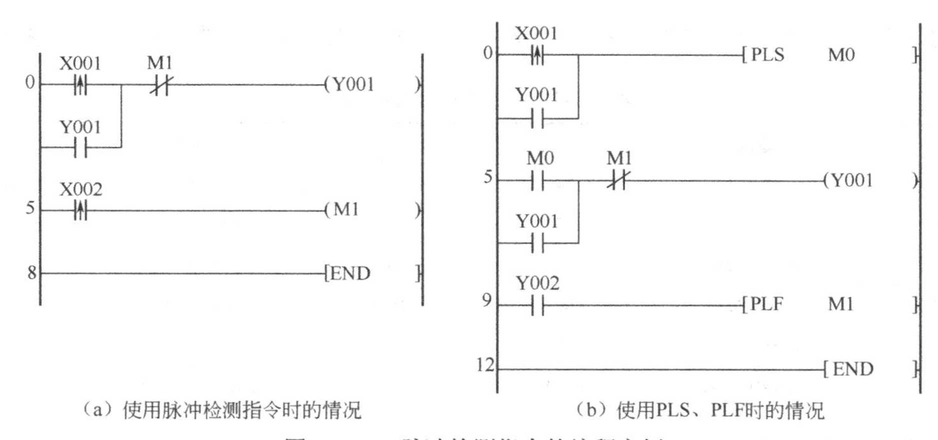

（a）使用脉冲检测指令时的情况　　（b）使用PLS、PLF时的情况

图 9-1-35 脉冲检测指令的编程实例

五、应用举例：利用置位/复位指令实现抢答器

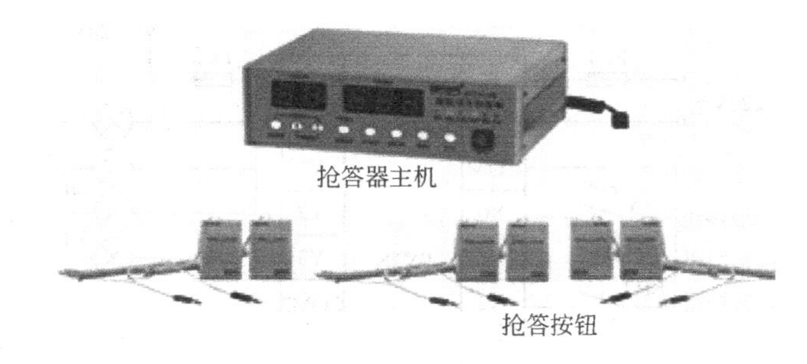

图 9-1-36 竞赛抢答器

任务控制要求如下。

（1）抢答器设有1个主持人总台和3个参赛队分台，总台设置有总台电源指示灯、撤销抢答信号指示灯、总台电源转换开关、抢答开始/复位按钮。分台设有一个抢答按钮和一个分台抢答指示灯。

（2）竞赛开始前，竞赛主持人首先接通“启动/停止”转换开关，电源指示灯亮。

（3）各队抢答必须在主持人给出题目，说了“开始”并按下开始抢答按钮后的10s内进行，如果在10s内有人抢答，则最先按下的抢答按钮信号有效，相应分台上的抢答指示灯亮，其他组再按抢答按钮无效。

（4）当主持人按下开始抢答按钮后，如果在10s内无人抢答，则撤销抢答信号指示灯亮，表示抢答器自动撤销此次抢答信号。

（5）主持人没有按下开始抢答按钮时，各分台按下抢答按钮均无反应。

（6）在一个题目回答终了或10s时间到后无人抢答，只要主持人再次按下抢答开始/复位按钮后，所有分台抢答指示灯和撤销抢答信号指示灯熄灭，同时抢答器恢复原始状态，为第二轮抢答做好准备。

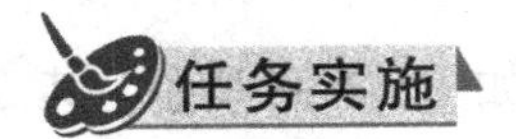

一、I/O分配

根据任务控制要求，可确定PLC需要6个输入点，5个输出点，其I/O通道地址分配表见表9-1-11。

表9-1-11 I/O通道地址分配表

输入			输出		
元件代号	作用	输入继电器	元件代号	作用	输出继电器
SA	总电源开关	X000	HL1	电源指示灯	Y000
SB1	第1分台按钮	X001	HL2	第1分台台灯	Y001
SB2	第2分台按钮	X002	HL3	第2分台台灯	Y002
SB3	第3分台按钮	X003	HL4	第3分台台灯	Y003
SB4	抢答开始/复位按钮	X004	HL5	撤销抢答指示灯	Y004

二、PLC接线图

三路抢答器I/O接线图如图9-1-37所示。

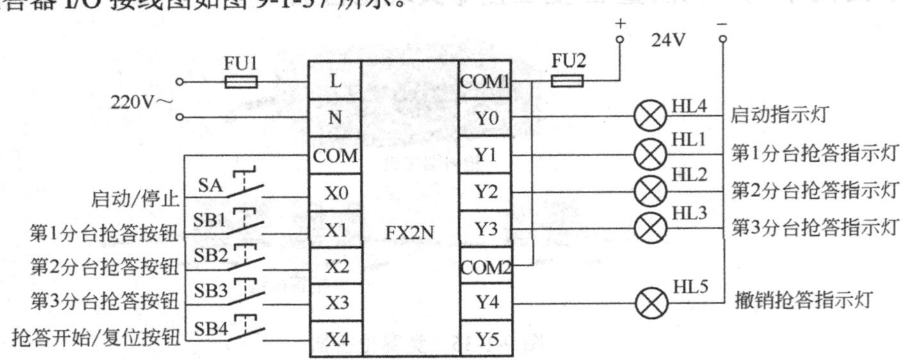

图9-1-37 三路抢答器I/O接线图

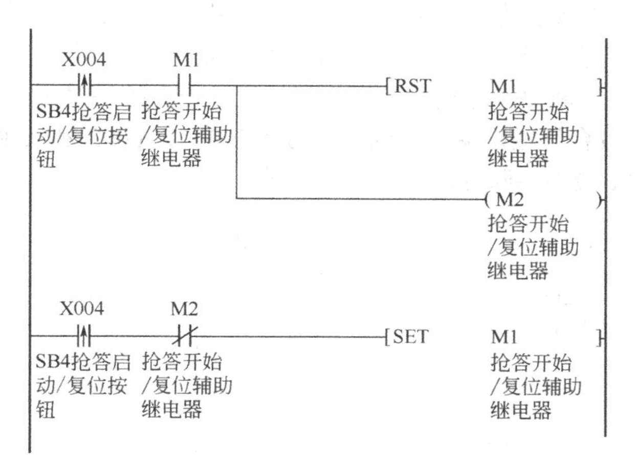

图 9-1-38 抢答器“抢答开始/复位”的梯形图

三、程序设计

1. 本任务的编程思路

1）设计抢答开始/复位支路的梯形图

在设计抢答器“抢答开始/复位”的梯形图时，我们可以用微分指令中的 PLS（上升沿脉冲微分输出指令）和复位/置位指令进行编程，如图 9-1-38 所示。

从图 9-1-38 中可以看出，当首次按下抢答器“抢答开始/复位”按钮 SB4 时，即上升沿脉冲微分输出指令 X004 接通（由 OFF 至 ON）时，M1 接通（ON）一个扫描周期，当松开 SB4 时，即 X004 断开（由 ON 至 OFF）时，通过置位指令 SET 使得辅助继电器线圈 M1 保持接通（ON），M1 的常开触点闭合；当再次按下按钮 SB4 时，X004 接通（由 OFF 至 ON）时，M2 接通（ON）一个扫描周期，辅助继电器 M2 线圈接通，其常闭触点断开，切断 M1 的置位支路，同时通过复位指令 RST 使 M1 复位；当松开 SB4 时，即 X004 断开（由 ON 至 OFF）时，M1 通过复位指令 RST 使得辅助继电器线圈 M1 保持断开状态，M1 的常开触点断开，为下一次抢答开始再次按下 SB4 做准备。

2）设计各分台台灯梯形图

各分台台灯启动条件中串入 M1 的常开触点体现了抢答器的一个基本原则：只有在主持人按下“抢答开始/复位”按钮并宣布开始时，各分台的抢答按钮才起效。另外，在各分台台灯支路中串入相邻分台台灯输出继电器的常闭触点，起到抢答时封锁的作用，即在已有人抢答之后其他人再按抢答按钮无效。如图 9-1-39 所示为各分台台灯梯形图。

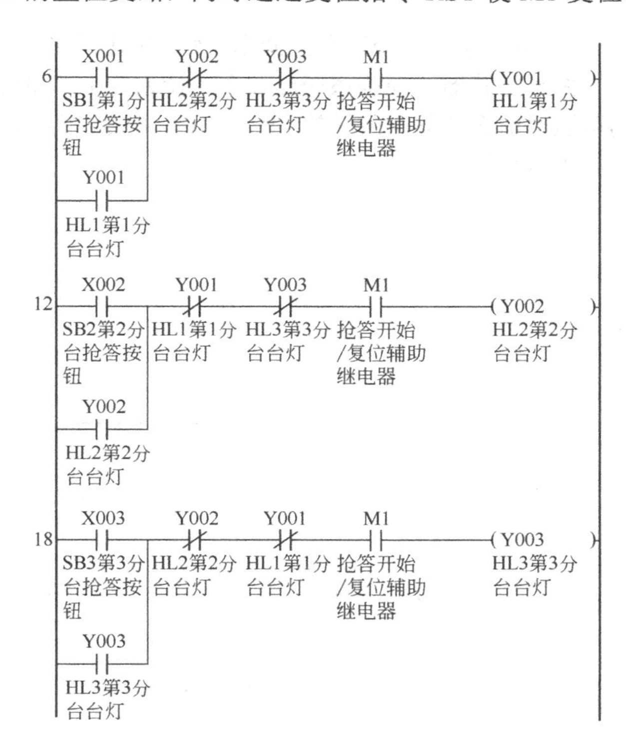

图 9-1-39 各分台台灯梯形图

3）设计抢答时限控制和撤销抢答指示灯控制梯形图

如图 9-1-40 所示为抢答时限控制和撤销抢答指示灯控制梯形图。图 9-1-40 中，通过定时器 T1 实现抢答器的抢答时限控制；当主持人按下抢答开始按钮后，辅助继电器 M1 得电，M1 常开触点闭合，在无人抢答的情况下，定时器 T1 线圈获电，延时 10s 后，T1 常开触点闭合，接通撤销抢答指示灯输出继电器 Y4，撤销抢答指示灯亮；当按下复位按钮时，M2 接通一个扫描周期，M2 常闭触点断开，输出继电器 Y4 线圈断电，撤销抢答指示灯熄灭。若在抢答时限内有人抢答，则与定时器 T1 线圈串联的各分台台灯输出继电器的常闭触点 Y001、Y002 和 Y003 当中的任何一个触点都会断开，定时器 T1 线圈将断开，限时自动失效。

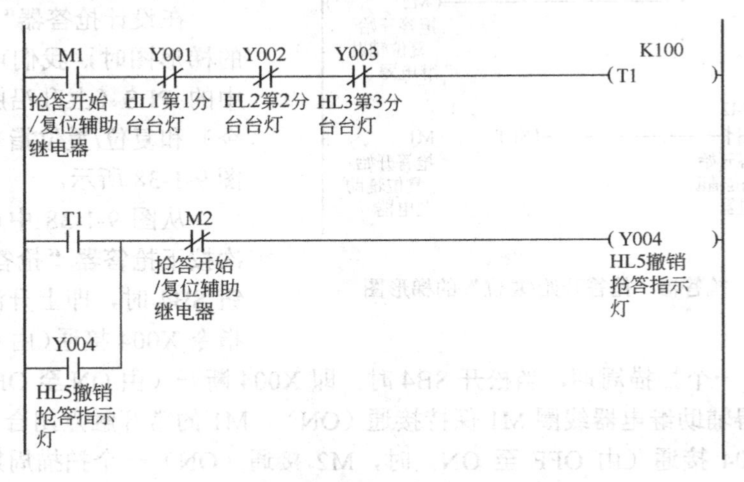

图 9-1-40　抢答时限控制和撤销抢答指示灯控制梯形图

4）设计总电源控制和电源指示灯控制梯形图

由于抢答器的控制系统必须在主持人合上总电源开关 SA 后，系统才能开始工作，在此我们可运用前面任务中所学的 MC、MCR 指令进行编程设计。如图 9-1-41 所示为总电源控制和电源指示灯控制梯形图。

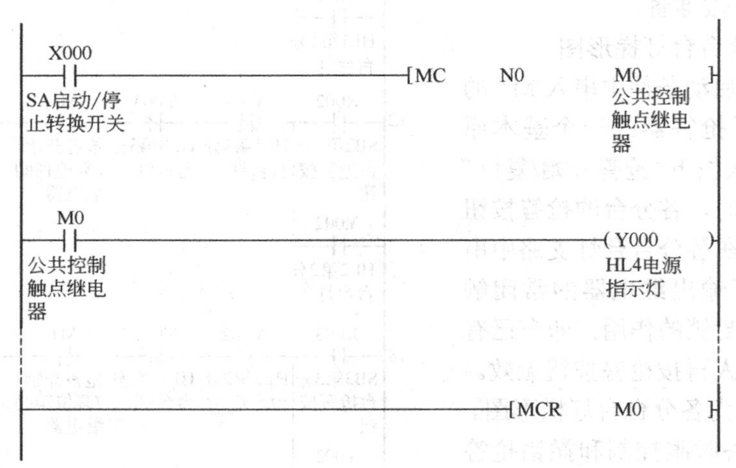

图 9-1-41　总电源控制和电源指示灯控制梯形图

2．本任务控制的完整梯形图

通过上述编程思路可设计出本任务控制的完整梯形图，如图 9-1-42 所示。

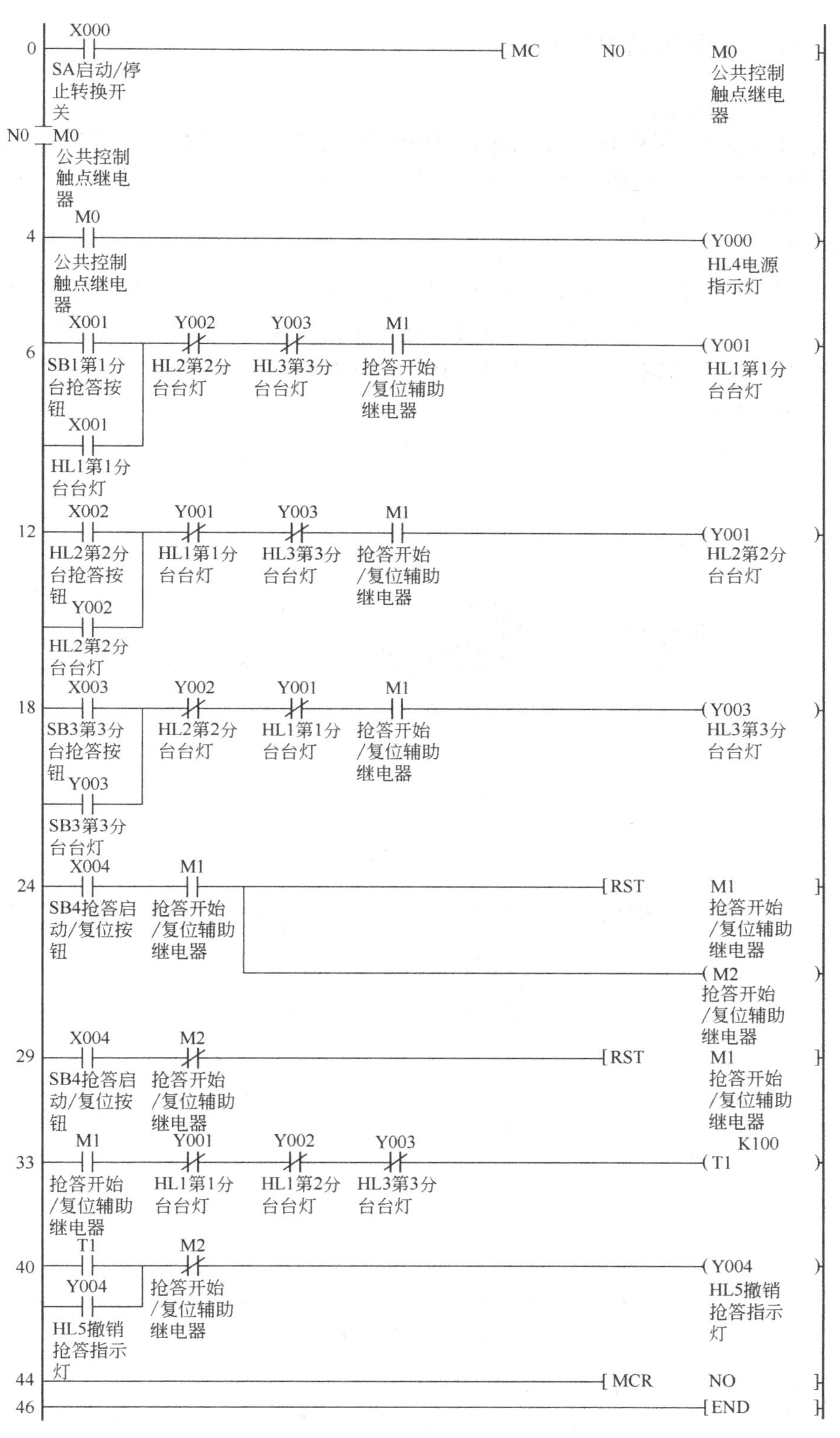

图 9-1-42 抢答器控制梯形图

四、程序输入及仿真运行

（1）工程名的建立。

启动 MELSOFT 系列 GX Developer 编程软件，首先选择 PLC 的类型为“FX2N”，在程序类型框内选择“梯形图逻辑”，创建新文件名，并命名为“三路抢答器控制”，进入三路抢答器程序输入画面。

（2）总电源控制——主控指令的输入。

首先运用前面任务介绍的基本指令输入方法，将总电源启动/停止开关 X000 输入完毕，然后单击下拉菜单中的“{ } F8”图标或按下键盘上的快捷键“F8”，在“梯形图输入”对话框中，输入“MC—空格键—N0—空格键—M0”，如图 9-1-43 所示；最后单击“确定”按钮，进入如图 9-1-44 所示画面。

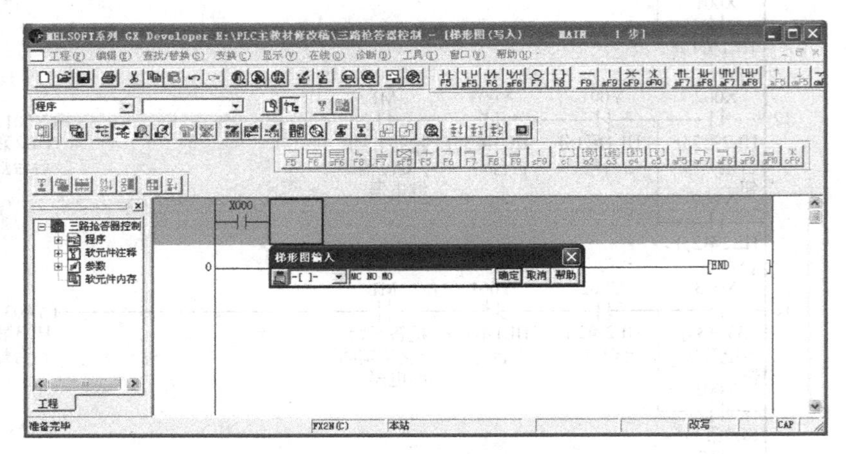

图 9-1-43　主控指令输入画面（一）

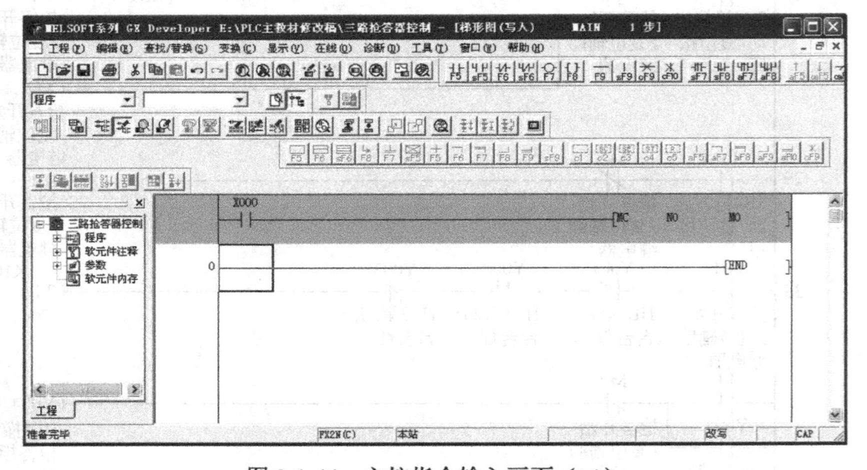

图 9-1-44　主控指令输入画面（二）

（3）总台电源指示灯和各分台台灯的程序输入。

运用基本指令的输入方法，输入总台电源指示灯和各分台台灯的梯形图。

（4）抢答开始/复位支路的梯形图输入。

输入抢答开始/复位支路的梯形图时，首先输入上升沿脉冲微分指令 X004，输入方法是：单击下拉菜单“sF7”图标，然后在“梯形图输入”对话框中，输入元件编号 X004 后，单击“确定”按钮进入。之后运用基本指令的输入方法将复位/置位指令 SET M1 输入。

（5）抢答时限控制和撤销抢答指示灯控制梯形图的输入。

运用基本指令的输入方法输入抢答时限控制和撤销抢答指示灯控制梯形图。值得注意的是，在输入定时器 T1 时，首先单击下拉菜单“F7”图标或按下键盘上的快捷键“F7”，然后在“梯形图输入”对话框中，输入元件编号 T1 后按空格键再输入 K100 即可，如图 9-1-45 所示。

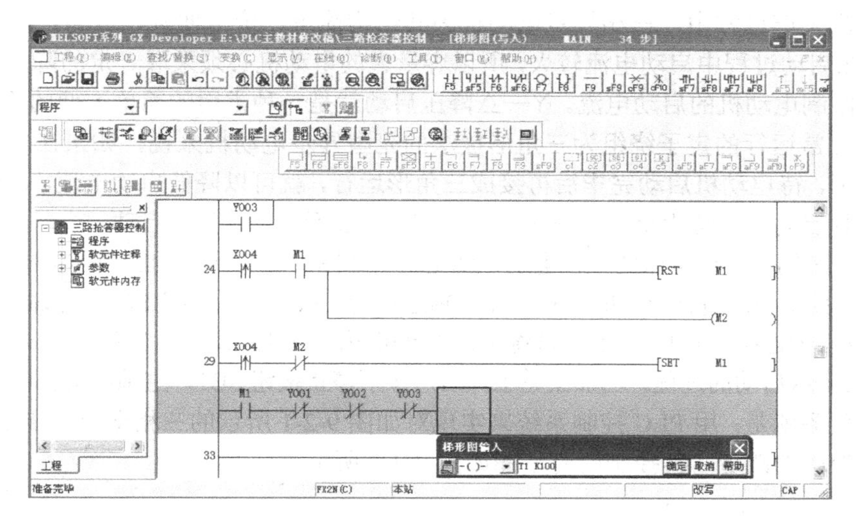

图 9-1-45　定时器的输入画面

（6）最后输入主控复位指令，输入过程不再赘述。

任务 2　三相异步电动机 Y－△降压启动控制系统的设计与装调

任务目标

知识目标

1．掌握主控指令 MC、MCR 的功能及应用，同时了解主控指令与多重输出指令的异同点。

2．掌握主控指令在 PLC 的软件系统及梯形图的编程原则。

能力目标

1．会根据控制要求，能灵活地运用经验法，通过主控指令或多重输出指令实现三相异步电动机Y—△降压启动控制的梯形图程序设计。

2. 能通过三菱 GX-Developer 编程软件，采用梯形图输入法或指令语句表输入法进行编程，并通过仿真软件采用软元件测试的方法，进行仿真；然后将仿真成功后的程序下载写入事先接好外部接线的 PLC 中，完成控制系统的调试。

素质目标

养成独立思考和动手操作的习惯，培养小组协调能力和互相学习的精神。

任务呈现

在实际生产过程中，三相异步电动机因其结构简单、价格便宜、可靠性高等优点被广泛应用。但在启动过程中启动电流较大，所以容量大的电动机必须采取一定的降压启动方式进行启动，以限制电动机的启动电流。Y—△降压启动就是一种常用的简单方便的降压启动方式。

对于正常运行的定子绕组为三角形接法的笼型异步电动机来说，如果在启动时将定子绕组接成星形，待电动机启动完毕后再接成三角形运行，就可以降低启动电流，减轻它对电网的冲击，这种启动方式称为星形—三角形降压启动，简称Y—△降压启动。

某加工车间的一台机床的主轴电动机就是采用如图 9-2-1 所示的三相异步电动机Y—△降压启动的继电控制电路进行控制的，其具体控制过程为：按下启动按钮 SB2，主轴电动机的内部绕组接成“Y”形连接，延时 5s 后，再将主轴电动机内部绕组接成“△”形连接，这样电动机就完成了Y—△降压启动的过程。当加工完工件后，按下停止按钮 SB1，主轴电动机停止工作。

本次任务就是：用 PLC 控制系统来实现对如图 9-2-1 所示的三相交流异步电动机的Y—△降压启动控制的改造，其控制的时序图如图 9-2-2 所示。

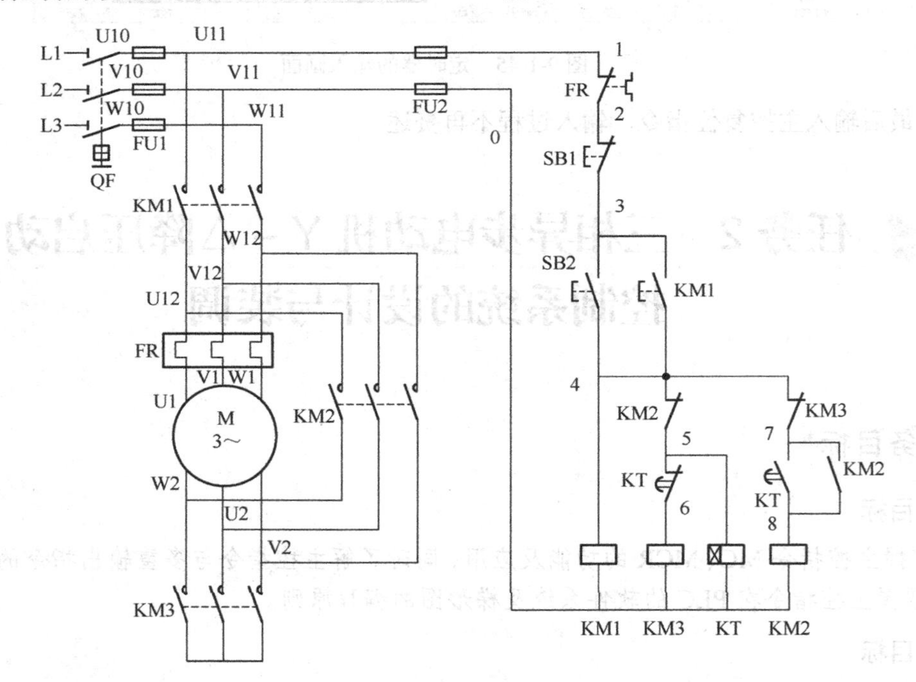

图 9-2-1　三相异步电动机Y—△降压启动的继电控制电路

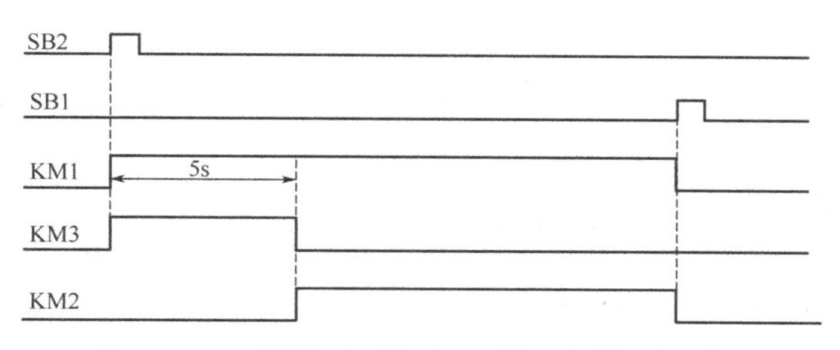

图 9-2-2　三相异步电动机Y—△降压启动控制时序图

任务控制要求如下。

（1）能够用按钮控制三相交流异步电动机的Y—△降压启动和停止。

（2）具有短路保护和过载保护等必要的保护措施。

（3）利用 PLC 基本指令中的主控指令或多重输出指令来实现上述控制。

知识链接

一、主控和主控复位指令（MC、MCR）

在编程时常遇到具有主控点的电路，使用主控触点移位和复位指令往往会使编程简化。

1．指令的助记符和功能

主控和主控复位指令的助记符和功能见表 9-2-1。

表 9-2-1　主控和主控复位指令的助记符和功能

指令助记符、名称	功能	可作用的软元件	程序步
MC（主控开始）	公共串联主控触点的连接	N（层次）、Y、M（特殊 M 除外）	3
MCR（主控复位）	公共串联主控触点的清除	N（层次）	2

2．编程实例

在编程时，经常会遇到多个线圈同时受一个或一组触点控制，如果在每个线圈的控制电路中都串入同样的触点，将占用很多存储单元，如图 9-2-3 所示就是多个线圈受一个触点控制的普通编程方法。MC 和 MCR 指令可以解决这一问题。使用主控指令的触点称为主控触点，它在梯形图中一般垂直使用，主控触点是控制某一段程序的总开关。对图 9-2-3 中的控制程序可采用主控指令进行简化编程，简化后的梯形图和指令表如图 9-2-4 所示。

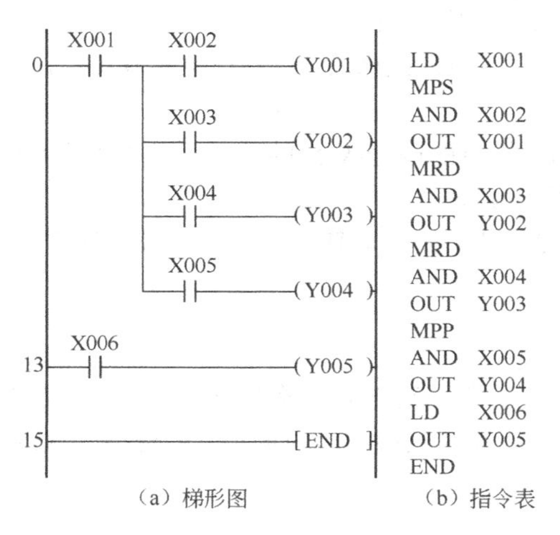

图 9-2-3　多个线圈受一个触点控制的普通编程方法

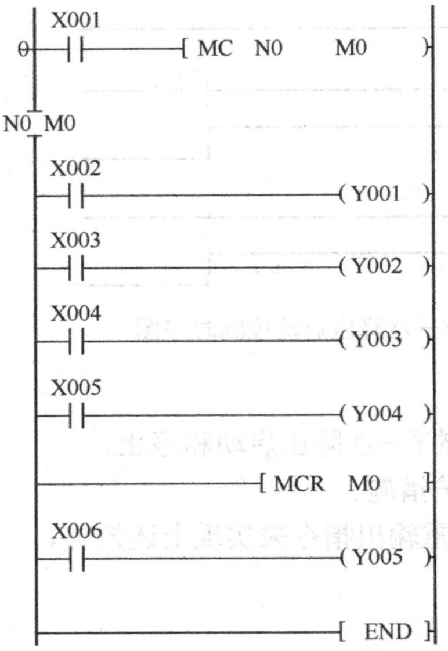

(a) 梯形图	(b) 指令表		
X001 ─┤├─[MC N0 M0]	LD	X001	
N0 M0	MC	N0	M0
X002 ─┤├─(Y001)	LD	X002	
	OUT	Y001	
X003 ─┤├─(Y002)	LD	X003	
	OUT	Y002	
X004 ─┤├─(Y003)	LD	X004	
	OUT	Y003	
X005 ─┤├─(Y004)	LD	X005	
	OUT	Y004	
[MCR M0]	MCR	N0	
X006 ─┤├─(Y005)	LD	X006	
	OUT	Y005	
[END]	END		

（a）梯形图　　（b）指令表

图 9-2-4　MC、MCR 指令编程

由图 9-2-3 可知，当常开触点 X001 接通时，主控触点 M0 闭合，执行 MC 到 MCR 的指令，输出线圈 Y001、Y002、Y003、Y004 分别由 X002、X003、X004、X005 的通断来决定各自的输出状态。而当常开触点 X001 断开时，主控触点 M0 断开，MC 到 MCR 的指令之间的程序不执行，此时无论 X002、X003、X004、X005 是否通断，输出线圈 Y001、Y002、Y003、Y004 全部处于 OFF 状态。输出线圈 Y005 不在主控范围内，所以其状态不受主控触点的限制，仅取决于 X006 的通断。

3．关于指令功能的说明

（1）当控制触点接通，执行主控 MC 指令，相对于母线（LD、LDI 点）移到主控触点后，直接执行从 MC 到 MCR 之间的指令。MCR 令其返回原母线。

（2）当多次使用主控指令（但没有嵌套）时，可以通过改变 Y、M 地址号实行，通过常用的 N0 进行编程。N0 的使用次数没有限制。

（3）MC、MCR 指令可以嵌套。嵌套时，MC 指令的嵌套级 N 的地址号从 N0 开始按顺序增大。使用返回指令 MCR 时，嵌套级地址号顺次减少。

（4）MC 指令里的继电器 M（或 Y）不能重复使用，如果重复使用会出现双重线圈的输出。MC 和 MCR 在程序中是成对出现的。

小贴士

在一个 MC 指令区内若再使用 MC 指令称为嵌套。嵌套级数最多为 8 级，编号按 N0→N1→N2→N3→N4→N5→N6→N7 顺序增大，每级的返回用对应的 MCR 指令，从编号大的嵌套级开始复位。

二、编程元件——定时器（T）

延时控制就是利用 PLC 的通用定时器和其他元件构成各种时间控制，这是各类控制系统经常用到的功能。如本任务中的星形启动的延时控制就是利用 PLC 的通用定时器和其他元件构成的时间控制电路。本次任务中只对通用定时器进行简单介绍。

PLC 中的定时器（T）相当于继电器控制系统中的通电型时间继电器。它是通过对一定周期的时钟脉冲计数实现定时的，时钟脉冲的周期有 1ms、10ms、100ms 三种，当所计脉冲个数达到设定值时触点动作，它可以提供无限对常开常闭延时触点。设定值可用常数 K 或数据寄存器 D 来设置。

1．通用定时器的分类

100ms 通用定时器（T0～T199）共 200 点，其中 T192～T199 为子程序和中断服务程序专用定时器。这类定时器是对 100ms 时钟累积计数，设定值为 1～32767，所以其定时范围为 0.1～3276.7s。

10ms 通用定时器（T200～T245）共 46 点，这类定时器是对 10ms 时钟累积计数，设定值为 1～32767，所以其定时范围为 0.01～327.67s。

2．通用定时器的动作原理

通用定时器的动作原理如图 9-2-5 所示。当 X000 闭合时，定时器 T0 线圈得电，开始延时，延时时间$\triangle t$=100ms×100=10s 到，定时器常开触点 T0 闭合，驱动 Y000。当 X000 断开时，T0 失电，Y000 失电。

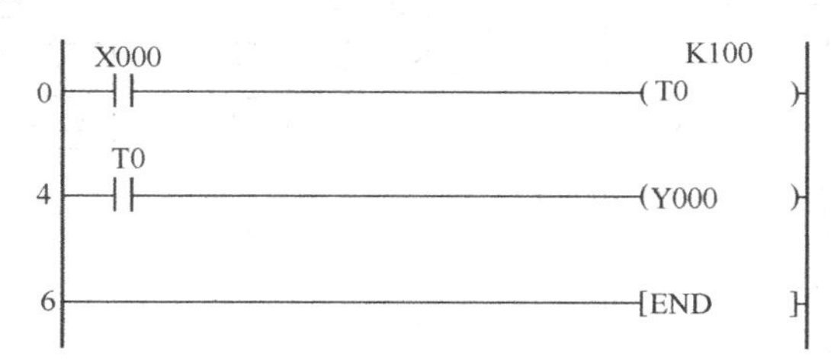

图 9-2-5　通用定时器动作原理

任务准备

实施本任务教学所使用的实训设备及工具材料见表 9-1-4。

任务实施

一、I/O 分配

通过对本任务控制要求的分析，分配输入点和输出点，写出 I/O 通道地址分配表。

根据任务控制要求，可确定 PLC 需要 2 个输入点，3 个输出点，其 I/O 通道地址分配表见表 9-2-2。

表 9-2-2　I/O 通道地址分配表

输入			输出		
元件代号	作用	输入继电器	元件代号	作用	输出继电器
SB1	停止按钮	X000	KM1	正转控制	Y000
SB2	启动按钮	X001	KM2	三角形控制	Y001
			KM3	星形控制	Y002

二、画出 PLC 接线图（I/O 接线图）

Y–△降压启动控制 I/O 接线图如图 9-2-6 所示。

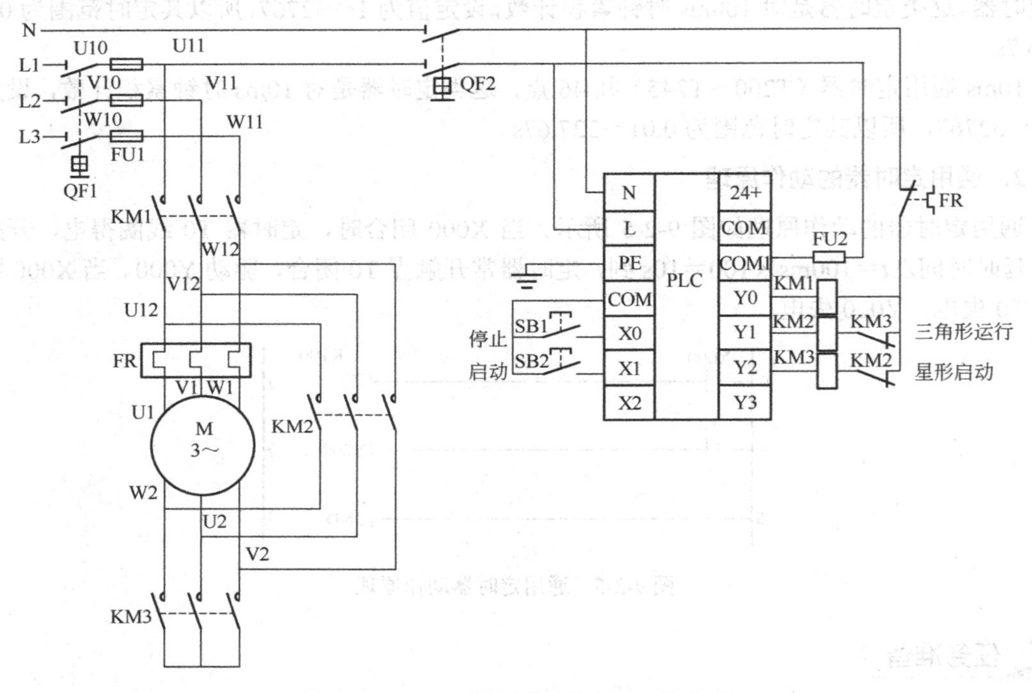

图 9-2-6　Y—△降压启动控制 I/O 接线图

提示：在Y—△降压启动的过程中要完成星形到三角形的切换，星形启动和三角形运行不能同时通电。如果星形和三角形同时通电，会造成电源相间短路。因此在设计Y—△降压启动控制 I/O 接线图时，由于 PLC 的扫描周期和接触器的动作时间不匹配，只在梯形图中加入“软继电器”的互锁会造成 Y002 虽然断开，可能接触器 KM3 还未断开，在没有外部硬件连锁的情况下，接触器 KM2 会得电动作，主触点闭合，会引起主电路电源相间短路；同理，在实际控制过程中，当接触器 KM2 或接触器 KM3 任何一个接触器的主触点熔焊时，由于没有外部硬件的连锁，只在梯形图中加入“软继电器”的互锁会造成主电路电源相间短路。此外，还可以通过程序增加一个星形断电后的延时控制，再接通三角形。

三、程序设计

编程思路：从如图 9-2-1 所示的Y—△降压启动的继电控制电路原理和如图 9-2-2 所示的控制时序图分析可知，无论是星形启动还是三角形运行，电源控制接触器 KM1（Y000）都起着主控的作用，KM2（Y001）、KM3（Y002）线圈的通断，都直接受到 KM1（Y000）常开辅助触点的控制，因此，我们可将 KM1（Y000）常开辅助触点作为主控触点。根据主控指令的编程原则，采用主控指令进行设计的程序及指令表如图 9-2-7 所示。

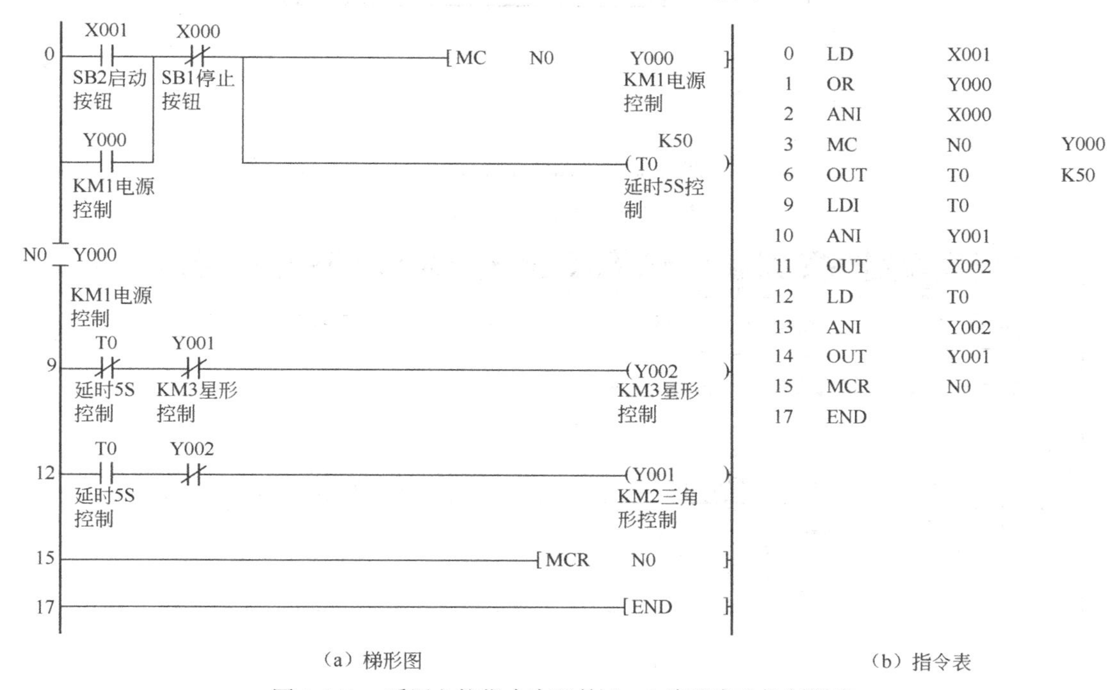

(a) 梯形图

0	LD	X001	
1	OR	Y000	
2	ANI	X000	
3	MC	N0	Y000
6	OUT	T0	K50
9	LDI	T0	
10	ANI	Y001	
11	OUT	Y002	
12	LD	T0	
13	ANI	Y002	
14	OUT	Y001	
15	MCR	N0	
17	END		

(b) 指令表

图 9-2-7 采用主控指令实现的Y—△降压启动控制程序

四、程序输入及仿真运行

1. 程序输入

启动 MELSOFT 系列 GX Developer 编程软件，首先创建新文件名，并命名为“主控指令实现Y—△降压启动控制”，选择 PLC 的类型为“FX2N”，运用前面任务所学的梯形图输入法或指令表输入法，输入图 9-2-7 所示的梯形图或指令表，其输入过程在此不再赘述，在此仅就主控指令的输入和定时器线圈输入进行介绍。

1）主控指令的输入

在输入本程序的主控指令时，首先单击下拉菜单中的“{}F8”图标，此时会弹出“梯形图输入”对话框，接着在对话框中输入主控指令“MC N0 Y000”，如图 9-2-8 所示。然后单击对话框中的“确定”按钮即可完成指令的输入，如图 9-2-9 所示。

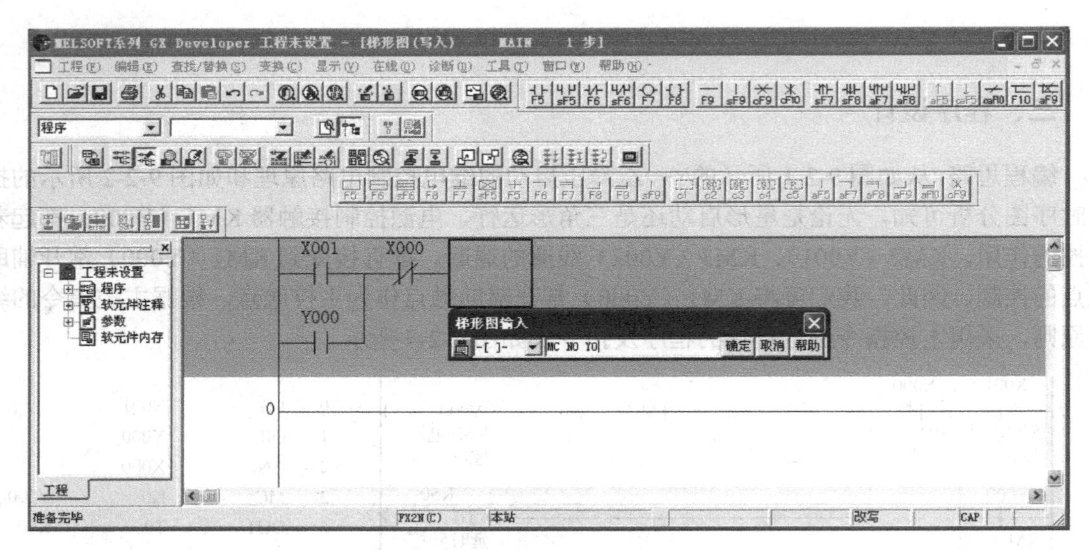

图 9-2-8　主控指令的输入

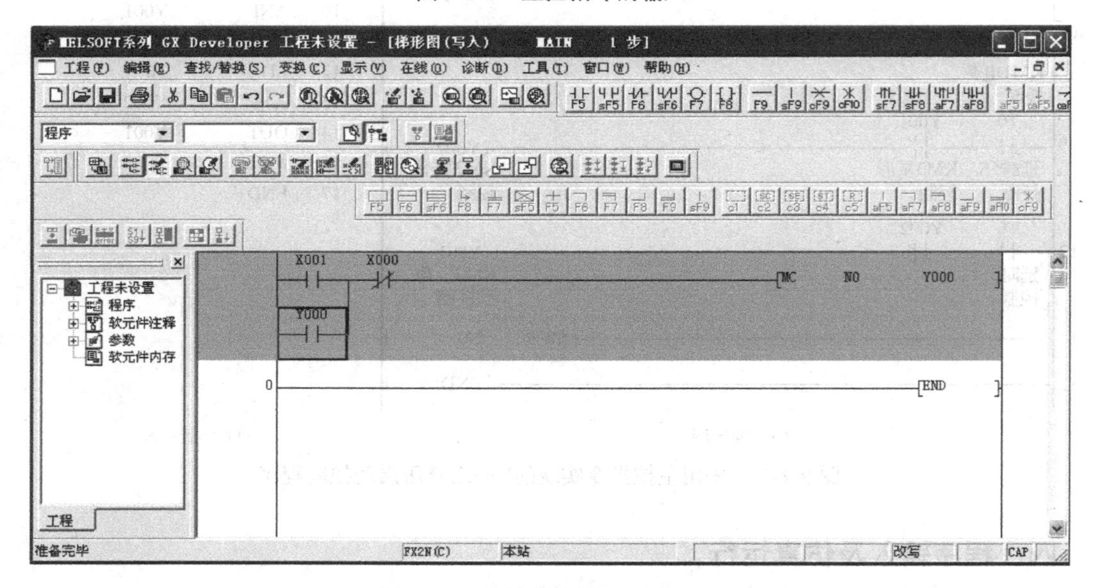

图 9-2-9　主控指令输入后的画面

小贴士

在输入主控指令 MC N0 Y000 时，应选择的是应用指令图标“{}F8”，即〔MC N0 Y000〕；不能使用线圈图标“F7”，即（MC N0 Y000）；否则将无法进行编程。

2）定时器 T0 的输入

在输入定时器线圈时，首先单击下拉菜单中的“F7”图标，此时会弹出“梯形图输入”对话框，接着在对话框中输入定时器线圈的助记符和时间常数“T0 K50”，如图 9-2-10 所示。然后单击对话框中的“确定”按钮即可完成定时器的输入，如图 9-2-11 所示。

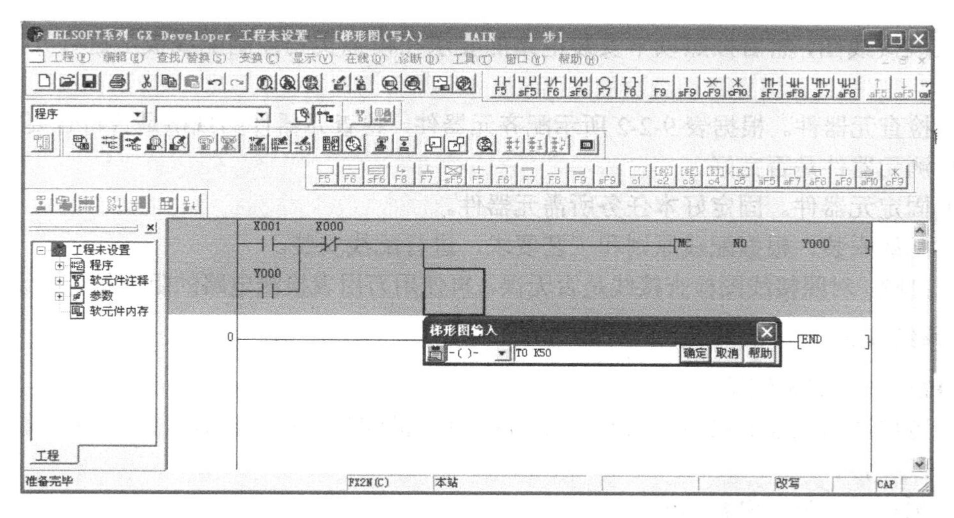

图 9-2-10　定时器 T0 线圈的输入

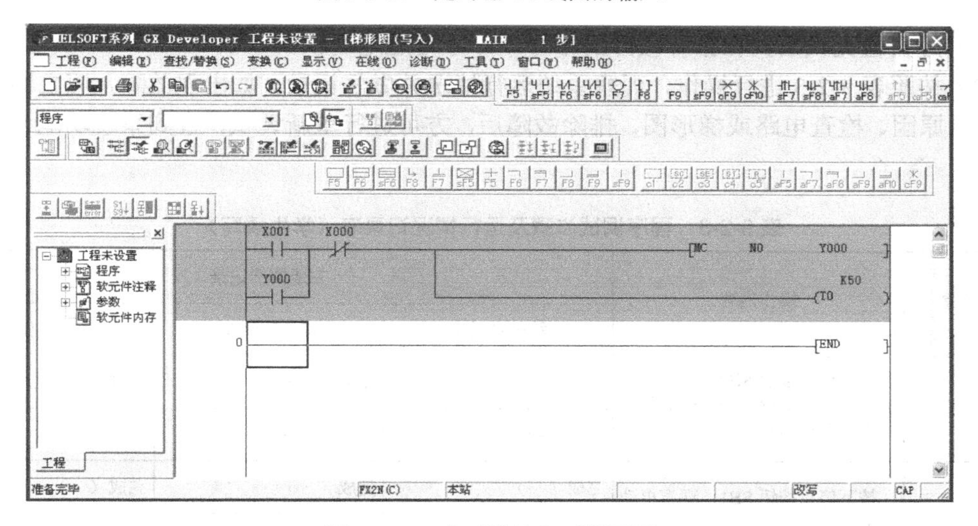

图 9-2-11　定时器输入后的画面

小贴士

在输入定时器线圈时，应选择的是线圈图标"F7"，不能使用应用指令图标"F8"，否则将无法进行编程。另外，在输入定时器线圈的助记符后，要按空格键后方可输入时间常数，并在时间常数前加"K"。

2. 仿真运行

运用前面任务 1 介绍的仿真方法进行机上模拟仿真，在此不再赘述，读者可自行进行。

五、线路安装与调试

1. 线路安装

根据如图 9-2-6 所示的 PLC 接线图（I/O 接线图），画出三相异步电动机 PLC 控制系统的电气安装接线图，然后按照以下安装电路的要求在模拟实物控制配线板上进行元器件及线路安装。

（1）检查元器件。根据表 9-2-2 所示配齐元器件，检查元器件的规格是否符合要求，并用万用表检测元器件是否完好。

（2）固定元器件。固定好本任务所需元器件。

（3）配线安装。根据配线原则和工艺要求，进行配线安装。

（4）自检。对照接线图检查接线是否无误，再使用万用表检测电路的阻值是否与设计相符。

2. 系统调试

1）PLC 与计算机连接

使用专用通信电缆 RS232/RS422 转换器将 PLC 的编程接口与计算机的 COM1 串口连接。

2）程序写入

参照项目 9 任务 1 内容完成。

3）功能调试

（1）经自检无误后，在指导教师的指导下，方可通电调试。

（2）按照表 9-2-3 进行操作，观察系统运行情况并做好记录。如出现故障，应立即切断电源，分析原因、检查电路或梯形图，排除故障后，方可进行重新调试，直到系统功能调试成功为止。

表 9-2-3　程序调试步骤及运行情况记录表（学生填写）

操作步骤	操作内容	完成情况记录		
		第一次试车	第二次试车	第三次试车
第一步	按下启动按钮 SB2，观察电动机能否进行星形启动，5s 后是否转入三角形运行	完成（ ）	完成（ ）	完成（ ）
		无此功能（ ）	无此功能（ ）	无此功能（ ）
第二步	按下停止按钮 SB1，观察电动机能否停止	完成（ ）	完成（ ）	完成（ ）
		无此功能（ ）	无此功能（ ）	无此功能（ ）

任务评价

对任务实施的完成情况进行检查，并将结果填入任务测评表，见表 9-1-7。

任务拓展

一、计数器（C）

1）计数器的分类

FX2N 系列 PLC 提供了两类计数器，一类为内部计数器，它是 PLC 在执行扫描操作时间对内部信号等进行计数的计数器，要求输入信号的接通或断开时间应大于 PLC 的扫描周期；

另一类是高速计数器，其响应速度快，因此对于频率较高的计数就必须采用高速计数器。内部计数器分为 16 位加计数器和 32 位加/减计数器两类，计数器采用 C 和十进制数共同组成编号。在此仅介绍 16 位加计数器。

C0～C199 共 200 点，是 16 位加计数器，其中 C0～C99 共 100 点为通用型，C100～C199 共 100 点为断电保持型（断电保持型即断电后能保持当前值通电后继续计数）。这类计数为递加计数，应用前先对其设置某一设定值，当输入信号（上升沿）个数累加到设定值时，计数器动作，其常开触点闭合、常闭触点断开。16 位加计数器的设定值为 1～32767，设定值可以用常数 K 或者通过数据寄存器 D 来设定。

2）计数器的工作原理

计数器的工作原理如图 9-2-12 所示。图 9-2-12 中，计数输入 X000 是计数器的工作条件，X000 每次驱动计数器 C0 的线圈时，计数器的当前值加 1。“K5”为计数器的设定值。当第 5 次执行线圈指令时，计数器的当前值和设定值相等，输出触点就动作。Y000 为计数器 C0 的工作对象，在 C0 的常开触点接通时置 1。而后即使计数器输入 X000 再动作，计数器的当前值保持不变。由于计数器的工作条件 X000 本身就是断续工作的，外电源正常时，其当前值寄存器具有记忆功能，因而即使是非掉电保持型的计数器也需复位指令才能复位。图 9-2-12 中，X001 为复位条件，当复位输入 X001 在上升沿接通时，执行 RST 指令，计数器的当前值复位为 0，输出触点也复位。

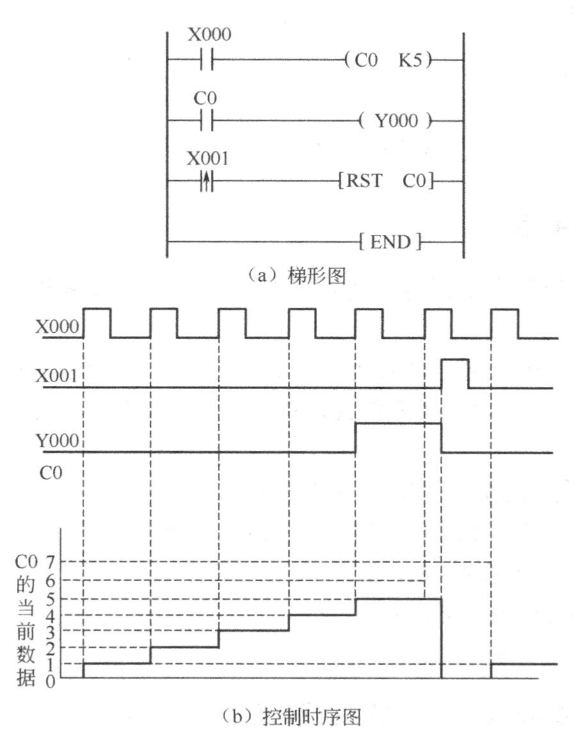

（a）梯形图

（b）控制时序图

图 9-2-12 计数器的工作原理

3）编程实例

如图 9-2-13 所示是一个报警器控制程序，当行程开关条件 X001＝ON 满足时蜂鸣器鸣叫，同时报警灯以每次亮2s、熄灭3s的周期连续闪烁10次后，自动停止声光报警。

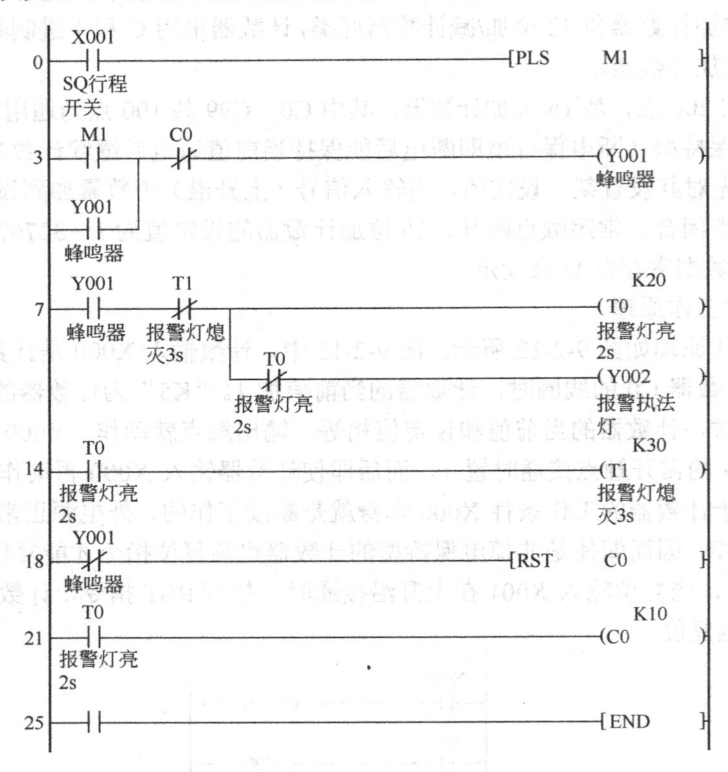

图 9-2-13　计数器的编程实例

二、特殊辅助继电器

前面已介绍了通用型和失电保持型两种辅助继电器，现着重介绍与本次任务有关的一些特殊辅助继电器。

PLC的特殊辅助继电器很多，都具有不同的功能。其中有些特殊辅助继电器在PLC运行时能自动驱动其线圈，用户仅可利用其触点功能，一些常用的特殊辅助继电器的元件编号和功能介绍如下：

M8000——作为运行监视用（在运行中常接通）；
M8002——初始脉冲（仅在运行开始瞬间接通一个脉冲周期）；
M8011——产生10ms连续脉冲；
M8012——产生100ms连续脉冲；
M8013——产生1s连续脉冲。

三、利用计数器实现花式喷泉控制系统

任务控制要求如下。

（1）有一花式喷泉分别由A、B、C三组喷头组成，其示意图如图9-2-14（a）所示。

（2）当按下启动按钮后，A、B、C三组喷头按图9-2-14（b）所示的时序图循环工作，工

作两次后停止。

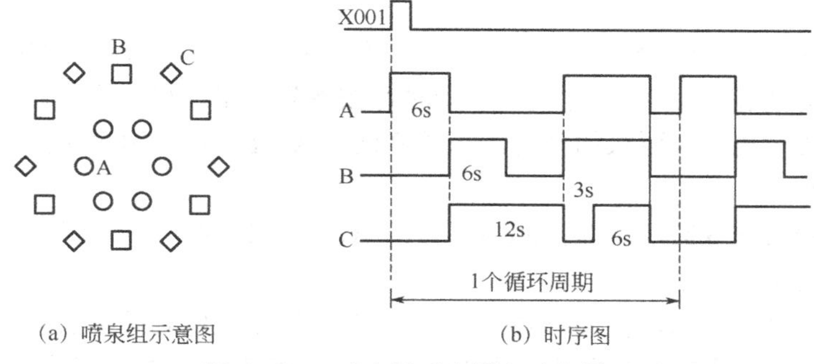

（a）喷泉组示意图　　（b）时序图

图 9-2-14　喷泉组示意图和时序图

一、I/O 分配

通过对本任务控制要求分析，分配输入点和输出点，写出 I/O 通道地址分配表。

根据任务控制要求，可确定 PLC 需要 2 个输入点和 3 个输出点，其 I/O 通道地址分配表见表 9-2-4。

表 9-2-4　I/O 通道地址分配表

输入			输出		
元件代号	作用	输入继电器	元件代号	作用	输出继电器
SB1	启动按钮	X000	YV1	A 组喷头电磁阀	Y001
SB2	停止按钮	X001	YV2	B 组喷头电磁阀	Y002
			YV3	C 组喷头电磁阀	Y003

二、画出 PLC 接线图

花式喷泉控制的 I/O 接线图如图 9-2-15 所示。

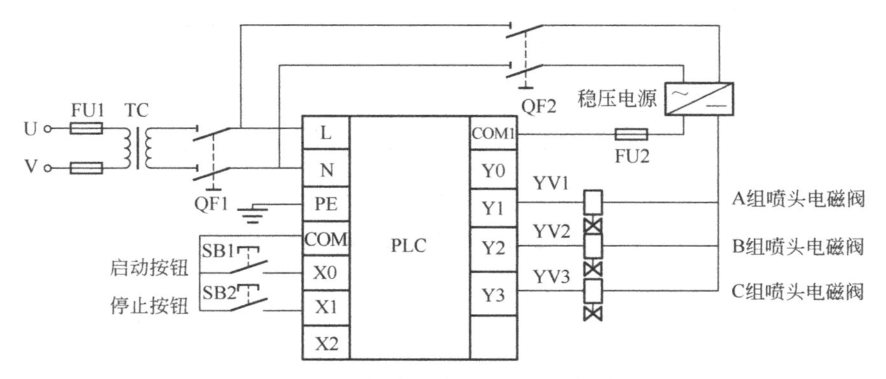

图 9-2-15　花式喷泉控制的 I/O 接线图

三、程序设计

通过对本任务的控制分析可知，该系统的程序控制是一个带次数的顺序控制（三组喷头按一定的顺序延时工作）。在进行编程设计时可按下列思路进行编程设计。

通过对花式喷泉控制要求的分析，花式喷泉中A、B、C三组喷头的顺序控制应从以下两个方面进行设计。

当按下启动按钮SB1后，花式喷泉中A、B、C三组喷头按照如图9-2-14（b）所示的时序图循环工作两次后停止。

从控制要求分析可知，花式喷泉中A、B、C三组喷头电磁阀都必须在系统启动后才开始工作，因此，我们可用前面任务中介绍的主控指令MC和主控复位指令MCR进行编程设计，如图9-2-16所示是按下按钮SB1后，花式喷泉中A、B、C三组喷头按照如图9-2-14（b）所示的时序图循环工作的控制程序。

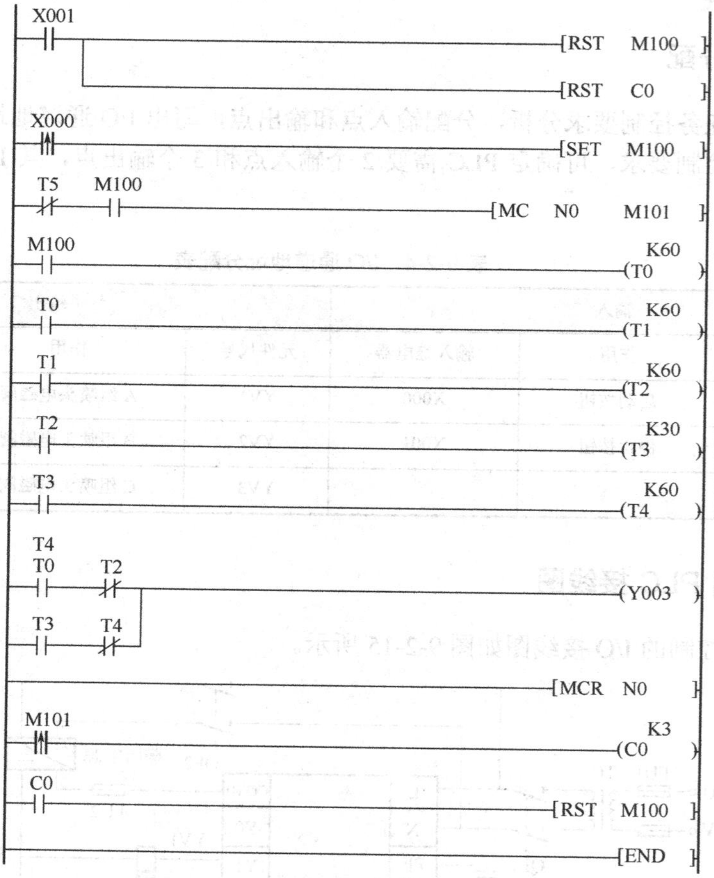

```
X001 ─┤├─┬──────────────── [RST  M100]
         └──────────────── [RST  C0]
X000 ─┤↑├───────────────── [SET  M100]
T5 ─┤/├── M100 ─┤├──────── [MC  N0  M101]
M100 ─┤├────────────────── (T0  K60)
T0 ─┤├──────────────────── (T1  K60)
T1 ─┤├──────────────────── (T2  K60)
T2 ─┤├──────────────────── (T3  K30)
T3 ─┤├──────────────────── (T4  K60)
T4
T0 ─┤├── T2 ─┤/├─┬──────── (Y003)
T3 ─┤├── T4 ─┤/├─┘
────────────────────────── [MCR  N0]
M101 ─┤↓├───────────────── (C0  K3)
C0 ─┤├──────────────────── [RST  M100]
────────────────────────── [END]
```

图9-2-16　花式喷泉手动启停控制程序

项目10 步进指令的应用

任务1 液体混合控制系统的设计与装调

任务目标

知识目标

1．掌握状态继电器的功能及步进顺控指令的功能及应用。

2．掌握单序列结构状态转移图（SFC）的画法，并会通过状态转移图进行步进顺序控制的设计。

能力目标

1．会根据控制要求，画出状态转移图，并能灵活地运用以转换为中心的状态流程图转换成梯形图，实现液体混合控制系统的程序设计。

2．能采用状态转移图输入法进行编程，并通过仿真软件采用软元件测试的方法进行仿真，并进行安装调试。

素质目标

养成独立思考和动手操作的习惯，培养小组协调能力和互相学习的精神。

任务呈现

图 10-1-1　药剂混合机

药剂混合机在医药、食品、化工等行业中广泛应用。以前的药剂混合机一般都是采用继电器控制系统，由于这些行业生产环境等因素的特殊要求，使得使用继电器控制系统的药剂混合机，不再适应耐热、防潮、抗震等性能高的生产环境。药剂混合机如图 10-1-1 所示。

本任务的主要内容是：以图 10-1-1 的药剂混合机为例，运用 PLC 的顺序控制设计法中的步进顺控指令编程法，完成对药剂自动混合装置的电气控制。

药剂混合装置的示意图如图 10-1-2 所示，其控制要求如下。

1．初始状态

药剂混合装置投入运行时，液体 A、B 阀门关闭，容器为放空关闭状态。

2．周期操作

按下启动按钮 SB1，药剂混合装置开始按如下顺序工作。

（1）液体 A 阀门打开，液体 A 流入容器，液位上升。

（2）当液位上升到 SL2 时，SL2 导通，关闭液体 A 阀门，同时打开液体 B 阀门，液体 B 开始流入容器。

（3）当液位上升到 SL1 时，关闭液体 B 阀门，搅拌电动机开始搅拌。

（4）搅拌电动机工作 20s 后停止搅拌，混合液阀门打开，放出混合液体。

（5）当液位下降到 SL3 时，开始定时，且装置继续放液，将容器放空，定时满 20s 后，混合液阀门关闭，自动开始下一个周期。

3．停止操作

当按下停止按钮 SB2 时，药剂混合装置在完成当前的工作循环后才停止操作。

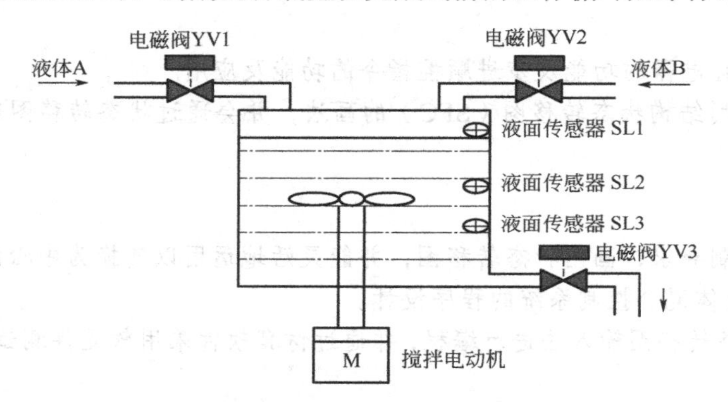

图 10-1-2　药剂混合装置的示意图

知识链接

一、编程元件——状态继电器（S）

状态继电器 S 是用来记录系统运行的状态，它是编制顺序控制程序的重要编程元件。状态继电器应与步进顺控指令 STL 配合使用。其编号为十进制数。FX2N 系列 PLC 内部的状态继电器共有 1000 个，其类型和编号见表 10-1-1。

表 10-1-1　FX2N 系列 PLC 的状态继电器

类别	元件编号	点数	用途及特点
初始状态继电器	S0 ～S9	10	用于状态转移图（SFC）的初始状态
回零状态继电器	S10 ～S19	10	多运行模式控制当中，用作返回原点的状态
通用状态继电器	S20 ～S499	480	用作状态转移图（SFC）的中间状态
断电保持状态继电器	S500 ～S899	400	具有停电保持功能，断电再启动后，可继续执行

续表

类别	元件编号	点数	用途及特点
报警用状态继电器	S900～S999	100	用于故障诊断和报警

在使用状态继电器时，要注意以下几个方面。

（1）状态继电器的编号必须在指定的类别范围内使用。

（2）状态继电器与辅助继电器一样有无数的常开和常闭触点，在 PLC 内部可自由使用。

（3）不使用步进顺控指令时，状态继电器可与辅助继电器一样使用。

（4）供报警用的状态继电器可用于外部故障诊断的输出。

（5）通用状态继电器和断电保持状态继电器的地址编号分配可通过改变参数来设置。

小贴士

对断电保持型的状态继电器在重复使用时要用 RST 指令复位。报警用的状态继电器 S900～S999，要联合使用特殊辅助继电器 M8048、M8049 及应用指令 ANS 及 ANR。

二、步进顺控指令（STL、RET）

步进顺控指令只有两条，即步进阶梯（步进开始）指令（STL）和步进返回指令（RET）。

1. 指令的助记符及功能

步进顺控指令的助记符及功能见表 10-1-2。

表 10-1-2 步进顺控指令的助记符及功能

指令助记符名称	功能	梯形图符号	程序步
STL（步进开始指令）	与母线直接连接，表示步进顺控开始	┤├ 或 S0 STL	1 步
RET（步进返回指令）	步进顺控结束，用于状态流程结束，返回主程序	[RET]	1 步

2. 关于指令功能说明

（1）STL 是利用软元件对步进顺控问题进行工序步进式控制的指令。RET 是指状态（S 元件）流程结束，返回主程序。

（2）STL 触点通过置位指令（SET）激活。若 STL 触点激活，则与其相连的电路接通；如果 STL 触点未激活，则与其相连的电路断开。

（3）STL 触点与其他元件触点意义不尽相同。STL 无常闭触点，而且与其他触点无 AND、OR 的关系。

三、编程的基本知识

1. 顺序功能图（状态转移图）的组成要素

使用顺序控制设计法时首先根据系统的工艺过程，画出顺序功能图，然后根据顺序功能图画出梯形图。所谓顺序功能图，就是描述顺序控制的框图，如图 10-1-3 所示。顺序功能图主要由步、有向连线、转换、转换条件和动作（或命令）五大要素组成。

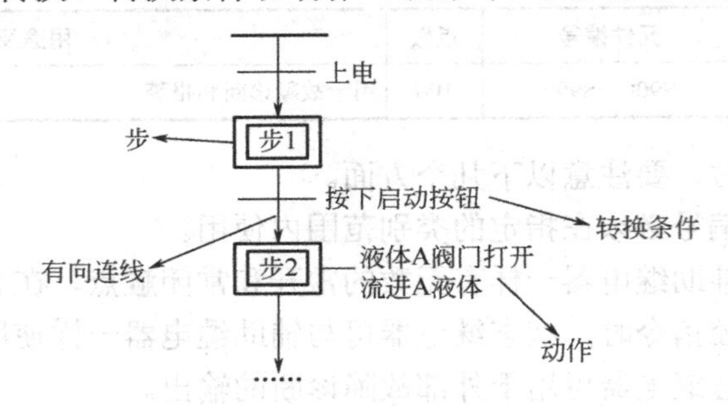

图 10-1-3　顺序功能图（状态转移图）的组成要素

1）步及其划分

顺序控制设计法最基本的思想是分析被控对象的工作过程及控制要求，根据控制系统输出状态的变化将系统的一个工作周期划分为若干个顺序相连的阶段，这些阶段就称为步，可以用编程元件（如辅助继电器 M 和状态继电器 S）来代表各步。步是根据 PLC 输出量的状态变化来划分的，在每一步内，各输出量的 ON/OFF 状态均保持不变。只要系统的输出量状态发生变化，系统就从原来的步进入新的步。

（1）初始步：与系统的初始状态相对应的步称为初始步，初始状态一般是系统等待启动命令的相对静止状态。初始步用双线框表示，如图 10-1-3 所示的“步 1”；每一个顺序功能图至少应该有一个初始步。

（2）活动步：当系统处于某一步所在的阶段时，该步处于活动状态，称该步为活动步，如图 10-1-3 所示的“步 2”。步处于活动状态时，相应的动作被执行，如图 10-1-3 所示的“步 2”的液体 A 阀门打开流进 A 液体。

2）与步对应的动作（或命令）

在某一步中要完成某些“动作”，“动作”是指某步活动时，PLC 向被控系统发出的命令，或被控系统应执行的动作。动作用矩形框中的文字或符号表示，该矩形框应与相应步的矩形框相连接。如果某一步有几个动作，可以用如图 10-1-4 所示的两种画法来表示，但是并不隐含这些动作之间的任何顺序。

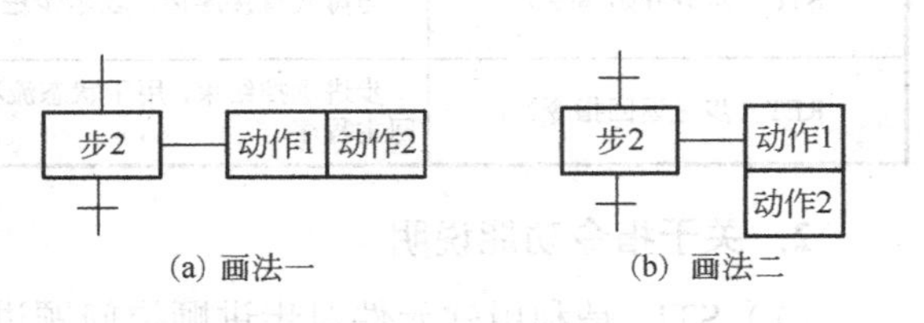

图 10-1-4　多个动作的表示方法

3）有向连线、转换和转换条件

步与步之间用有向连线连接，并且用转换将步分隔开。步的活动状态进展按有向连线规定的路线进行。有向连线上无箭头标注时，其进展方向是从上而下、从左到右。如果不是上述方向，应在有向连线上用箭头注明方向。

在顺序功能图中，步的活动状态的进展是由转换来实现的。转换的实现必须同时满足两个条件。

（1）该转换所有的前级步都是活动步。

（2）相应的转换条件得到满足。

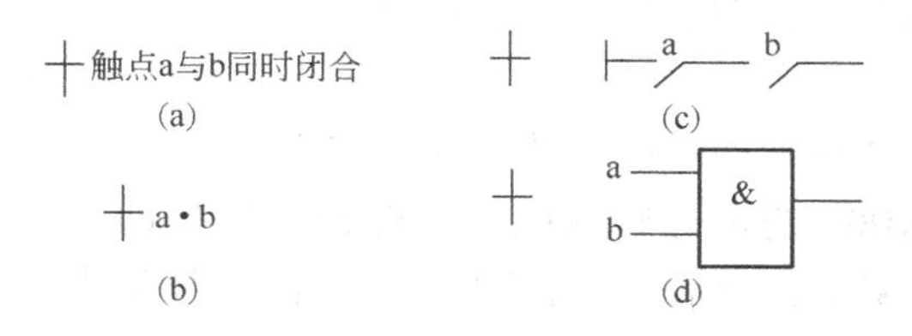

图 10-1-5 转换与转换条件

转换是用与有向连线垂直的短画线来表示的，步与步之间不允许直接相连，必须有转换隔开，而转换与转换之间也同样不能直接相连，必须有步隔开。

转换条件是与转换相关的逻辑命题。转换条件可以用文字语言、布尔代数式或图形符号标在表示转换的短画线旁边，本任务中如图 10-1-5（a）所示。

2. 单序列结构形式的顺序功能图

根据步与步之间转换的不同情况，顺序功能图有三种不同的基本结构形式：单序列结构、选择序列结构和并行序列结构。本次任务所应用的顺序功能图为单序列结构形式。顺序功能图的单序列结构形式没有分支，它由一系列按顺序排列、相继激活的步组成。每一步的后面只有一个转换，每一个转换后面只有一步，如图 10-1-6 所示。

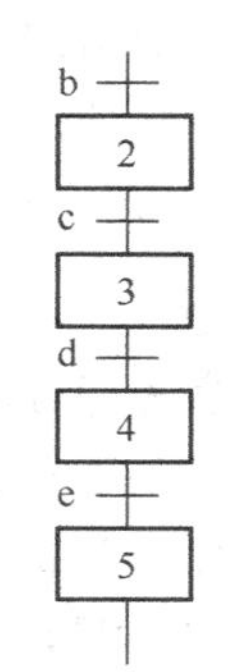

图 10-1-6 单序列结构

3. 步进顺控指令的单序列结构的编程方法

使用 STL 指令的状态继电器的常开触点称为 STL 触点。从图 10-1-7 可以看出顺序功能图、步进梯形图和指令表的对应关系。

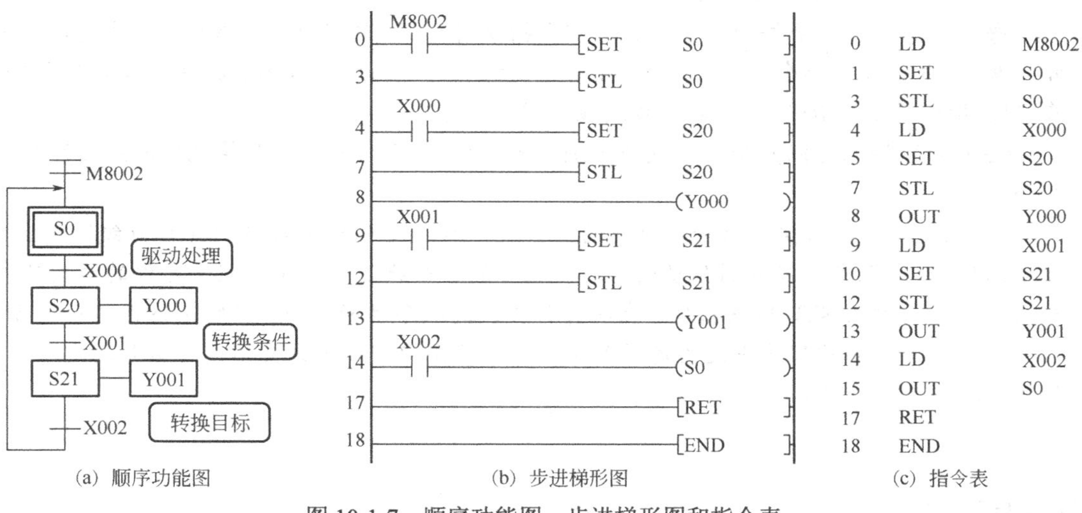

图 10-1-7 顺序功能图、步进梯形图和指令表

原理分析：该系统一个周期由 3 步组成。它们可分别对应 S0、S20 和 S21，步 S0 代表初始步。

当 PLC 上电进入 RUN 状态时，初始化脉冲 M8002 的常开触点闭合一个扫描周期，梯形图第一行的 SET 指令将初始步 S0 置为活动步。除初始状态外，其余的状态必须用 STL 指令来引导。

在梯形图中，每一个状态的转换条件由指令 LD 或 LDI 引入，当转换条件有效时，该状态由置位指令 SET 激活，并由步进指令进入该状态。接着列出该状态下的所有基本顺控指令及转换条件。

在梯形图第二行，S0 的 STL 触点与转换条件 X000 的常开触点组成的串联电路代表转换实现的两个条件。当初始步 S0 为活动步时，X000 的常开触点闭合，转换实现的两个条件同时满足，置位指令 SET S20 被执行，后续步 S20 变为活动步，同时，S0 自动复位为不活动步。

S20 的 STL 触点闭合后，该步的负载被驱动，Y000 线圈通电。转换条件 X001 的常开触点闭合时，转换条件得到满足，下一步的状态继电器 S21 被置位，同时状态继电器 S20 被自动复位。S21 的 STL 触点闭合后，该步的负载被驱动，Y001 线圈通电。当转换条件 X002 的常开触点闭合时，用 OUT S0 指令使 S0 变为 ON 并保持，系统返回到初始步。

注意，在上述程序中的一系列 STL 指令之后要有 RET 指令，意为返回母线上。

小贴士

步进顺控指令在顺序功能图中的使用说明如下。

（1）每一个状态继电器具有三种功能，即对负载的驱动处理、指定转换条件和指定转换目标，如图 10-1-7（a）所示。

（2）STL 触点与左母线连接，与 STL 相连的起始触点要使用 LD 或 LDI 指令。使用 STL 指令后，相当于母线右移至 STL 触点的右侧，形成子母线，一直到出现下一条 STL 指令或者出现 RET 指令为止。RET 指令使右移后的子母线返回原来的母线，表示顺控结束。使用 STL 指令使新的状态置位，前一状态自动复位。步进触点指令只有常开触点。

每一状态的转换条件由指令 LD 或 LDI 指令引入，当转换条件有效时，该状态由置位指令激活，并由步进指令进入该状态，接着列出该状态下的所有基本顺控指令及转换条件，在 STL 指令后出现 RET 指令表明步进顺控过程结束。

（3）STL 触点可以直接驱动或通过别的触点驱动 Y、M、S、T 等元件的线圈和应用指令。

（4）由于 CPU 只执行活动步对应的电路块，所以使用 STL 指令时允许双线圈输出，即不同的 STL 触点可以分别驱动同一编程元件的一个线圈。但是，同一元件的线圈不能在同时为活动步的 STL 区内出现，在有并行序列的顺序功能图中，应特别注意这一问题。

（5）在步进顺控程序中使用定时器时，不同状态内可以重复使用同一编号的定时器，但相邻状态不可以使用。

知识准备

实施本任务教学所使用的实训设备及工具材料见表 10-1-3。

表 10-1-3　实训设备及工具材料

序号	分类	名称	型号规格	数量	单位	备注
1	工具	电工常用工具		1	套	
2	仪表	万用表	MF47 型	1	块	

续表

序号	分类	名称	型号规格	数量	单位	备注
3	设备器材	编程计算机		1	台	
4		接口单元		1	套	
5		通信电缆		1	条	
6		可编程序控制器	FX2N-48MR	1	台	
7		安装配电盘	600×900mm	1	块	
8		导轨	C45	0.3	米	
9		空气断路器	Multi9 C65N D20	1	只	
10		熔断器	RT22-2-12	6	只	
11		按钮	LA9-2H	1	只	
12		接触器	CJ2-4-10 或 CJT1-10	1	只	
13		接线端子	D-20	20	只	
14		位置传感器	自定	3	只	
15		电磁阀	自定	3	只	
16		三相异步电动机	自定	1	台	
17	消耗材料	铜塑线	BV1/1.37mm^2	10	米	主电路
18		铜塑线	BV1/1.13mm^2	15	米	控制电路
19		软线	BVR7/0.75mm^2	10	米	
20		紧固件	M4×20 螺杆	若干	只	
21			M4×12 螺杆	若干	只	
22			ϕ4 平垫圈	若干	只	
23			ϕ4 弹簧垫圈及 M4 螺母	若干	只	
24		号码管		若干	米	
25		号码笔		1	支	

任务实施

一、I/O 分配

通过对本任务控制要求的分析，分配输入点和输出点，写出 I/O 通道地址分配表。

根据任务控制要求，可确定 PLC 需要 6 个输入点，4 个输出点，其 I/O 通道地址分配表见表 10-1-4。

表 10-1-4　I/O 通道地址分配表

输入			输出		
元件代号	作用	输入继电器	元件代号	作用	输出继电器
SL2	液面传感器	X000	YV1	A 液电磁阀	Y000

续表

输入			输出		
SL1	液面传感器	X001	YV2	B 液电磁阀	Y001
SL3	液面传感器	X002	KM	搅拌电动机控制	Y002
SB1	启动按钮	X003	YV3	混合液电磁阀	Y003
SB2	停止按钮	X004			
SA	连续/单周	X005			

二、画出 PLC 接线图（I/O 接线图）

液体混合控制系统 PLC 接线图如图 10-1-8 所示。

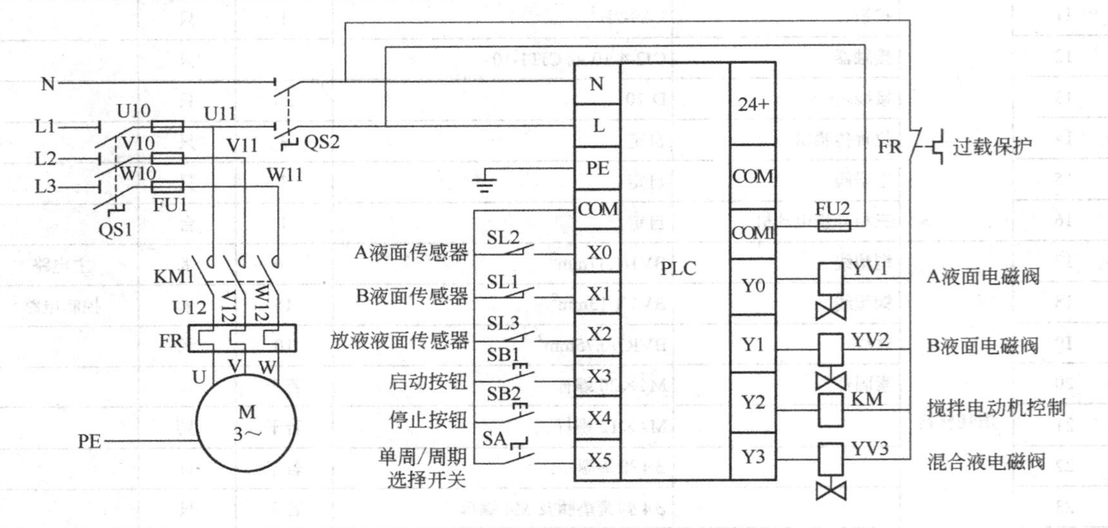

图 10-1-8　液体混合控制系统 PLC 接线图

三、程序设计

用步进顺控指令的单序列结构编程方法对本任务进行设计，设计的方法及步骤如下。

1. 顺序功能图的建立

顺序功能图（Sequential Function Chart）也称为状态转移图（简称 SFC）。在本任务内容中的顺序功能图中的步使用的是状态继电器（S）。

通过对本任务内容控制要求的分析，液体混合控制系统的工作过程可划分为：原位（SB1）、进 A 液体（SL2）、进 B 液体（SL1）、搅拌和放液五步；各步电磁阀 YV1、YV2、YV3 和接触器 KM 的状态见表 10-1-5。

（1）液体自动混合装置初始状态：液体排空。

（2）按下 SB1：进 A 液体。

（3）当液位达到传感器 SL2 的高度：进 B 液体。

（4）当液位达到传感器 SL1 的高度：搅拌机开始搅拌。

（5）搅拌机工作 20s 后：放液。

（6）当液面下降到 SL3 时，SL3 由接通变成断开，再过 20s 后，容器放空，混合液阀门关闭，返回初始状态开始下一个周期。

表 10-1-5 液体混合控制系统工作过程电磁阀和接触器的状态表

工作过程	YV1	YV2	YV3	KM	转换主令
原位（停止）	-	-	-	-	SB1
进 A 液体	+	-	-	-	SL2
进 B 液体	-	+	-	-	SL1
搅拌	-	-	-	+	T0
放液	-	-	+	-	SL3、T1

（7）状态转移图中步的确定与绘制。

① 步序的确定：原位（初始状态）、进 A 液体、进 B 液体、搅拌、放液。

初始步激活：特殊继电器 M8002。

S0～S13：原位（初始状态）、进 A 液体、进 B 液体、搅拌、放液。

② 状态转移图中步的绘制。

根据上述的步序，确定进行步的绘制，如图 10-1-9 所示。

③ 转换条件和动作的绘制。

根据控制要求分析，将各步的转换条件和输出继电器的动作在状态流程图中进行绘制，如图 10-1-10 所示。

④ 初始条件的确定。

当 PLC 刚进入程序运行状态时，由于 S0 的前步 S13 还未曾得电，虽然 SL3 已满足，故 S0 无法得电，其所有的后续步均无法工作。因此刚开始时应该给初始步一个激活信号，且此信号在激活初始步以后就不能再出现，否则会同时出现两个活动步。

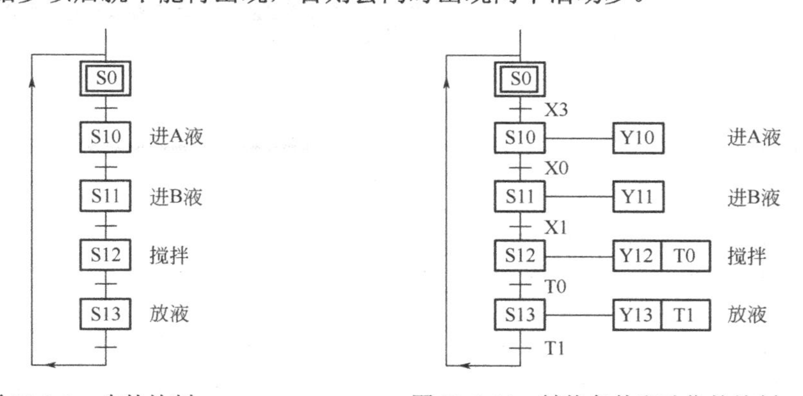

图 10-1-9 步的绘制

图 10-1-10 转换条件和动作的绘制

初始激活信号可以用 M8002 或其他满足要求的脉冲信号。液体混合控制系统的状态流程图如图 10-1-11 所示。

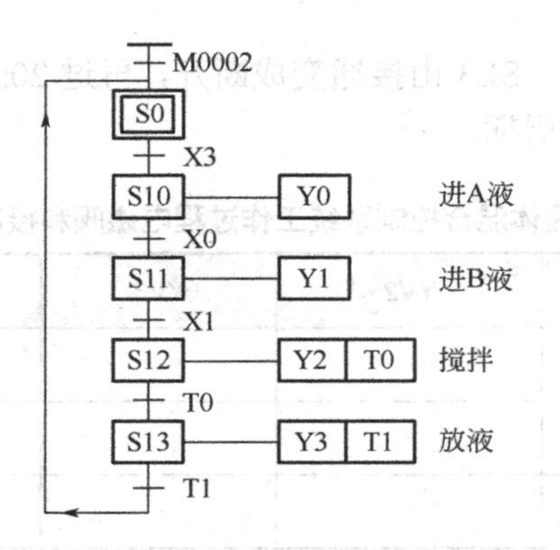

图 10-1-11　液体混合控制系统的状态转移图

2．基本逻辑指令步进顺序控制程序的编写

利用 PLC 基本逻辑指令按状态转移图编写程序，具体的步进顺控程序的编写过程详见下述程序的输入内容。

四、程序输入及仿真运行

本任务的程序输入有别于前面所有任务所介绍的程序输入方法，它所采用的编程输入是状态转移图输入法，即 SFC 块输入法。下面通过对本任务的编程来说明 SFC 块输入法的应用。

1．工程名的建立

启动 MELSOFT 系列 GX Developer 编程软件，如图 10-1-12 所示，首先选择 PLC 的类型为“FX2N”，在程序类型框内选择“SFC”，创建新文件名，并命名为“液体混合控制系统”；然后单击对话框内的“确定”按钮，进入如图 10-1-13 所示的画面。

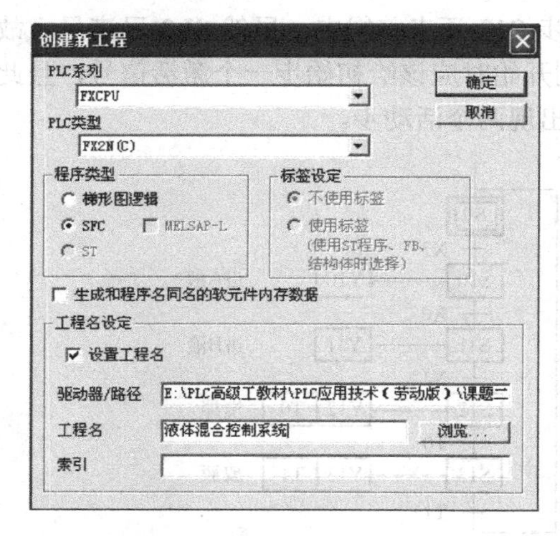

图 10-1-12　创建工程名画面

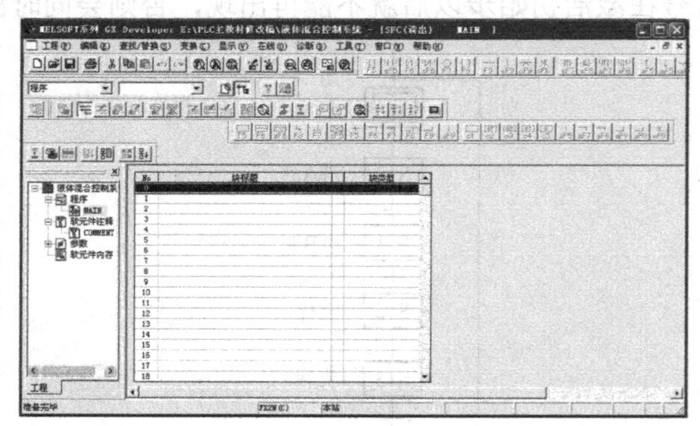

图 10-1-13　进入 SFC 块画面

2．程序初始化的建立

双击如图 10-1-13 所示的块标题里的黑色框，会出现如图 10-1-14 所示的画面；在画面中的块信息设置对话框中的块标题里，输入“程序初始化”的名称，并在“块类型”中选择“梯形图块”，然后单击“确定”按钮，会进入如图 10-1-15 所示的画面。

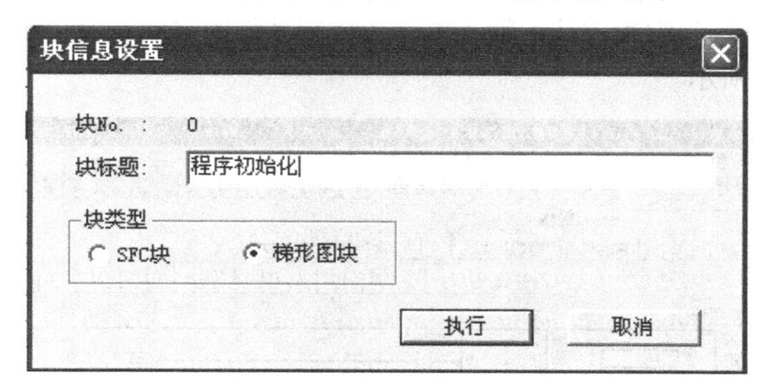

图 10-1-14 “块信息设置”对话框

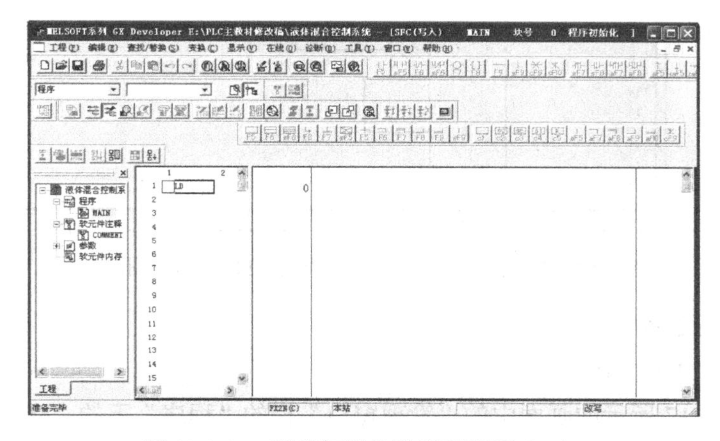

图 10-1-15 程序初始化梯形图画面（一）

1）初始化梯形图的输入

在如图 10-1-15 右边所示的梯形图编程画面中，输入初始化脉冲指令 M8002 及置位指令 SET S0；然后单击程序变换/编译图标“”，即可得到初始化程序，如图 10-1-16 所示。

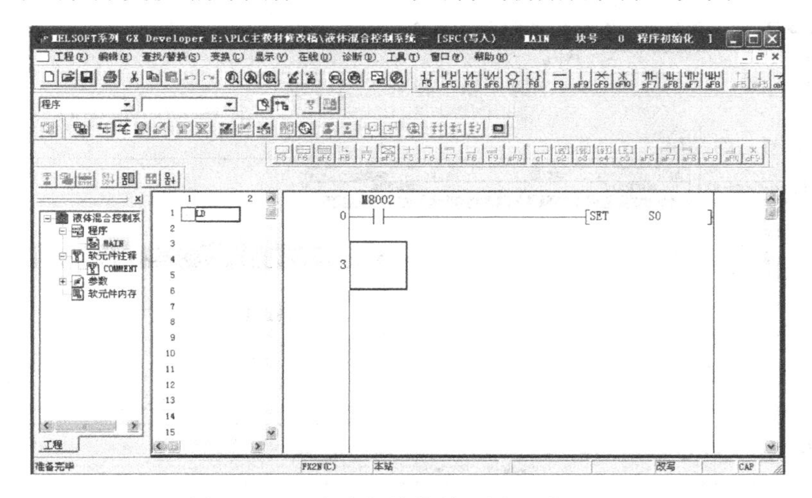

图 10-1-16 程序初始化梯形图画面（二）

2）启动、停止和单周/周期控制的梯形图输入

利用“启—保—停”编程方法，输入本任务控制系统的启动、停止和单周/周期控制的梯形图，如图10-1-17所示。

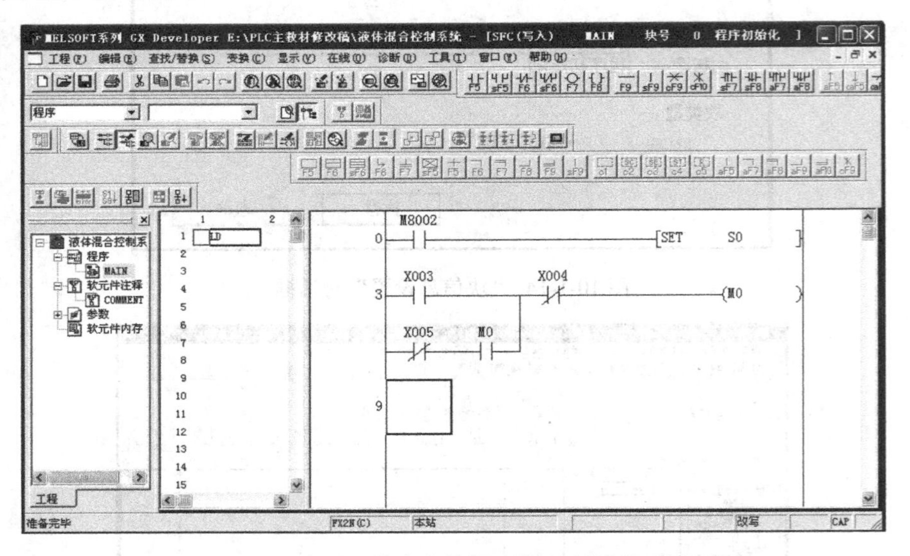

图10-1-17　启动、停止和单周/周期控制的梯形图画面

3．状态转移图的输入

（1）状态转移图的命名。

双击如图10-1-17所示的画面中的“管理窗口”栏的“程序”下的“MAIN”，会出现如图10-1-18所示的画面。然后双击“块标题”栏中的“N0.1”的黑色框，会出现“N0.1”的“块信息设置”对话框，在“块标题”内输入“自动混合控制”名称，然后单击“执行”，会进入如图10-1-19所示的画面。

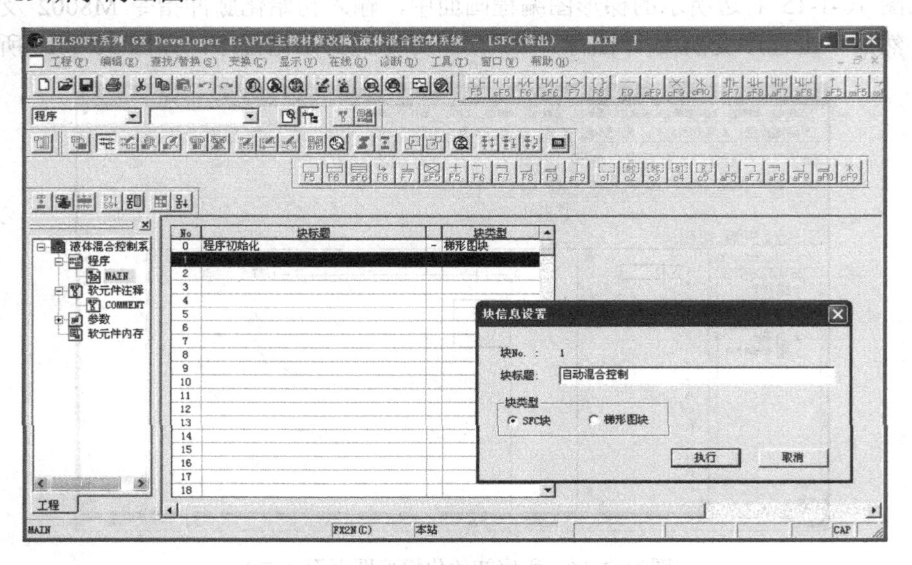

图10-1-18　SFC块的命名画面

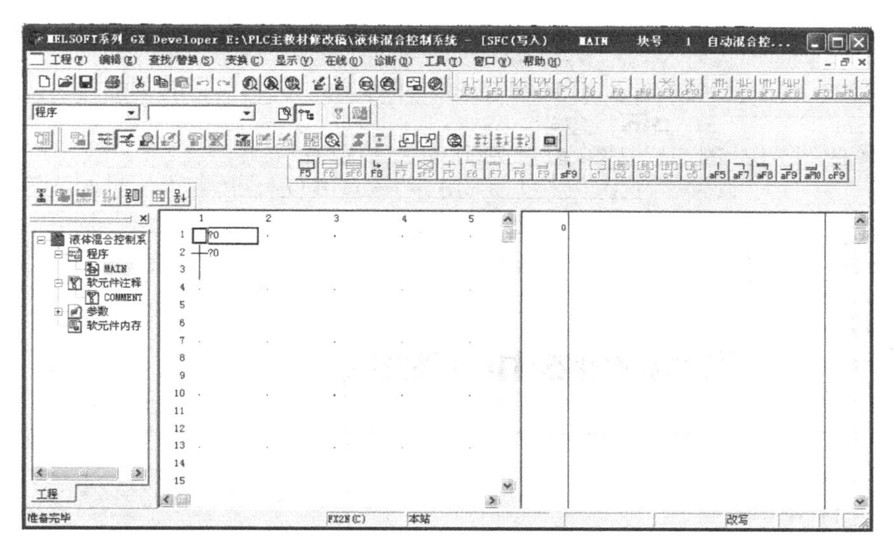

图 10-1-19 SFC 块的编程界面

（2）状态转移图步（STEP）符号的输入。

将光标移至如图 10-1-19 所示的 SFC 块的第 4 行，然后双击或用光标单击快捷工具栏中的“F5”，或者按下键盘上的快捷键“F5”，会出现如图 10-1-20 所示的画面，然后在“SFC 符号输入”对话框中单击“确定”按钮。

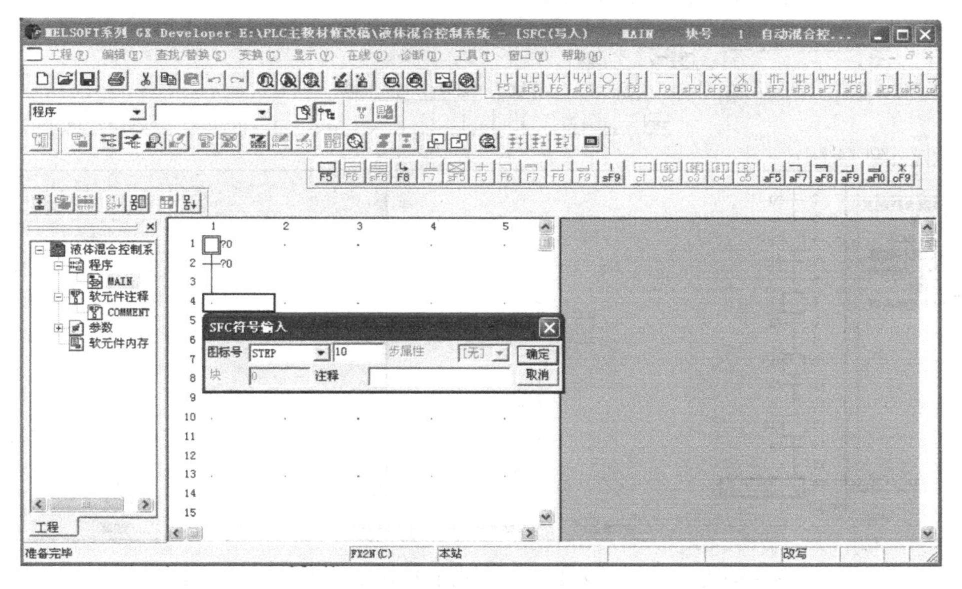

图 10-1-20 状态转移图步符号的输入画面

（3）状态转移图转移（TR）符号的输入。

将光标移至如图 10-1-20 所示的状态转移图的第 5 行蓝色线条框内，然后双击或用光标单击快捷工具栏中的“F5”，或者按下键盘上的快捷键“F5”，会出现如图 10-1-21 所示的画面，然后在“SFC 符号输入”对话框中单击“确定”按钮。

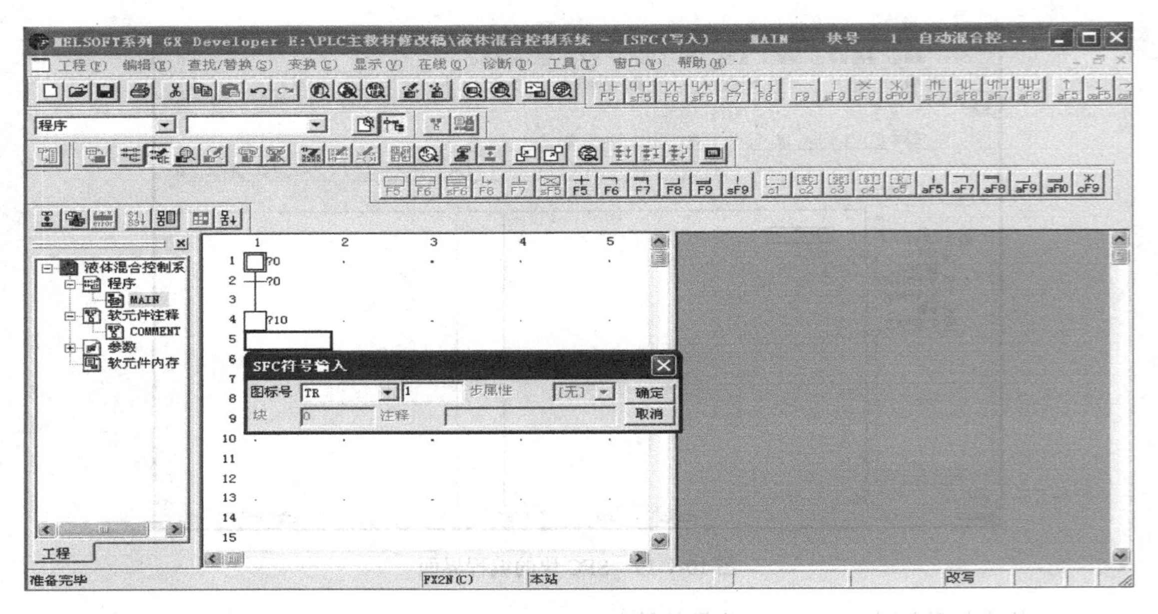

图 10-1-21 状态转移图转移符号的输入画面

（4）运用上述输入法将本任务所需的各步和转移符号输入完毕，如图 10-1-22 所示。

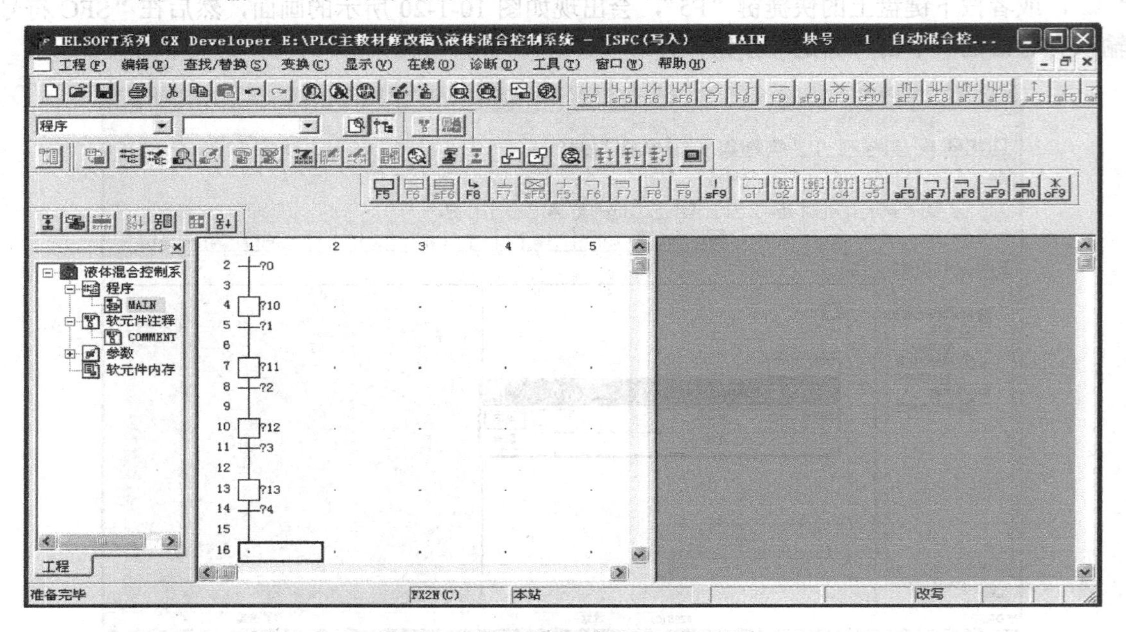

图 10-1-22 输入步和转移符号后的状态转移图（SFC）画面

（5）状态转移图跳（JUMP）符号的输入。

在如图 10-1-22 所示，将光标移至快捷工具栏中的“F8”，然后单击，或者按下键盘上的快捷键“F8”，会出现如图 10-1-23 所示的画面，然后在“SFC 符号输入”对话框中的“跳（JUMP）”对应的“步属性”框内，输入“0”，最后单击“确定”按钮，会出现完整的状态转移图画面，如图 10-1-24 所示。

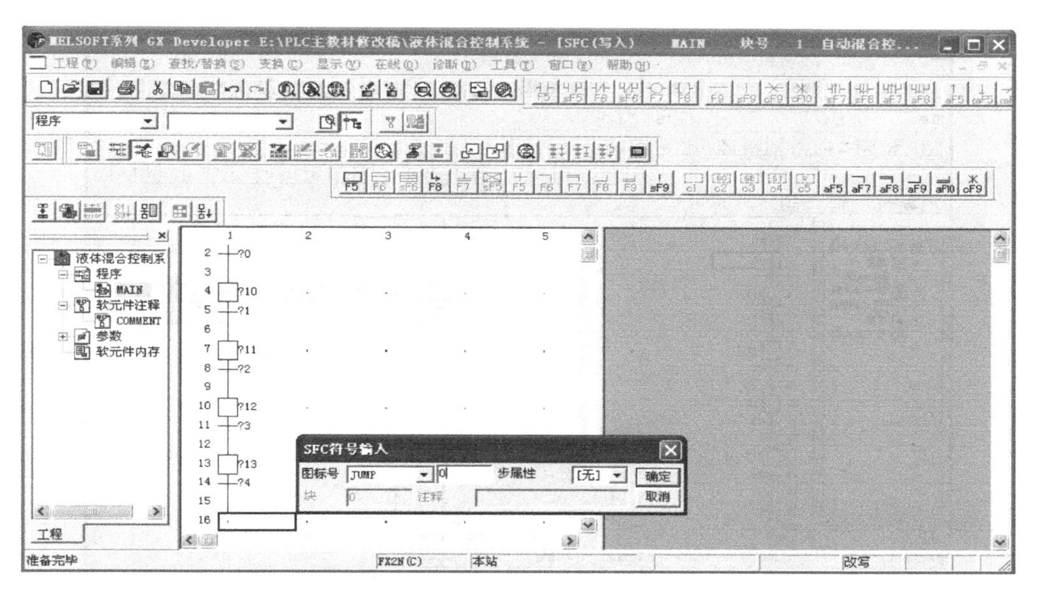

图 10-1-23 状态转移图跳（JUMP）符号的输入画面

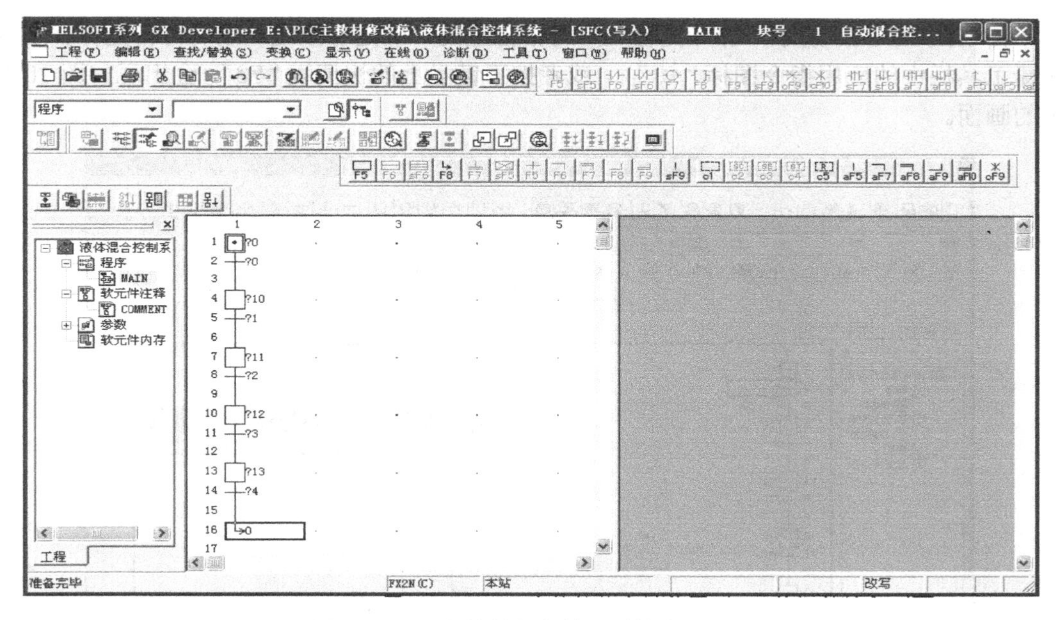

图 10-1-24 完整的状态转移图的输入画面

4. 启动转移条件梯形图的输入

由于启动转移条件是通过辅助继电器 M 的常开触点闭合来实现的，所以只要在第一个转移条件中，输入辅助继电器 M 的常开触点的梯形图即可。其梯形图的输入过程是：首先将光标移至图 10-1-24 中的第 2 行的“2 ┼?0”转移位置，然后再将光标移至画面右边对应的梯形图编程栏中，接着用光标双击蓝线框，出现“梯形图输入”对话框后，按照前面任务中所述的梯形图基本指令的编程方法，输入辅助继电器 M 的辅助常开触点，如图 10-1-25 所示。

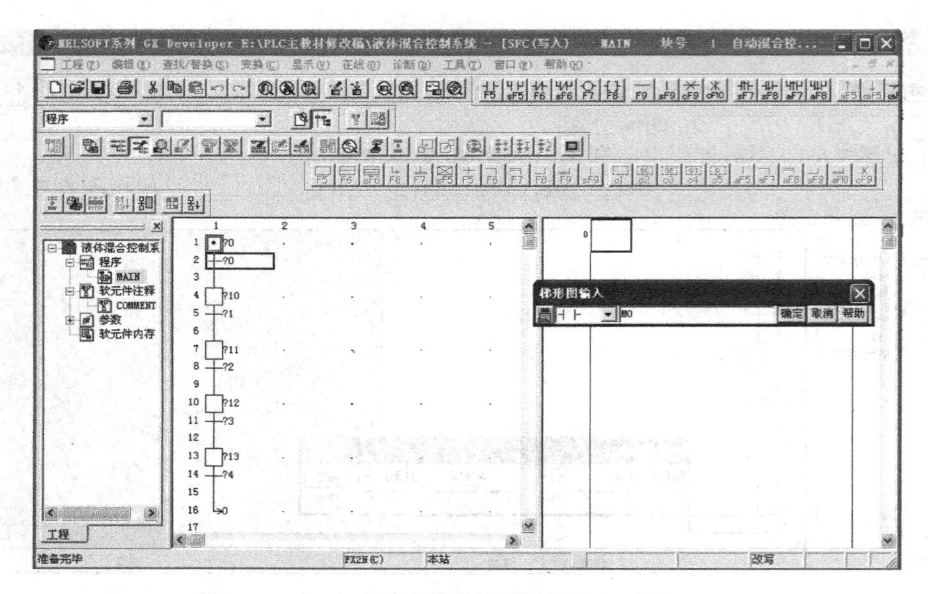

图 10-1-25　启动转移条件梯形图的输入画面（一）

单击如图 10-1-25 所示“梯形图输入”对话框里的“确定”按钮，然后再将光标移至画面中快捷工具栏中的应用指令图标“F8”，或者按下键盘上的快捷键“F8”，会出现如图 10-1-26 所示的画面。

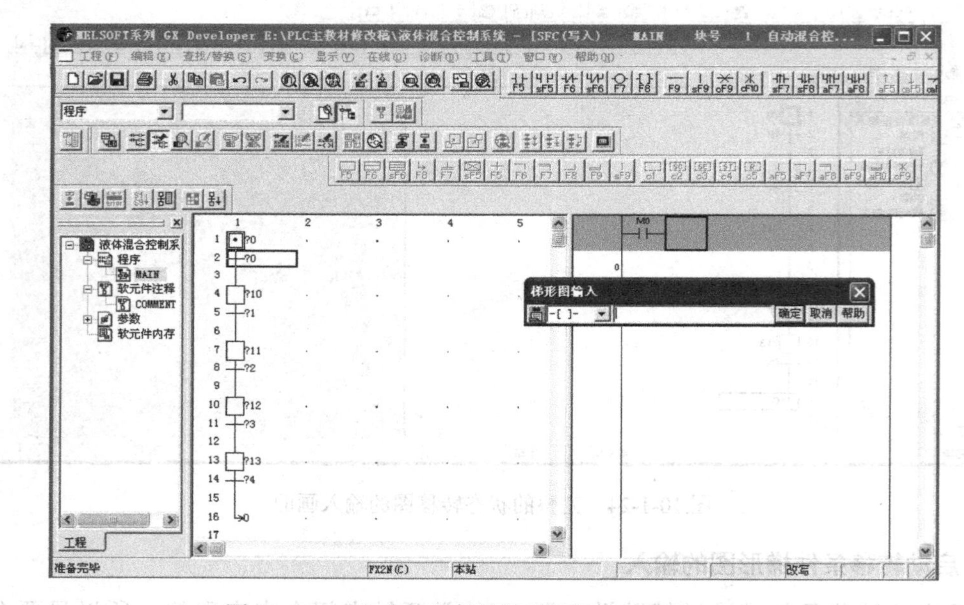

图 10-1-26　启动转移条件梯形图的输入画面（二）

再单击如图 10-1-26 所示“梯形图输入”对话框里的“确定”按钮，或按下键盘上的回车键（Enter）。然后将光标移至画面下拉菜单中的“变换”图标，选择子菜单中的“变化（C）”单击，或者是按下键盘上的快捷键“F4”，会出现如图 10-1-27 所示的画面，至此，本任务启动转移条件的梯形图输入完毕。

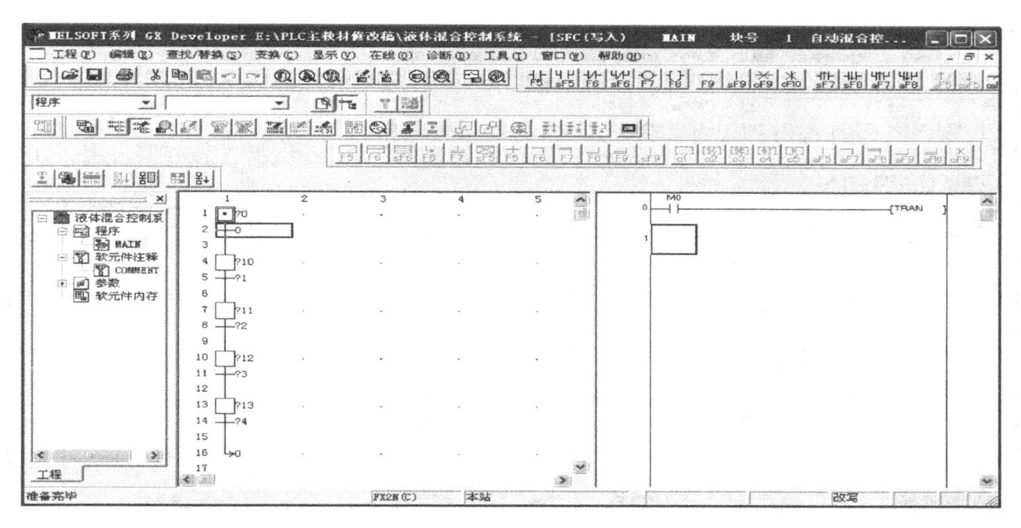

图 10-1-27 启动转移条件梯形图的输入画面（三）

5. 状态转移图各步及转移条件对应的梯形图的输入

根据图 10-1-11 所示的状态转移图，将液体混合控制系统各状态步和转移条件通过上述的梯形图的输入方法，对应输入各状态步和转移条件的梯形图，梯形图输入完毕后再进行状态转移图向梯形图的转换。

6. 状态转移图向梯形图的转换

（1）当状态转移图对应的梯形图输入完毕后，将光标移至如图 10-1-28 所示的快捷工具栏中的“程序批量变换/编译”图标“”，并单击。

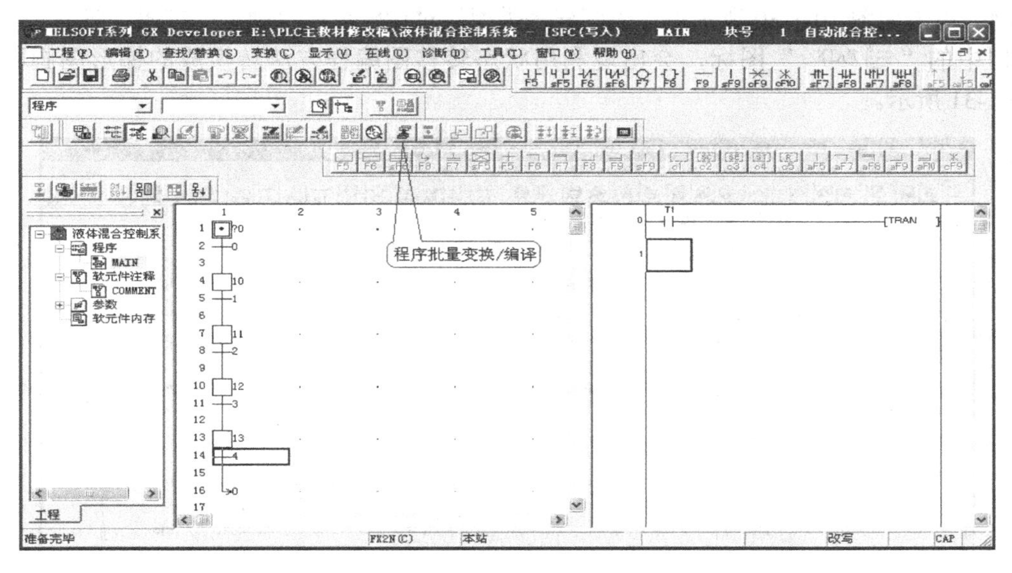

图 10-1-28 状态转移图向梯形图的转换操作画面（一）

（2）将光标移至如图 10-1-28 所示的管理窗口中的“程序”下的“MAIN”，然后按下鼠标的右键，出现选择菜单，如图 10-1-29 所示。

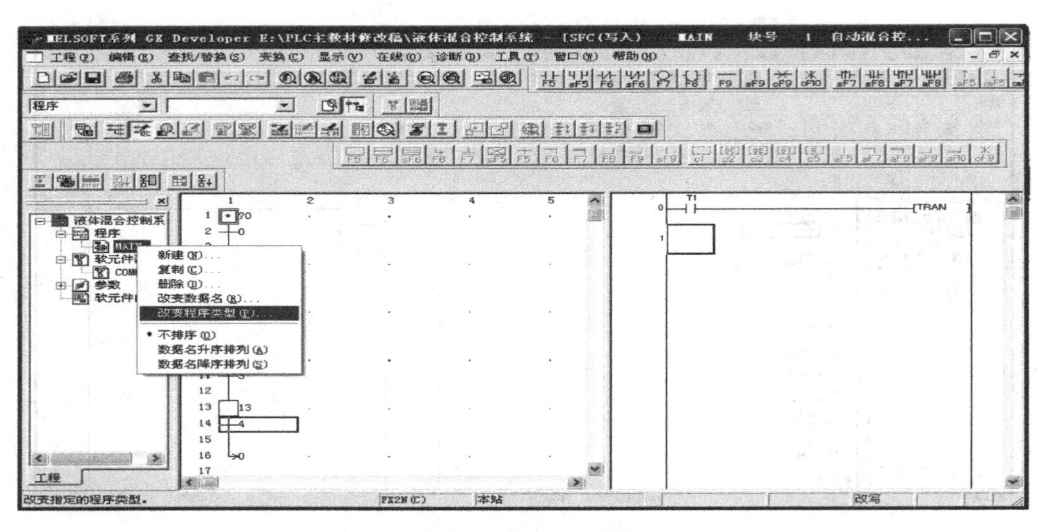

图 10-1-29　状态转移图向梯形图的转换操作画面（二）

（3）将光标移至如图 10-1-29 所示菜单中“改变程序类型（P）”子菜单，然后单击，会出现如图 10-1-30 所示的画面。

图 10-1-30　状态转移图向梯形图的转换操作画面（三）

（4）单击如图 10-1-30 所示中“改变程序类型”对话框里的“确定”按钮，然后再单击管理窗口中的“MAIN”图标，会出现利用状态转移图编程方法转换成的梯形图画面，如图 10-1-31 所示。

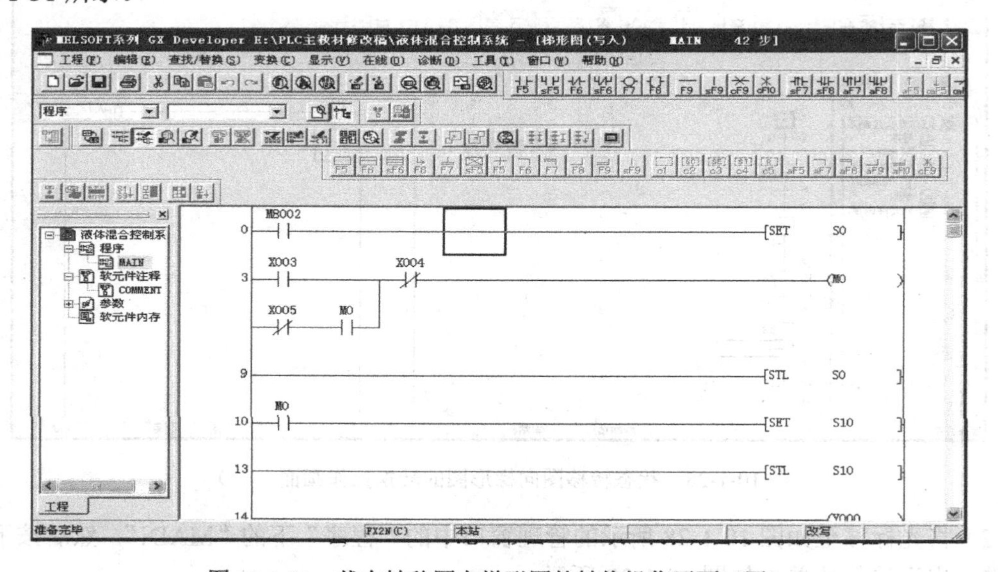

图 10-1-31　状态转移图向梯形图的转换操作画面（四）

通过由状态转移图向梯形图的转换，可以得到本任务 PLC 系统控制的完整梯形图，如图 10-1-32 所示。

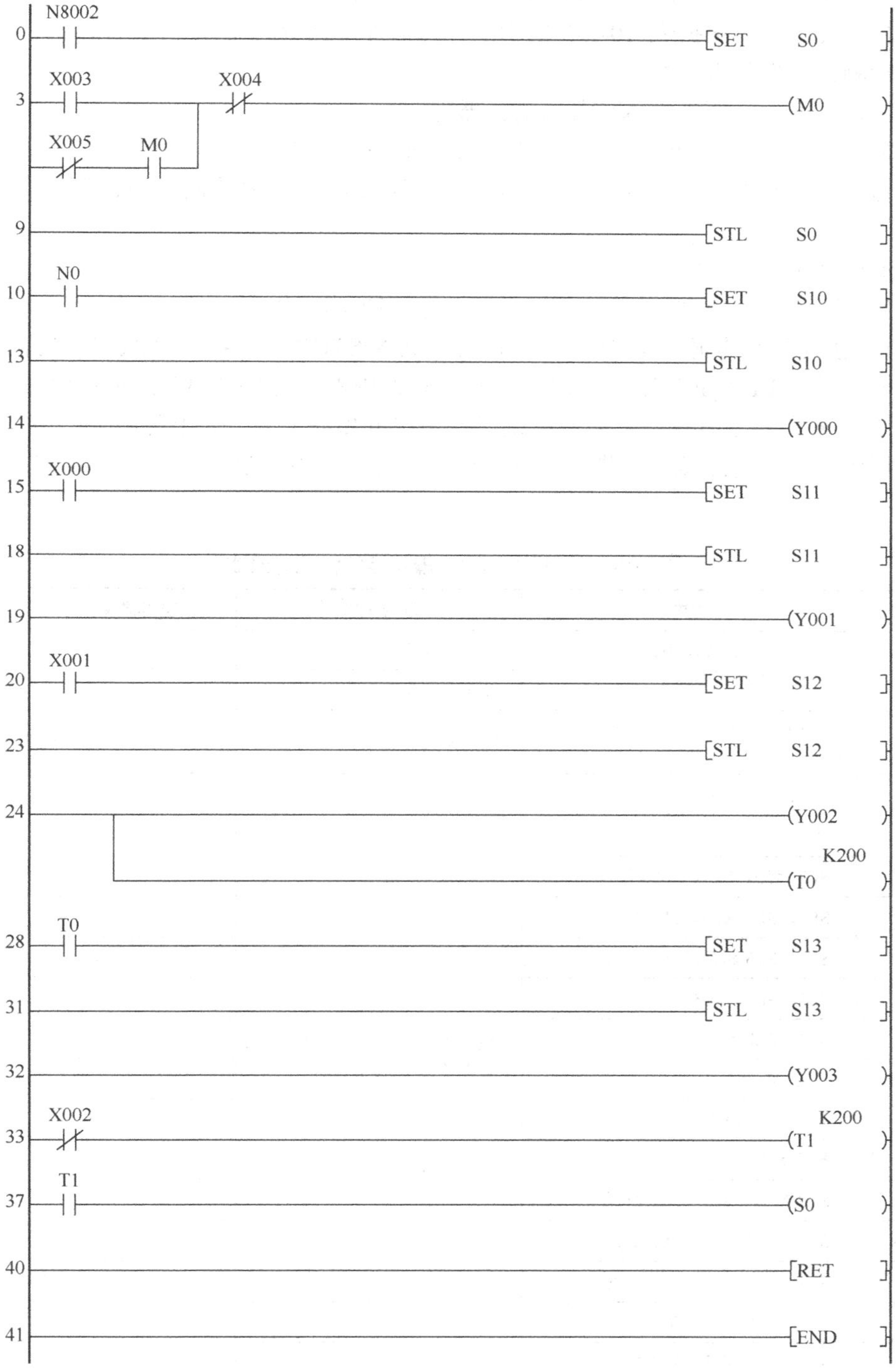

```
0   ─┤ N8002 ├──────────────────────────[SET   S0  ]
3   ─┬┤ X003 ├──────────┬─┤/ X004 ├────( M0      )
     └┤/ X005 ├─┤ M0 ├──┘
9   ────────────────────────────────────[STL   S0  ]
10  ─┤ N0 ├─────────────────────────────[SET   S10 ]
13  ────────────────────────────────────[STL   S10 ]
14  ────────────────────────────────────( Y000    )
15  ─┤ X000 ├───────────────────────────[SET   S11 ]
18  ────────────────────────────────────[STL   S11 ]
19  ────────────────────────────────────( Y001    )
20  ─┤ X001 ├───────────────────────────[SET   S12 ]
23  ────────────────────────────────────[STL   S12 ]
24  ─┬──────────────────────────────────( Y002    )
     │                                      K200
     └──────────────────────────────────( T0      )
28  ─┤ T0 ├─────────────────────────────[SET   S13 ]
31  ────────────────────────────────────[STL   S13 ]
32  ────────────────────────────────────( Y003    )
                                            K200
33  ─┤/ X002 ├──────────────────────────( T1      )
37  ─┤ T1 ├─────────────────────────────( S0      )
40  ────────────────────────────────────[RET       ]
41  ────────────────────────────────────[END       ]
```

图 10-1-32　液体混合控制系统梯形图

五、线路安装与调试

根据I/O接线图，在模拟实物控制配线板上进行元器件及线路安装。

（1）检查元器件。根据表10-1-3所示配齐元器件，检查元器件的规格是否符合要求，并用万用表检测元器件是否完好。

（2）固定元器件。固定好本任务所需元器件。

（3）配线安装。根据配线原则和工艺要求，进行配线安装。

（4）自检。对照接线图检查接线是否无误，再使用万用表检测电路的阻值是否与设计相符。

（5）通电调试。

① 经自检无误后，在指导教师的指导下，方可通电调试。

② 首先接通系统电源开关QS，将PLC的RUN/STOP开关拨到“RUN”的位置，然后通过计算机上的MELSOFT系列GX Developer软件中的“监控/测试”监视程序的运行情况，再按照表10-1-6所示进行操作，观察系统运行情况并做好记录。如出现故障，应立即切断电源，分析原因、检查电路或梯形图，排除故障后，方可进行重新调试，直到系统功能调试成功为止。

表10-1-6　程序调试步骤及运行情况记录表

操作步骤	操作内容	观察内容	观察结果	思考内容
第一步	将仿真成功后的程序下载到PLC后，合上断路器QS	“POWER”灯		理解PLC的工作过程
		所有的“IN”灯		
第二步	将RUN/STOP开关拨到“RUN”的位置	“RUN”灯		
第三步	将SA拨到周期位置			
第四步	按下SB1	电磁阀YV1、YV2、YV3和接触器KM		
第五步	SL2接通，SL1、SL3断开			
第六步	SL1、SL2接通，SL3断开			
第七步	SL1、SL3断开，SL2接通			
第八步	SL1、SL2、SL3断开			
第九步	SL1、SL2断开，SL3接通			
第十步	定时20s后			
第十一步	将SA拨到单周位置			
第十二步	按下SB1			
第十三步	SL2接通，SL1、SL3断开			
第十四步	SL1、SL2接通，SL3断开			
第十五步	SL1、SL3断开，SL2接通			
第十六步	SL1、SL2、SL3断开			
第十七步	SL1、SL2断开，SL3接通			
第十八步	定时20s后			

任务评价

对任务实施的完成情况进行检查，并将结果填入任务测评表，见表 9-1-7。

知识拓展

用于状态转移图中的特殊辅助继电器

在状态转移图中，经常会使用一些特殊辅助继电器，其名称和功能见表 10-1-7。

表 10-1-7　用于顺序功能图的特殊辅助继电器

元件编号	名称	功能和用途
M8000	RUN 运行	PLC 在运行中始终接通的继电器，可作为驱动程序的输入条件或作为 PLC 运行状态的显示来使用
M8002	初始脉冲	在 PLC 接通（由 OFF→ON）时，仅在瞬间（1 个扫描周期）接通的继电器，用于程序的初始设定或初始状态的置位/复位
M8040	禁止转移	该继电器接通后，则禁止在所有状态之间转移。在禁止转移状态下，各状态内的程序继续运行，输出不会断开
M8046	STL 动作	任一状态继电器接通时，M8046 自动接通。用于避免与其他流程同时启动或用于工序的动作标志
M8047	STL 监视有效	该继电器接通，编程功能可自动读出正在工作中的元件状态并加以显示

任务 2　自动门控制系统的设计与装调

任务目标

知识目标

掌握选择序列结构状态转移图（SFC）的画法，并会通过状态转移图进行步进顺序控制的设计。

能力目标

会根据控制要求，画出状态转移图，并能灵活地运用以转换为中心的状态流程图转换成梯形图，实现自动门控制系统的程序设计。

素质目标

养成独立思考和动手操作的习惯，培养小组协调能力和互相学习的精神。

任务呈现

目前许多公共场所都采用了自动门，如图 10-2-1 所示就是一种玻璃自动平移门。这种玻璃自动平移门以前是采用继电器控制系统，受环境的影响，故障频繁，加之元器件较多，线路复杂，不易维修。随着PLC的广泛应用，自动门装置由继电器控制系统控制，逐渐被PLC控制系统所取代。

图 10-2-1　玻璃自动平移门

本任务的主要内容是以图 10-2-1 所示的玻璃自动平移门为例，运用 PLC 的顺序控制设计法中的选择序列结构的状态转移图编程法，完成对玻璃自动平移门的电气控制。

如图 10-2-2 所示是玻璃自动平移门的示意图，其控制要求如下。

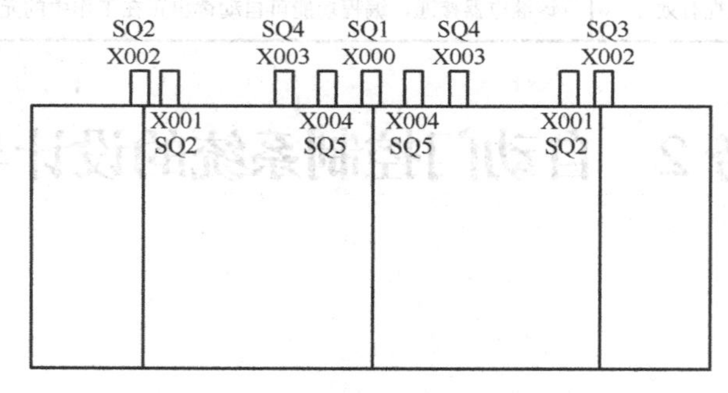

图 10-2-2　玻璃自动平移门的示意图

（1）自动平移门投入运行时，平移门处于关闭状态。

（2）当有人靠近自动平移门时，红外传感器 SQ1（X000）接收到的信号为 ON，Y000 驱动电动机高速开门。

（3）高速开门过程中，当碰到开门减速开关 SQ2（X001）时，Y001 驱动电动机转为低速开门。

（4）当再次碰到开门极限开关 SQ3（X002）时，驱动电动机停止转动，完成开门控制。

（5）在自动门打开后，若在 0.5s 内红外传感器 SQ1（X000）检测到无人，Y002 驱动电动机高速关门。

（6）平移门高速关门过程中，当碰到关门减速开关 SQ4（X003）时，Y003 驱动电动机低速关门。

（7）当再次碰到关门极限开关 SQ5（X004）时，驱动电动机停止转动，完成关门控制，回到初始状态。

（8）在关门期间，若红外传感器 SQ1（X000）检测到有人，玻璃自动平移门会自动停止关门，并且会在 0.5s 后自动转换成高速开门，进入下一次工作过程。

知识链接

一、用步进指令实现的选择序列结构的编程方法

用步进指令实现的选择序列结构的编程方法主要有：选择序列分支的编程方法和选择序列合并的编程方法两种。

1．选择序列分支的编程方法

如图 10-2-3 所示的步 S20 之后有一个选择序列分支。当步 S20 为活动步时，如果转换条件 X002 满足，将转换到步 S21；如果转换条件 X003 满足，将转换到步 S22；如果转换条件 X004 满足，将转换到步 S23。

如果某一步的后面有 N 条选择序列的分支，则该步的 STL 触点开始的电路中应有 N 条分别指明各转换条件和转换目标的并联电路。对于图 10-2-3 中步 S20 之后的这三条支路有三个转换条件 X002、X003 和 X004，可能进入步 S21、步 S22 和步 S23，所以在步 S20 的 STL 触点开始的电路块中，有三条由 X002、X003 和 X004 作为置位条件的串联电路。STL 触点具有与主控指令（MC）相同的特点，即 LD 点移到了 STL 触点的右端，对于选择序列分支对应的电路设计，是很方便的。用 STL 指令设计复杂系统梯形图时更能体现其优越性。

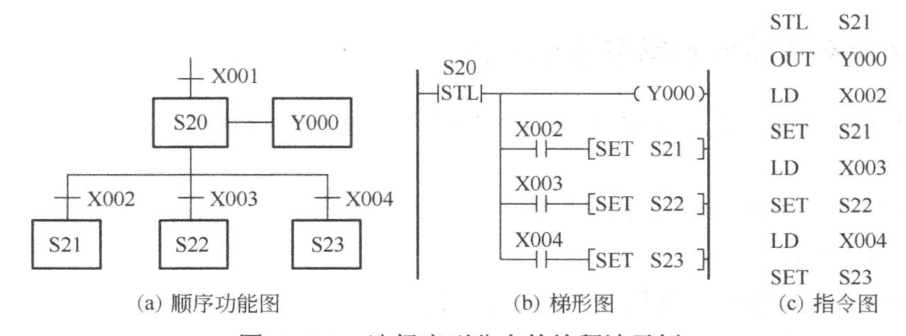

(a) 顺序功能图　　(b) 梯形图　　(c) 指令图

图 10-2-3　选择序列分支的编程法示例

2．选择序列合并的编程方法

如图 10-2-4 所示的步 S24 之前有一个由三条支路组成的选择序列的合并。当步 S21 为活动步，转换条件 X001 得到满足；或者步 S22 为活动步，转换条件 X002 得到满足；或者步 S23 为活动步，转换条件 X003 得到满足时，都将使步 S24 变为活动步，同时将步 S21、步 S22 和步 S23 变为不活动步。

在梯形图中，由 S21、S22 和 S23 的 STL 触点驱动的电路块中均有转换目标 S24，对它们的后续步 S24 的置位是用 SET 指令来实现的，对相应的前级步的复位是由系统程序自动完成的。其实在设计梯形图时，没有必要特别留意选择序列的合并如何处理，只要正确地确定每一步的转换条件和转换目标，就能自然地实现选择序列的合并。

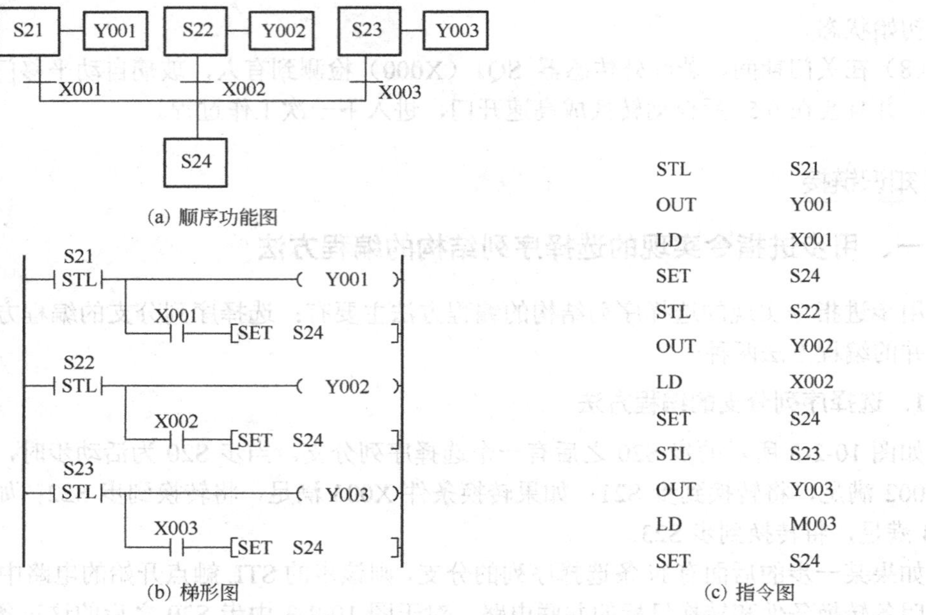

图 10-2-4　选择序列合并的编程方法示例

小贴士

值得注意的是：在分支、合并的处理程序中，不能用 MPS、MRD、MPP、ANB、ORB 指令。

二、选择序列结构状态转移图的特点

从上述的选择序列分支和选择序列合并的编程方法，可得出以下选择性序列结构状态转移图的特点。

（1）选择性分支流程的各分支状态的转移由各自条件选择执行，不能进行两个或两个以上的分支状态同时转移。

（2）选择性分支流程在分支时是先分支后条件。

（3）选择性分支流程在汇合时是先条件后汇合。

（4）FX 系列的分支电路，可允许最多 8 列，每列允许最多 250 个状态。

任务准备

实施本任务教学所使用的实训设备及工具材料见表 10-1-3。

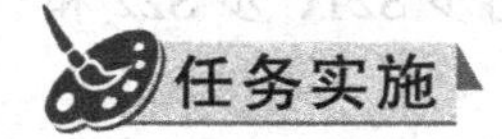

任务实施

一、I/O 分配

通过对本任务控制要求分析，分配输入点和输出点，写出 I/O 通道地址分配表

根据任务控制要求，可确定 PLC 需要 6 个输入点，4 个输出点，其 I/O 通道地址分配表

见表 10-2-1。

表 10-2-1　I/O 通道地址分配表

输入			输出		
元件代号	作用	输入继电器	元件代号	作用	输出继电器
SQ1	红外感应器	X000	KM1	高速开门控制	Y000
SQ2	开门减速开关	X001	KM2	低速开门控制	Y001
SQ3	开门极限开关	X002	KM3	高速关门控制	Y002
SQ4	关门减速开关	X003	KM4	低速关门控制	Y003
SQ5	关门极限开关	X004			

二、画出 PLC 接线图（I/O 接线图）

自动门的 I/O 接线图如图 10-2-5 所示。

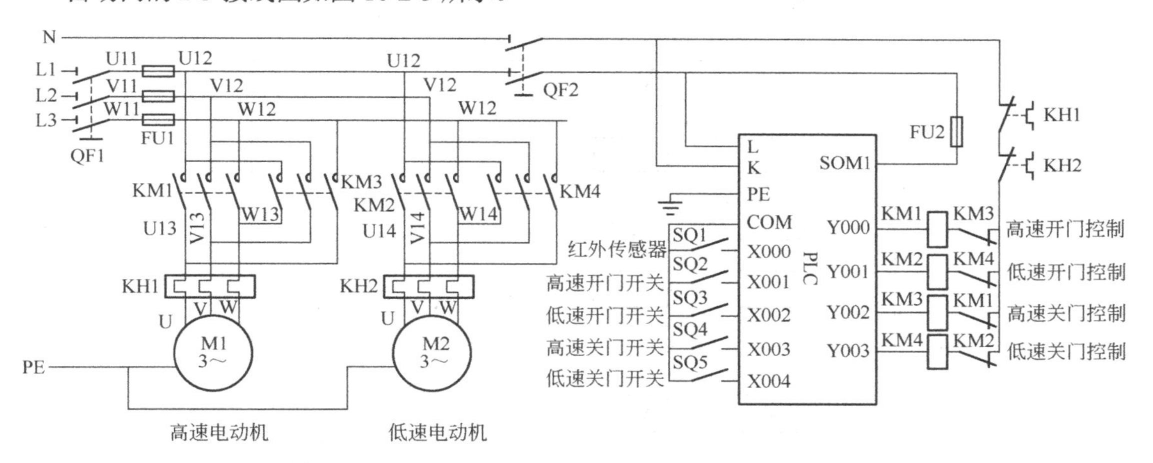

图 10-2-5　自动门的 I/O 接线图

三、程序设计

通过对玻璃自动平移门的控制要求分析，可得出图 10-2-6 所示的时序图。从时序图上可以看到，自动门在关门时会有两种选择：关门期间无人要求进出时，自动门会继续完成关门动作；而如果关门期间又有人要求进出的话，自动门则会暂停关门动作，继续开门让人进出后再关门。

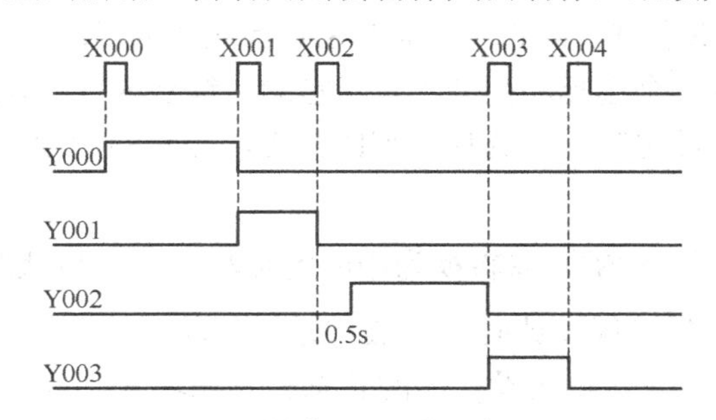

（a）关门期间无人进出时序图

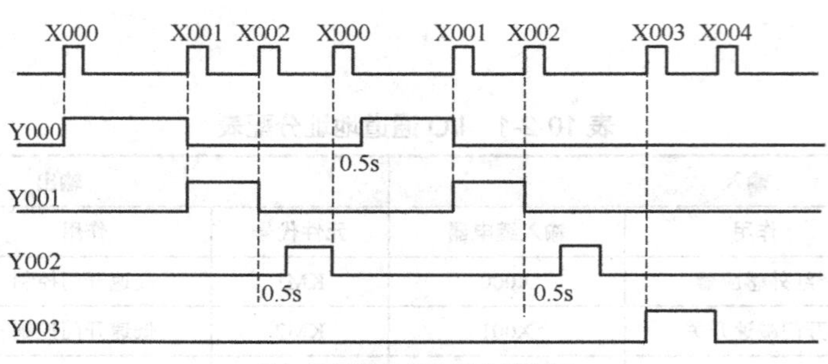

（b）关门期间有人进出时序图

图 10-2-6 玻璃自动平移门控制时序图

1. 根据控制要求画出玻璃自动平移门控制的状态转移图

根据图 10-2-6 的时序图可设计出玻璃自动平移门控制的状态转移图，如图 10-2-7 所示。

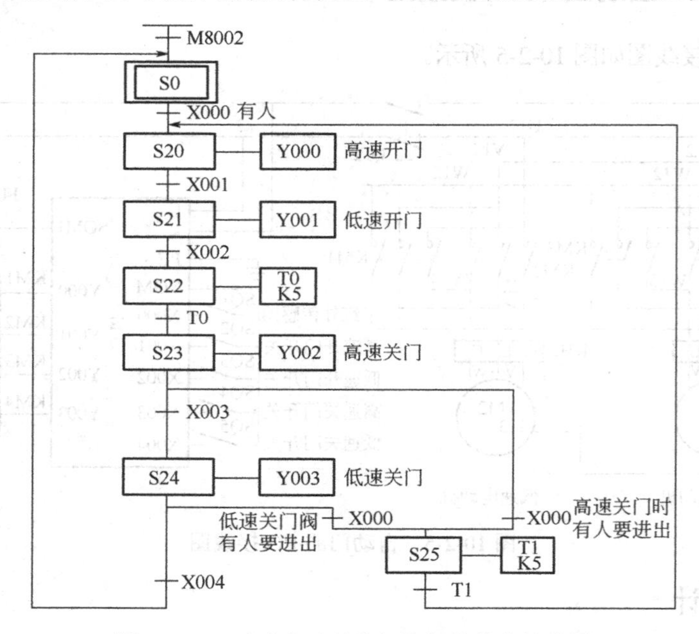

图 10-2-7 玻璃自动平移门控制的状态转移图

从图 10-2-7 所示的玻璃自动平移门控制的状态转移图分析可知，其结构具有以下特点。

（1）状态 S20 之前有一个选择序列合并，当 S0 为活动步并且转换条件 X000 满足，或者 S25 为活动步并且转换条件 T1 满足时，状态 S20 都应变为活动步。

（2）状态 S23 后有一个选择序列分支，当它的后续步 S24、S25 变为活动步时，它应变为不活动步。同样 S24 之后也有一个选择序列的分支，当它的后续步 S20、S25 变为活动步时，它应变为不活动步。

2. 通过状态转移图（SFC）以转换为中心的编程方法，将状态转移图转换成梯形图

在进行步进顺序控制编程设计时，一般都是采用状态转移图输入法的较多，即通过编程软件采用状态转移图输入法，将所设计出的状态转移图输入，然后转换成梯形图，得出控制程序，并由此可转换成指令语句表。其过程可概括为：“状态转移图→梯形图→指令表”。

采用状态转移图输入法，可以将复杂的程序化整为零，即将复杂的梯形图程序，化简为每个状态里的简单动作程序，当所有状态的动作程序都输入完毕后，再通过编程软件的转换功能，将其转换成用步进指令（STL）设计的完整梯形图程序，然后再由梯形图程序转换成指令语句表。

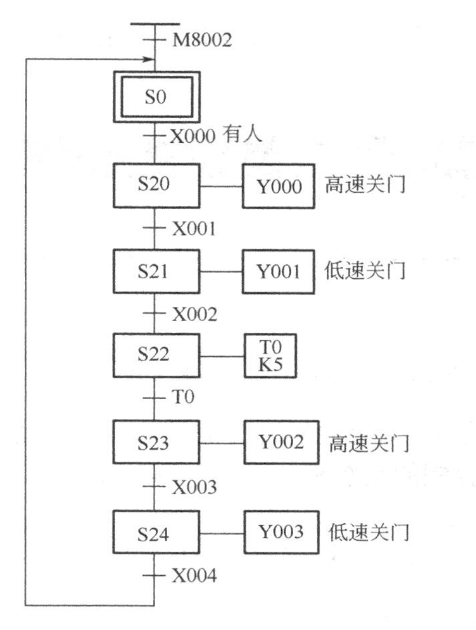

图 10-2-8　高、低速关门期间无人进出的状态转移图

通过状态转移图采用 STL 指令设计复杂系统梯形图时，具有其他编程方法无法可比的优越性。现以本任务为例，介绍通过状态转移图（SFC）以转换为中心的编程方法，将状态转移图转换成梯形图方法及步骤。

1）工程名的建立，参见项目 9 任务 1

2）初始化状态的建立

运用本项目任务 1 中的方法完成初始化状态的建立。

3）状态转移图的输入

（1）状态转移图的命名。将状态转移图命名为“自动门控制系统”，具体方法参见本项目任务 1。

（2）状态转移图的输入。

① 高、低速关门期间无人进出的完整状态转移图的输入。运用本项目任务 2 中介绍的状态转移图的输入方法，先将如图 10-2-8 所示的高、低速关门期间无人进出的状态转移图进行输入，输入后的画面如图 10-2-9 所示。

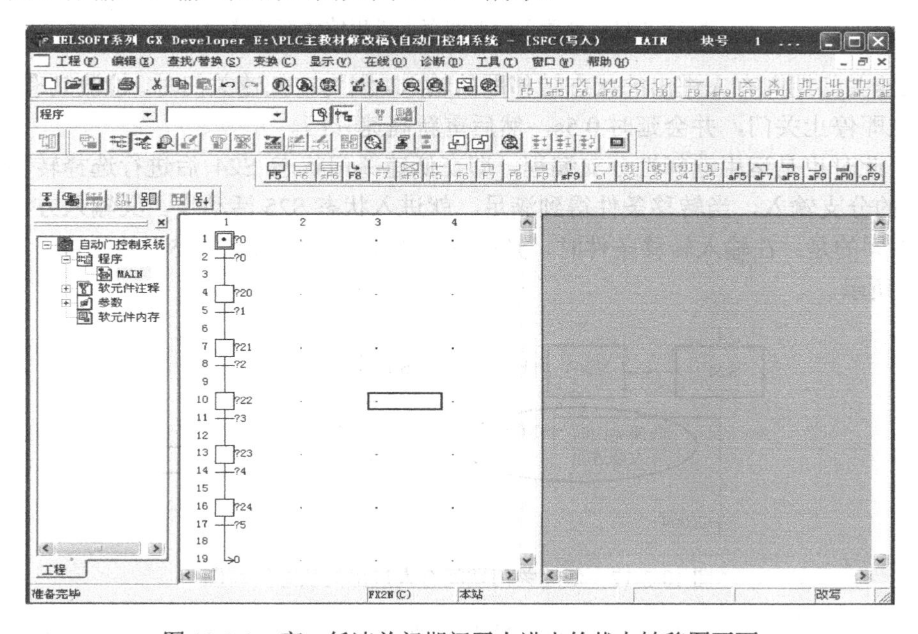

图 10-2-9　高、低速关门期间无人进出的状态转移图画面

② 高速关门期间有人进出的状态转移图的输入。因为在高速关门时，检测到有人进出时，自动门会立即停止关门，并会延时 0.5s，然后重新高速开门。所以，此时运用选择性分支编程，即在高速关门状态 S23 后进行选择转移条件（有人 X000）的分支输入，当转移条件得到满足，就进入状态 S25 活动步，其输入方法及步骤如下。

在图 10-2-17 画面中，将光标移至第 14 行转移条件“4”的位置；然后单击工具栏中的“F6”图标，会出现如图 10-2-10 所示的画面。

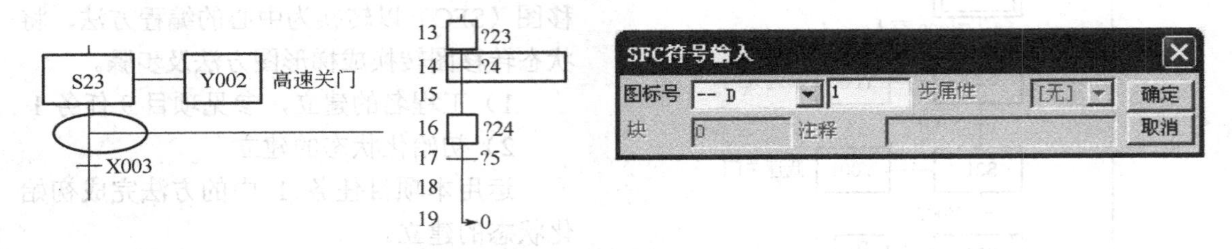

图 10-2-10 选择性分支的转移条件与其对应编程的输入画面

单击如图 10-2-10 所示画面中的“SFC 符号输入”对话框里的“确定”按钮，然后再根据前面所介绍的状态转移图的编程方法，输入延时控制的状态 S25，如图 10-2-11 所示。

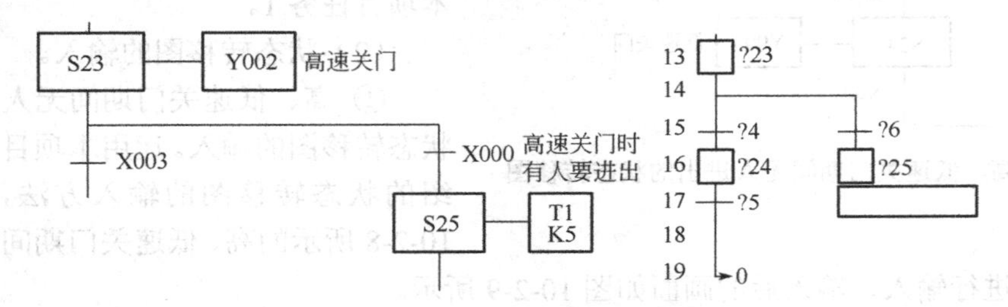

图 10-2-11 高速关门期间有人进出的状态转移图

③ 低速关门期间有人进出的状态转移图的输入。因为在低速关门时，检测到有人进出时，自动门会立即停止关门，并会延时 0.5s，然后重新高速开门。

所以，此时也是运用选择性分支编程，即在低速关门状态 S24 后进行选择转移条件（有人 X000）的分支输入，当转移条件得到满足，就进入状态 S25 活动步。其输入方法与上述方法类似，不同的是：在输入转移条件时，光标移至第 17 行转移条件“5”的位置进行设置，如图 10-2-12 所示。

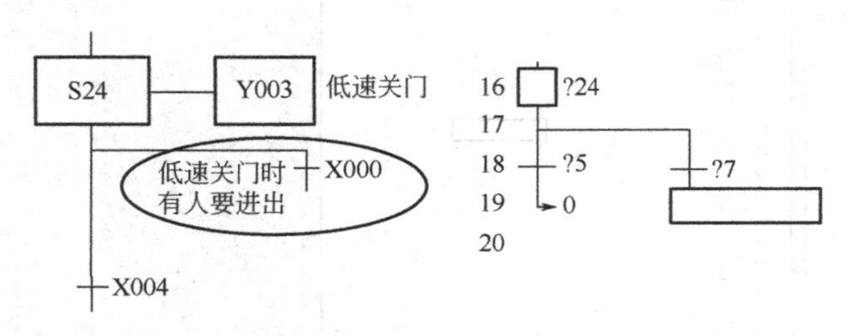

图 10-2-12 低速关门期间有人进出的状态转移图

值得一提的是，当转移条件低速关门时有人要进出（X000）得到满足，此时会由低速关门状态 S24 进入延时 0.5s 的 S25 状态；在进行状态转移图编程时，由于在高速关门时有人出入，已设置了一个 S25 状态，此时不能重复使用该状态的编号，因此在这里采用“跳（JUMP）”的编程方法，使其转移到 S25 状态。运用前面任务学过的方法进行编程，编程后的画面与对应的状态转移图如图 10-2-13 所示。

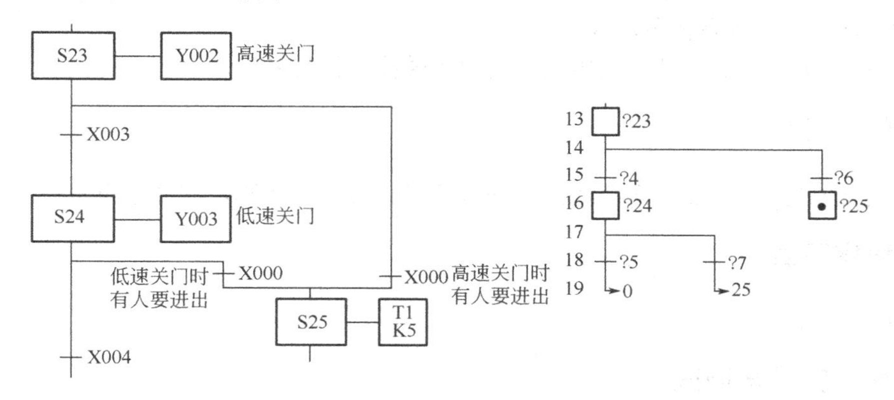

图 10-2-13　高、低速关门期间有人进出的状态转移图

④ 关门期间（无论是低速关门，还是高速关门）检测到有人进出时，都会停止关门，并延时 0.5s，进入重新高速开门的状态转移图的输入方法是：将光标移动到图 10-2-21 画面中的第 3 列、第 17 行，输入转移条件“8”；然后跳到高速开门的状态 S20，就可得到完整的玻璃自动平移门的选择序列结构的状态转移图（SFC），如图 10-2-14 所示。

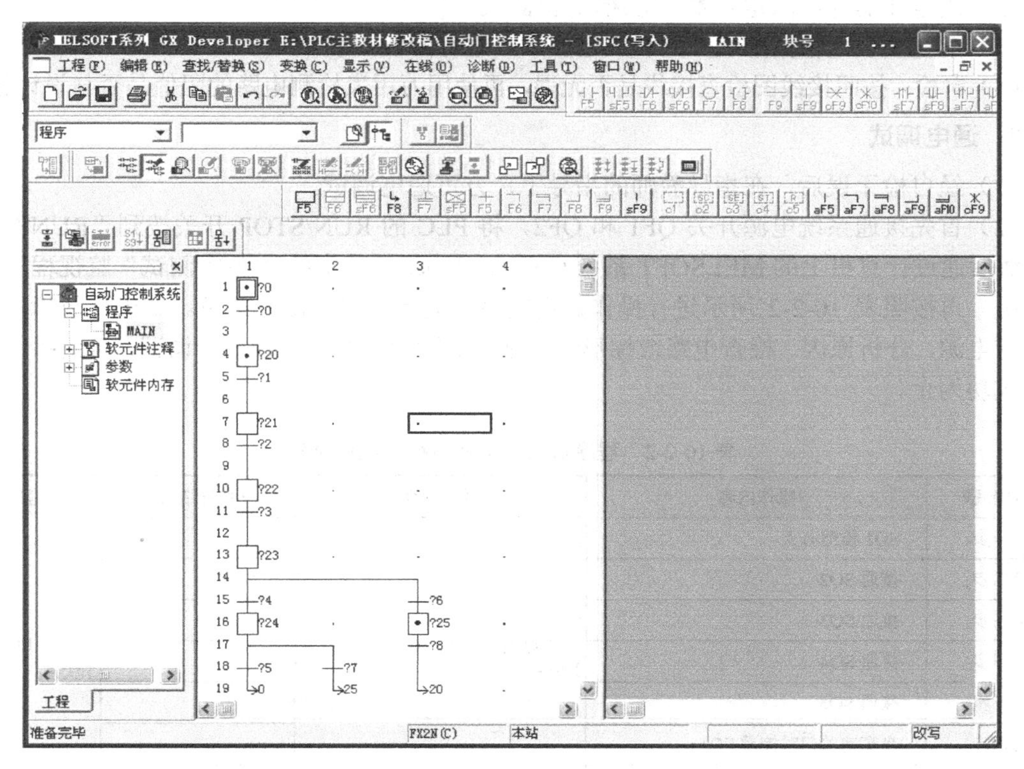

图 10-2-14　完整的玻璃自动平移门的选择序列结构的状态转移图（SFC）

4）状态转移图各步及转移条件对应的梯形图的输入

通过本项目任务2中所学的梯形图的输入方法，对应输入各状态步和转移条件的梯形图，梯形图输入完毕后再进行状态转移图向梯形图的转换。

5）状态转移图向梯形图的转换

运用本项目中介绍的方法，利用状态转移图转换成梯形图。

四、仿真运行

仿真运行的方法可参照前面所述的方法，读者自行进行仿真，在此不再赘述。

五、程序下载

参见项目9任务1。

六、线路安装与调试

1．安装、接线

根据图10-2-11所示的I/O接线图，在模拟实物控制配线板上进行元器件及线路安装。

（1）检查元器件：根据表10-2-1所示配齐元器件，检查元器件的规格是否符合要求，并用万用表检测元器件是否完好。

（2）固定元器件：固定好本任务所需元器件。

（3）配线安装：根据配线原则和工艺要求，进行配线安装。

（4）自检：按照接线图检查接线是否无误，再使用万用表检测电路的阻值是否与设计相符。

2．通电调试

（1）经自检无误后，在指导教师的指导下，方可通电调试。

（2）首先接通系统电源开关QF1和QF2，将PLC的RUN/STOP开关拨到“RUN”的位置，然后通过计算机上的MELSOFT系列GX Developer软件中的“监控/测试”监视程序的运行情况，再按照表10-2-2所示进行操作，观察系统运行情况并做好记录。如出现故障，应立即切断电源，分析原因、检查电路或梯形图，排除故障后，方可进行重新调试，直到系统功能调试成功为止。

表10-2-2　程序调试步骤及运行情况记录表

操作步骤	操作内容	观察内容	观察结果	思考内容
第一步	SQ1检测有人	接触器 KM1、KM2、KM3、KM4		理解PLC的工作过程
第二步	接通SQ2			
第三步	接通SQ3			
第四步	接通SQ4			
第五步	接通SQ5			
第六步	当高速关门时接通SQ1			
第七步	当低速关门时接通SQ1			

任务评价

对任务实施的完成情况进行检查，并将结果填入任务测评表，见表 9-1-7。

任务拓展

小车四地自动往返控制工作的 PLC 控制系统

1. 内容

小车在 B 地启动后到达 C 地，在 C 地停 5s 后回到 B 地，在 B 地停 5s 后去 D 地，到达 D 地停 5s 后回到 A 地，到达 A 地停 5s 后回到 B 地并停止工作。

2. 考核要求

（1）根据控制功能用 PLC 进行控制电路的设计，并且进行安装与调试。

（2）电路设计。根据任务，设计主电路电路图，列出 PLC 控制 I/O 口（输入/输出）元件地址分配表，根据加工工艺，设计梯形图及 PLC 控制 I/O 口（输入/输出）接线图，并仿真运行。

（3）安装与接线。

① 将熔断器、接触器、继电器、PLC 装在一块配线板上，再将转换开关、按钮等装在另一块配线板上。

② 按 PLC 控制 I/O 口（输入/输出）接线图在模拟配线板上正确安装元器件，元器件在配线板上布置要合理，安装要准确、紧固，配线导线要紧固、美观，导线要进入线槽，导线要有端子标号。

（4）PLC 键盘操作。熟练操作键盘，能正确地将所编程序输入 PLC；按照被控设备的动作要求进行模拟调试，并达到设计要求。

（5）通过试验。正确使用电工工具及万用表，进行仔细检查，通过试验，并注意人身和设备安全。

（6）考核时间分配。

① 设计梯形图及 PLC 控制 I/O（输入/输出）接线图及上机编程时间为 90min。

② 安装接线时间为 60min。

③ 试机时间为 5min。

任务 3　十字路口交通灯控制系统的设计与装调

任务目标

知识目标

掌握并行序列结构状态转移图（SFC）的画法，并会通过状态转移图进行步进顺序控制的设计。

能力目标

会根据控制要求，画出状态转移图，并能灵活地运用以转换为中心的状态转移图转换成梯形图，实现十字路口交通灯控制系统的程序设计。

素质目标

养成独立思考和动手操作的习惯，培养小组协调能力和互相学习的精神。

任务呈现

十字路口交通灯示意图如图 10-3-1 所示。本任务的主要内容就是：用 PLC 顺序控制设计法中的并行序列结构编程方法进行十字路口交通信号灯控制系统的设计。

任务控制要求如下：

当 PLC 运行后，东西、南北方向的交通信号灯按照如图 10-3-2 所示的时序图运行，东西方向：绿灯亮 8s，闪动 4s 后熄灭，接着黄灯亮 4s 后熄灭，红灯亮 16s 后熄灭；与此同时，南北方向：红灯亮 16s 后熄灭，绿灯亮 4s，闪动 4s，接着黄灯亮 4s 后熄灭……如此循环下去。

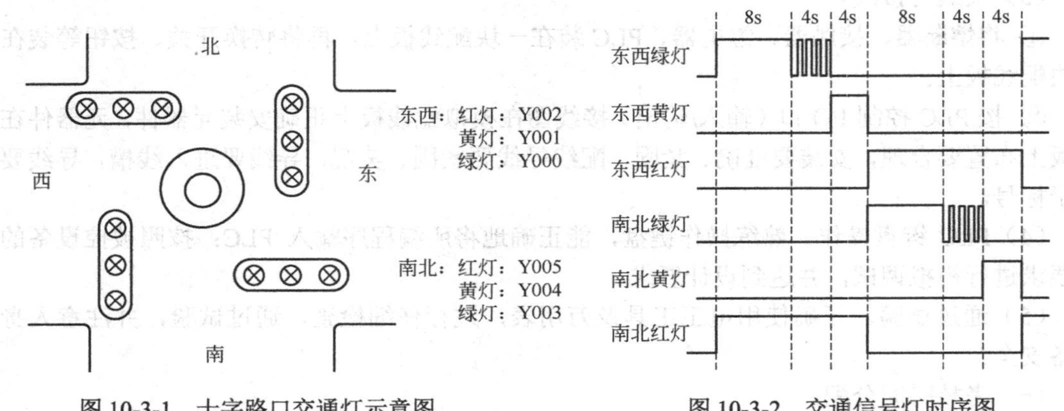

图 10-3-1　十字路口交通灯示意图　　图 10-3-2　交通信号灯时序图

任务呈现

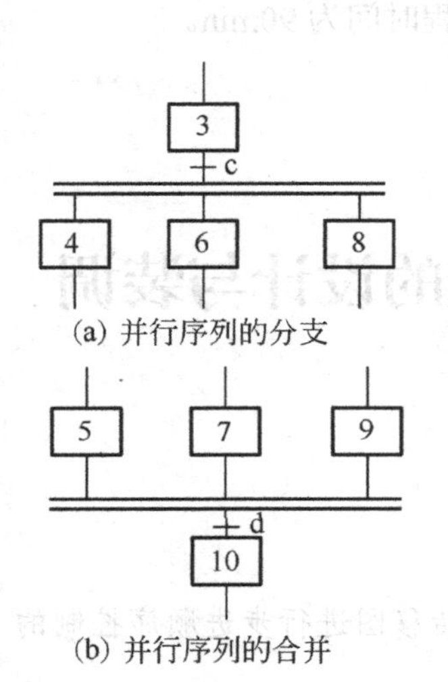

(a) 并行序列的分支

(b) 并行序列的合并

图 10-3-3　并行序列结构

一、并行序列结构形式的顺序功能图

顺序过程进行到某步，若该步后面有多个分支，而当该步结束后，若转移条件满足，则同时开始所有分支的顺序动作，若全部分支的顺序动作同时结束后，汇合到同一状态，这种顺序控制过程的结构就是并行序列结构。

并行序列也有开始和结束之分。并行序列的开始称为分支，并行序列的结束称为合并。如图 10-3-3（a）所示为并行序列的分支。它是指当转换实现后将同时使多个后续步激活，每个序列中活动步的进展将是独立的。为了区别于选择序列顺序功能图，强调转换的同步实现，水平线用双线表示，转换条件放在水平线双线之上。如果步 3 为活动步，且转换条件 c 成立，则 4、6、8 三步同时变成活动步，而步 3 变为不活动步。而步 4、6、8 被同时激活后，每一序列接下来的转换将是独立的。

如图 10-3-3（b）所示为并行序列的合并。用双线表示并行序列的合并，转换条件放在双线之下。当直接连在双线上的所有前级步 5、7、9 都为活动步，步 5、7、9 的顺序动作全部执行完成后，且转换条件 d 成立下才能使转换实现，即步 10 变为活动步，而步 5、7、9 同时变为不活动步。

二、用“启—保—停”电路实现的并行序列的编程方法

1. 并行序列分支的编程方法

并行序列中各单序列的第一步应同时变为活动步。对控制这些步的“启—保—停”电路使用同样的启动电路，就可以实现这一要求。如图 10-3-4（a）所示中步 M1 之后有一个并行序列的分支，当步 M1 为活动步并且转换条件满足时，步 M2 和步 M3 同时变为活动步，即 M2 和 M3 应同时为 ON，如图 10-3-4（b）所示中步 M2 和步 M3 的启动电路相同，都为逻辑关系式 M1 * X001。

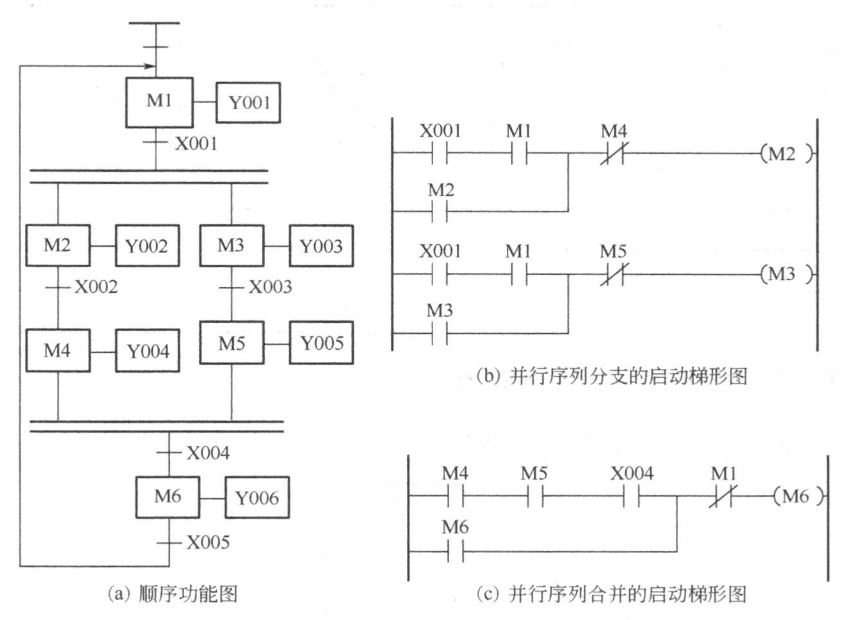

(a) 顺序功能图　(b) 并行序列分支的启动梯形图　(c) 并行序列合并的启动梯形图

图 10-3-4　并行序列的编程方法

2. 并行序列合并的编程方法

如图 10-3-4（a）所示的步 M6 之前有一个并行序列的合并，该转换实现的条件是所有的前级步（即步 M4 和步 M5）都是活动步和转换条件 X004 满足。由此可知，应将 M4、M5 和 X004 的常开触点串联，作为控制 M6 的“启—保—停”电路的启动电路，如图 10-3-4（c）所示。

三、并行序列编程法的基本编程原则

从上述的并行序列分支的编程方法和并行序列合并的编程方法可知，在并行序列中，编程

的原则与前面介绍的选择序列编程的原则基本一样，也是先进行状态转换处理，然后处理动作。在状态转换处理中，先集中处理分支，然后处理分支内部状态转换，最后集中处理合并。

任务准备

实施本任务教学所使用的实训设备及工具材料见表10-1-3。

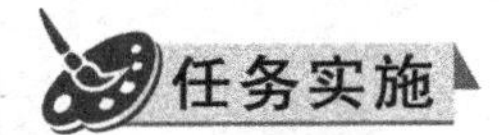

任务实施

一、I/O分配

通过对本任务控制要求分析，分配输入点和输出点，写出I/O通道地址分配表

根据上述控制要求，可以确定PLC不需要输入点，而有6个输出点，其I/O通道地址分配表见表10-3-1。

表10-3-1　I/O通道地址分配表

输入			输出		
元件代号	作用	输入继电器	元件代号	作用	输出继电器
			HL1	东西绿灯	Y0
			HL2	东西黄灯	Y1
			HL3	东西红灯	Y2
			HL4	南北绿灯	Y3
			HL5	南北黄灯	Y4
			HL6	南北红灯	Y5

二、画出PLC接线图（I/O接线图）

十字路口交通灯的I/O接线图如图10-3-5所示。

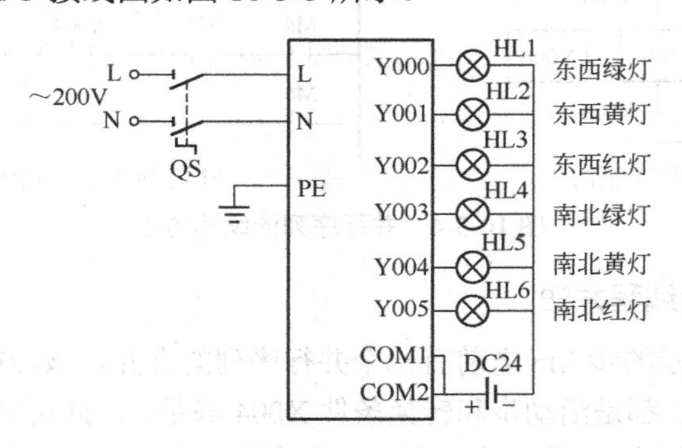

图10-3-5　十字路口交通灯的I/O接线图

三、程序设计

根据I/O通道地址分配表及任务控制要求分析，画出本任务控制的状态转移图，并写出指

令语句表，再转换成对应的梯形图。

1. 状态转移图的编制

1）列出十字路口交通灯东西方向和南北方向控制状态表

根据本任务的控制要求和如图 10-3-2 所示的时序图，我们可以列出表 10-3-2 和表 10-3-3 所示的交通灯运行时序表。

表 10-3-2　交通灯东西方向控制状态表

东西方向	状态 1	状态 2	状态 3	状态 4
交通灯状态	绿灯亮	绿灯闪	黄灯亮	红灯亮
编程元件	M1	M2	M3	M4
编程元件	S21	S22	S23	S24

表 10-3-3　交通灯南北方向控制状态表

南北方向	状态 1	状态 2	状态 3	状态 4
交通灯状态	红灯亮	绿灯亮	绿灯闪	黄灯亮
编程元件	M5	M6	M7	M8
编程元件	S25	S26	S27	S28

2）编制状态转移图

从表 10-3-2 和表 10-3-3 中我们可以看到，东西方向和南北方向两个方向交通灯是在满足配合关系的前提下独立并行工作的。其中东西方向交通灯的状态转换规律为：绿灯亮→绿灯闪→黄灯亮→红灯亮，然后循环。与此同时，南北方向交通灯的状态转换规律为：红灯亮→绿灯亮→绿灯闪→黄灯亮，然后循环。

两个方向交通灯是并行工作的，可以分别作为一个分支，根据表 10-3-2 和表 10-3-3，可以采用单序列结构和并行序列分支的编程方法，绘制出系统的基于 M 的 SFC 和基于 S 的 SFC，如图 10-3-6 所示。

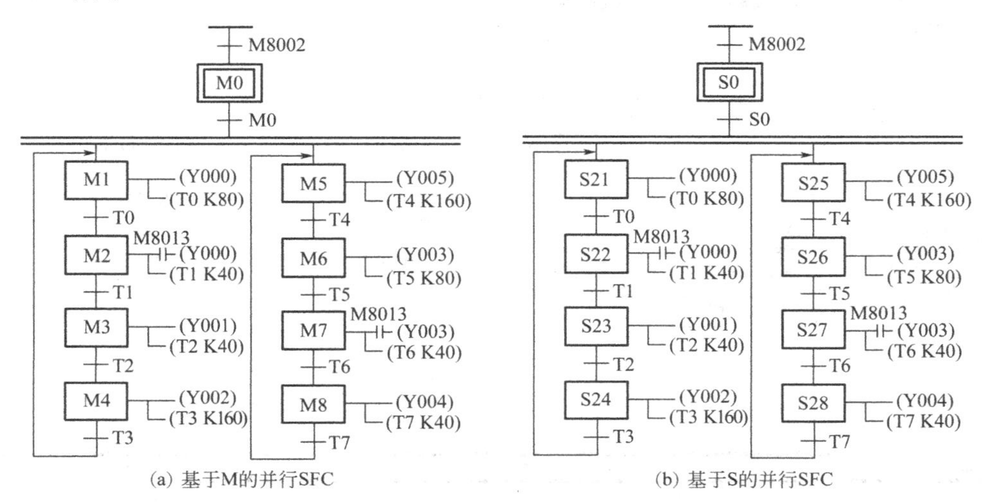

(a) 基于M的并行SFC　(b) 基于S的并行SFC

图 10-3-6　交通灯控制的 SFC

小贴士

需要说明的是，上述的SFC中只有并行分支，没有合并，这在实践中是可以的。如果严格按照并行序列SFC的结构进行设计，可以在两个序列之后添加一个空状态用来作为合并的目标状态，合并后的转换条件可以使用该状态元件的普通常开触点或者使用"=1"无条件转换。

2．指令表

根据如图10-3-7所示的状态转移图，运用并行序列的指令编写方法，读者自行编写指令语句，在此不再赘述。

3．梯形图

根据如图10-3-7所示的顺序功能图，将其转换为梯形图，读者自行转换，在此不再赘述。

四、程序输入及仿真运行

1．程序输入

本任务的程序输入有三种方法，即梯形图输入法、指令表输入法和状态转移图输入法。读者可根据自己的习惯采用不同的输入法。在进行步进顺序控制编程设计时，一般都是采用状态转移图输入法的较多，因为采用状态转移图输入法，用STL指令设计复杂系统梯形图时更能体现其优越性。

（1）工程名的建立，参见本项目任务1。

（2）程序输入。

输入方法可参照本项目任务2所述的方法，在此不再赘述。需要说明的是，任务2采用的是选择序列结构编程方法，而本任务采用的是并行序列编程方法，因此在程序输入时采用并行分支双实线画法，如图10-3-7所示。

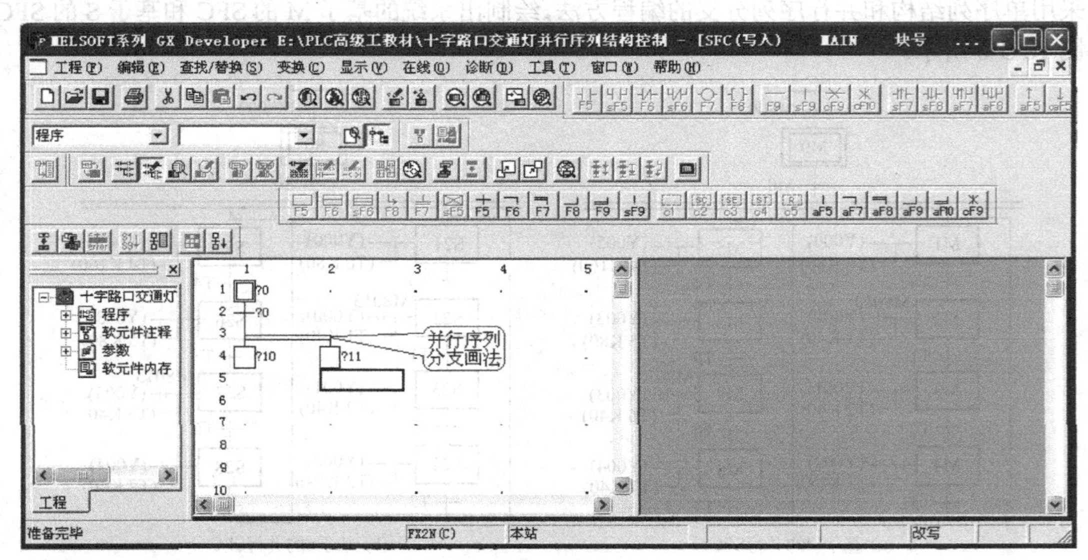

图10-3-7 并行序列分支编程方面

本任务的 SFC 程序输入完毕后的画面如图 10-3-8 所示。

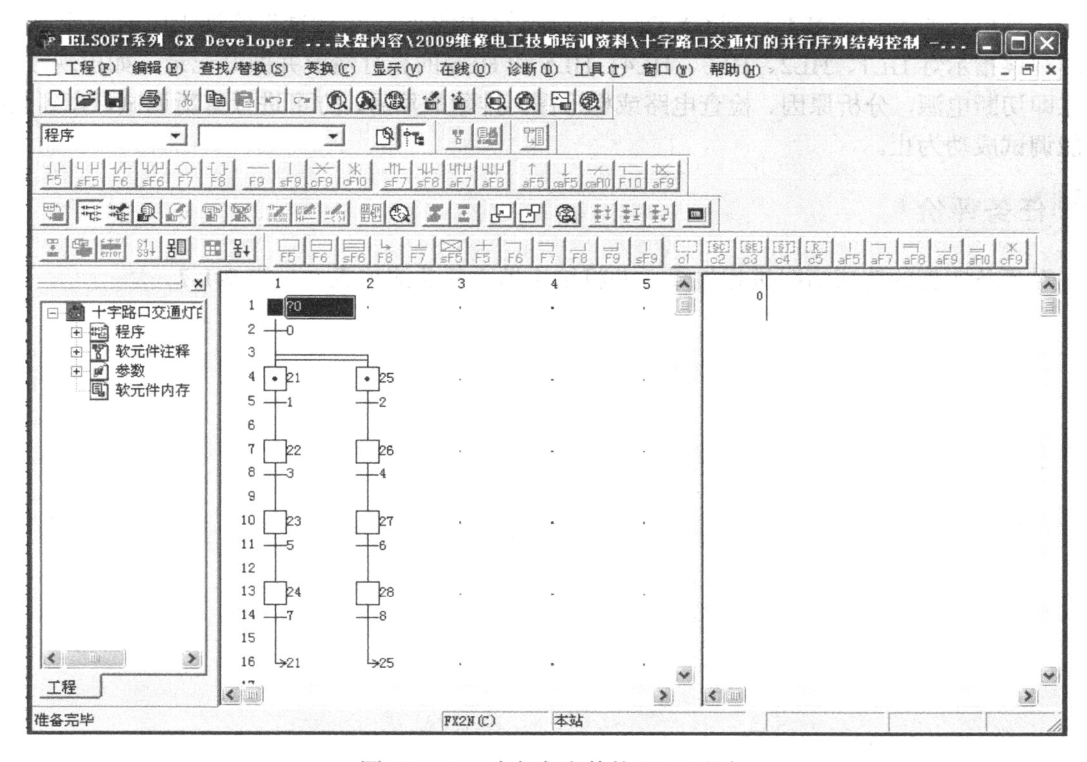

图 10-3-8　本任务完整的 SFC 画面

2．仿真运行

仿真运行的方法可参照前面任务所述的方法，读者自行进行仿真，在此不再赘述。

五、程序下载

参见项目 9 任务 1。

六、线路安装与调试

1．安装、接线

根据图 10-3-6 所示的 I/O 接线图，在模拟实物控制配线板上进行元器件及线路安装。

（1）检查元器件：根据表 10-1-3 所示配齐元器件，检查元器件的规格是否符合要求，并用万用表检测元器件是否完好。

（2）固定元器件：固定好本任务所需元器件。

（3）配线安装：根据配线原则和工艺要求，进行配线安装。

（4）自检：按照接线图检查接线是否无误，再使用万用表检测电路的阻值是否与设计相符。

2．通电调试

（1）经自检无误后，在指导教师的指导下，方可通电调试。

（2）首先接通系统电源开关QS，将PLC的RUN/STOP开关拨到“RUN”的位置，然后通过计算机上的MELSOFT系列GX Developer软件中的“监控/测试”监视程序的运行情况，同时观察指示灯HL1、HL2、HL3、HL4、HL5和HL6的亮灯情况并做好记录。如出现故障，应立即切断电源，分析原因、检查电路或梯形图，排除故障后，方可进行重新调试，直到系统功能调试成功为止。

任务评价

对任务实施的完成情况进行检查，并将结果填入任务测评表，见表9-1-7。